高等学校计算机专业规划教材

计算机网络

席振元 王晓菊 万雪芬 编著

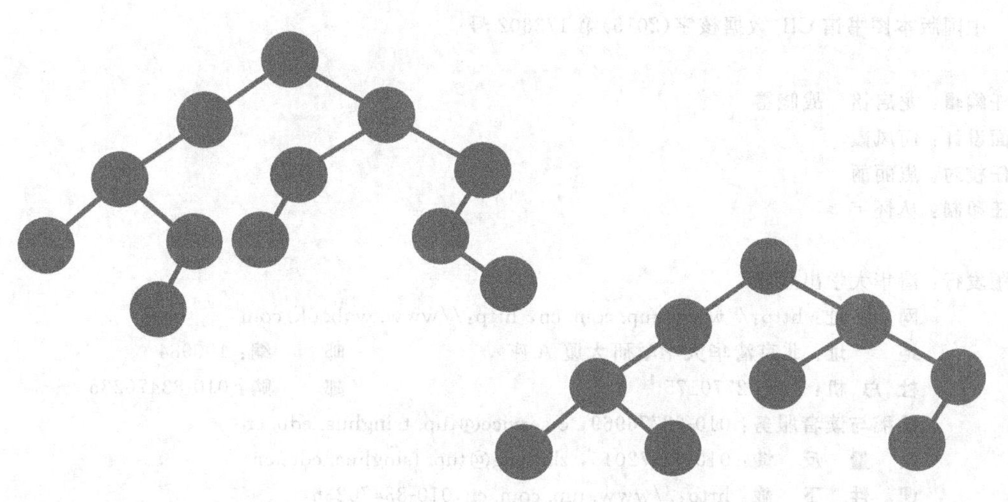

清华大学出版社
北京

内容简介

本书共分8章，第1～7章包括计算机网络概述、数据通信基础知识、数据链路层和局域网、网络层与网络互联、传输层、Internet技术与应用、网络安全等内容，第8章是实验指导，包括11个网络软硬件配置实验。各章附有丰富的习题。在内容组织上，既注重介绍网络知识原理，也注重网络的实际应用，实验指导全面详细，力求反映网络技术的最新发展，具有很强的系统性和实用性。

本书内容丰富，层次清晰，深入浅出，通俗易懂，重点突出，图文并茂，适合作为高等院校计算机、信息管理、电子商务以及其他相关专业的计算机网络课程教材，也适合广大网络管理人员及技术人员使用和参考。

图书在版编目(CIP)数据

计算机网络/席振元，王晓菊，万雪芬编著. --北京：清华大学出版社，2015（2021.7 重印）
高等学校计算机专业规划教材
ISBN 978-7-302-41077-5

Ⅰ. ①计… Ⅱ. ①席… ②王… ③万… Ⅲ. ①计算机网络－高等学校－教材 Ⅳ. ①TP393

中国版本图书馆CIP数据核字(2015)第173302号

责任编辑：龙启铭　战晓雷
封面设计：何凤霞
责任校对：焦丽丽
责任印制：丛怀宇

出版发行：清华大学出版社
网　　址：http://www.tup.com.cn，http://www.wqbook.com
地　　址：北京清华大学学研大厦A座　　**邮　　编**：100084
社 总 机：010-62770175　　**邮　　购**：010-83470235
投稿与读者服务：010-62776969，c-service@tup.tsinghua.edu.cn
质 量 反 馈：010-62772015，zhiliang@tup.tsinghua.edu.cn
课 件 下 载：http://www.tup.com.cn，010-83470236
印 装 者：三河市龙大印装有限公司
经　　销：全国新华书店
开　　本：185mm×260mm　　**印　　张**：18.25　　**字　　数**：422千字
版　　次：2015年9月第1版　　**印　　次**：2021年7月第5次印刷
定　　价：49.00元

产品编号：064136-02

前言

计算机网络技术的成熟与互联网的广泛应用对当今人类社会的政治、经济、科研、教育与文化发展都产生了重大影响。计算机网络和通信技术的不断进步，促进了人类社会信息化进程。作为现代社会生活中的常用工具，计算机及其网络已在社会生活各个领域得到广泛应用。未来社会中，计算机网络将成为人类生活不可缺少的现代化设备，使人类社会的生活方式、思维方式以及时空概念等都将会发生深刻的历史性变化。当今社会已经逐渐成为一个运行在计算机网络上的社会，因此急需大量掌握计算机网络原理知识和应用技术的专门人才。

本书在内容组织上做到了两个统一。一是基础性与先进性的统一，掌握最新网络技术离不开基础性内容，否则将是空中楼阁。书中安排了数据通信基础、计算机以太网与局域网、OSI模型等基础性内容，先进性体现在TCP/IP协议、宽带接入、高速局域网、无线局域网、CDMA等内容安排上，使得本教材具有基础牢固、内容先进的特点。二是理论性与实用性的统一，理论性体现在TCP/IP体系结构、局域网工作原理等内容上，实用性体现在目前较流行的以太网组网技术、网络互联设备配置与网络服务器的安装与配置上，使教材体现出理论够用、突出实用的特点。

本书在编写上具有以下特点：

(1) 层次清晰，主要以TCP/IP体系结构由低层到高层为线索，层层递进，过渡自然；

(2) 内容丰富，以实用为主导，涉及网络技术方方面面，从编码基础、物理接口到服务器配置、网络安全等，内容全面而系统；

(3) 深入浅出，在内容描述上，尽量采用浅显易懂的语言，而尽量避免枯涩难懂的词汇，重点内容讲述也比较详细；

(4) 重点突出，把当前较流行且实用的网络技术与原理作为重点讲解，如交换式以太网原理、交换机与路由器技术、Windows服务器配置等；

(5) 图文并茂，有些难以描述的原理内容，书中都配有示意图，使内容直观易懂；

(6) 实验指导，第8章给予读者全面的实验操作指导，涵盖了当前局域网软硬件配置的所有内容，使读者能够掌握实践操作技能。

另外,每章的后面精心安排了配套习题,题目类型包括单项选择题、填空题和简答题,覆盖了本章的主要内容,能够较好地帮助读者理解和熟练掌握所学理论知识。

本书的第1～3章由席振元编写,第4、5章由万雪芬编写,第6～8章由王晓菊编写,全书由席振元统稿。

由于计算机网络技术发展迅速,涉及的知识面也较广,加之作者水平有限,书中难免有疏漏与不妥之处,殷切希望广大读者批评指正。

作　者

2015年8月

目录

第 5 章 传输层 /136

第 6 章 因特网技术与应用 /171

第 7 章 网络安全 /196

第 8 章 实验指导 /225

参考文献 /280

第1章 计算机网络概述

计算机网络技术是计算机技术和现代通信技术紧密结合的产物，是当今世界发展最快的技术之一。计算机网络不仅为社会的信息化奠定了坚实的基础，为社会经济的发展起到了巨大的推动作用，同时也使人们的生活和工作方式产生了深刻的变化。可以预计，计算机网络的应用必将日益深入到人类社会的各个领域和各个方面，计算机网络的发展必将给人类社会的发展带来不可估量的影响。

1.1 计算机网络的发展、功能与组成

1.1.1 计算机网络的发展

随着计算机技术的迅速发展，计算机的应用逐渐渗透到社会的各个领域和各个方面。社会的信息化、计算机资源的共享等各种需求，促使计算机网络由简单到复杂、由低级到高级。计算机网络的发展大致可以划分为以下4个阶段：

(1) 以单个计算机为中心的远程联机系统构成的面向终端的计算机网络。

(2) 多个计算机通过通信线路互联的计算机网络。

(3) 具有统一的网络体系结构，遵循标准化协议的计算机网络。

(4) 网络互联与高速网络。

1. 面向终端的计算机网络

最初阶段的计算机网络的基本结构是，由一台中央主机(host)连接在地理位置上处于分散的大量终端(terminal)而构成的系统，该系统中除主机具有独立的处理数据的功能外，其他终端没有独立处理数据的能力，这样的终端称为哑终端。这一阶段的网络实质上就是联机多用户系统，是一个简易的联机系统。

20世纪60年代，为减轻主机的通信负担，在主计算机和通信线路之间设置了通信控制处理机或前端处理机(Front End Processor，FEP)。FEP专门负责与终端的通信工作。为提高线路利用率，设置了线路集中器。邻近的多个终端先通过低速线路连接到集中器上，集中器再通过高速线路送给FEP，再送到主机。主机把处理后的数据发给用户终端时，集中器先接收由FEP传来的数据，经预处理后分发给用户终端。

上述的FEP和集中器常采用小型计算机，其特点是内存容量较小，运算速度较低，指令系统简单，但通信功能强。这种以单计算机为中心的远程联机系统如图1-1所示。20世纪60年代初的美国航空公司订票系统(SABRE-1)就是一个例子。该系统以一台大型

计算机作为中央计算机，外联的2000多台终端遍布美国各地区。为使中央计算机更好地发挥效率进行数据的处理与计算，通信任务从中央计算机中分离出来，形成了通信处理机，或称为前端处理机。

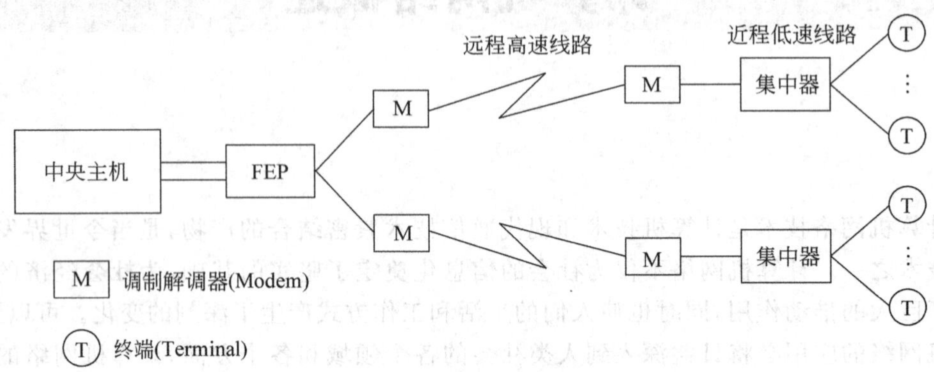

图 1-1 以单计算机为中心的远程联机系统

2. 多机互联的计算机网络

在面向终端的计算机网络中，只有一个计算机处理中心，各终端通过通信线路共享主机的硬件和软件资源。然而，随着计算机应用的发展和硬件费用的下降，一个部门或一个大公司常拥有多台主机系统，这些系统分布在不同的地方，用户除了使用这些计算机系统提供的本地功能外，还希望与其他计算机系统互联使用，使用其他系统的资源、彼此交换信息，或者与其他系统联合起来共同完成一项任务。

到20世纪60年代中期，出现了若干个计算机处理中心互联的系统，各主机通过通信线路连接，相互交换数据、传递软件，实现了网络中连接的计算机之间的资源共享。这种以资源共享为主要目的，而用通信线路将各主机系统连接的多计算机系统就是第二阶段的计算机网络。1969年在美国出现了世界上最早的多机互联的计算机网络，它就是有4台主机互联的ARPA网。

3. 标准的计算机网络

20世纪70年代后期，计算机网络得到空前的发展，各大计算机公司陆续推出自己的体系结构，以及实现这些网络体系结构的软硬件产品。但对各种体系结构来说，同一体系结构的网络产品互联是很容易实现的，而不同系统体系结构的产品却很难实现互联，因此，人们迫切希望建立一系列国际标准，得到一个“开放”的系统。出于这种需要，国际标准化组织(International Standards Organization，ISO)对网络体系结构的国际标准化问题进行了多年艰苦的研究，终于在1984年正式制定、颁布了“开放系统互连基本参考模型”(Open System Interconnection Basic Reference Mode，OSI或OSI/RM)的国际标准。该模型分七层，因此，又称为“OSI七层模型”。

很快OSI模型被国际社会普遍接受，并被公认为是新一代计算机网络体系结构的基础。OSI标准确保了厂商生产的计算机和计算机网络产品之间的互联。为推动OSI技术和标准的应用，许多国家和大计算机公司宣布支持OSI，并争相研制和开发产品，使得各种符合OSI标准的远程计算机网络、局部计算机网络与城市地区计算机网络开始广泛

应用。

4. 网络互联与高速网络

所谓网络互联就是把不同的计算机网络互相连接起来，实现网络间的通信和资源共享。进入20世纪80年代以后，由于微机的广泛应用，使得一个单位或部门拥有的计算机数量越来越多。共享资源与互联通信的要求促使了局域网的诞生和发展。局域网很快成为机构内部使用的典型结构，但局域网的局限性也很明显，越来越多的用户希望在更广泛的范围内进行通信，这就迫切需要将多个网络进行互联，从而实现由网络到网络的多网络系统。

自20世纪90年代以来，计算机技术、通信技术以及建立在互联计算机网络技术基础上的计算机网络技术得到迅猛的发展。目前，世界上最大的计算机互联网是因特网(Internet)。全球已有几万个网络进行了互联。计算机网络正在向着综合化、智能化和高速化的方向发展。

在中国，1993年，国务院启动了金桥工程，1996年9月，中国金桥信息网CHINAGBN正式向社会提供服务；1994年，国家支持建设了中国教育科研网(China Education and Research NETwork，CERNET)示范网工程，这是中国第一个全国性TCP/IP互联网；1994年，中国科学院建设了中国科技网CSTNET，并于1994年4月接入国际互联网，这是我国最早完成与国际互联网相连接的网络；中国公用计算机互联网CHINANET始建于1995年，由中国电信负责运营，向全社会提供互联网接入服务。目前，电信、网通、移动、联通、铁通以及卫通等运营商都建立了各自的网络来向全社会提供互联网接入服务。

据中国互联网络信息中心(CNNIC)发布的《中国互联网络发展状况统计报告》显示，截至2014年12月，我国网民规模达6.48亿，位居世界第一。我国国际出口带宽已增至4 118 663Mb/s，年增长率为20.9%。

1.1.2 计算机网络的功能

计算机网络主要有以下功能，其中最主要的功能就是数据通信和资源共享。

1. 数据通信

数据通信是计算机网络最基本的功能之一。

计算机网络为分布在不同地点的用户提供了便利的通信手段，允许网络上的不同计算机之间快速、准确地传送数据，交换各种信息。特别是随着互联网技术的快速发展，更多的用户把计算机网络作为一种强有力的通信手段，通过计算机网络，发送E-mail、传真，进行远程数据交换，实现电子商务，还可以利用网络使相距数千里的人们召开多媒体会议、讨论问题、协同工作等。

2. 资源共享

在信息时代，计算机网络的资源共享具有重大意义，它包括硬件、软件和数据资源的共享。

硬件资源的共享包括对处理器资源、存储资源、输入输出资源的共享，特别对一些价格昂贵的高级设备，如巨型计算机、高分辨率打印机、大型绘图仪以及大容量的外存储器等的共享。

软件资源的共享包括各种应用程序和语言处理程序的共享。软件共享一般有两种方法：一种是把网上其他用户的软件传送到本地机由本地机处理；另一种方法是本地机将数据送到装有所用软件的网上计算机，由那台计算机处理后将结果返回本地机。

数据资源的共享包括数据库、数据文件以及数据软件系统等数据的共享。网络上可以存放各种数据库供用户使用。随着网络覆盖区域的扩大，信息交流已越来越不受地理位置以及时间的限制，使得人们对数据资源能互通有无，从而大大提高了信息资源的利用率。

3. 提高系统的可靠性和可用性

当网络中某一处发生故障时，用户可通过多种途径从不同地点访问所需要的资源，也可以通过网络把任务转到其他机器代为处理，从而保证了用户的工作任务不因系统的局部故障而受影响，保证了整个网络仍处于正常状态，提高了系统的可靠性和可用性。

4. 实现分布式处理

对于综合性的大问题，可以分为许多小的任务，将它们分散到网络中不同的计算机上进行分布式处理，然后再集中起来解决问题。分布式处理对当前流行的局域网更有意义，利用网络技术将微机连成高性能的分布式计算机系统，使之具有解决复杂问题的能力。

1.1.3 计算机网络的组成

计算机网络系统由网络硬件和网络软件两部分组成。在网络系统中，网络硬件对网络的性能起着决定性的作用，是网络运行的实体；而网络软件则是支持网络运行、提高效益和开发网络资源的工具。

1. 网络硬件

网络硬件是计算机网络系统的物质基础。构成一个计算机网络系统，首先要将计算机及其附属硬件设备与网络中的其他计算机系统连接起来，实现物理连接。不同的计算机网络系统在硬件方面是有差别的。

随着计算机技术和网络技术的发展，网络硬件日趋多样化，且功能更强，结构更复杂。常见的网络硬件有计算机、网络接口卡、调制解调器、计算机外围设备以及交换机、路由器等各种网络互联设备、通信链路等。网络中的计算机又分为服务器和网络工作站两类。

2. 网络软件

网络软件是计算机网络中不可缺少的重要部分。正像计算机是在软件的控制下工作的一样，网络的工作也需要网络软件的控制。网络软件一方面授权用户对网络资源的访问，帮助用户方便、安全地使用网络。另一方面管理和调度网络资源，提供网络通信和用户所需要的各种网络服务。网络软件一般包括网络操作系统、网络协议、通信软件以及管理和服务软件等。下面主要介绍网络操作系统和网络协议。

1）网络操作系统

一台计算机的运行有赖于操作系统的支持，操作系统用于管理、协调、控制计算机系统的各种资源，并使用户方便地使用计算机。同样，对于计算机网络也需要一个与此相当的网络操作系统来支持其运行。网络操作系统是网络软件的重要组成部分，是网络系统管理和通信控制软件的集合，它负责整个网络的软硬件资源的管理以及网络通信和任务

的调度，并提供用户与网络之间的接口，因此，网络功能的多少和强弱在很大程度上取决于网络操作系统。

网络操作系统由多种系统软件组成，在基本系统之上有多种配置和选项，用户可以根据需要构成最佳组合。目前，计算机网络操作系统主要有UNIX、Windows、Linux等。UNIX网络操作系统是唯一跨微机、小型机和大型机的系统；Windows是Microsoft公司推出的，界面友好易操作并支持分布式数据处理，其市场占有率迅速上升；Linux是一种与UNIX兼容的免费操作系统，它也是目前流行的热门软件之一。

2）网络协议

网络协议是实现计算机之间、网络之间相互识别并正确进行通信的一组标准和规则，它是计算机网络工作的基础。正如两个人相互交流必须使用同一种语言一样，两个系统之间要实现相互通信、交换数据也必须遵守共同的规则和约定。一般来说，网络协议一部分由硬件实现，另一部分由软件实现。

3. 通信子网与资源子网

为了简化计算机网络的分析与设计，有利于网络的硬件和软件配置，按照计算机网络的系统功能，一个网络可分为资源子网和通信子网两大部分，如图1-2所示，虚线外部是资源子网，属于网络的外层边缘部分；虚线内部是通信子网，属于网络的内层核心部分。

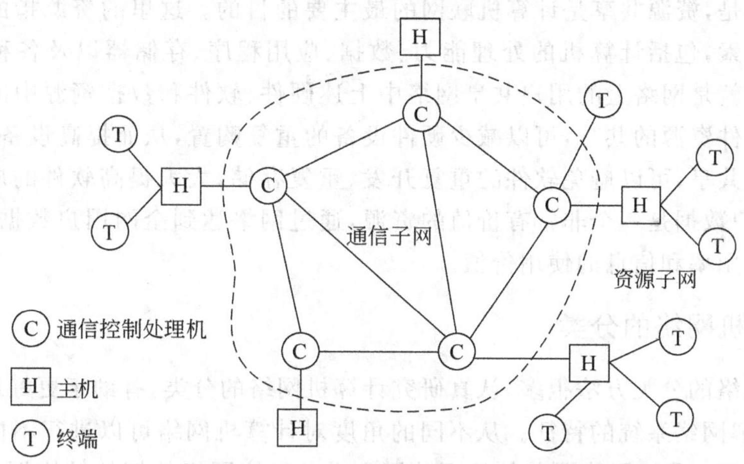

图1-2　以通信子网为中心的分组交换网

资源子网主要包括网络中所有主机、I/O设备、终端以及安装在计算机中的各种网络协议、网络软件和数据库等。资源子网主要负责全网的信息处理，为用户提供网络服务和资源共享等功能。

通信子网主要包括通信线路（即传输介质）、网络连接设备（如网络接口设备、通信控制处理设备、通信控制处理机、网桥、路由器、交换机、网关、调制解调器、卫星地面接收站等）以及运行在网络连接设备上的网络通信协议、通信控制软件等。它主要负责全网的数据通信，为网络用户提供数据传输、转接、加工和变换等通信处理功能。

将计算机网络分为资源子网和通信子网，符合网络体系结构的分层思想，便于对网络进行研究和设计。在组网时，通信子网可以单独建立和设计，它可以是专用的数据通信网，也可以是公用的数据通信网。

1.2 计算机网络的定义与分类

1.2.1 计算机网络的定义

计算机网络就是将分布在不同地理位置的具有独立功能的计算机系统通过通信设备和通信线路连接起来，在网络软件支持下进行数据通信，以实现计算机资源共享的系统。

首先，计算机网络是计算机系统的一个群体，是由多台计算机系统组成的，它们处在不同的地理位置，可以在一个建筑物或一幢楼内，甚至可以分散在全球范围内，并且网络中各个计算机是独立的。

其次，网络中的计算机系统是互联的。它们通过通信线路相互连接，并彼此交换信息。这些构成通信线路的传输介质可以是有线的(如双绞线、同轴电缆和光纤等)，也可以是无线的(如激光、微波和通信卫星等)。通信设备是在计算机与通信线路之间按一定通信协议传输数据的设备。网络的通信协议就是计算机之间为了相互进行数据通信而事先规定的规则。一台计算机只有遵循某个协议，才能与网上其他计算机通信。

要说明的是，资源共享是计算机联网的最主要的目的。这里的资源指的是构成网络系统的所有要素，包括计算机的处理能力、数据、应用程序、存储器以及各种输入输出设备。资源共享就是网络上的用户共享网络中上述硬件、软件和数据资源中的一部分或者全部。通过硬件资源的共享，可以减少硬件设备的重复购置，从而提高设备的利用率；通过软件资源的共享，可以避免软件的重复开发、重复存储，大大提高软件的应用效率。在信息社会，用户数据是一个非常有价值的资源，通过网络达到全网用户数据的共享，可以提高信息的利用率和信息的使用价值。

1.2.2 计算机网络的分类

计算机网络的分类方法很多，认真研究计算机网络的分类，有助于更好地理解计算机网络，全面了解网络系统的特征。从不同的角度对计算机网络可以进行不同的分类。常用的分类方法有：①按网络覆盖的地理范围划分；②按网络的拓扑结构划分；③按网络的传输介质划分；④按网络的通信传播方式划分；⑤按网络的使用范围划分；⑥按操作系统划分。

1. 按网络覆盖的地理范围划分

按网络覆盖的地理范围进行网络分类的方法是最常用、最普遍的分类方法。按照这种方法，可以把网络划分成局域网、城域网和广域网。

1) 局域网

局域网(Local Area Network，LAN)是一种覆盖范围一般在几公里以内，属于一个部门、一个单位或一个建筑物内组建的小范围网。局域网的基本组成包括服务器、客户机、网络设备和通信介质。服务器是局域网的核心，它可以用于文件存储和进行网与网之间的通信连接。客户机称为工作站，是用户与网络的接口设备，它通过网络接口卡(简称网

卡)、通信介质和通信设备连接到服务器上,以使用户能共享网络资源。网络设备是指网络交换机、集线器等设备,通信介质是指网络中传输数据的传输介质。图1-3是一个由几台计算机和打印机组成的典型局域网。

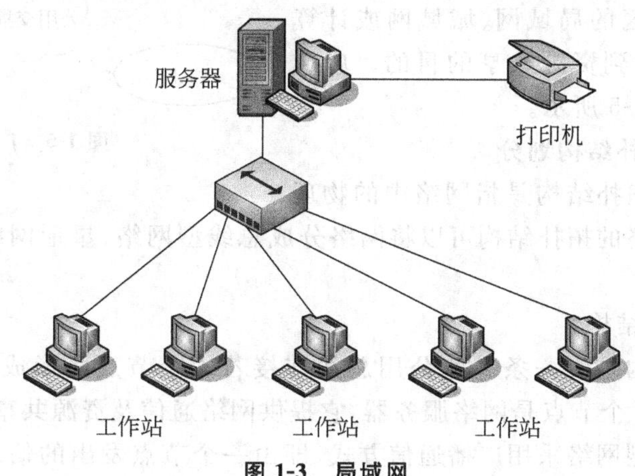

图 1-3 局域网

2) 城域网

城域网(Metropolitan Area Network,MAN)是处于局域网和广域网之间,覆盖范围为几公里到几十公里,由多个单位或一个城市组建的计算机网络。城域网建立的主要目的是为网内用户进行通信、数据传输以及声音、图像的集成服务等,城域网的组成结构如图1-4所示。目前,我国许多城市都建立了为整个城市提供信息服务的城域网。

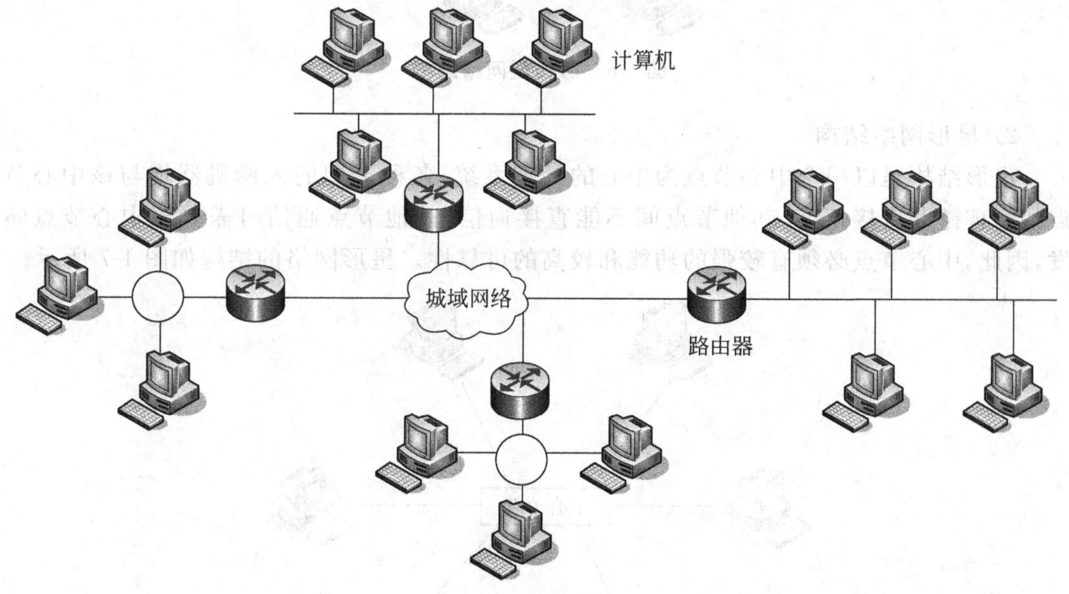

图 1-4 城域网

3) 广域网

广域网(Wide Area Network,WAN)又称远程网,是覆盖范围为几十到几千公里的一种远距离计算机网络。广域网通常是覆盖一个省、一个国家甚至全球的进行多种信号传输的通信网。广域网的通信子网可以利用公用分组交换网、卫星通信网和无线分组交换网，它将分布在不同地区的局域网、城域网或计算机系统互联起来，达到资源共享的目的。广域网的互联结构如图 1-5 所示。

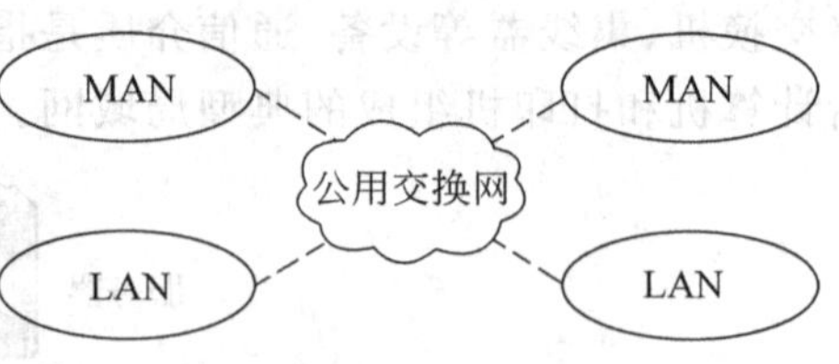

图 1-5 广域网

2. 按网络的拓扑结构划分

计算机网络的拓扑结构是指网络中的物理连接方式。按照网络的拓扑结构可以将网络分成总线型网络、星形网络、环形网络、树形网络和网状网络等。

1）总线型网络结构

总线型网络结构是由一条高速公用总线连接若干个节点所形成的网络，其结构如图 1-6 所示。其中一个节点是网络服务器，它提供网络通信及资源共享服务，其他节点是网络工作站。总线型网络采用广播通信方式，即由一个节点发出的信息可以被网络上的任何一个节点所接收。

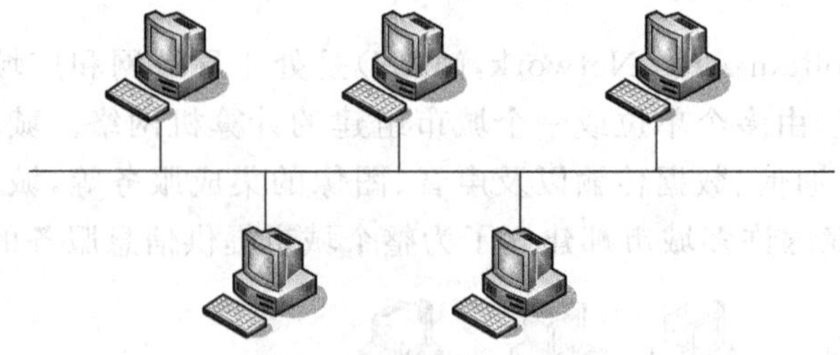

图 1-6 总线型网络结构

2）星形网络结构

星形结构是以一个中心节点为中心的处理系统，各种类型的入网机器均与该中心节点的物理链路直接相连，其他节点间不能直接通信，其他节点通信时需要该中心节点转发，因此，中心节点必须有较强的功能和较高的可靠性。星形网络的结构如图 1-7 所示。

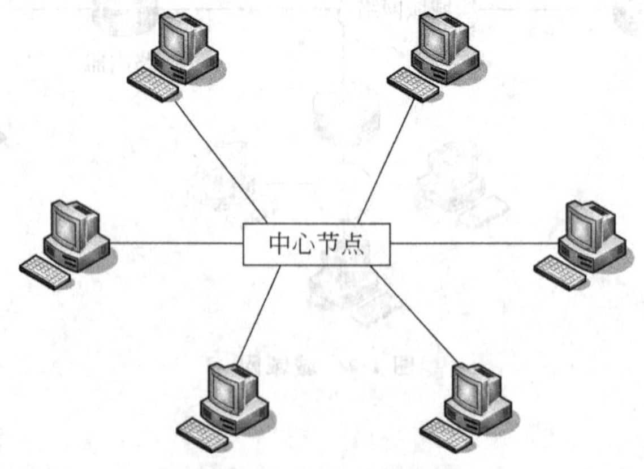

图 1-7 星形网络结构

3）环形网络结构

环形网络是指在网络中的各节点通过环路接口连在一条首尾相接的闭合环形通信线路中，环路上的每个节点发送的信息，在环上只沿一个方向传输，依次通过每台计算机。其结构如图 1-8 所示。

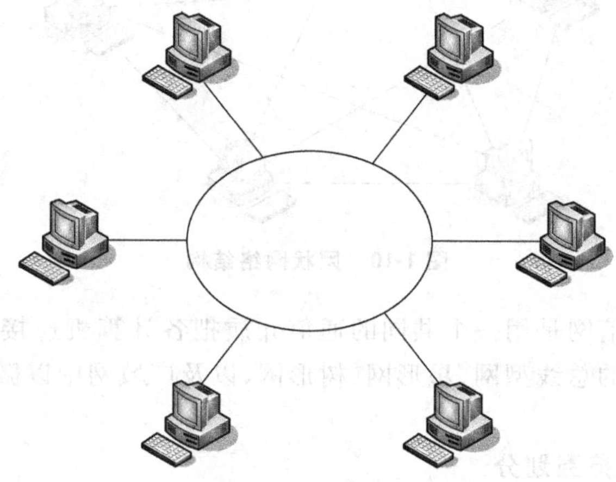

图 1-8　环形网络结构

4）树形网络结构

树形结构实际上是星形结构的一种变形，它将原来用单独链路连接的节点通过多级处理主机进行分级连接，如图 1-9 所示。

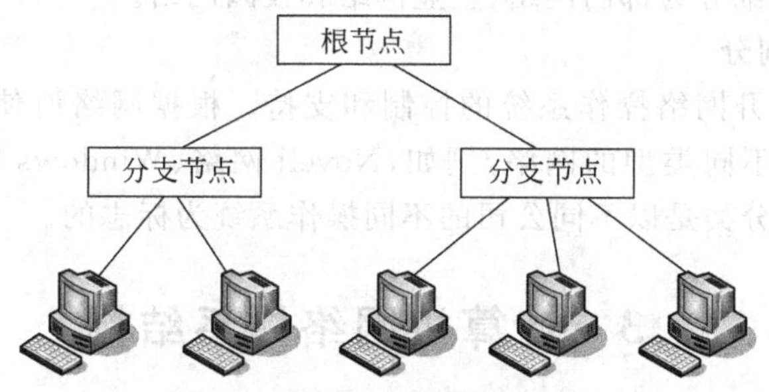

图 1-9　树形网络结构

5）网状网络结构

网状网络是每一个节点都与其他节点有一条专门线路相连。网状拓扑结构广泛应用于广域网中。网状网络结构如图 1-10 所示。

3. 按网络的传输介质划分

按照网络的传输介质可以把网络分为有线网和无线网。有线网是采用如同轴电缆、双绞线、光纤等物理媒体来传输数据的网络。无线网则是采用卫星、微波和红外线等无线形式传输数据的网络。

4. 按网络的通信传播方式划分

按网络的通信传播方式，可以将计算机网络划分为点对点通信网和广播式通信网。点对点通信网是以点对点的连接方式把各台计算机连接起来的。这种传播方式主要用于

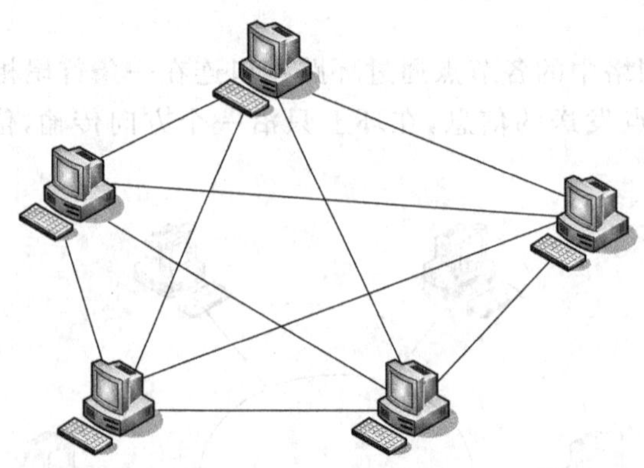

图 1-10 网状网络结构

广域网中。广播式通信网是用一个共同的通信介质把各计算机连接起来的，如局域网中以同轴电缆连接起来的总线型网、星形网、树形网，以及广域网中以微波、卫星方式传播的网络。

5. 按网络的使用范围划分

按照网络的使用范围可以将网络分为公用网和专用网。公用网对所有人提供服务，只要符合网络拥有者的要求就能使用这个网。也就是说它是为全社会所有人提供服务的网络。例如，中国的 CHINANET 为公用网，它是向公众开放的网络。专用网为一个或几个部门所拥有，它只为拥有者提供服务，这种网络不向拥有者以外的人提供服务。这种网络根据网络环境又可细分为部门网络、企业网络和校园网络。

6. 按操作系统划分

网络的工作离不开网络操作系统的控制和支持。根据网络所使用的操作系统的不同，可以将网络分成不同类型的网络，例如，Novell 网络、Windows 网络、UNIX 网络和 Linux 网络等。这种分类是以不同公司的不同操作系统为标志的。

1.3 计算机网络体系结构

一个计算机网络系统是由各个节点相互联接而成的，目的是实现各个节点间的相互通信和资源共享，这里的节点就是具有通信功能的计算机系统。那么，怎样构造计算机系统的通信功能，才能实现这些系统之间尤其是异种计算机系统之间的相互通信呢？这就是网络体系结构要解决的问题。网络体系结构通常采用层次化结构，定义计算机网络系统的组成方法、系统的功能和提供的服务。

1.3.1 网络体系结构的基本概念

计算机网络是由数台、数十台乃至上千台计算机系统通过通信网络联接而成的一个非常复杂的系统。为了简化对复杂的计算机网络的研究、设计和分析工作，同时也为了能使网络中不同的计算机系统、不同的通信系统和不同的应用能够互相联接（互联）和互相操作（互操作），人们想过许多种方法，其中一种基本的方法就是针对计算机网络所执行的各种功能，设计出一种网络体系结构模型，从而可使网络的研究工作摆脱一些烦琐的具体事物，使问题抽象化、形象化，使复杂问题得到简化；同时，也为不同的计算机系统之间的互联和互操作提供相应的规范和标准。

1. 层次结构

基本的网络体系结构模型就是层次结构模型，如图1-11所示。所谓层次结构就是指把一个复杂的系统设计问题分解成多个层次分明的局部问题，并规定每一层次所必须完成的功能。层次结构提供了一种按层次来观察网络的方法，它描述了网络中任意两个节点间的逻辑连接和信息传输。

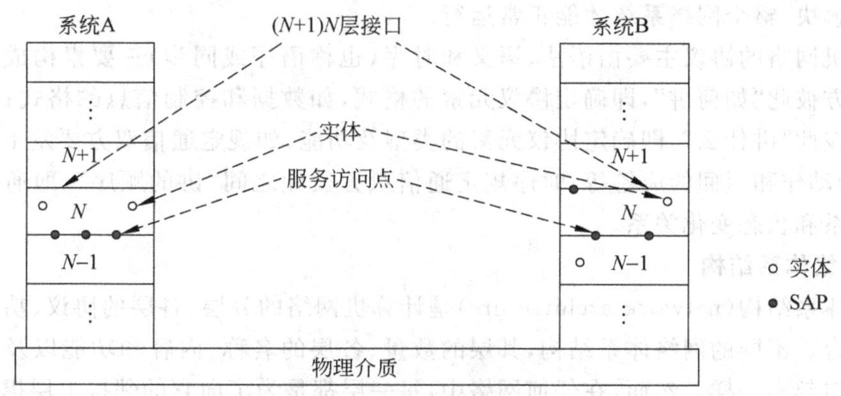

图1-11　层次结构模型

如图1-11中所示，同一系统的体系结构中的各相邻层间的关系是：下层为上层提供服务，上层利用下层提供的服务完成自己的功能，同时再向更上一层提供服务。因此，上层可看成是下层的用户，下层是上层的服务提供者。系统的顶层执行用户要求做的工作，直接与用户接触，可以是用户编写的程序或发出的命令。系统的底层直接与物理介质相接触，通过物理介质与其他计算机系统沟通。

不同系统的相同层次称为对等层（或同等层），如图中的系统A的第 N 层与系统B的第 N 层是对等层。每层中参与网络通信的设备和程序称为实体，对等层的实体称为对等实体。

同一系统相邻层之间都有一个接口，接口定义了下层向上层提供的原语（primitive）操作和服务。上层调用下层所提供的服务必须通过与下层交换一些命令，这些命令称为服务原语。同一系统相邻两层实体交换信息的地方称为服务访问点（Service Access Point，SAP），它是相邻两层实体的逻辑接口，也可说 N 层SAP都有一个唯一的地址，供服务用户间建立连接之用。相邻层之间要交换信息，接口必须有一个一致遵守的规则，这就是接口协议。

2. 网络协议

在计算机网络中，相互通信的双方处在不同的地理位置，其上的两个实体相互通信，需要通过交换信息来协调它们的动作以达到同步。而信息的交换必须按照预先约定好的规则进行，这种在计算机网络中通信双方都遵守的规则、约定与标准称为网络协议。

如图 1-11 所示，两个系统各层间存在两类通信：一类是对等通信，如系统 A 的第 N 层实体与系统 B 的第 N 层实体之间的通信；另一类是在一个系统中的相邻层实体之间的通信，如系统 A 的第 N 层实体与第 $N+1$ 层实体之间的通信。层间的这两类通信各有其不同的网络协议，通常把对等层实体之间（水平）相互通信所遵守的网络协议称为对等层协议，简称协议（如第 N 层协议、第 $N+1$ 层协议等）；把相邻层实体间（垂直）的网络协议称为接口协议，简称接口（如 $N/N+1$ 层接口）。各层的协议只对所属层的操作有约束力，而不涉及其他层。整个网络的协议就是由这些对等层协议和接口协议共同组成的。在进行网络设计时，除要解决对等层的协议问题外，还要解决接口问题。只有这两种问题都得到了解决，整个网络系统才能正常运行。

计算机网络的协议主要由语法、语义和时序（也称语序或同步）三要素构成。语法规定通信双方彼此“如何讲”，即确定协议元素的格式，如数据和控制信息的格式；语义规定通信双方彼此“讲什么”，即确定协议元素的类型及功能，如规定通信双方要发出的控制信息、执行的动作和返回的应答等；时序规定通信双方彼此之间“讲的顺序”，即通信过程中的应答关系和状态变化关系。

3. 网络体系结构

网络体系结构（network architecture）是计算机网络的分层、各层的协议、功能和层间接口的集合。不同的网络体系结构，其层的数量、各层的名称、内容和功能以及各相邻层之间的接口都不一样。然而，在任何网络中，每一层都是为了向它的邻接上层提供一定的服务而设置的，而且每一层都对上层屏蔽如何实现协议的具体细节。这样，网络体系结构就能做到与具体的物理实现无关，哪怕连接到网络中的主机和终端的型号及性能各不相同，只要它们共同遵守相同的协议就可以实现互通信和互操作。

由此可见，计算机网络体系结构实际上是一组设计原则，是一个抽象的概念，因为它不涉及具体的实现细节，只是网络体系结构的说明必须包括足够的信息，以便网络设计者能为每一层编写符合相应协议的程序。因此说，网络的体系结构与网络的实现不是一回事，前者仅告诉网络设计者应“做什么”，而不是“怎样做”。

1.3.2 OSI 参考模型

ISO 提出 OSI 参考模型的目的，就是要使在各种终端设备之间、计算机之间、网络之间、操作系统进程之间互相交换信息的过程中，能够逐步实现标准化。参照这种参考模型进行网络标准化的结果，就能使得各个系统之间都是“开放”的，而不是封闭的。即凡是遵守这一标准化的系统之间都可以互相联接使用。含有通信子网的 OSI 参考模型如图 1-12 所示。

在协议模型中，由下至上分别为第一层到第七层，物理层属于第一层，应用层为第七层。OSI 七层协议模型中各层的主要功能如下：

(1) 物理层（physical layer）：实现相邻计算机节点之间比特数据流的透明传送，尽可能屏蔽掉具体传输介质和物理设备的差异。

(2) 数据链路层（data link layer）：通过一些数据链路层协议和链路控制规程，在不太可靠的物理链路上实现可靠的数据传输。

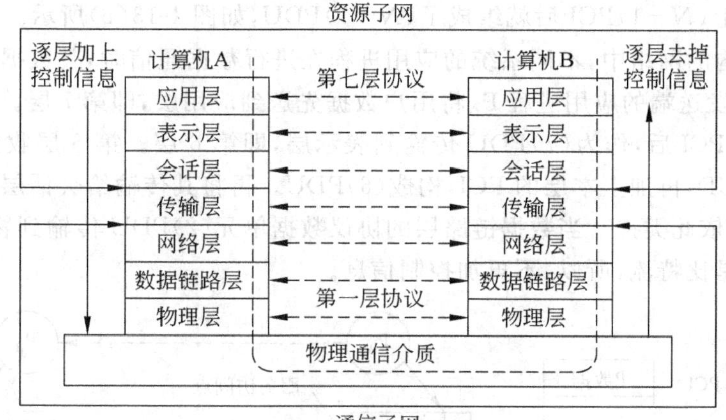

图 1-12 OSI 参考模型

(3) 网络层(network layer):负责分组传送、路由选择和流量控制,主要用于实现端到端通信系统中中间节点的路由选择。

(4) 传输层(transport layer):从端到端经网络透明地传送报文,完成端到端通信链路的建立、维护和管理。

(5) 会话层(session layer):提供一个面向用户的连接服务,它给合作的会话用户之间的对话和活动提供组织和同步所必需的手段,以便对数据的传送提供控制和管理。主要用于会话的管理和数据传输的同步。

(6) 表示层(presentation layer):对源站点内部的数据结构进行编码,形成适合于传输的比特流,到了目的站再进行解码,转换成用户所要求的格式并保持数据的意义不变。主要用于数据格式转换。

(7) 应用层(application layer):作为与用户应用进程的接口,负责用户信息的语义表示,并在两个通信者之间进行语义匹配,它不仅要提供应用进程所需要的信息交换和远地操作,而且还要作为互相作用的应用进程的用户代理来完成一些为进行语义上有意义的信息交换所必需的功能。

下面来看模型中数据的流动过程。

在 OSI 参考模型中,把 N 层对等实体之间所传输的数据称为 N 层协议数据单元,用 (N)PDU 表示。协议数据单元是在不同站点的各层对等实体之间实现该层协议所交换的信息单位。PDU(Protocol Data Unit)由用户数据(User Data,UD)和协议控制信息(Protocol Control Information,PCI)两部分组成,分别用(N)UD 和(N)PCI 表示,如图 1-13(a)所示,其中 PCI 又称为 PDU 的头部(Header,H)。为了将(N)PDU 传输到对等实体,(N)PDU 必须经过 $N-1$ 层 SAP,将整个(N)PDU 交给 $N-1$ 层实体。为此,$N-1$ 层实体就把整个(N)PDU 作为 $N-1$ 层的用户数据,即($N-1$)UD。在

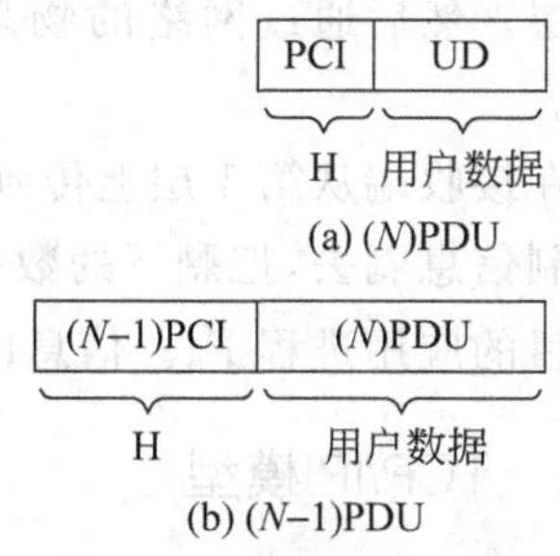

图 1-13 OSI 模型中的数据单元

$N-1$ 层，当加上($N-1$)PCI 后就组成了($N-1$)PDU，如图 1-13(b)所示。

在层次结构的网络中，不同系统的应用进程在进行数据通信时，其数据传输的过程如图 1-14 所示。发送端的应用进程 P_A 将用户数据先送到应用层，即第 7 层。在第 7 层加上若干比特的(7)PCI 后，作为(7)PDU 传输到表示层，即第 6 层。第 6 层收到这个数据单元后，成为(6)UD，再加上本层的 PCI，构成(6)PDU。再将其传输给会话层，即第 5 层，这又成为(5)UD，依此类推。当数据链路层的协议数据单元(2)PDU 传输到物理层后，由于物理层传输的是比特流，所以，不再加控制信息。

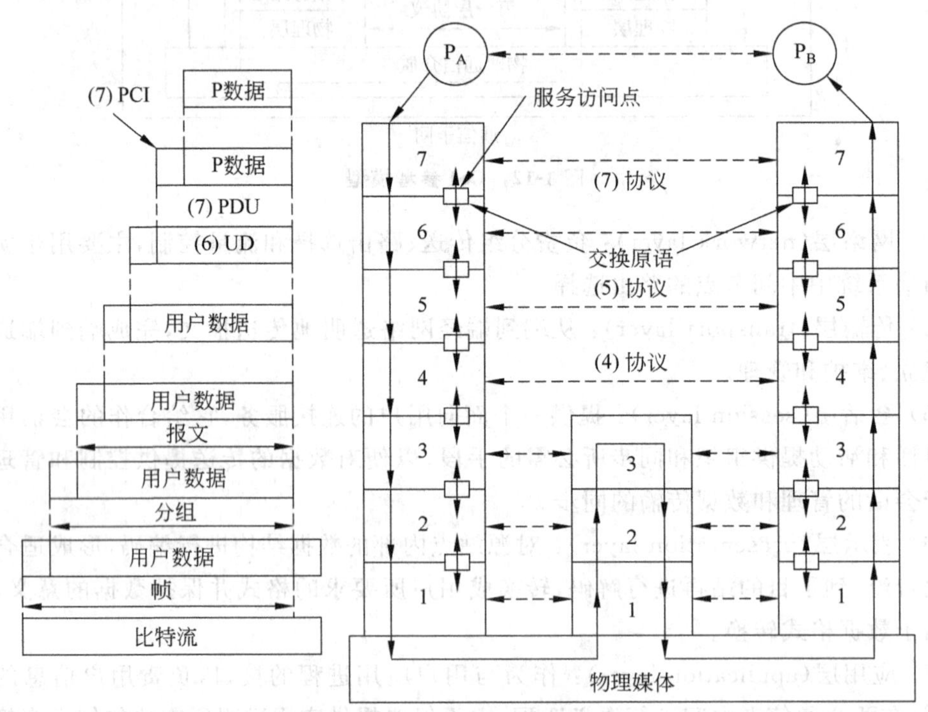

图 1-14　OSI 中的数据流动过程

当这一串比特流经网络的物理介质传输到第一个交换节点(如路由器)后，从该节点的物理层上传到数据链路层。数据链路层根据控制信息进行必要的操作后，剥去控制信息，将剩下的数据单元上传给网络层。网络层根据本层的控制信息进行必要操作完成路由选择后，更新网络层控制信息，再下传到数据链路层。数据链路层再加上控制信息送到物理层。然后通过网络的物理介质传输到第二个交换节点。依此类推，最后传输到接收端。

在接收端从第 1 层上传到第 7 层时，同样每层都根据控制信息进行必要的操作，然后将控制信息剥去，把剩下的数据单元上传给更高的一层，最后把应用进程 P_A 发送的数据交给目的应用进程 P_B。信息的上述传输过程类似于信件在邮政系统的传送过程。

1.3.3　TCP/IP 模型

TCP/IP 是 20 世纪 70 年代中期美国国防部为其研究性网络 ARPANET 开发的网

络体系结构。ARPANET最初通过租用的电话线将美国的几百所大学和研究所连接起来。随着卫星通信技术和无线电技术的发展，这些技术也被应用到ARPANET中，而已有的协议已不能解决这些通信网络的互联问题，于是就提出了新的网络体系结构，用于将不同的通信网络无缝联接。这种网络体系结构后来被称为TCP/IP（Transmission Control Protocol/Internet Protocol）参考模型。图1-15给出了TCP/IP参考模型与OSI参考模型的对比。TCP/IP参考模型是4层结构，下面分别讨论这4层的功能。

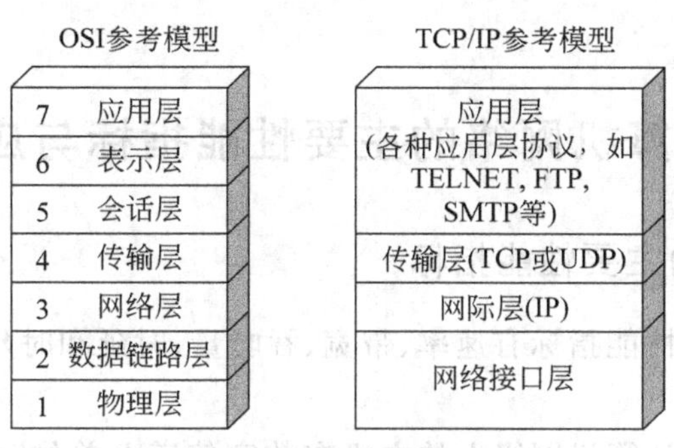

图1-15　两种参考模型的对比

1. 网络接口层

网络接口层是TCP/IP模型的最低层，负责接收从IP层交来的IP数据报并将IP数据报通过底层物理网络发送出去；或者从底层物理网络上接收物理帧，提取出IP分组并提交给IP层。网络接口有两种类型，一种是设备驱动程序，如局域网的网络接口；另一种是包含自身数据链路协议的复杂子系统，如X. 25中的网络接口。

2. 网际层

网际层的主要功能是负责主机之间的数据传送，它提供的服务是“尽最大努力的服务”，即不保证数据分组能够正确到达，数据的传送是不可靠的。它的主要功能包括两方面。第一，处理来自传输层的分组发送请求。将分组装入IP数据报，填充报头，选择去往目的节点的路径，然后将数据报发往适当的网络接口。第二，处理输入数据报。首先检查数据报的合法性，然后进行路由选择，如果该数据报已到达目的节点（本机），则去掉报头，将IP数据报的数据部分交给相应的传输层协议；如果该数据报尚未到达目的节点，则转发该数据报。TCP/IP参考模型的网际层在功能上非常类似于OSI参考模型中的网络层。

3. 传输层

TCP/IP参考模型中传输层的作用与OSI参考模型中传输层的作用是一样的，即在源节点和目的节点的两个进程实体之间提供可靠的端到端的数据传输。为保证数据传输的可靠性，传输层协议规定接收端必须发回确认，并且如果分组丢失，必须重新发送。传输层还要解决不同应用程序的标识问题，因为在一般的通用计算机中，常常是多个应用程序同时访问互联网。为区别各个应用程序的数据，传输层在每一个分组中增加识别发送端和接收端应用程序的标记。

TCP/IP模型提供了两个传输层协议：传输控制协议（Transmission Control

Protocol,TCP)和用户数据报协议(User Datagram Protocol,UDP)。TCP 是一个可靠的面向连接的传输层协议,UDP 是一个不可靠的、无连接的传输层协议。

4. 应用层

TCP/IP 参考模型的应用层包括所有的应用层协议。早期的网络应用主要是远程登录、文件传输和电子邮件,而现在的网络应用更多的是基于 WWW 的。应用层用到的协议主要有虚拟终端协议 Telnet、文件传输协议 FTP、简单邮件传输协议 SMTP、超文本传输协议 HTTP 等。

1.4 计算机网络的主要性能指标与应用模型

1.4.1 计算机网络的主要性能指标

计算机网络的主要性能指标有速率、带宽、吞吐量、时延和时延带宽积等。

1. 速率

速率指的是连接在计算机网络上的主机在数字信道上单位时间传送的比特数,所以也称为数据率或比特率。速率的单位是 b/s (比特每秒),有时写为 bps。当数据率较高时,就可以用 kb/s($k=10^3$)、Mb/s($M=10^6$)、Gb/s($G=10^9$)、Tb/s($T=10^{12}$)。需要指出的是,这时所说的速率通常是指额定速率或标称速率。

2. 带宽

"带宽"(bandwidth)是频带宽度的简称。对一个信号而言,带宽是指该信号的各种不同频率成分所占据的频率范围。例如,通用音频信号的频率范围是 20~20 000Hz,传统电话信号的标准带宽是 3.1kHz(从 300~3400Hz,即话音的主要成分的频率范围)。带宽的单位是 Hz(或 kHz、MHz 等)。

对通信线路而言,如果传送的是模拟信号(在时域上、值域上连续变化的信号),就把通信线路允许通过的信号频率范围称为线路的带宽(或通频带)。

在计算机网络中,带宽通常用来表示网络的通信线路所能传送数据的能力。也就是说,网络带宽表示在单位时间内从网络中的某一点到另一点所能通过的最高数据率。在这种意义下,带宽和速率具有相似的物理意义,使用相同的单位 b/s。更大的单位在前面加上千(k)、兆(M)、吉(G)、太(T)等词头。

3. 吞吐量

与"数据率"相近的还有另一个概念:吞吐量(throughput),表示在单位时间内通过某个网络(或信道、接口)的数据量。吞吐量更经常地用于对现实世界中网络的一种测量,以便知道实际上到底有多少数据量通过了网络。显然,吞吐量受网络的带宽或网络的额定速率的限制。例如,对于 100Mb/s 的以太网,其额定速率是 100Mb/s,那么该数值也是该以太网的吞吐量的绝对上限值。实际上,对 100Mb/s 的以太网,其典型的吞吐量可能只有 70Mb/s。有时,吞吐量也用每秒发送的字节数或帧数来表示。

4. 时延

时延(delay 或 latency)是指数据(一个报文或分组)从一个网络(或一条链路)的一端

传送到另一端所需要的时间。通常时延由以下几部分组成，即发送时延、传播时延、处理时延和排队时延，其产生的位置如图1-16所示。

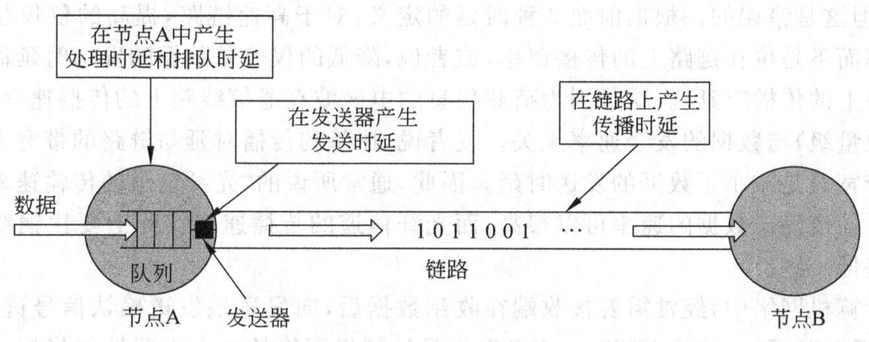

图1-16 4种时延所产生的位置

(1) 发送时延。它是主机或路由器发送数据帧所需要的时间。也就是从数据帧的第一位开始发送算起，到该帧的最后一位发送完毕所需的时间。发送时延又称为传输时延，它的计算公式是

$$发送延迟=\frac{数据块长度(b)}{信道带宽(b/s)}$$

可见，对于一个网络，发送时延并非固定不变，而是与发送的帧长成正比，与信道带宽成反比。

(2) 传播时延。电磁波在信道中传播一定的距离而需要花费的时间。它的计算公式是

$$传播时延=\frac{信道长度(m)}{电磁波在信道上的传播速率(m/s)}$$

电磁波在自由空间的传播速率等于光速，即 3.0×10^5 km/s。电磁波在网络传输媒体中的传播速率由于存在波阻抗的缘故，因此比在自由空间要略低一些：在铜线电缆中的传播速率约为 2.3×10^5 km/s，在光纤中的传播速率约为 2.0×10^5 km/s。

由上述定义可见，信号传输速率(即发送速率)和电磁波在信道上的传播速率是两个完全不同的概念，因此不能将发送时延和传播时延弄混。发送时延发生在主机或路由器内部的发送器中，而传播时延则发生在主机外部的传输信道媒体上。

(3) 处理时延。主机或路由器在收到分组时要花费一定的时间进行处理，例如分析分组的首部、从分组中提取数据部分、进行差错检验或查找适应的路由等，这些动作产生了处理时延。

(4) 排队时延。分组在经过网络传输时，往往要经过许多的路由器，在分组进入路由器后要先在输入队列中排队等待处理。在路由器确定了转发端口后，还要在输出队列中排队等待转发，这就产生了排队时延。排队时延的长短往往取决于网络当时的通信量。当网络的通信量很大时会发生队列溢出，使分组丢失，这相当于排队时延为无穷大。

这样，数据在网络中经历的总时延就是上述4种时延之和，即

$$总时延=传播时延+发送时延+处理时延+排队时延$$

在总时延中,究竟是哪一种时延占主导地位,必须具体分析。

这里读者要弄清楚一个概念,就是"在高速链路(或高带宽链路)上,比特应当跑得更快些"。但这是错误的。根据前面3种时延的定义,对于高速链路,提高的仅仅是数据的发送速率而不是位在链路上的传播速率(或者说,降低的仅仅是数据的发送时延而不是比特在链路上的传播时延)。这是因为荷载信息的电磁波在通信线路上的传播速率(相当于光速的数量级)与数据的发送速率无关。或者说,比特的传播时延与链路的带宽无关。提高链路带宽只是减小了数据的发送时延。因此,通常所说的"光纤信道的传输速率高",是指向光纤信道发送数据的速率可以很高,而光纤信道的传播速率实际上要比铜线的传播速率还略低一些。

在计算机网络中,经常需要接收端在收到数据后,向发送端发送确认信号进行确认。所以,往返时延(Round-Trip Time,RTT)也是计算机网络的一个重要性能指标。它表示从发送端发送数据开始,到发送端收到来自接收端的确认(接收端收到数据后立即发送确认)总共经历的时延。对于复杂的Internet,往返时延要包括各中间节点的处理时延和转发数据时的发送时延。

5. 时延带宽积

将上述讨论的网络性能的两个度量——传播时延和带宽相乘,就得到另一个很有用的度量——传播时延带宽积,即

$$\text{时延带宽积} = \text{传播时延} \times \text{带宽}$$

可以用图1-17来表示时延带宽积。这是一个代表链路的圆柱形管道,管道的长度是链路的传播时延(这里以时间作为单位表示链路长度),而管道的截面积是链路的带宽。因此,时延带宽积就表示这个管道的体积,表示这样的链路可以容纳多少个比特。例如,设某段链路的传播时延为20ms,带宽为10Mb/s,算得时延带宽积$=20\times10^{-3}\times10\times10^{6}=2\times10^{5}$b。这表示若发送端连续发送数据,则在发送的第一位即将到达终点时,发送端就已经发送了2×10^{5}b,而这些比特都正在链路上传输。因此,链路的时延带宽积又称为以比特为单位的链路长度。

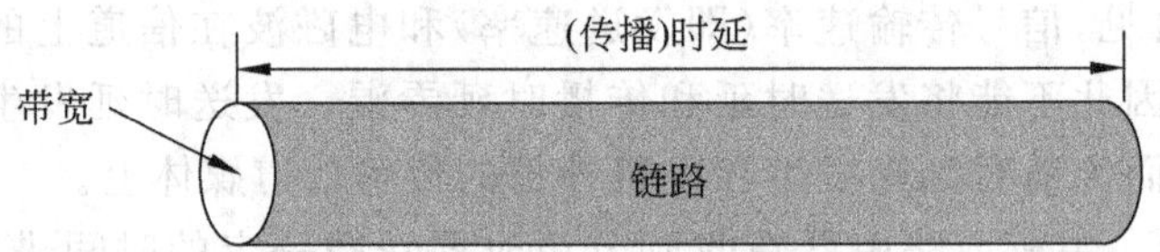

图1-17 时延带宽积示意图

1.4.2 计算机网络的应用模型

1. 客户/服务器模型

在客户/服务器(Client/Server,C/S)网络应用模型中,网络中的各计算机地位不平等,由一台或者多台计算机担当整个网络的管理角色,称为"服务器",为整个网络中的计算机提供服务和管理;而其他计算机是受这些服务器管理的,这些计算机称为"工作站",或称"客户机"。

客户/服务器模型在网络中已广泛应用。在客户/服务器网络中，客户机可以访问网络中的共享资源，但本机的资源（如硬盘和打印机）不能为其他客户共享。服务器为整个网络提供共享资源和网络服务，管理网络通信，它是全网的核心。

在网络环境下，计算模式从集中式转向了分布式。采用C/S结构可将一个应用系统分为客户程序和服务程序两个部分。这两个程序一般安装在位于不同地点的计算机上，当用户使用这种应用系统时，首先要调用客户程序与服务器建立联系，并把有关信息传输给服务程序，服务程序则按照客户程序的要求提供相应的服务，并把所需信息传递给客户程序。这种技术在Internet中广泛采用，如WWW、FTP、DNS、POP3等服务都是基于C/S结构的。图1-18(a)是客户/服务器网络应用模型的示意图。

客户/服务器模型主要具有以下几方面的特点：

(1) 网络中各计算机的地位不平等，由"服务器"计算机担当管理角色，"工作站"计算机被服务器管理，这不仅是从资源角度来看，更重要的是从用户对象权限、安全策略等方面的管理。服务器通过对用户权限的限制和管理制度的控制，来达到管理工作站的目的，使它们不能随意存储数据，更不能随意删除数据或进行其他受限网络的活动。

(2) 整个网络的管理工作交由少数服务器担当，所以整个网络的管理非常集中、方便，这一优势在大规模网络中更加明显。

(3) 可扩展性不佳。由于受服务器硬件和网络带宽的限制，服务器所能支持的客户数比较有限。当客户数增长较快时，会急剧影响网络应用系统的效率。

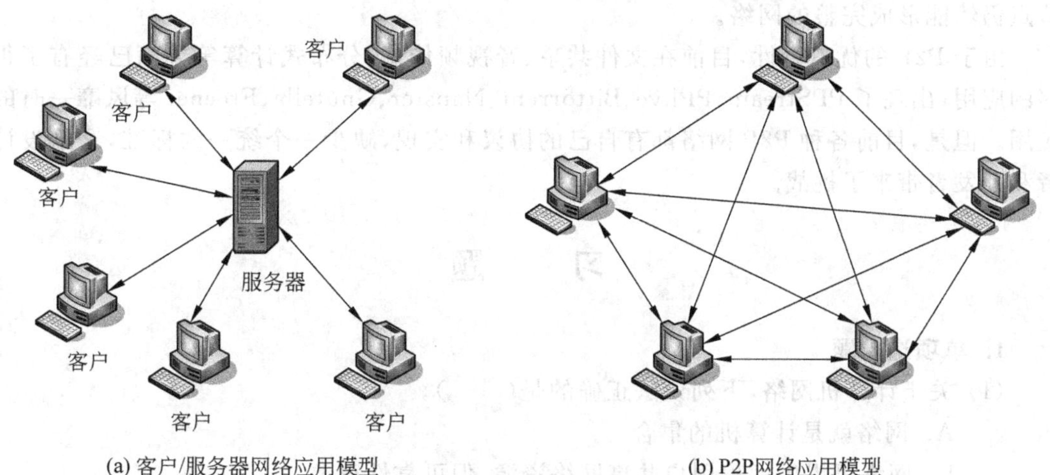

(a) 客户/服务器网络应用模型　　(b) P2P网络应用模型

图1-18　两种网络应用模型

2. P2P模型

P2P是Peer-to-Peer的缩写，peer在英语里是对等者的意思。因此，P2P也称为对等网络或对等应用。与对等应用方式相对的主要是指C/S模式。在C/S模式中，各种各样的资源如文字、图片、音乐、电影都存储在中心服务器上，用户把自己的计算机作为客户端连接到服务器上进行检索、下载、上传数据或请求运算。不难看出，在这种模式中，服务器性能的好坏直接关系到整个系统的性能，当大量用户请求服务器提供服务时，服务器就必然成为系统的瓶颈。

P2P 改变了这种模式，其本质思想是：整个网络结构中的传输内容不再被保存在中心服务器中，每一个节点(Peer)都同时具有下载、上传和信息追踪这 3 方面的功能，每一个节点的权利和义务都是大体对等的。目前，最常用的 P2P 软件是第三代 P2P 技术的代表，它的特点是强调多点对多点的传输，充分利用了用户在下载时空闲的上传带宽，在下载的同时也能进行上传。换句话说，同一时间的下载者越多，上传者也越多。这种多点对多点的传输方式大大提高了传输效率和对带宽的利用率，因此特别适合用来下载字节数很大的文件。

在 P2P 网络应用模型中没有服务器和客户端的区分，每个参与的节点在获得服务的同时，也为其他节点提供服务。例如，在一个文件共享的 P2P 网络中，一个节点可以从其他节点下载文件内容，同时也可以为其他节点提供文件的下载。图 1-18(b)是 P2P 网络应用模型的示意图。

P2P 模型具有以下优点：

(1) 繁重的计算任务可以被分配到各个节点上，利用每个节点空闲的计算能力和存储空间，聚合实现强大的服务。

(2) 系统可扩展性好。传统的服务器有连接带宽的限制，只能达到一定的客户端连接数，但是在 P2P 系统中，能避免这个问题。

(3) 网络更加健壮。不存在中心节点失效的问题，当一部分节点连接失败后，其余的节点仍然能形成完整的网络。

由于 P2P 的优良特性，目前在文件共享、音视频传输、分布式计算等方面已经有了很多的应用，出现了 PPStream、PPlive、Bittorrent、Napster、Gnutella、Freenet 等风靡一时的应用。但是，目前各种 P2P 网络都有自己的协议和实现，缺少一个统一的标准，这给设计者和开发者带来了挑战。

习　　题

1. 单项选择题

(1) 关于计算机网络，下列说法正确的是(　　)。

A. 网络就是计算机的集合

B. 网络可提供远程用户共享网络资源，但可靠性很差

C. 网络是通信、计算机和微电子技术相结合的产物

D. 网络中计算机的功能不一定都是独立的

(2) 计算机网络的主要功能是(　　)。

A. 计算机之间的互相制约

B. 数据通信和资源共享

C. 加快数据的传输速度

D. 把各种不同型号的计算机连接起来

(3) 资源子网中的数据处理设备包括(　　)。

A. 同轴电缆　B. 磁盘存储器　C. 通信监控处理机　D. 路由器

(4) (　　)负担全网的数据传输和通信处理工作。

A. 计算机　B. 网卡　C. 资源子网　D. 通信子网

(5) (　　)负责全网数据处理和向网络用户提供资源及网络服务。

A. 计算机　B. 通信子网　C. 资源子网　D. 网卡

(6) 计算机网络就是把分散布置的多台计算机及专用外部设备用通信线路互联,并配以相应的(　　)所构成的系统。

A. 应用软件　B. 网络软件　C. 专用打印机　D. 专用存储系统

(7) 下列(　　)不是网络能实现的功能

A. 数据通信　B. 资源共享　C. 负荷均衡　D. 控制其他工作站

(8) 计算机网络的通信协议是为保证准确通信而制定的一组(　　)。

A. 规则或约定　B. 硬件电气规范　C. 用户操作规范　D. 程序设计语法

(9) 计算机网络系统中的每台计算机都是(　　)。

A. 相互控制的　B. 相互制约的　C. 各自独立的　D. 毫无联系的

(10) 网络协议的3个主要要素不包括下列(　　)项。

A. 语义　B. 语法　C. 标准　D. 时序

(11) 以下不属于计算机网络硬件系统的有(　　)。

A. 调制解调器　B. 集线器　C. 网络接口卡　D. 网络协议

(12) TCP/IP参考模型分为(　　)层。

A. 3　B. 4　C. 5　D. 6

(13) 当进行文本文件传输时,可能需要进行数据压缩。在OSI参考模型中完成这一工作的是(　　)。

A. 应用层　B. 表示层　C. 会话层　D. 传输层

(14) 当数据由端系统A传至端系统B时,不参与数据封装工作的是(　　)。

A. 物理层　B. 数据链路层　C. 网络层　D. 传输层

(15) 收发两端之间的传输距离为1000km,信号在媒体上的传播速率为2×10^8m/s。数据长度为10^7b,数据发送速率为100kb/s,发送时延、传播时延为分别为(　　)。

A. 150s、15ms　B. 100s、5ms　C. 50s、1ms　D. 200s、20ms

(16) 在OSI参考模型中,自下而上第一个提供端到端服务的层次是(　　)。

A. 数据链路层　B. 传输层　C. 会话层　D. 应用层

(17) 下列选项中,不属于网络体系结构中所描述的内容是(　　)。

A. 网络的层次　B. 每一层使用的协议

C. 协议的内部实现细节 D. 每一层必须完成的功能

(18) TCP/IP 参考模型的网络层提供的是( )。

A. 无连接不可靠的数据报服务 B. 无连接可靠的数据报服务

C. 有连接不可靠的虚电路服务 D. 有连接可靠的虚电路服务

2. 填空题

(1) 计算机网络是________技术和________技术紧密结合的产物。

(2) 计算机网络发展经历了________、________、________、________4 个阶段。

(3) 计算机网络是通过通信媒体,把各个独立的计算机互相连接所建立起来的系统。它实现了计算机与计算机之间的________和资源共享。

(4) 计算机联网最主要的目的是________。

(5) 按网络覆盖的地理范围进行网络分类,可把网络划分成________、________和________,因特网属于________网。

(6) 因特网采用的网络协议是________协议。

(7) 计算机系统可以看成是由通信子网和________子网组成的系统。前者的主要任务是负责全网的信息________;后者的任务是负责信息________。

(8) 网络协议主要由________、________和________ 3 个要素组成。

(9) 国际标准化组织的简称是________,国际标准化组织制定的开放系统互联参考模型的英文简称是________。

(10) 在早期面向终端的单机网络中,终端不具备________能力。

(11) 同一系统相邻两层实体交换信息的地方称为________,它是相邻两层实体的________。

(12) 在 OSI 体系结构中,(*N*)PDU 由________和________两部分组成。(*N*)PDU 传到 *N*－1 层后,变为________。(本题的 3 个空要求填写英文缩写)

(13) 在 TCP/IP 体系结构中,________层提供路由选择功能,________层提供可靠的端到端的数据传输。SMTP 是________层的协议。

3. 简答题

(1) 什么是计算机网络? 计算机网络最主要的功能是什么?

(2) 举例说明计算机网络的资源共享。

(3) 简要叙述计算机网络系统的组成。

(4) 计算机网络可从哪几方面进行分类?

(5) 常见的网络拓扑结构有哪几种类型? 各有什么特点?

(6) 什么是实体、对等层、SAP、协议、网络体系结构?

(7) 为什么说服务是垂直的而协议是水平的?

(8) 在 OSI 参考模型中数据是如何流动的?

(9) 简要叙述计算机网络的主要性能指标。

(10) 为什么 WWW 是基于 C/S 结构的? P2P 结构比 C/S 结构有哪些优点?

第2章 数据通信基础知识

计算机间的通信是实现资源共享的基础,计算机通信网络的核心是数据通信设施。网络中的信息交换与共享意味着一个计算机系统中的信号通过网络传输到另一个计算机系统中去处理或使用。如何对不同计算机系统中的信号进行传输,这是数据通信技术要解决的问题。

2.1 数据通信系统

数据通信(data communication)系统就是指以计算机为中心,用通信线路连接分布在各地的数据终端设备而执行数据传输功能的系统,其基本作用是在两个实体间交换数据。

2.1.1 数据通信系统模型

数据通信系统的基本组成有3个要素,即信源、信宿和信道。图2-1是一个简单的数据通信系统模型。实际上,数据通信系统的组成因用途而异。

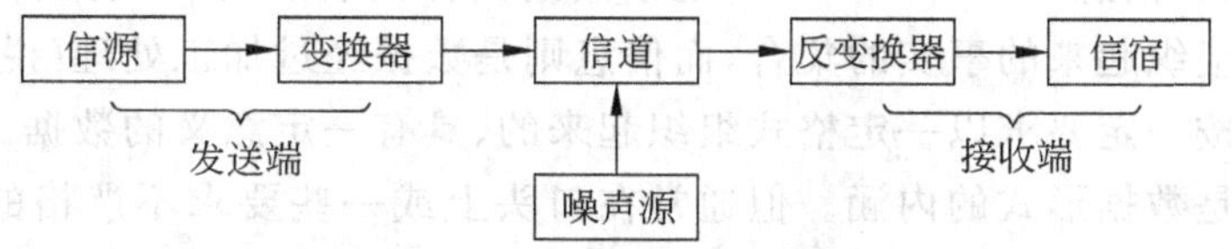

图 2-1 简单的数据通信系统模型

1. 信源和信宿

信源就是信息的发送端,是发出待传送信息的人或设备;信宿就是信息的接收端,是接收所传送信息的人或设备。大部分信源和信宿设备都是计算机或其他DTE设备。

2. 信道

信道是传输信息的通道,是由通信线路及其附属设备(如收发设备)组成的。由有线传输介质(如双绞线、同轴电缆、光缆等)构成的信道叫有线信道,由无线传输介质(如微波、卫星)构成的信道叫无线信道。

信道又可分为数字信道和模拟信道。可直接传输二进制信号或经过编码的二进制数据的信道称为数字信道,可传输连续变化的信号或二进制数据经过调制后得到的模拟信号的信道称为模拟信道。

3. 信号变换器与反变换器

信号变换器的作用是将信源发出的信息变换成适合在信道上传输的信号。对应不同的信源和信道，信号变换器有不同的组成和变换功能，一般有编码器或调制器。接收端的信号反变换器是将接收到的信号恢复成发送端原来的信号，正好是变换器的反向功能，一般有译码器或解调器。

编码器的功能是把输入的二进制数字序列作相应的变换（通常是根据一定规则加入冗余码元），以便在接收端正确识别信号；译码器是在接收端完成编码的反过程。编码器和译码器的主要作用就是降低信号在传输过程中可能出现差错的概率。

调制器是把信源或编码器输出的二进制脉冲信号变换（调制）成模拟信号，以便在模拟信道上进行远距离传输；解调器的作用是反调制，即把接收端接收的模拟信号还原为二进制脉冲数字信号。

由于网络中绝大多数信息都是双向传输的，所以在大多数情况下，信源也作信宿，信宿也作信源。因此，编码器与译码器合并，通称为编码译码器；调制器与解调器合并，通称为调制解调器。

4. 噪声源

一个通信系统客观上不可避免地存在着噪声干扰，而这些干扰分布在数据传输过程的各个部分。为分析或研究问题方便，通常把它们等效为一个作用于信道上的噪声源。

2.1.2 数据通信的基本概念

1. 数据、信息和信号

数据(data)由数字、字符和符号等组成，是信息的载体。它没有实际含义，总是和一定的形式相联系。信息(information)则是数据的具体内容和解释，有具体含义。数据是独立的，是尚未组织起来的事实的集合，而信息则是数据经过加工处理（说明或解释）后得到的，即信息是按一定要求以一定格式组织起来的、具有一定意义的数据。数据是信息的表示形式，信息是数据形式的内涵。但通常在口头上或一些要求不严格的场合把数据说成信息，或把信息说成数据。在计算机网络中，信息也称为报文(message)。

信号(signal)是数据的具体物理表示，具有确定的物理描述，如电压、磁场强度等。在电路中，信号就是具体表示数据的电编码或电磁编码。电磁信号一般有模拟信号和数字信号两种形式。随时间连续变化的信号叫模拟信号，如正弦波信号等；随时间离散变化的信号是数字信号，它可以用有限个数位来表示连续变化的物理量，如脉冲信号等。

数据、信息和信号这三者是紧密相关的，在数据通信系统中，人们关注得更多的是数据和信号。

2. 数据通信、数字通信和模拟通信

1）数据通信

数据通信是指信源和信宿之间传送数据信号的通信方式。狭义的数据信号就是指离散变化的数字信号。由于现在信息的多媒体化，数据信号的含义也广义化了，即数据不仅包括离散变化的数字数据，也包括连续变化的模拟数据。因此，可以说数据通信过程是利用通信系统对各种数据信号进行传输、变换和处理的过程。由此可知，计算机与计算机、计算机与终端之间的通信以及计算机网络中的通信都是数据通信。

2）数字通信和模拟通信

数字通信就是指在通信信道中传送数字信号的通信方式。与之相对，在通信信道中传输模拟信号的通信方式是模拟通信。数字通信和模拟通信所强调的是信道中传输的信号形式，即强调的是信道的形式，前者是数字信道，后者是模拟信道，如图 2-2 所示。至于信源发出和信宿接收的信号可以是数字信号、模拟信号或其他形式的信号。图 2-2(a)的信号变换器是编码器，其作用是数字数据的数字信号编码；图 2-2(b)的信号变换器是模拟/数字转换器，其作用是模拟数据的数字信号编码，具体转换可用 PCM 调制或增量调制技术进行；图 2-2(c)的信号变换器的作用是数字数据的模拟信号编码，具体转换可由调制解调技术完成。

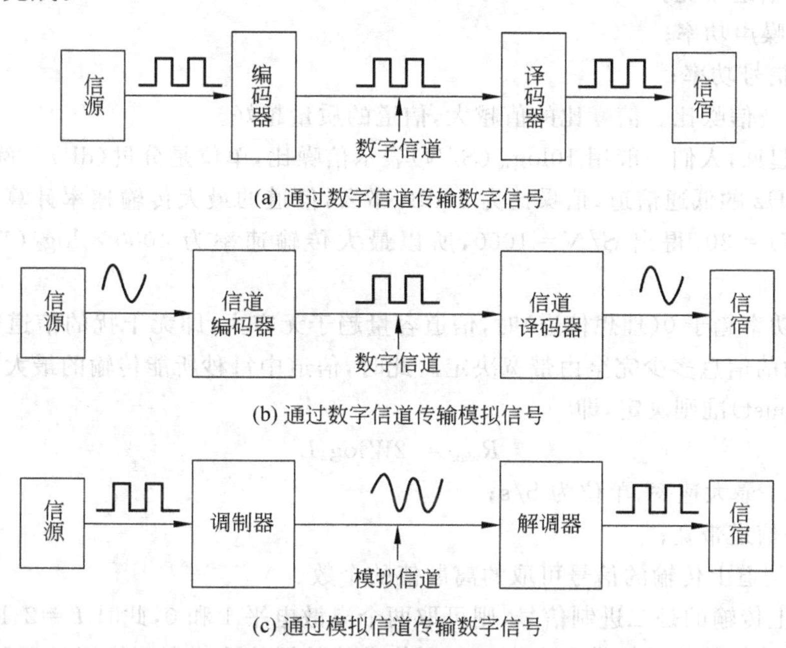

图 2-2 数字通信和模拟通信

数字通信和数据通信是两个不同的概念。前者强调的是信道的形式或信道中传输的信号的形式，而后者强调的是信源与信宿之间传输的信息形式。

2.1.3 数据通信的主要技术指标

数据通信的主要技术指标是衡量数据传输的有效性和可靠性的参数。有效性主要由信道带宽和信道容量、传输速率、传输延迟等指标来衡量；可靠性一般用数据传输的误码率指标来衡量。传输延迟在第 1 章中已讲过，此处不再重复。

1. 信道带宽和信道容量

信道带宽或信道容量是描述信道的主要指标之一，由信道的物理特性所决定。通信系统中传输信息的信道具有一定的频率范围（即频带宽度），称为信道带宽。信道容量是指单位时间内信道所能传输的最大信息量，它表征信道的传输能力。在通信领域中，信道容量常指信道在单位时间内可传输的最大码元数(码元是承载信息的基本信号单位,一个表示数据有效值状态的脉冲信号就是一个码元),信道容量以码元速率(单位为波特)来表示。由于数据通信主要是计算机与计算机之间的数据传输,而这些数据最终又以二进制位的形式表示,因此,信道容量有时也表示为单位时间内最多可传输的二进制数的位数(也叫信道的数据传输速率),以位/秒(b/s 或 bps)形式表示。

一般情况下,信道带宽越宽,一定时间内信道上传输的信息量就越多,则信道容量就越大,传输效率也就越高。香农(Shannon)定理给出了信道容量与信道带宽之间的关系:

$$C = W\log_2(1+S/N)$$

式中,C——信道容量,单位为 b/s;

W——信道带宽;

N——噪声功率;

S——信号功率;

S/N——信噪比。信噪比的值越大,信道的质量越好。

为方便起见,人们一般用 $10\log_{10}(S/N)$ 表示信噪比,单位是分贝(dB)。例如,对于某带宽为 4000Hz 的低通信道,信噪比为 30dB,那么,信道的最大传输速率计算方法是:由 $10\log_{10}(S/N)=30$,得出 $S/N=1000$,所以最大传输速率为 $4000\times\log_2(1+1000)\approx$ 40kb/s。

当噪声功率趋于 0(理想信道)时,信道容量趋于无穷大,即无干扰的信道容量为无穷大,信道传输的信息多少完全由带宽决定。此时,信道中每秒所能传输的最大比特数由奈奎斯特(Nyquist)准则决定,即

$$R_{max} = 2W\log_2 L$$

式中,R_{max}——最大速率,单位为 b/s;

W——信道带宽;

L——信道上传输的信号可取的离散值的个数。

若信道上传输的是二进制信号,则可取两个离散电平 1 和 0,此时 $L=2$,$\log_2 2=1$,所以 $R_{max}=2W$。如某信道的带宽为 3kHz,则信道的数据传输速率不能超过 6kb/s。若 $L=8$,$\log_2 8=3$,即每个信号传送 3 个二进制位。带宽 3kHz 的信道的数据传输速率最大可达 18kb/s。

按信道频率范围的不同,通常可将信道分为 3 类:窄带信道(带宽为 0~300Hz)、音频信道(带宽为 300~3400Hz)和宽带信道(带宽为 3400Hz 以上)。

2. 传输速率

1) 数据传输速率(rate)

数据传输速率是指通信系统单位时间内传输的二进制代码的位(比特)数。数据传输速率的高低由每位数据所占的时间决定,一位数据所占的时间宽度越小,则其数据传输速率越高。设 T 为传输的电脉冲信号的宽度或周期,N 为脉冲信号所有可能的状态数,则数据传输速率为

$$R = 1/T\log_2 N$$

式中,$\log_2 N$—每个电脉冲信号所表示的二进制数据的位数(比特数)。

如电信号的状态数 $N=2$，即只有 0 和 1 两个状态，则每个电信号只传送一位二进制数据，此时，$R=1/T$。

2）调制速率

调制速率又叫码元速率、符号速率、波形速率，它是数字信号经过调制后的传输速率，表示每秒传输电信号单元（码元）数，即调制后模拟电信号每秒钟的变化次数，它等于调制周期（即时间间隔）的倒数，单位为波特（Baud）。若用 $T(s)$ 表示调制周期，则调制速率为

$$B = 1/T$$

上式表明，1 波特表示每秒钟传送一个码元。显然，上述两个指标有如下的数量关系：

$$R = B\log_2 N$$

上式说明，在数值上"比特/秒"单位等于"波特"的 $\log_2 N$ 倍，只有当 $N=2$（即双值调制）时，两个指标才在数值上相等。但是，在概念上两者并不相同，波特是码元的传输速率单位，表示单位时间传送的信号单元（码元）的个数，是调制速率；而比特/秒是单位时间内传输信息量的单位，表示单位时间传送的二进制位的个数。

3. 误码率

误码率是衡量通信系统在正常工作情况下传输可靠性的指标。误码率是指二进制码元在传输过程中被传错的概率。显然，它就是错误接收的码元数在所传输的总码元数中所占的比例。

在计算机网络通信系统中，要求误码率低于 10^{-6}。如果实际传输的不是二进制码元，需折合成二进制码元来计算。在通信系统中，系统对误码率的要求应权衡通信的可靠性和有效性两方面的因素，误码率越低，设备要求就越高。

2.2　数据通信方式

在计算机网络中，从不同的角度看有多种不同的通信方式。

2.2.1　并行通信和串行通信

在计算机内部各部件之间、计算机与各种外部设备之间、计算机与计算机（或终端）之间都是以通信方式传递信息的，根据通信过程中每次传输的位数，可将通信分为并行通信（parallel transmission）和串行通信（serial transmission）。在并行通信中，每次同时传输至少 8 个二进制数据位。在串行通信中，一次只能传输一位数据位，如图 2-3 所示。

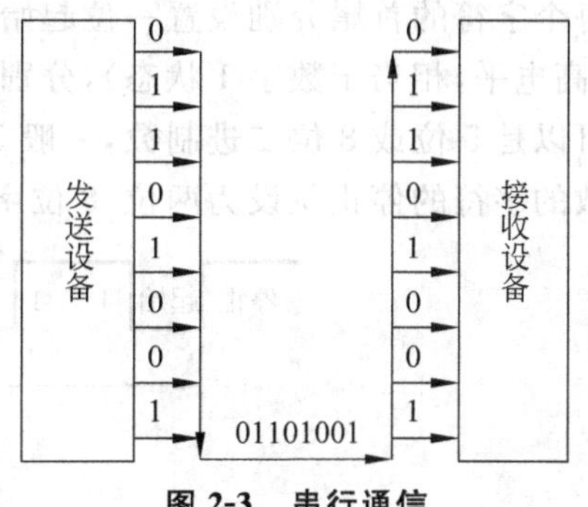

图 2-3　串行通信

通常并行通信用于计算机内部各部件之间或近距离设备之间的数据传输，而串行通信常用于计算机与计算机或计算机与终端之间远距离的数据传输。由于在计算机内部总线上传输的是并行数据，要与外部设备进行串行通信，在发送端就需要把并行数据转

换成串行数据，在接收端还需将串行数据转换成并行数据。

由于串行通信每次在线路上只能传输一位数据，因此其传输速率要比并行通信慢得多。虽然串行传输速率慢，但在发收两端之间只需一根传输线，成本大大降低。且由于串行通信适用于覆盖面很广的公用电话网络系统，所以，在现行的计算机网络通信中，串行通信应用广泛。

2.2.2 单工通信、半双工通信和全双工通信

根据数据在线路上传输的方向特点，可将通信分为单工通信(simplex)、半双工通信(half-duplex)和全双工通信(full-duplex)三种通信方式。

(1) 单工通信。在通信线路上，数据只可按一个固定的方向传送而不能进行相反方向传送的通信方式称为单工通信。单工通信可比拟为城市的单行道交通。

(2) 半双工通信。数据可以双向传输，但不能同时进行，采用分时间段传输，在任一时刻只允许在一个方向上传输信息，这种通信方式称为半双工通信。生活中使用的对讲机就是采用半双工通信方式。

(3) 全双工通信。在通信线路上，可同时双向传输数据。它相当于两个方向相反的单工通信组合在一起，通信的一方在发送信息的同时也能接收信息。全双工通信可比拟为城市的车辆可以双向同时行驶的主干道交通。

2.2.3 异步传输与同步传输

在串行通信过程中，数据是按位传输的，接收端收到的信息应与发送端发出的信息完全一致，这就要求在通信中收发两端必须有统一的、协调一致的动作。我们把这种统一收发两端动作、保持收发步调一致的过程称为同步。数据通信系统能否可靠而有效地工作，在相当大程度上依赖于是否能很好地实现同步。

常用的数据传输的同步方式有两种：异步传输方式和同步传输方式。

1. 异步传输方式

异步传输方式是串行通信中常用的也是最简单的同步方式。异步传输是指同一个字符内相邻两位的间隔是固定的，而两个字符间的间隔是不固定的，即所谓“字符内同步，字符间异步”。

在异步方式下，不传送字符时，线路一直处于高电平(1)状态。传送字符时，发送端在每个字符的首尾分别设置一位起始位(低电平，相当于数字 0 状态)和 1.5(或 2)位停止位(高电平，相当于数字 1 状态)，分别表示字符的开始和结束。起始位和停止位中间的字符可以是 5 位或 8 位二进制数，一般 5 位二进制数的字符的停止位设为 1.5 位，8 位二进制数的字符的停止位设为两位，8 位字符中包括一位校验位。异步传输方式如图 2-4 所示。

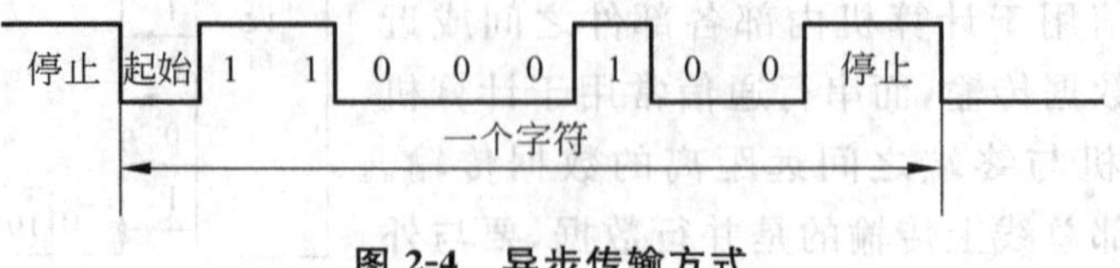

图 2-4 异步传输方式

由图 2-4 可知，在异步传输方式中每个字符含相同的位数，字符每位的位宽相同，传送每个字符所用的时间由字符的起始位和停止位之间的时间间隔决定，为一固定值。起始位起到一个字符内的各位的同步作用，故异步方式又称起止式同步。

异步方式由于附加了起始位和停止位，增加了传输开销，所以传输效率有所下降。但如果出现错误，只需重发一个字符即可，且这种方式控制简单，实现容易，适用于低速率场合。

2. 同步传输方式

同步传输不是以字符为单位而是以数据块(一组字符或比特流)为单位传输的。在传输中，字符之间不加起始位和停止位。为了使接收方容易确定数据块的开始和结束，需要在每个数据块的前后加上起始和结束标志，以便使发送方与接收方之间能建立起一个同步的传输过程，同时还可以用这些标志来区分与隔离连续传输的数据块。数据块起始和结束标志的特性取决于数据块是面向字符的还是面向比特的。目前有两种形式的同步传输方式，即面向字符的同步传输和面向比特的同步传输。

1) 面向字符的同步传输

面向字符的同步传输的特点是一次传送由若干个字符组成的数据块。数据块就是字符序列，即使是其中包含的控制信息也采用字符形式。每个块(或帧)数据以一个或多个同步字符作为开始标志。ASCII 码字符 SYN(0010110)专门作为同步字符，接收端通过检测同步字符来确定数据帧传输的开始。数据帧中位于同步字符后面的字符和帧结尾处的控制符则与具体的传输控制规程有关。

2) 面向比特的同步传输

面向比特的同步传输的特点是所传输的一帧数据可以是任意位，并且它是靠约定的位组合模式而不是靠特定字符来标志信息帧的起止，所以称其为“面向比特”的同步传输。

在 OSI 体系结构中，面向比特的高级数据链路控制规程(HDLC)中规定，所有信息帧必须由一个位组合 01111110 作为开始和结束标志。

为了使接收方能从接收到的数据中正确区分出每个比特，即实现位同步，首先必须建立与发送方一样的时钟。在近距离传输时，可增加一根时钟信号线，用发送方的时钟驱动接收设备，这种位同步称为外同步法。远距离传输时，则必须从接收到的数据流中提取同步信号，用锁相技术可得到与发送时钟完全相同的接收时钟，从而实现位同步，这种位同步称为内同步法(也称自同步)。

2.3 数据传输技术

2.3.1 基带传输、频带传输和宽带传输

1. 基带传输

由计算机或终端等数字设备产生的、未经调制的数字数据相对应的电脉冲信号通常呈矩形波形式，它所占据的频率范围通常从直流和低频开始，因而这种电脉冲信号被称为基带信号。基带信号所占有(固有)的频率范围称为基本频带，简称基带(baseband)。在

信道中直接传输这种基带信号的传输方式就是基带传输。在基带传输中整个信道只传输这一种信号。

由于在近距离范围内，基带信号的功率衰减不大，从而信道容量不会发生变化，因此，计算机局域网系统广泛采用基带传输方式，如以太网、令牌环网都是如此。基带传输是一种最简单、最基本的传输方式，它适合于传输各种速率要求的数据。基带传输过程简单，设备费用低，适合于近距离传输的场合。

2. 频带传输

由于基带信号频率很低，含有直流成分，远距离传输过程中信号功率的衰减或干扰将造成信号减弱，使得接收方无法接收，因此基带传输不适合于远距离传输；又因远距离通信信道多为模拟信道，所以，在远距离传输中不采用基带传输而采用一种叫频带传输的方式。

频带传输就是先将基带信号变换（调制）成便于在模拟信道中传输的、具有较高频率范围的信号（这种信号称为频带信号）；再将这种频带信号在信道中传输。由于频带信号也是一种模拟信号（如音频信号），频带传输实际上就是模拟传输。计算机网络系统的远距离通信通常都是频带传输。基带信号与频带信号的变换是由调制解调技术完成的。

3. 宽带传输

宽带的概念来源于电话业，是指比音频带宽更宽（3400Hz 以上）的频带，它包括大部分电磁波频谱。利用宽带进行的传输称为宽带传输。宽带传输系统可以是模拟或数字传输系统，它能够在同一信道上进行数字信息和模拟信息传输。宽带传输系统可容纳全部广播信号，并可进行高速数据传输。在局域网中，存在基带传输和宽带传输两种方式。基带传输的数据速率比宽带传输速率低。一个宽带信道可以被划分为多个逻辑基带信道。宽带传输能把声音、图像、数据等信息综合到一个物理信道上进行传输。宽带传输采用的是频带传输技术，但频带传输不一定是宽带传输。

2.3.2 数据编码技术

前已述及，信号是数据的具体表示形式，它与数据有一定的关系，但又和数据不同。模拟数据可以用模拟信号传输，也可以用数字信号传输；同样，数字数据可以用数字信号传输，也可以用模拟信号传输。这样就构成了 4 种方式。在每一种方式中，数据信息所对应的传输信号状态称为数据信息编码。4 种方式所对应的 4 种数据信息编码为数字数据的模拟信号编码、数字数据的数字信号编码、模拟数据的数字信号编码和模拟数据的模拟信号编码。下面主要介绍常用的前 3 种编码技术。

1. 数字数据的模拟信号编码

前面提到，在计算机网络的远程通信中通常采用频带传输。若要将基带信号进行远程传输，必须先将其变换为频带信号（即模拟信号），才能在模拟信道上传输。这个变换就是数字数据的模拟信号调制过程。

频带传输的基础是载波，它是频率恒定的模拟信号。基带信号进行调制变换后成为频带信号（调制后的信号也称已调信号）。调制就是利用基带脉冲信号对一种称为载波的模拟信号的某些参量进行控制，使这些参量随基带脉冲而变化的过程。基带信号经调制后，由载波信号携带在信道上传输。到接收端，调制解调器再将已调信号恢复成原始基带信号。这个过程是调制的逆过程，称为解调。

通常采用的调制方式有 3 种：幅度调制、频率调制和相位调制。设载波信号为正弦交流信号 $f(t)=A\sin(\omega t-\psi)$，$A$、$\omega$ 和 ψ 分别代表函数的幅度、频率和相位，则基带信号的 3 种调制波形如图 2-5 所示。

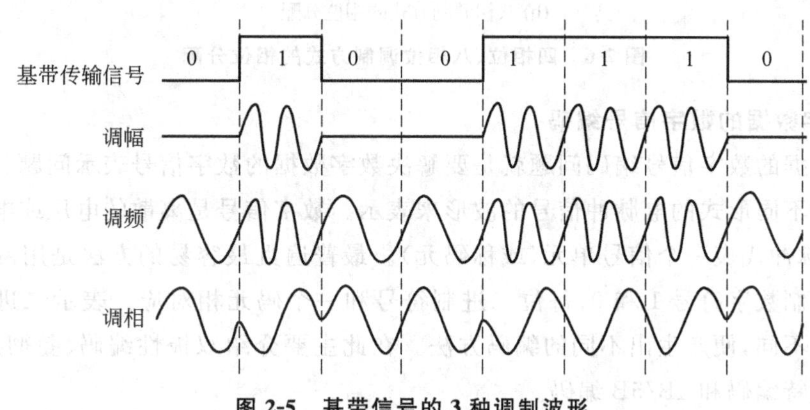

图 2-5　基带信号的 3 种调制波形

1）幅度调制

幅度调制（Amplitude Modulation，AM）简称调幅，又称幅移键控（Amplitude Shift Keying，ASK）。在幅度调制中，载波信号的频率 ω 和相位 ψ 是常量，振幅 A 是变量，即载波的幅度随基带脉冲的变化而变化。如图 2-5 所示，基带脉冲为 1 时，已调信号为一种幅度（有载波输出）；基带脉冲为 0 时，已调信号为另一种幅度（无载波输出）。

2）频率调制

频率调制（Frequency Modulation，FM）简称调频，又称频移键控（Frequency Shift Keying，FSK）。在频率调制中，载波信号的振幅 A 和相位 ψ 是常量，频率 ω 是变量，即载波的频率随基带脉冲的变化而变化。如图 2-5 所示，基带脉冲为 1 时，已调信号的频率为 f_1；基带脉冲为 0 时，已调信号的频率为 f_2。

3）相位调制

相位调制（Phase Modulation，PM）简称调相，又称相移键控（Phase Shift Keying，PSK）。在相位调制中，载波信号的振幅 A 和频率 ω 是常量，相位 ψ 是变量，即载波的相位随基带脉冲的变化而变化。如图 2-5 所示，基带脉冲为 0 时，已调信号的起始相位为 0°；基带脉冲为 1 时，已调信号的起始相位为 180°。

上述相位调制中只有两种相位的调相方式称为两相调制。为了提高信息的传输速率，还经常采用四相调制和八相调制方式。这两种调制方式的数字信息的相位分配情况如图 2-6 所示。

由图 2-6 可以看出，在四相调制方式中，用 4 个不同的相位分别代表 00、01、10、11，或者说每一次调制可以传送两个比特的信息；在八相调制方式中，则每一次调制可传送 3 个比特的信息，显然两者都提高了信息的传输速率。

数字信息	00	01	10	11
相位	0°（或45°）	90°（或135°）	180°（或225°）	270°（或315°）

(a) 四相调制方式的相位分配

数字信息	000	001	010	011	100	101	110	111
相位	0°	45°	90°	135°	180°	225°	270°	915°

(b) 八相调制方式的相位分配

图 2-6 四相位、八相位调制方式的相位分配

2. 数字数据的数字信号编码

数字数据的数字信号编码问题就是要解决数字数据的数字信号表示问题。数字数据可以由多种不同形式的电脉冲信号的波形来表示。数字信号是离散的电压或电流的脉冲序列，每个脉冲代表一个信号单元(或称码元)。最普遍且最容易的方法是用两种码元分别表示二进制数字符号 1 和 0，每位二进制符号和一个码元相对应。表示二进制数字的码元的形式不同，便产生出不同的编码方法。在此主要介绍双极性编码、曼彻斯特编码、差分曼彻斯特编码和 4B/5B 编码。

1) 双极性编码

双极性编码是指在一个码元时间间隔内，发正电流表示二进制的 1，发负电流表示二进制的 0，正向幅度与负向幅度相等。双极性编码有不归零型(NRZ)和归零型(RZ)两种。不归零码的信号波形占一个码元的全部时间间隔，而归零码就是指一个码元的信号波形占一个码元的部分时间，其余时间信号波形幅度为 0，图 2-7 所示是双极性编码的波形，图中是 10110100 的波形。

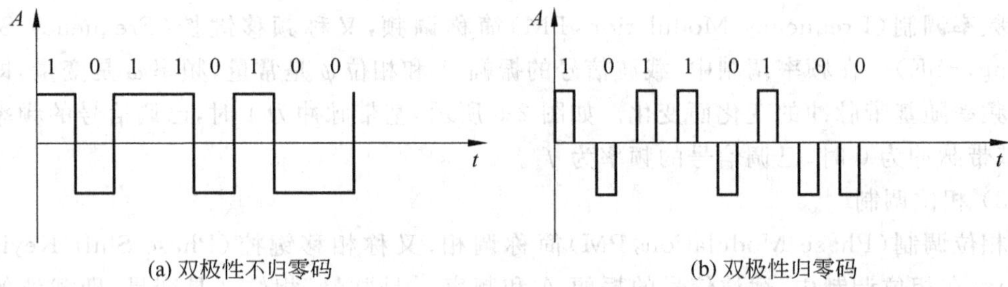

(a) 双极性不归零码　　(b) 双极性归零码

图 2-7 双极性编码

由于不归零码的每个信号波形占全部码元宽度，如果重复发送连续同值码元，则相邻码元的信号波形没有变化，即电流的状态不发生变化，从而造成码元之间没有间隙，不易区分识别。

对于归零码来说，正负脉冲的前沿有起动信号的作用，后沿有终止信号的作用。因此可以经常保持正确的比特同步，即收发之间无须特别的定时，且各符号独立地构成起止方式，此方式也叫做自同步方式。由于这一特性，双极性归零码的应用十分广泛。

2）曼彻斯特编码

如图2-8所示为01101001编码的曼彻斯特编码波形。曼彻斯特编码的规律是在每一个码元时间间隔内，当发0时，在时间间隔的中间时刻电平从低向高跃变；当发1时，在时间间隔的中间时刻电平从高向低跃变。曼彻斯特编码还有其他的形式。这种编码的特点是在每一个码元时间间隔内，电平都有一次跃变。

曼彻斯特编码将时钟和数据包含在数据流中，在传输代码信息的同时，也将时钟同步信号一起传输到对方，每位编码中有一跳变，不存在直流分量，因此具有自同步能力和良好的抗干扰性能。但每一个码元都被调成两个电平，所以数据传输速率只有调制速率的1/2。

3）差分曼彻斯特编码

差分曼彻斯特编码是曼彻斯特编码的改进。如图2-9所示为01101001编码的差分曼彻斯特编码波形（假定初始时刻为1）。差分曼彻斯特编码的规律是：在每一个码元时间间隔内，无论发0或发1，在间隔的中间都有电平的跃变。发1时，码元开始时刻不跃变，发0时，码元开始时刻有跃变。

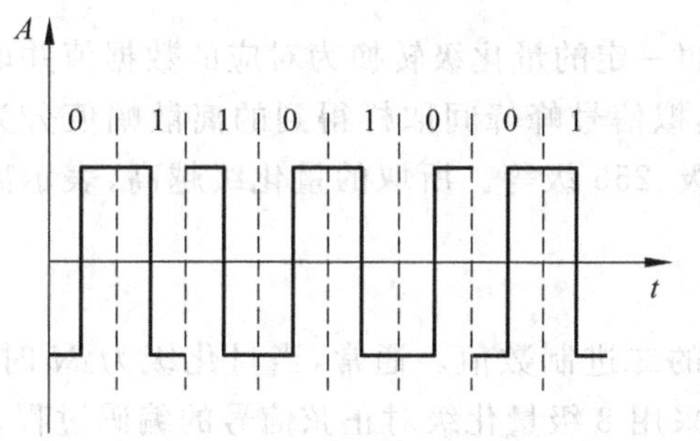

图2-8 曼彻斯特编码

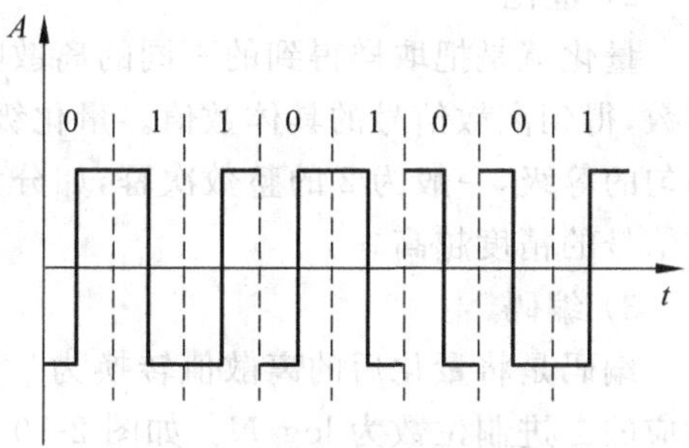

图2-9 差分曼彻斯特编码

曼彻斯特编码和差分曼彻斯特编码的应用很普遍，已成为局域网的标准编码。

4）4B/5B编码

4B/5B编码的特点是将欲发送的数据流每4位作为一个组，然后按照4B/5B编码规则将其转换成相应5位编码。该编码属于自同步编码方式，为了保证接收端能提取同步时钟，编码规则保证：无论4位数据为何种组合（包括全部0），所转换的5位编码中至少有两个“1”，从而保证接收端同步时钟的提取，5位可有32种组合，但4B/5B编码只采用其中对应4位编码的16种，其他的16种或者未用或者用作控制码，以表示帧的开始和结束、线路的状态（静止、空闲、暂停）等。标准4B/5B编码如表2-1所示。

4B/5B编码在5个时钟周期内传送4位有效数据，其编码效率为80%。在百兆以太网中就采用了4B/5B编码。

3. 模拟数据的数字信号编码

模拟数据的数字信号编码常用的方法有脉冲编码调制（PCM）和增量调制（IM）。下面以PCM方法为例介绍。PCM方法以取样定理为基础，将模拟数据数字化。例如，对音频信号进行数字化编码，一般包括3个过程：取样、量化和编码。

表 2-1 标准 4B/5B 编码表

输入 4 位码	输出 5 位码	输入 4 位码	输出 5 位码	输入 4 位码	输出 5 位码
0000	11110	0110	01110	1100	11010
0001	01001	0111	01111	1101	11011
0010	10100	1000	10010	1110	11100
0011	10101	1001	10011	1111	11101
0100	01010	1010	10110		
0101	01011	1011	10111		

1）取样

取样是指在每隔固定长度的时间点上抽取模拟数据的瞬时值，作为从这一次取样到下一次取样之间该模拟数据的代表值。根据取样定理，当取样的频率 F 大于或等于模拟数据的频带宽度（模拟信号的最高变化频率 F_{max}）的两倍（即 $F \geqslant 2F_{max}$），所得的离散信号可以无失真地代表被取样的模拟数据。取样的结果是变连续的模拟信息为离散信息。取样也可称为抽样或采样。

2）量化

量化就是把取样得到的不同的离散幅值按照一定的量化级转换为对应的数据值并取整数，得到离散信号的具体数值。量化级即把模拟信号峰峰间取样得到的离散幅值分为均匀的等级，一般为 2 的整数次幂，如分为 128 级、256 级等。所取的量化级越高，表示离散信号的精度越高。

3）编码

编码是将量化后的离散值转换为一定位数的二进制数值。通常，当量化级为 N 时，对应的二进制位数为 $\log_2 N$。如图 2-10 所示为采用 8 级量化级对正弦信号的编码过程。

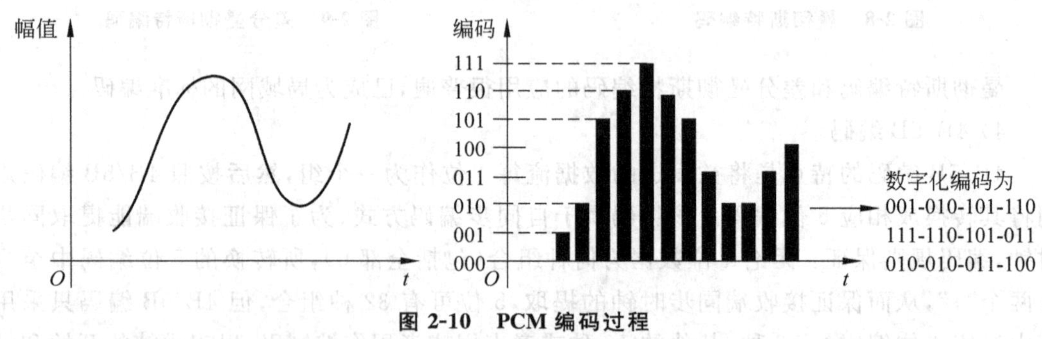

图 2-10 PCM 编码过程

例如，标准模拟电话信号的最高频率为 3.4kHz，为方便起见，取样频率就定为 8kHz，这样，一个话路的模拟电话信号经模数变换后，就变成每秒 8000 个脉冲信号，每个脉冲信号再编码为 8 位二进制码元，因此，一个话路的 PCM 信号速率为 64kb/s。

2.3.3 多路复用技术

在通信系统和计算机网络系统中，信道的传输能力通常大大超过传输单一信息的需求，为了更有效地利用通信线路，希望一个信道中能同时传输多路信息。我们把利用一条物理信道同时传输多路信息的过程称为多路复用。实现多路复用功能的设备叫多路复用器，简称多路器。多路复用技术通常有频分多路复用、时分多路复用、波分多路复用和码分多路复用。

1. 频分多路复用

频分多路复用（Frequency Division Multiplexing，FDM）就是将具有一定带宽的信道分割为若干个有较小频带的子信道，如图 2-11(a)所示，每个子信道供一个用户使用。这样在信道中就可同时传送多个不同频率的信号。被分开的各子信道的中心频率不相重合，且各信道之间留有一定的空闲频带（也叫保护频带），以保证数据在各子信道上的可靠传输。

采用频分多路复用时，数据在各子信道上是并行传输的。由于各子信道相互独立，故一个子信道发生故障时不影响其他子信道。图 2-11(b)所示是把整个信道分为 6 个子信道的频率分割图。在这 6 个信道上可同时传输被调制到 f_1、f_2、f_3、f_4、f_5 和 f_6 频率范围的 6 种不同信号。

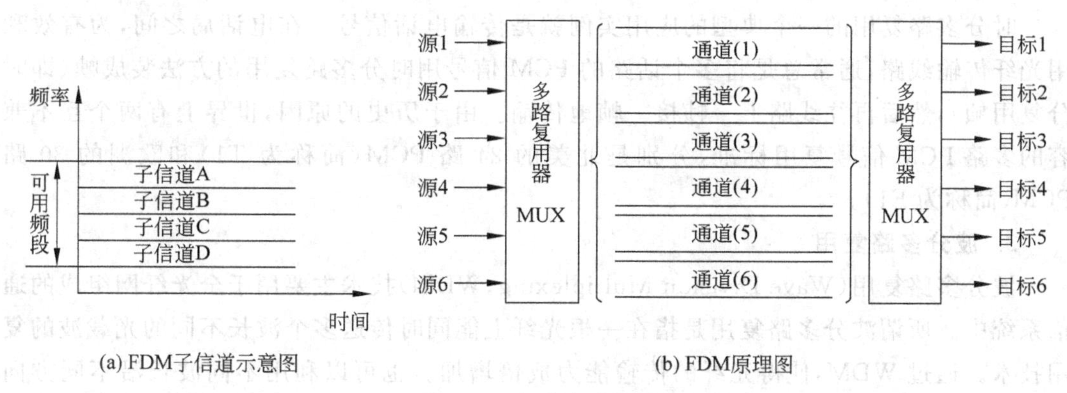

图 2-11　频分多路复用

2. 时分多路复用

时分多路复用（Time Division Multiplexing，TDM）是将一条物理线路按时间分成一个个的时间片，每个时间片常称为一个时分复用帧，每帧再分为若干时隙，轮换地为多个信号所使用。每个时分复用帧中某一固定序号的时隙组成一个子信道，如图 2-12(a)所示。每一个时隙由一路信号（即一个用户）占用，即在占有的时隙内，该信号使用通信线路的全部带宽。6 路信号复用原理如图 2-12(b)所示。

时分多路复用分为同步时分多路复用和异步时分多路复用。同步时分多路复用是指分配给每个信号源的时隙是固定的，不管该信号源是否有数据发送，属于该信号源的时隙都不能被其他信号源占用，从而造成信道容量的浪费。异步时分多路复用又称统计时分多路复用，允许动态地分配时隙，如果某个信号源不发送信息，则其他的信号源可以占用该时隙。

对于频分多路复用，频带越宽，则在此频带宽度内所能分割的子信道就越多。对于时分多路复用，时隙长度越短，则每个时分复用帧中所包含的时隙数就越多，因而所划分的子信道就越多。频分多路复用主要用于模拟信道的复用（数字数据可以通过调制解调器

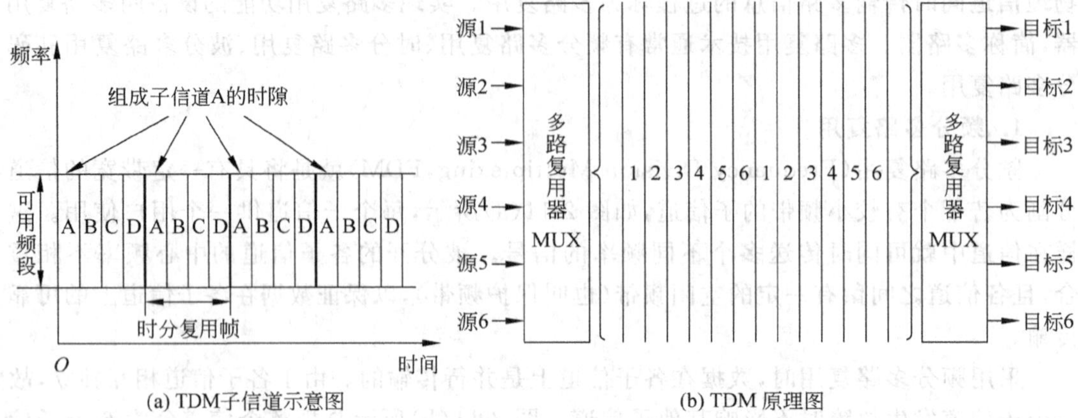

(a) TDM子信道示意图 (b) TDM 原理图

图 2-12 时分多路复用

变换为模拟信号);时分多路复用主要用于数字信道的复用。

时分多路复用的一个典型的应用实例就是传输电话信号。在电话局之间,为有效利用光纤传输线路,通常总是将多个话路的 PCM 信号用时分多路复用的方法装成帧(即时分复用帧),然后再往线路上一帧接一帧地传输。由于历史的原因,世界上有两个互不兼容的多路 PCM 信号复用标准,分别是北美的 24 路 PCM(简称为 T1)和欧洲的 30 路 PCM(简称为 E1)。

3. 波分多路复用

波分多路复用(Wave Division Multiplexing,WDM)技术主要用于全光纤网组成的通信系统中。所谓波分多路复用是指在一根光纤上能同时传送多个波长不同的光载波的复用技术。通过 WDM,使得光纤的传输能力成倍增加。也可以利用不同波长沿不同方向传输来实现单根光纤的双向传输。波分多路复用技术将是今后计算机网络系统主干信道的多路复用技术之一。

WDM 技术的原理十分类似于 FDM,不同的是它利用波分复用设备将不同信道的信号调制成不同波长的光,并复用到光纤信道上。在接收方,采用波分设备分离不同波长的光。相对于传输电信号的多路复用器,WDM 发送和接收端的器件分别称为分波器和合波器。

4. 码分多路复用

码分多路复用(Code Division Multiplexing,CDM)是一种基于码型分割信道的共享信道的方法。实际上,人们更常用的名词是码分多址(Code Division Multiple Access,CDMA)。每一个用户可以在同样的时间使用同样的频带进行通信。由于各用户使用经过特殊挑选的不同码型,因此各用户之间不会造成干扰。码分复用最初用于军事通信,现在已广泛使用在民用的移动通信中,特别是在无线局域网中。目前已经成为 3G 的主要技术标准之一。

在 CDMA 中,每一比特时间再划分为 m 个短的间隔,称为码片(chip)。通常 m 的值是 64 或 128。在下面的原理性说明中,为了简单起见,设 m 为 8。

使用 CDMA 的每一个站被指派一个唯一的 m 比特码片序列(chip sequence)。一个站如果要发送比特 1,则发送它自己的 m 比特码片序列。如果要发送比特 0,则发送该码片序列的二进制反码。例如,指派给 S 站的 8 比特码片序列是 00011011。当 S 发送比特 1 时,它就发送序列 00011011;而当 S 发送比特 0 时,就发送 11100100。为了方便,我们按惯例将码片中的 0 写为－1,将 1 写为＋1。因此,S 站的码片序列是(－1－1－1＋1＋1－1＋1＋1)。

现假定 S 站要发送信息的数据率为 n 比特/秒。由于每一比特要转换成 m 比特的码片,因此 S 站实际上发送的数据率提高到 mn 比特/秒,同时 S 站所占用的频带宽度也提高到原来数值的 m 倍(发送的信号称为扩频信号)。

CDMA 系统的一个重要特点就是这种体制给每一个站分配的码片序列不仅必须各不相同,并且还必须互相正交。用数学公式可以很清楚地表示码片序列的这种正交关系。令向量 $\boldsymbol{S}$ 表示站 S 的码片向量,再令 $\boldsymbol{T}$ 表示其他任何站的码片向量。两个不同站的码片序列正交,就是向量 $\boldsymbol{S}$ 和 $\boldsymbol{T}$ 的规格化内积(inner product)都是 0,即

$$\boldsymbol{S}\cdot\boldsymbol{T}\equiv\frac{1}{m}\sum_{i=1}^{m}S_iT_i=0$$

例如,向量 $\boldsymbol{S}$ 为(－1－1－1＋1＋1－1＋1＋1),同时设向量 $\boldsymbol{T}$ 为(－1－1＋1－1＋1＋1＋1－1),这相当于 T 站的码片序列为 00101110。将向量 $\boldsymbol{S}$ 和 $\boldsymbol{T}$ 的各分量值代入式中得 $\boldsymbol{S}\cdot\boldsymbol{T}=0$,就可看出这两个码片序列是正交的。不仅如此,向量 $\boldsymbol{S}$ 和各站码片反码的向量的内积也是 0。另外一点也很重要,即任何一个码片向量和其自己的规格化内积都是 1,即

$$\boldsymbol{S}\cdot\boldsymbol{S}=\frac{1}{m}\sum_{i=1}^{m}S_iS_i=\frac{1}{m}\sum_{i=1}^{m}S_i^2=\frac{1}{m}\sum_{i=1}^{m}(\pm)^2=1$$

而一个码片向量和该码片反码的向量的规格化内积值是－1。这从式中可以很清楚地看出,因为求和的各项都变成了－1。

如果在一个 CDMA 系统中有很多站都在相互通信,每一个站所发送的是本站的码片序列或码片的反码序列,或什么也不发送(相当于没有数据发送)。并且所有站所发送的码片序列都是同步的。现假定有一个 X 站要接收 S 站发送的数据,X 站就必须知道 S 站所特有的码片序列。X 站使用它得到的码片向量 $\boldsymbol{S}$ 与接收到的未知信号进行求内积的运算。X 站接收到的信号是各个站发送的码片序列之和。根据上面的两个公式,再根据叠加原理(假定各种信号经过信道到达接收端是叠加的关系),那么求内积得到的结果是所有其他站的信号都被过滤掉(其内积的相关项都是 0),而只剩下 S 站发送的信号。当 S 站发送比特 1 时,在 X 站计算内积的结果是＋1;当 S 站发送比特 0 时,内积的结果是－1。

【例 2-1】 共有 3 个站进行 CDMA 通信,3 个站的码片序列为:$\boldsymbol{A}$(－1－1－1＋1＋1－1＋1＋1),$\boldsymbol{B}$(－1－1＋1－1＋1＋1＋1－1),$\boldsymbol{C}$(－1＋1－1＋1＋1＋1－1－1),现收到这样的码片序列 $\boldsymbol{X}$(－1＋1－3＋1－1－3＋1＋1),那么,A、B、C 三个站分别发送了什么数据呢?

【解】 对于 A 站,有

$$
\begin{aligned}
\boldsymbol{A}\cdot\boldsymbol{X} &= \frac{1}{8}\sum_{i=1}^{8}A_iX_i \\
&= 1/8[(-1)\times(-1)+(-1)\times(+1)+(-1)\times(-3)+(+1)\times(+1) \\
&\quad +(+1)\times(-1)+(-1)\times(-3)+(+1)\times(+1)+(+1)\times(+1)] \\
&= 1/8(+1-1+3+1-1+3+1+1) \\
&= +1
\end{aligned}
$$

因此,A 发送的是比特 1。

同理,$\boldsymbol{B}\cdot\boldsymbol{X}=-1$,因此 B 发送的是比特 0;$\boldsymbol{C}\cdot\boldsymbol{X}=0$,因此 C 未发送数据。

2.4 数据交换技术

各种数据经过编码后要在通信线路上进行传输,最简单的形式是用传输介质将两个端点直接连接起来进行数据传输。但是,每个通信系统都采用把收发两端直接相连的形式是不可能的。一般要通过一个由多个节点组成的中间网络来把数据从源节点转发到目的节点,以此实现通信。这个中间网络不关心所传输数据的内容,而只是为这些数据从一个节点到另一个节点直至到达目的节点提供交换的功能。因此,这个中间网络也叫交换网络,组成交换网络的节点叫交换节点。"交换"从字面上看就是"转发",从通信资源的分配角度看,"交换"就是按照某种方式动态地分配传输线路资源。

数据交换是多节点网络中实现数据传输的有效手段。常用的数据交换方式有电路交换方式、报文交换方式和分组交换方式。

2.4.1 电路交换

电路交换(circuit switching)也叫线路交换,是数据通信领域最早使用的交换方式。通过电路交换进行通信,就是要通过中间交换节点在两个站点之间建立一条专用的通信线路。最普通的电路交换例子是电话通信系统。电话交换系统利用交换机,在多个输入线和输出线之间通过不同的拨号和呼叫建立直接通话的物理链路。物理链路一旦接通,相连的两个站点即可直接通信。在该通信过程中,交换设备对通信双方的通信内容不做任何干预,即对信息的代码、符号、格式和传输控制顺序等没有影响。利用电路交换进行通信包括建立电路、传输数据和拆除电路 3 个阶段。

电路交换方式,在传输数据之前要建立连接,电路建立时间延迟较大。电路建立后即为专用电路,即使没有数据传输也要占用电路,线路利用率低。但一旦电路建立,用户就可以用固定的速率传输数据,中间节点也不对数据进行其他缓冲和处理,传输实时性好,透明性好。因此,电路交换方式适合于远程批处理信息传输和实时性要求高的场合,尤其常用于电话通信系统中。

2.4.2 报文交换

报文交换(message switching)的过程是:发送方先把待传送的信息分为多个报文正文,在报文正文上附加发、收站地址及其他控制信息,形成一份份完整的报文(message)。

然后,以报文为单位在交换网络的各节点间传送。节点在接收整个报文后对报文进行缓存和必要的处理。等到指定输出端的线路和下一节点空闲时,再将报文转发出去,直到目的节点。目的节点将收到的各份报文按原来的顺序进行组合,然后再将完整的信息交付给接收端计算机或终端。

与电路交换相比,报文交换具有如下特点:

(1) 线路利用率高,因为有许多报文可以分时共享一条节点到节点的通道。

(2) 不需要同时启动发送器和接收器来传输数据,网络可以在接收器启动之前暂存报文信息。

(3) 在通信容量很大时,交换网络仍可接收报文,只是传输延迟会增加。

(4) 报文交换系统可把一份报文发往多个目的地。

(5) 交换网络可以对报文进行速度和代码等的转换(如将 ASCII 码转换为 EBCDIC 码)。

2.4.3 分组交换

分组交换(packet switching)又称包交换。分组交换是 Paul Baran 于 1964 年提出来的一种数据交换技术,最早在 ARPANET 上得以应用。分组交换方式是把报文分成若干个分组(packet),以分组为单位进行暂存、处理和转发。每个分组按格式必须附加收发地址标志、分组编号、分组的起始、结束标志和差错校验等分组头信息,以供存储转发之用。

在原理上,分组交换技术类似于报文交换,只是它规定了分组的长度。通常,分组的长度远小于报文交换中报文的长度。由于分组交换以较短的分组为传输单位,因此,分组交换具有如下优点:

(1) 可以大大降低对网络节点存储容量的要求。

(2) 可以利用节点设备的主存储器进行存储转发处理,不需访问外存,处理速度加快,降低了传输延迟。

(3) 节点和线路的响应时间加快,从而可提高传输速率。

(4) 由于分组较短,在传输中出错的概率减小,即使有差错,重发的信息也只是一个分组而非整个报文,因而也提高了传输效率。

(5) 在分组交换过程中,多个分组可在网络中的不同链路上并发传送,因此,这又可提高传输效率和线路利用率。

但是,分组交换在发送端要对报文进行分组(组包),在接收端要对分组进行重装(拆包并组成报文),这就增加了报文的加工处理时间。

在分组交换网中,已定义两种不同的方法来管理被传输的分组流,即两种分组交换服务:数据报和虚电路。有关这方面的内容将在第 4 章中介绍。

图 2-13 表示了电路交换、报文交换和分组交换 3 种交换方式的数据传输过程。

【例 2-2】 图 2-14 所示的是采用"存储-转发"方式的分组交换网络,图中圆柱形设备是分组交换机。所有链路的数据传输速度为 100Mb/s,分组大小为 1000B,其中分组头大小 20B,若左端主机 H1 向右端主机 H2 发送一个大小为 980 000B 的文件,则在不考虑分

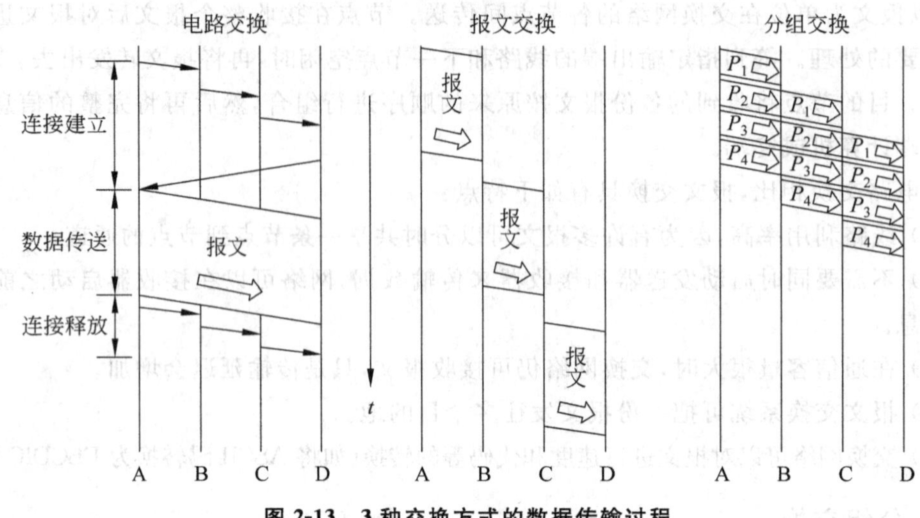

图 2-13 3 种交换方式的数据传输过程

组拆装时间和传播延迟的情况下，从 H1 发送到 H2 接收完为止，需要的时间至少是多少？

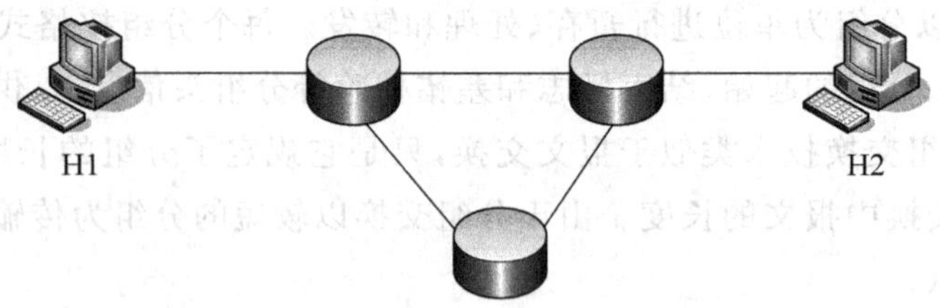

图 2-14 分组交换网

【解】 由题设可知，分组携带的数据长度为 980B，文件长度为 980 000B，需拆分为 1000 个分组，加上头部后，每个分组大小为 1000B，总共需要传送的数据量大小为 1000B×1000=10^6B。当 $t_1=(10^6\times 8\text{b})/100\text{Mb/s}=80\text{ms}$ 时，H1 发送完最后一个比特。因题目求的是最短时间，所以沿最短路径传送数据，最后一个分组到达目的地需经过两个分组交换机的转发，每次转发的时间为 $t_2=(1000\times 8\text{b})/100\text{Mb/s}=0.08\text{ms}$，$t=t_1+2t_2=80.16\text{ms}$ 时，H2 接收完文件，因此，所需的时间至少为 80.16ms。

2.4.4 高速交换技术

目前常用的数据交换方式主要是电路交换和分组交换，但近几年又出现了综合应用电路交换和分组交换的高速交换方式，也叫混合交换方式。混合交换采用动态时分复用技术，将一部分带宽分配给电路交换用，而将另一部分带宽分配给分组交换用。这两种交换所占的带宽比例也是动态可调的，以便使这两种交换都能得到充分利用，提供多媒体传输服务。典型的 ATM(异步传输模式)、DQDB(分布式队列双总线)等均属混合交换，它们同时提供等时电路交换和分组交换服务。

2.5 传输介质

传输介质是网络数据流动的载体，是通信网络中发送方和接收方之间的物理通路。

在计算机网络中采用的传输介质大体可以分为有线传输介质和无线传输介质两大类。有线传输介质包括双绞线、同轴电缆和光纤等；无线传输介质包含红外线、激光、微波和卫星通信等。

2.5.1 有线传输介质

1. 双绞线

双绞线是两根绝缘铜导线拧成有规则的螺旋形导线，通常一对线作为一条通信线路，然后由若干对这样的双绞线构成一根电缆，如图2-15所示。绞合使两根导线产生的干扰波相互抵消，从而减小对相邻导线的电磁干扰。双绞线是一种使用较为广泛的通信介质，它既可以传输模拟信号，也可以传输数字信号。双绞线可分为屏蔽双绞线（Shielded Twisted-Pair，STP）和非屏蔽双绞线（Unshielded Twisted-Pair，UTP）。

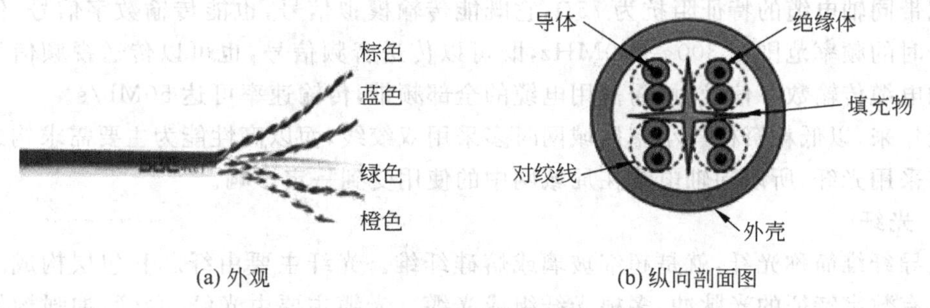

图2-15　非屏蔽双绞线

屏蔽双绞线就是在双绞线外面包上一层用作屏蔽的网状金属线，最外面再加一层起保护作用的聚乙烯塑料，因此能有效地防止电缆干扰。它可支持较远距离的数据传输和有较多网络节点的环境，与非屏蔽双绞线相比，其误码率有明显的下降，但价格较贵。

非屏蔽双绞线没有起屏蔽作用的网状金属线，如图2-15所示。抗干扰能力较差，误码率高。但因价格便宜、安装方便，既适合点到点的连接，又可以用于多点连接，所以广泛用于电话系统和计算机局域网中。

在局域网通信中根据传输特性，常用的双绞线有3类线、4类线、5类线（含超5类）和6类线。线对内两根导线的绞合度（即单位长度内的绞合次数）越高，双绞线的类别就越高，例如5类线具有比3类线更高的绞合度。在20世纪90年代，国际电子工业协会（EIA）颁布了EIA-568标准。例如，3类UTP双绞线的传输特性为16MHz；4类UTP双绞线的传输特性为20MHz；5类UTP双绞线的传输特性为100MHz；6类UTP双绞线的传输特性为200MHz。在实际应用中，3类和5类双绞线被大多数局域网所采用。如3类线通常用于10Base-T的以太网中，5类线（绝缘皮上标有Category 5或Cat 5）通常用于100Base-T的以太网中。

双绞线成本低，易于铺设，因此得到广泛应用。双绞线由螺旋绞在一起的两根绝缘线组成，这样可使线间的电磁干扰最小，并保持恒定的特性阻抗。

2. 同轴电缆

同轴电缆是目前计算机通信中使用最普遍的传输介质之一。同轴电缆由外层的网状导体包一根内导线组成，如图 2-16 所示。内导线可以是单股或多股导线。

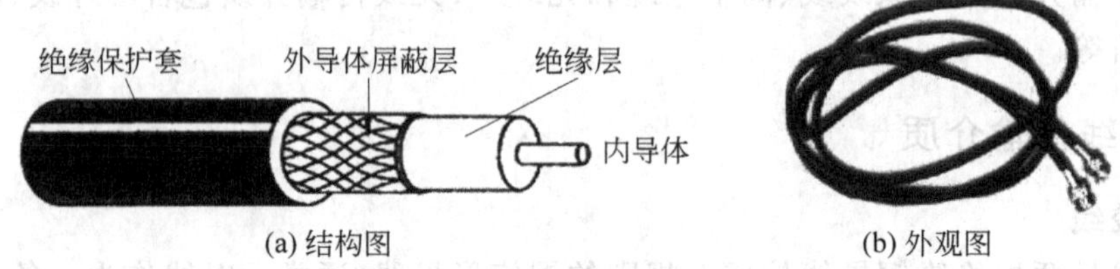

图 2-16 同轴电缆

同轴电缆按信号传输的类型可分为基带同轴电缆和宽带同轴电缆。基带同轴电缆的特征阻抗为 50Ω，只用于传输数字信号。由于数字信号被直接送到传输介质上，无须经过调制，故把这种电缆称为基带同轴电缆。基带同轴电缆是基带局域网中常用的传输介质。

宽带同轴电缆的特征阻抗为 75Ω，它既能传输模拟信号，也能传输数字信号，传输模拟信号时的频率范围在 300～500MHz，既可以传送音频信号，也可以传送视频信号。宽带同轴电缆传输数字信号时，需占用电缆的全部频带，传输速率可达 50Mb/s。

近年来，以低耗资构建小型局域网时多采用双绞线，而以高性能为主要需求构建局域网时多采用光纤，所以同轴电缆在局域网中的使用受到一定影响。

3. 光纤

光导纤维简称光纤，就是超细玻璃或熔硅纤维。光纤主要由纤芯和包层构成。传输的是具有数字特征的光脉冲，多根光纤组成光缆。光缆主要由光纤、套管、加强构件和保护层四部分组成，不同光缆其填充物和保护层有所不同。图 2-17 所示的是一种多芯光缆的外观和剖面结构图。

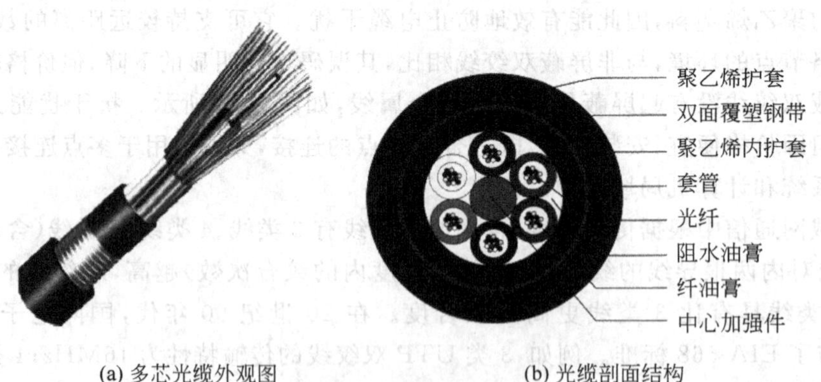

图 2-17 光缆示意图

光纤的传输原理是基于光的全反射原理，当纤芯折射率大于包层折射率时，只要光线的入射角大于某临界值，就会产生光的全反射，通过光在光纤中的不断反射来传送调制的光信号,就可以把信息从光纤的一端传送到另一端,从而达到了传导光波的目的。

根据光纤纤芯直径的粗细,可将光纤分为多模光纤和单模光纤两种。不同波长的光以不同角度在光纤内反射传播不同的信号称为多模光纤传输。如果将光纤纤芯直径缩小至光波长大小,则光纤可看作一个波导,光在光纤中几乎没有反射而是沿直线传播,称为单模光纤传输。从传输性能上看,多模光纤频带窄,传输距离短;而单模光纤频带宽,传输距离长。单模光纤常见的规格是纤芯/包层外直径为 9/125μm,激光作为光源。多模光纤常见的规格是 50/125μm 和 62.5/125μm,发光二极管作为光源。

光纤主要用于点-点的连接,在实际应用中它的价格要高于双绞线和同轴电缆,但它的抗干扰性和安全性要好于前两种传输介质。由于光纤具有不受电磁干扰或噪声影响的特性,且具有衰减小和频带宽等优点,所以适用于远距离及高数据传输率的场合。

光纤具有以下特点:

(1) 重量轻。光纤直径极小,1km 长的光纤只有几十克重。

(2) 频带宽。在 1km 范围内的频带可达 1GHz 以上;在 30km 内的频带仍大于 25MHz。

(3) 传输速率高,误码率低。

(4) 不受电磁干扰,保密性好,传输损耗极低。

(5) 价格相对较高,安装较困难。

进入 20 世纪 90 年代后,在要求输出速率很高(如超过 100Mb/s)、抗干扰性极好的局域网的主干网络中,越来越多地采用了光缆。

2.5.2 无线传输介质

无线传输介质是指直接通过电磁波来实现站点之间通信的传输介质。无线传输非常适合难于铺设传输线路的偏远山区、沿海岛屿,也为大量的便携式计算机入网提供了条件。目前,无线传输用于数据通信的主要技术有微波、红外线和卫星通信。

1. 微波通信

微波通信目前广泛用于无线电话通信和电视节目的传播,微波信号是按直线传播并采用定向抛物天线,如图 2-18 所示。由于受地球曲面影响,每隔 40~48km 需要设置一个中继站。两站点之间必须是直线传播,中间不能有障碍物,或者应视线能及。微波通信具有波段频率高、通信容量大等优点,但微波通信也有受地理环境及传输距离的限制的不足。

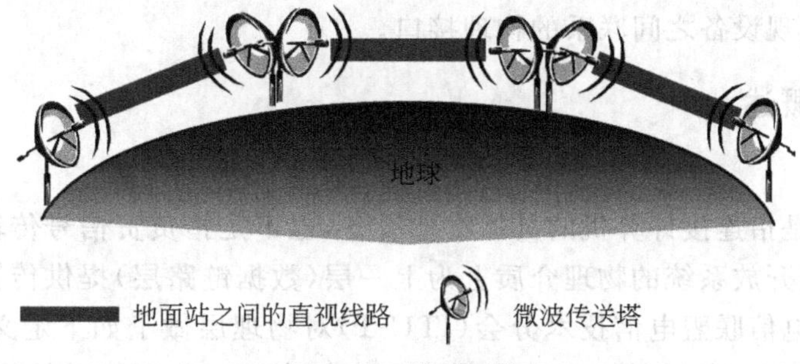

图 2-18 微波通信

2. 红外线

红外线要求视距无阻碍传输，沿直线传播。红外线一般用于室内通信，构建室内无线局域网，如便携机之间的相互通信，接收方与发送方都配有红外接收和发送的装置，形成一条互通的通信链路，通过红外线实现信息的传输具有很好的安全性。红外线具有很好的方向性，故对于这类系统很难窃听、插入数据和进行干扰，但雨、雾和障碍物等环境干扰却会妨碍红外线的传播。

3. 卫星通信

卫星通信是以人造卫星为微波中继站进行通信的通信方式，它是微波通信的特殊形式。卫星通信时，在地球表面不同位置处安装接收/发送站，这样便形成了卫星通信系统，如图 2-19 所示。位于地球表面高度 36 000km 的同步通信卫星可作为太空中的微波中继站，它利用微波天线接收来自地面的通信信号后，加以整形、放大，然后再以广播方式发回到地面的其他接收站，其目的是为了加大微波通信的传输距离。地面发送站向同步通信卫星发送信号的链路称为上行链路，同步通信卫星向地面接收站发送信号的链路称为下行链路。

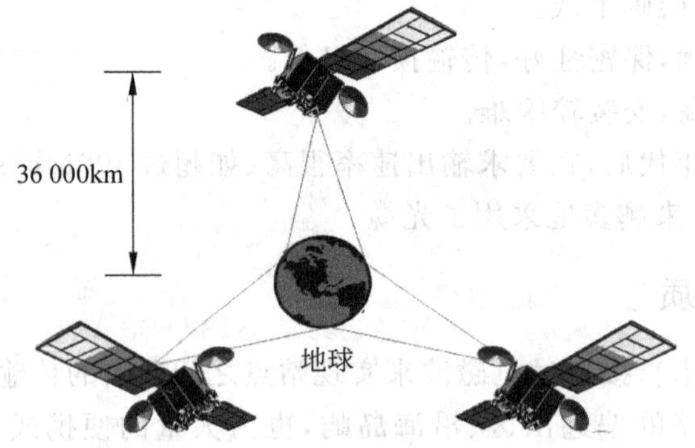

图 2-19 卫星通信

卫星通信具有覆盖面宽、传输量大、不受地理环境限制等优点。

2.6 物理层接口及标准

物理层是 OSI 参考模型中的最低层，也是最重要、最基础的一层。它是建立在通信介质基础上的、实现设备之间联系的物理接口。

2.6.1 物理层概述

1. 基本概念

物理层既不是指连接计算机的具体物理设备，也不是指负责信号传输的具体物理介质，而是指在连接开放系统的物理介质上为上一层（数据链路层）提供传输比特流的一个物理连接。国际电信联盟电信技术分会（ITU-T）对物理层做了如下定义：利用机械的、电气的、功能的和规程的特性在 DTE 和 DCE 之间实现对物理信道的建立、维持和拆除功能。

物理层的主要任务是为物理上相互关联的通信双方提供物理连接(物理信道),并在物理连接上透明地传输比特流。

2. 物理层接口特性

物理层有4个特性,物理层就是通过这4个特性在数据终端设备(Data Terminal Equipment,DTE)与数据线路端接设备(Data Circuit-terminating Equipment,DCE)之间实现物理连接的。

DTE是一种具有一定数据处理能力及转发数据能力的设备,同时还具有依据协议控制数据通信的功能。DCE的作用是在DTE和传输线路之间提供信号变换和编码功能,并负责建立、维持和拆除数据链路的连接。

(1) 机械特性。也称物理特性,它规定了DTE和DCE之间的连接器形式,包括连接器的形状、几何尺寸、引线数目和排列方式、固定和锁定装置等。

(2) 电气特性。规定了DTE与DCE之间多条信号线的连接方式、发送器和接收器的电气参数及其他有关电路的特征。

(3) 功能特性。对接口各信号线的功能给出了确切的定义,说明某些连线上出现的某一电平的电压所表示的意义。

(4) 规程特性。规定了DTE和DCE之间各接口信号线实现数据传输的操作过程。

2.6.2 EIA RS-232C 协议

RS-232C协议是由美国电子工业协会(EIA)于1969年发布的物理层标准。这里RS(Recommended Standard)表示一种"推荐标准",232是标准的标识号码,C表示标准的版本,意为第三次修改确定的。RS-232C标准与ITU-T的V.24标准相兼容。

RS-232C最初是为了促进使用公用电话网进行远程数据通信而制定的,但目前也广泛应用于主机与终端之间的近程通信中。作为DTE/DCE的接口标准,RS-232C可以用于DTE(计算机或终端)与DCE(调制解调器)之间的连接,如图2-20(a)所示;也可以直接用于DTE(计算机)与DTE(计算机或终端)之间的连接,如图2-20(b)所示。

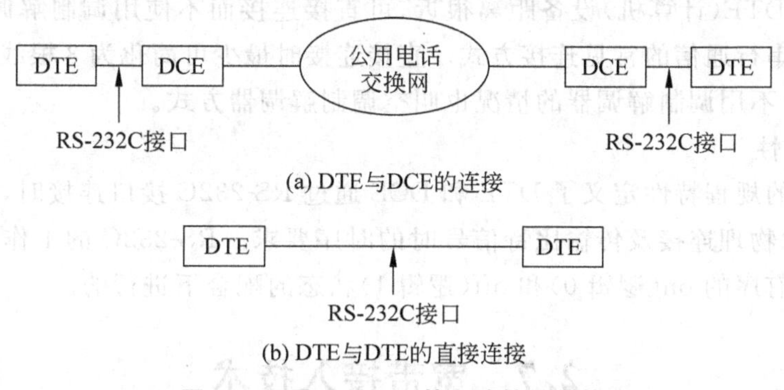

图2-20　用RS-232C接口连接通信线

1. 机械特性

RS-232C的机械特性建议使用25针连接器(DB-25接口)。RS-232C规定在DTE一侧采用孔式结构(母插头),在DCE一侧采用针式结构(公插座),两连接器间最长连线为15m。要注意的是针式和孔式结构插头/插座引线的排列顺序是不同的。

2. 电气特性

RS-232C的电气特性规定采用单端发送单端接收、双极性电源供电电路,其逻辑1电平为−5～−15V,逻辑0电平为+5～+15V,−5～+5V内为过渡区,不作定义。数据传输速率不超过20kb/s。实际的数据传输速率应根据传输距离和信道质量加以选择,一般距离远、信道误码率高的信道应选择低速率,反之则选择高速率。

3. 功能特性

RS-232C的功能特性规定了25针中的20个针及其信号的含义。

在实际使用中,由于并非要用到RS-232C标准的全集(即各条信号线的功能),所以也可采用针孔较少的RS-232C的简化版的标准连接器——9针连接器(DB-9接口)。表2-2给出了DB-9接口和DB-25接口针孔的对应关系。

表2-2 DB-9接口和DB-25接口针孔的对应关系

DB-9	DB-25	插针功能	说明标记
1	8	信号检测	DCD
2	3	接收数据	RD
3	2	发送数据	SD
4	20	DTE就绪	DTR
5	7	信号地	SG
6	6	DCE就绪	DSR
7	4	请求发送	RTS
8	5	允许发送	CTS
9	22	振铃指示	RI

若有两台DTE(计算机)设备距离很近,可直接连接而不使用调制解调器,这也是计算机与设备间串行通信的常见连接方式。直接连接时最少可简化为3根线(接收、发送和信号地)相连。不用调制解调器的情况也叫空调制解调器方式。

4. 规程特性

RS-232C的规程特性定义了DTE和DCE通过RS-232C接口连接时,各信号线在建立、维持和拆除物理连接及传输比特信号时的时序要求。RS-232C的工作过程是在各条控制信号线的有序的on(逻辑0)和off(逻辑1)状态的配合下进行的。

2.7 宽带接入技术

宽带接入是相对于窄带接入而言的,一般把速率超过1Mb/s的接入称为宽带接入。宽带接入技术主要包括xDSL接入技术、光纤同轴混合网(HFC)接入技术、光纤接入技术和无线接入技术。本节主要介绍前3种技术,无线接入技术将在第3章中介绍。

2.7.1 xDSL 接入技术

1. xDSL 概述

xDSL 是 DSL(Digital Subscriber Line)的统称,意即数字用户线路,是以电话线为传输介质的点对点传输技术。DSL 技术是利用在电话系统中没有被利用的高频信号传输数据。DSL 利用了更加先进的调制技术。由于电话用户环路已经被大量铺设,利用电话用户环路通过铜质双绞线实现高速接入广受关注,故 DSL 技术很快发展起来,并在一些国家和地区得到大量应用。

xDSL 中,x 代表着不同种类的数字用户线路技术。各种数字用户线路技术的不同之处主要表现在信号的传输速率、距离以及对称和非对称的区别上。对称就是上下行速率一致,否则就是非对称。非对称 DSL 技术非常适用于对双向带宽要求不一样的应用,如 Web 浏览、多媒体点播、信息发布等,因此适用于 Internet 接入、视频点播(VOD)系统等。

xDSL 技术主要分为对称和非对称两大类。对称 DSL 技术主要包括高比特率数字用户线(High-bit-rate DSL,HDSL)、单线数字用户线(Single-line DSL,SDSL)、多虚拟数字用户线(Multiple Virtual Line,MVL)和 ISDN 数字用户线(IDSL)。非对称 DSL 技术主要包括非对称数字用户线(Asymmetric DSL,ADSL)、速率自适应数字用户线(Rate Adaptive DSL,RADSL)和甚高速数字用户线(Very High Data Rate DSL,VDSL)。

2. ADSL 技术

ADSL 即非对称 DSL 技术。ADSL 为网络提供速率不对等的下行流量(从因特网到用户)和上行流量(从用户到因特网),同时在同一根双绞线上可以仿真提供语音电话服务,是应用较广泛的一种 DSL 技术。

ADSL 采用离散多音调(Discrete Multi-Tone,DMT)调制技术。这里的"多音调"就是"多载波"或"多子信道"的意思。DMT 调制技术采用频分多路复用方法,将电话线1.1MHz 的带宽划分为256个带宽为4kHz 的子信道。其中,子信道0保留用于话音通信。上行数据和控制使用子信道6~30(25个),其中24个用于传输数据,1个用于控制,最大数据率可达24×4000×15=1.44Mb/s(假定每个码元携带15个二进制位)。下行数据和控制使用子信道31~255(225个),其中224个用于传输数据,1个用于控制,最大数据率可达13.4Mb/s。但是由于线路存在噪声,实际的数据率为:上行64~640kb/s,下行500kb/s~8Mb/s。

ADSL 技术也在发展,目前已经发展到第二代 ADSL,即 ADSL2。频谱范围从1.1MHz 扩展到2.2MHz(相应的子信道数目也增加了),ADSL2 的最高下行速率可达12Mb/s,而 ADSL2+的最高下行速率可达25Mb/s,最长传输距离可达6km。

1) 接入模型

ADSL 的接入模型如图2-21所示,ADSL 接入模型主要由中央交换局端模块和远端模块组成。中央交换局端模块又称 DSL 接入复用器(DSL Access Multiplexer,DSLAM),其中包含许多个局端 ADSL Modem。局端 ADSL Modem 被称为 ATU-C(ADSL Transmission Unit-Central)。远端模块由用户 ADSL Modem 和滤波器

(splitter)组成,用户端 ADSL Modem 通常被称为 ATU-R(ADSL Transmission Unit-Remote)。

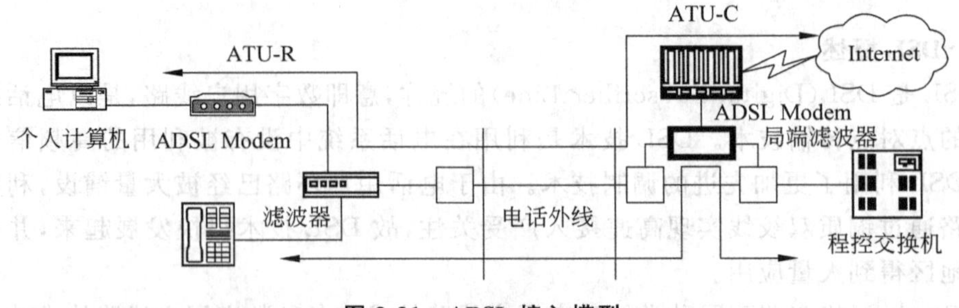

图 2-21 ADSL 接入模型

2) ADSL 设备的安装

ADSL 安装包括局端线路调整和用户端设备安装。在局端方面,由服务商将用户原有的电话线接入 ADSL 局端设备,只需 2~3 分钟即可完成。用户端的 ADSL 安装也非常简易方便,连接方法如图 2-22 所示,只要将电话线连上滤波器(又称语音分离器),滤波器与 ADSL Modem 之间用一条两芯电话线连上,ADSL Modem 与计算机之间用一条 RJ-45 接口的双绞线连接即可完成硬件安装,再将 TCP/IP 协议中的 IP、DNS 和网关参数项设置好,便完成了安装工作。ADSL 的使用就更加简易了,由于 ADSL 不需要拨号,一直在线,用户只需接上 ADSL 电源便可以享受高速网上冲浪的服务和打电话了。

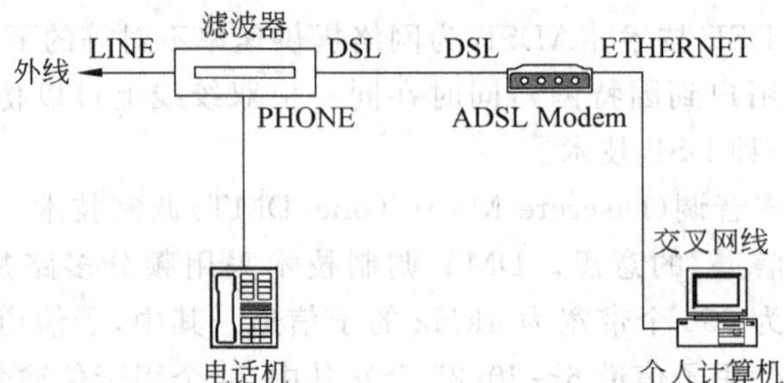

图 2-22 用户端 RJ-45 接口外置式 ADSL Modem 接入示意图

2.7.2 光纤同轴混合网接入技术

光纤同轴电缆混合网(Hybrid Fiber Coaxial,HFC)技术是指采用光纤到服务区,“最后一公里”采用同轴电缆。有线电视就是最典型的 HFC 网,它比较合理地利用了当前的先进成熟技术,提供较高质量和较多频道的传统模拟广播电视节目。但由于是针对模拟电视节目的广播传输,传统的 HFC 网络并不具备上行回传通道,为了开展数字电视点播和高频宽带接入等业务,必须对原有网络进行双向化改造。

HFC 主要由模拟前端、数字前端、光纤传输网络、同轴电缆传输网络、光节点、网络接入单元和用户终端设备等组成,如图 2-23 所示。

电缆调制解调器(Cable Modem,CM)的通信和普通 Modem 一样,是数据信号在模拟信道上交互传输的过程，但也存在差异：普通 Modem 的传输介质在用户与访问服务器之间是独立的，即用户独享传输介质，而 Cable Modem 的传输介质是 HFC，将数据信号调制到某个传输带宽与有线电视信号共享介质；另外，Cable Modem 的结构较普通 Modem 复杂，它由调制解调器、调谐器、加/解密模块、桥接器、网络接口卡、以太网集线器等组成，它无须拨号上网，不占用电话线，可提供全天候随时在线连接的服务。

前端设备电缆调制解调器终端系统(Cable Modem Terminal Systems，CMTS)采用 10Base-T、100Base-T 等接口通过交换型集线器与外界设备相连，通过路由器与 Internet 连接，或者可以直接连接到本地服务器，享受本地业务。Cable Modem 是用户端设备，放在用户家中，通过 10Base-T、100Base-T 等接口与用户计算机相连。

HFC 的主要优点是基于现有的有线电视网络，提供窄带、宽带及数字视频业务，成本较低，将来可方便地升级到光纤到户(FTTH)。但缺点是必须对现有有线电视网进行双向改造，以提供双向业务传送。

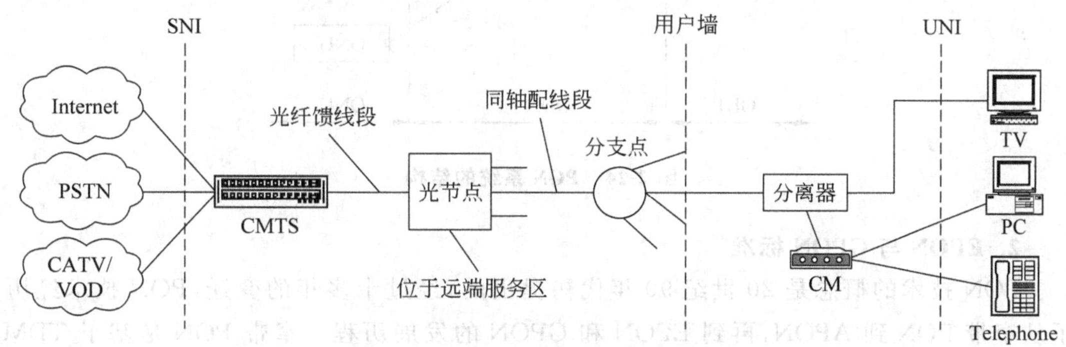

图 2-23　光纤同轴电缆混合网结构图

2.7.3　光纤接入技术

FTTx 是指把光纤用于接入层网络，使光纤靠近用户的接入组网方式。光纤接入网采用光纤作为传输介质，具有传输容量大、传输质量高、可靠性高、传输距离长、抗电磁干扰等优点，是未来固定宽带接入的发展方向。

近年来，人们的需求已经由单纯的语音通信向多媒体通信迈进，随着 IPTV、HDTV、体感游戏、数字家庭等业务的兴起，传统接入方式已经无法满足日益攀升的带宽要求，FTTx 接入速率可以高达 20～100Mb/s，凭借其无法比拟的带宽优势而成为必然选择。FTTx 作为实现三网融合的首要技术选择，迎来了大幅度发展的难得机遇。截至 2009 年我国就已经成为全球最大的 FTTx 国家。

1. PON 系统网络结构

在所有已知的 FTTx 实现技术中，无源光网络(Passive Optical Network，PON)技术以光纤为传输介质，具备高接入带宽、全程无源光传输的特点，在管理运维、带宽性能、综合业务提供、带宽分配策略、组网灵活性等方面，相比其他光接入技术具有明显的优势。

PON 系统由 OLT、ONU 和 ODN 组成，其结构如图 2-24 所示。其中，OLT(Optical Line Terminal，光线路终端)位于局端，是整个 PON 系统的核心部件，向上提供接入网与核心网/城域网的高速接口，向下提供面向无源光纤网络的一点对多点的 PON 接口，以广播方式向各 ONU 发送数据。ODN(Optical Distribution Network，光纤分布网)是由 POS(Passive Optical Splitter，无源光纤分路器)组成的光纤分配网络，使得一个 PON 接口的光纤传输带宽可以由多个 ONU 共享。ONU(Optical Network Unit，光网络单元)位于用户端，实现数据和话音业务的接入。

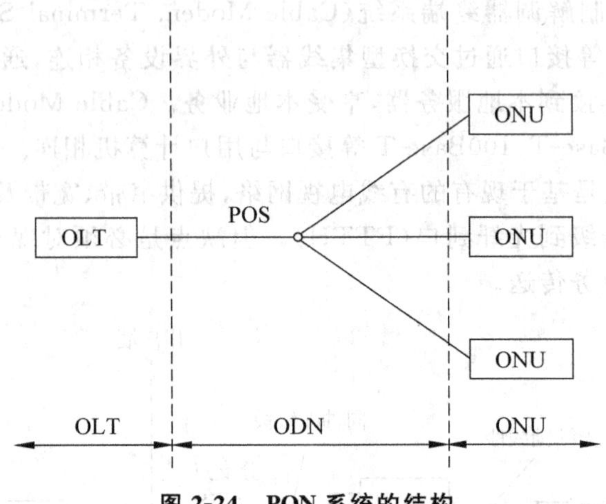

图 2-24 PON 系统的结构

2. EPON 与 GPON 标准

PON 技术的概念是 20 世纪 90 年代初提出的，经过十多年的变迁，PON 技术经历了从窄带 PON 到 APON，再到 EPON 和 GPON 的发展历程。窄带 PON 是基于 TDM 的，性价比不好，已经自然消亡。APON 是基于 ATM 的 PON 技术，虽然标准非常成熟，但由于 ATM 协议复杂且设备价格较高，提供的接入速率相对较低，现在已不适合采用。

目前，业界最主要的两个 PON 标准，一个是由 IEEE 制定的以太网 PON(Ethernet PON，EPON)标准，另一个是由 ITU/FSAN 制定的千兆 PON(Gigabit PON，GPON)标准。EPON 是在以太网基础上发展起来的，兼具了无源光网络独特的网络结构优势和以太网的低成本优势。GPON 是在传统 ATM 封装基础上进一步采用了 GFP 封装，以提高效率，增强对 TDM 业务的支持。

GPON 相比 EPON 推出标准更晚、更完善，从技术层面而言，GPON 在上下行速率、分路比、网管功能、支持 TDM 业务等方面更具优势；但 EPON 的产业链更完整、更成熟、成本更低，同时 EPON 标准制定得更宽松，厂家在开发产品时有更大的灵活性。因此，近年来国内运营商主要采用 EPON 技术来实现 FTTx，GPON 总体处于测试和试验阶段。

目前 ONU 可以分为单口 ONU、多口 ONU 和综合型 ONU 三种，按照 ONU 在 PON 接入网中所处的位置不同，可以将光接入网划分为光纤到路边(Fiber To The Curb，FTTC)、光纤到大楼(Fiber To The Building，FTTB)、光纤到户(Fiber To The Home，FTTH)等几种类型，统称为 FTTx。

习 题

1. 单项选择题

(1) 电话系统的典型参数是信道带宽为3000Hz,信噪比为30dB,则该系统的最大数据传输速率为(　　)。

A. 3kb/s　　B. 6kb/s　　C. 30kb/s　　D. 64kb/s

(2) 为了解决数字数据数字信号编码的同步问题,接收端的同步信号来自发送信息中,采用的是(　　)。

A. 外同步法　　B. 自同步法

C. 位同步法　　D. 群同步法(字符同步法)

(3) 每发送一个字符,其开头都带一位起始位,以便在每一个字符开始时接收端和发送端同步一次,这种传输方式是(　　)。

A. 异步传输方式　　B. 同步传输方式

C. 自动传输方式　　D. 手动传输方式

(4) 下列关于同步传输与异步传输的说法中正确的是(　　)。

A. 同步传输与异步传输都属于同步方式

B. 同步传输属于同步方式,异步传输属于异步方式

C. 异步传输一次只能传输1个字符,接收方根据0和1的跳变来判别一个新字符的开始

D. 同步传输字符间隔不定

(5) 曼彻斯特编码采用的是(　　)。

A. 外同步　　B. 自同步　　C. 群同步　　D. 其他

(6) 数字数据的模拟信号编码中,采用(　　)完成此功能。

A. 调制解调器　　B. 低通滤波器　　C. 编码解码器　　D. 中继器

(7) 彩色电视信号带宽6MHz,一个样本用10位二进制,其PCM信号传输速率为(　　)。

A. 56kb/s　　B. 80kb/s　　C. 100kb/s　　D. 120Mb/s

(8) 如果系统电信号可以表示8个状态,则数据传输的比特率是其调制速率的(　)。

A. 1倍　　B. 2倍　　C. 3倍　　D. 4倍

(9) 用脉冲幅度变化代表模拟信号的方法是(　　)。

A. PCM　　B. PWM　　C. PAM　　D. PPM

(10) 一种用载波信号相位移动来表示数字数据的调制方法称为(　　)键控法。

A. 相移　　B. 幅移　　C. 频移　　D. 混合

(11) 数字数据需要通过模拟信道传输时,应该(　　)。

A. 把模拟数据编码后占据频谱的不同部分

B. 把数字数据用调制解调器进行调制产生模拟信号

C. 用编码解码器将模拟信号数字化为比特流

D. 为表现二进制的两个值，信号由两个电平构成

(12) 将物理信道总频带分割成若干个子信道，每个子信道传输一路信号，这就是(　　)。

A. 同步时分多路复用　　B. 空分多路复用

C. 异步时分多路复用　　D. 频分多路复用

(13) 物理层采用(　　)手段来实现比特传输所需的物理连接。

A. 通信通道　　B. 网络节点

C. 4种特性　　D. 传输差错控制

(14) 在物理层接口特性中，用于描述完成每种功能的事件发生顺序的是(　　)。

A. 机械特性　　B. 功能特性　　C. 过程特性　　D. 电气特性

(15) EIA RS-232C的电气特性规定逻辑1的电平电压是(　　)。

A. +5～+15V　　B. −5～0V

C. −15～−5V　　D. 0～+5V

(16) DTE和DCE接口的机械分界上，DTE连接器常用插针形式，采用25芯的是(　　)。

A. EIA RS-232C　　B. ISO 2593

C. EIA RS-449　　D. CCITT X.21

(17) 使用EIA RS-232C接口进行数据通信时，至少需要(　　)根信号线。

A. 10　　B. 3　　C. 7　　D. 9

2. 填空题

(1) 按信道频率范围的不同，通常可将信道分为3类：________、________和________。

(2) 调制就是利用________对一种称为载波的________的某些参量进行控制，使这些参量随基带脉冲而变化的过程。

(3) 为了避免收发"失步"，使整个通信系统可靠地工作，需要采取一定的措施。我们称这种统一收发两端动作、保持收发步调一致的过程为________。

(4) 常用的数据传输的同步方式有两种：________方式和________方式，而后者又分为________和________。

(5) 数据交换是多节点网络中实现数据传输的有效手段。常用的数据交换方式有3种，分别是________、________和________。

(6) 计算机网络中采用的最主要的3种有线传输介质是________、________、________。

(7) RS-232C的________特性定义了________和________通过RS-232C接口连接时，各信号线在建立、维持和拆除物理连接及传输比特信号时的时序要求。

(8) ADSL采用离散多音调(DMT)调制技术。该技术采用________方法，将电话线1.1MHz的带宽划分为256个带宽为________kHz的子信道。

(9) 宽带接入技术主要包括________、________、________和________。

(10) PON系统由________、________和________组成。业界最主要的两个PON标准是________和________。

3. 简答题

(1) 数据通信、数字通信和模拟通信之间有何区别和联系？

(2) 什么是基带传输、频带传输和宽带传输？

(3) 串行通信和并行通信各有哪些特点？各使用在什么场合？

(4) 何为单工通信、半双工通信和全双工通信？它们各有什么特点？

(5) 数据通信中有哪些同步方式？异步传输和同步传输的主要区别是什么？

(6) 画出比特流 01101100 的曼彻斯特编码和差分曼彻斯特编码波形图。

(7) 对二进制串 000011110010 进行 4B/5B 编码，并画出编码结果的双极性不归零制波形图。

(8) 简述 PCM 调制的作用和工作过程。

(9) 在无噪声情况下，若某通信链路的带宽为 3kHz，采用 4 个相位，每个相位具有 4 种振幅的 QAM 调制技术，则该通信链路的最大数据传输速率是多少？

(10) 若某通信链路的数据传输速率为 2400b/s，采用 4 相位调制，则该链路的波特率是多少？

(11) 在什么情况下使用调制解调技术？调制解调的方式有哪些？各有什么特点？

(12) 何为多路复用？常用的多路复用有哪些？FDM 和 TDM 各用于什么场合？

(13) 常用的数据交换方式有哪些？各有什么特点？

(14) 物理层有哪几个特性？各特性主要都规定了什么？

(15) 站点 A、B、C 通过 CDMA 共享链路，A、B、C 的码片序列分别是(1,1,1,1)、(1,−1,1,−1)和(1,1,−1,−1)，若 C 从链路上收到的序列是(2,0,2,0,0,−2,0,−2,0,2,0,2)，则 C 收到 A 发送的数据是什么？

第3章 数据链路层和局域网

3.1 数据链路层

所谓链路就是数据传输中任何两个相邻节点间的点到点的物理线路段。链路间没有任何其他节点存在,网络中的链路是一个基本的通信单元。在网络中,从一方到另一方的数据通信通常是由许多链路串接而成的,这就是数据链路。数据链路层使用的信道主要有两种类型:点对点信道和广播信道。

3.1.1 概述

1. 基本概念

帧(frame)是数据链路层的信息传输单位。计算机网络的数据交换方式是分组交换,帧是指分组在数据链路层的具体体现,它包括按协议规定划分好的数据部分、发送和接收站点的地址以及处理控制部分。为便于差错控制,将在相邻两节点间传输的数据加上一层"包封",这就构成了帧。用户在网络中传输的信息(报文)的大小是不固定的,但数据传输必须按系统通信规程进行,即系统中帧的大小、规格是有限制的。在通信中,一个报文需要几帧进行传输取决于帧的大小和报文的大小。

物理层通过通信介质实现实体之间链路的建立、维持和拆除,形成物理连接。物理层只是接收和发送一串比特流信息,不考虑信息的意义和信息的结构。它不能解决真正的传输与控制问题。为了真正有效地、可靠地传输数据,就需要对传输操作进行严格的控制和管理,这就是数据链路传输控制规程的任务,也就是数据链路层协议的任务。

数据链路层的主要任务就是检测并校正物理层传输介质上产生的传输差错。数据链路层负责数据链路信息从源点传输到目的点的数据传输与控制,如连接的建立、维护与拆除、异常情况处理、差错控制与恢复、信息格式等,检测和校正物理层可能出现的差错,使两个系统之间构成一条无差错的链路。

2. 数据链路层的主要功能

1) 数据链路的建立、维持和拆除

在链路两端的节点进行通信前,必须首先确认对方已处于就绪状态,并交换一些必要的信息以对帧序号进行初始化,然后再建立链路连接。在传输过程中还要能维持这种连接,如果出现差错,需要重新初始化,重新自动建立连接。传输完毕后要拆除该连接。

2）帧同步

为了使传输中发生差错后只将有错的有限数据进行重发，数据链路层将比特流组合成帧传送。每个帧除了要传送的数据外，还包括校验码，以使接收方能发现传输中的差错。帧的组织结构必须设计成使接收方能够明确地从物理层收到的比特流中对其进行识别，即能从比特流中区分出帧的起始与终止，这就是帧同步要解决的问题。

3）差错控制

帧信息在传输过程中出现差错的情况是存在的。为了保证数据传输的正确性，在计算机通信中要采用差错控制技术。通常采用的是检错重发方式，即接收方每收到一帧便检查帧中是否有错，一旦有错，就让发送方重发该帧，直至接收方正确接收为止。

4）流量控制

流量控制并非数据链路层所独有的功能，许多高层协议中也提供流量控制功能，只不过是流量控制的对象不同。对于数据链路层，控制的是相邻两节点间数据链路上的流量，即考虑的是发送端发送数据要能使接收端来得及接收。当接收方来不及接收时，必须及时控制发送方发送数据的速率，否则就会引起数据帧的丢失。

3.1.2　数据链路层的主要协议

网络上两个相邻节点之间的通信，特别是通信双方的同步问题，是由一些规则或约定来支配的，这些规则或约定即是数据链路层协议，也叫数据链路控制规程或通信控制规程。数据链路层协议是建立在物理层基础上的，通过一些数据链路层协议，在不太可靠的物理连接上实现可靠的数据传输。一般来说，数据链路控制规程的基本功能包括以下部分：

(1) 把用户（网络层）的数据分成块，组成帧，帧的开头和结尾都要有明确的标识。

(2) 提供识别和寻址发送端或接收端的手段，该发送端或接收端可能是多点连接的设备中的一个。

(3) 提供检错和纠错机制，以保证报文的完整性；另外还必须提供流量控制手段，使得发送端发送帧的速率不大于接收端接收帧的能力。

通信控制规程中涉及数据编码、同步方式、传输控制字符、报文格式、差错控制、应答方式、通信方式和传输速率等内容，它是计算机网络软件编制的基础。

通信控制规程归纳起来有两大类：面向字符型的通信控制规程和面向比特型的通信控制规程。数据链路层面向字符型协议规定在链路上以字符为单位发送。在链路上传送的控制信息也必须由若干指定的控制字符构成。这种面向字符的数据链路控制规程在计算机网络的发展过程中曾起到重要作用。目前常见的面向字符型的通信控制规程是广域网中使用的点对点协议（PPP）。常见的面向比特型的通信控制规程是ISO的高级数据链路控制协议（HDLC），它是在IBM公司的同步数据链路控制协议（SDLC）的基础上发展形成的。在通信线路质量较差的年代，HDLC协议的子集曾被广泛用于X.25网络、帧中继网络以及局域网的逻辑链路控制子层，但现在已很少使用了。

3.2 点对点信道的数据链路层

点对点信道使用一对一的点对点通信方式。常常在两个对等的数据链路层之间连着一个数字管道，而在这条数字管道上传输的数据单位是帧，如图 3-1 所示。

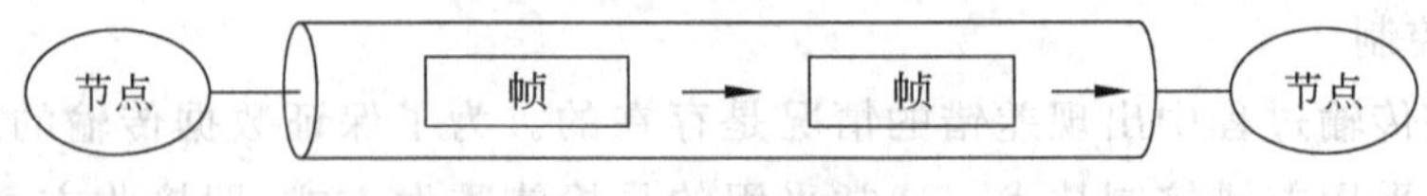

图 3-1 点对点信道的模型

3.2.1 PPP 协议的特点

现在全世界使用最多的数据链路层协议是点对点协议（Point-to-Point Protocol，PPP）。用户使用拨号电话线接入因特网时，一般都是使用 PPP 协议。

1. PPP 协议应满足的需求

IETF 认为，在设计 PPP 协议时必须考虑以下多方面的需求。

1）简单

这是首要的要求。IETF 在设计因特网体系结构时，把其中最复杂的部分放在 TCP 协议中，而网际协议 IP 则相对比较简单，提供的是不可靠的数据报服务。在这种情况下，数据链路层没有必要提供比 IP 协议更多的功能。因此，对数据链路层的帧，不需要纠错，不需要序号，也不需要流量控制。因此 IETF 把“简单”作为首要的需求。简单的设计还可使协议在实现时不容易出错，因而使得不同厂商对协议的不同实现的互操作性提高了。

总之，这种数据链路层的协议非常简单：接收方每收到一个帧，就进行 CRC 校验。如果 CRC 校验正确，就收下这个帧；反之，就丢弃这个帧，其他什么也不做。

2）封装成帧

PPP 协议必须规定特殊的字符作为帧定界符（即标志一个帧的开始和结束的字符）。以便使接收端从收到的比特流中能准确找出帧的开始和结束的位置。

3）透明性

PPP 协议必须保证数据传输的透明性。这就是说，如果数据中碰巧出现了和帧定界符一样的比特组合式，就要采用有效的措施来解决这个问题。

4）多种网络层协议

PPP 协议必须能够在同一条物理链路上同时支持多种网络层协议（如 IPX 和 IP 等）的运行。当点对点链路所连接的是局域网或路由器时，PPP 协议必须同时支持在链路所连接的局域网或路由器上运行的各种网络层协议。

5）多种类型链路

除了要支持多种网络层的协议外，PPP 还必须能够在多种类型的链路上运行。比如串行的或并行的、同步的或异步的、低速的或高速的、电的或光的、交换的或非交换的点对点链路。

以太网上运行的PPP协议(PPP over Ethernet,PPPoE)是PPP协议能够适应多种类型链路的一个典型例子,它是为宽带上网的主机提供的链路层协议。这个协议把PPP帧再封装在以太网帧中(当然还要增加一些能够识别各用户的功能)。宽带上网时由于数据传输速率较高,因此可以让多个连接在以太网上的用户共享一条到ISP的宽带链路。现在即使是只有一个用户利用ADSL进行宽带上网,也是使用PPPoE。

6) 差错检测

PPP协议必须能够对接收端收到的帧进行检测,并立即丢弃有差错的帧。若在数据链路层不进行差错检测,那么已出现差错的无用帧就还要在网络中继续向前转发,因而会浪费许多网络资源。

7) 检测连接状态

PPP协议必须具有一种机制能够及时自动检测出链路是否处于正常工作状态。当出现故障的链路隔了一段时间后又重新恢复正常工作时,就特别需要有这种及时检测功能。

8) 最大传送单元

PPP协议必须对每一种类型的点对点链路设置最大传送单元(MTU)的标准默认值。这样做是为了促进各种实现之间的互操作性。若高层协议发送的分组过长并超过MTU的数值,PPP就要丢弃这样的帧,并返回差错。需要强调的是,MTU是数据链路层的帧可以载荷的数据部分的最大长度,而不是帧的总长度。

9) 网络层地址协商

PPP协议必须提供一种机制使通信的两个网络层的实体能够通过协商知道或能够配置彼此的网络层地址。协商的算法应尽可能简单,并且能够在所有的情况下得出协商结果。这对拨号连接的链路非常重要,因为仅仅在链路层建立了连接而不知道对方网络层地址时,则还不能保证网络层能够传送分组。

10) 数据压缩协商

PPP协议必须提供一种方法来协商使用数据压缩算法,但PPP协议并不要求将数据压缩算法进行标准化。

2. PPP协议的组成

1992年制定了PPP协议。经过1993年和1994年的修定,现在的PPP协议已成为因特网的正式标准。PPP协议由以下3个部分组成。

(1) 一个将IP数据报封装到串行链路的方法。PPP既支持异步链路(无奇偶校验的8比特数据),也支持面向比特的同步链路。IP数据报在PPP帧中就是其信息部分。这个信息部分的长度受最大传送单元(MTU)的限制。

(2) 链路控制协议(Link Control Protocol,LCP)。LCP协议是用来建立、配置和测试数据链路连接的,通信的双方可协商一些选项。在RFC 1661中定义了11种类型的LCP分组。

(3) 网络控制协议(Network Control Protocol,NCP)。其中的每一个协议支持不同的网络层协议,如IP、OSI的网络层、DECnet以及AppleTalk等。

3.2.2 PPP协议的帧格式

1. PPP协议的帧格式

PPP的帧格式如图3-2所示。PPP帧的首部和尾部分别为4个字段和两个字段。

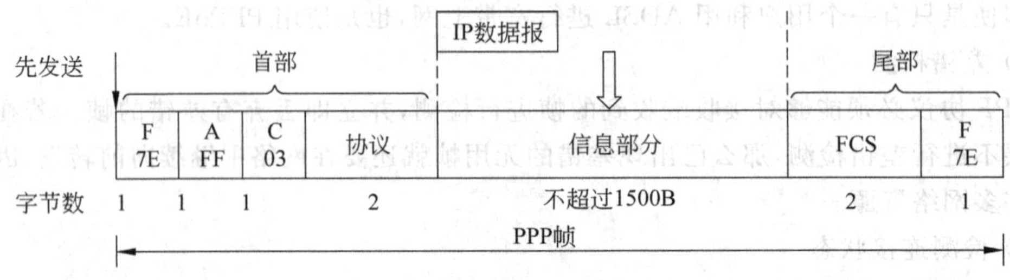

图3-2 PPP协议的帧格式

(1) 标志字段F=0x7E(符号0x表示后面的字符是用十六进制表示的。十六进制的7E的二进制表示是01111110)。首部的第一个字段和尾部的第二个字段都是标志字段。标志字段表示一个帧的开始或结束。因此标志字段就是PPP帧的定界符。连续两帧之间只需要用一个标志字段。若出现连续两个标志字段,就表示一个空帧,应当丢弃。

(2) 地址字段A通常置为0xFF(即11111111),表示广播地址,所有节点都必须接收PPP帧,避免数据链路地址分配问题。

(3) 控制字段C通常置为0x03(即00000011),表示是无序号的帧。

(4) PPP有一个两个字节的协议字段。当协议字段为0x0021时,PPP帧的信息字段就是IP数据报。若为0xC021,则信息字段是PPP链路控制协议(LCP)的数据。若为0x8021,则表示这是网络层的控制数据。

(5) 信息部分是变长的,而且长度是可协商的。如果在建立链路时没有商定载荷的长度,就使用默认值1500B。

(6) 帧校验序列(FCS):用CRC计算得到。

2. 透明传输

当要传输的信息部分出现与标志字节一样的数据字节01111110时,就必须进行变换,使得数据中不可能出现标志字节。通过采取某些措施,使得发送端无论什么样的数据都能够进行发送,并且在接收端能准确识别帧边界,这样的传输就是透明传输。为实现透明传输,PPP采用以下的措施。

(1) 当PPP用在同步传输链路时,协议规定采用硬件来完成零比特填充。例如,PPP协议用在连接路由器与路由器的SONET/SDH链路时,就是使用同步传输(一连串的比特连续传送),这时PPP协议采用零比特填充法来实现透明传输。

零比特填充法的具体做法是:在发送端,先扫描整个信息字段(通常是用硬件实现)。只要发现有5个连续1,则立即填入一个0。因此经过这种零比特填充后的数据,就可以保证在信息字段中不会出现6个连续1。接收端在收到一个帧时,先找到标志字段F以确定一个帧的边界,接着再用硬件对其中的比特流进行扫描。每当发现5个连续1时,就把这5个连续1后的一个0删除,以还原成原来的信息比特流,其过程如图3-3所示。这样就保证了透明传输，在所传送的数据比特流中可以传送任意组合的比特流，而不会引起对帧边界的判断错误。

(2) 当PPP用在异步传输时，就使用一种特殊的字符填充法（又称字节填充法）。例如主机与路由器之间的传输就采用异步传输，当在信息字段出现标志字节时，就采用转义字符进行填充。

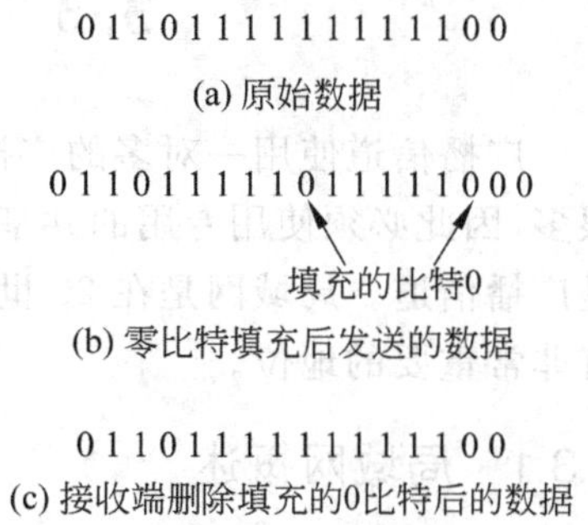

字符填充法规定，把转义字符定义为0x7D（即01111101），并使用字节填充，具体的填充方法如下：

(1) 若信息字段中出现0x7E的字节，将其转变成为2字节序列（0x7D,0x5E）。

0 1 1 0 1 1 1 1 1 1 1 1 1 1 1 1 1 0 0

(a) 原始数据

0 1 1 0 1 1 1 1 1 0 1 1 1 1 1 1 1 0 0 0

填充的比特0

(b) 零比特填充后发送的数据

0 1 1 0 1 1 1 1 1 1 1 1 1 1 1 1 1 0 0

(c) 接收端删除填充的0比特后的数据

图3-3　零比特填充法工作原理

(2) 若信息字段中出现0x7D的字节（即出现了和转义字符一样的比特组合），则把0x7D转变成为2字节序列（0x7D,0x5D）。

(3) 若信息字段中出现ASCII码的控制字符（即数值小于0x20的字符），则在该字符前面要加入一个0x7D字节，同时将该字符的编码与0x20进行异或（XOR）运算。例如，出现0x02（在控制字符中是“传输开始”STX）就要把它转变为2字节序列（0x7D,0x23），其中0x23是0x02与0x20异或运算的结果。

3.2.3　PPP协议的工作状态

(1) 当用户拨号接入ISP时，路由器的调制解调器对拨号做出确认，并建立一条物理连接，由静止状态进入链路建立状态。

(2) PC向路由器发送一系列的LCP分组（封装成多个PPP帧），这些分组及其响应选择一些PPP参数，发送方进行参数请求，接收方选择同意、否定或部分否定。协商后建立了LCP链路，进入鉴别状态。通过用户口令进行身份鉴别。

(3) 鉴别成功则进入网络层协议状态，进行网络层配置，NCP给新接入的PC分配一个临时的IP地址，使PC成为因特网上的一个主机。

(4) NCP配置成功后，进入链路打开状态，进行数据传输。

(5) 通信完毕时，NCP释放网络层连接，收回原来分配出去的IP地址。接着，LCP释放数据链路层连接，进入终止状态。最后释放的是物理层的连接，回到静止状态。

以上过程可用图3-4描述。

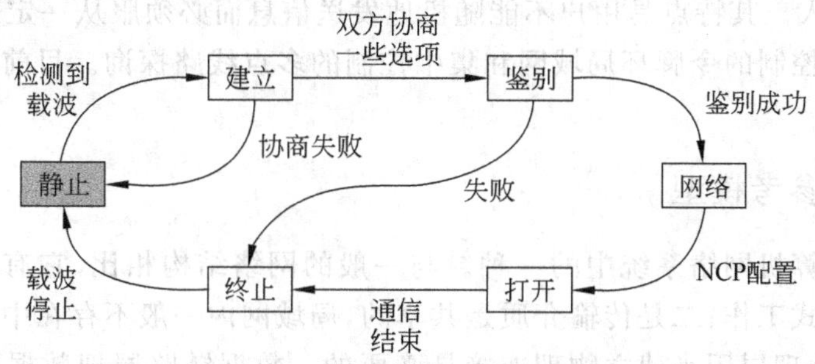

图3-4　PPP协议的工作状态

3.3 广播信道的数据链路层

广播信道使用一对多的广播通信方式，因此过程比较复杂。广播信道上连接的主机很多，因此必须使用专用的共享信道协议来协调这些主机的数据发送。局域网使用的就是广播信道。局域网是在20世纪70年代末发展起来的，局域网技术在计算机网络中占有非常重要的地位。

3.3.1 局域网概述

局域网的主要特点是网络为一个单位所有，且地理范围和站点数目均有限。局域网具有较高的数据率、较低的时延和较小的误码率。

1. 局域网的优点

(1) 具有广播功能，从一个站点可很方便地访问全网。局域网上的主机可共享连接在局域网上的各种硬件和软件资源。

(2) 便于系统的扩展和演变，各设备的位置可灵活调整和改变。

(3) 提高了系统的可靠性、可用性和生存性。

2. 媒体访问控制技术

共享信道要着重考虑的一个问题就是如何使众多用户能够合理而方便地共享通信媒体资源，这在技术上有两种方法。

1) 静态划分信道

常用的静态划分信道是频分复用、时分复用、波分复用和码分复用等。用户只要分配到了信道就不会和其他用户发生冲突。但这种划分信道的方法代价较高，不适于局域网使用。

2) 动态媒体接入控制

动态媒体接入控制又称多点接入，其特点是信道并非在用户通信时固定分配给用户。动态媒体接入控制又分为以下两类：

(1) 随机接入。其特点是所有的用户可随机地发送信息，但如果有两个或更多的用户在同一时刻发送信息，那么在共享媒体中就要产生碰撞，使得这些用户的发送都失败。因此，必须有解决碰撞的网络协议。随机接入应用的典型代表是以太网。

(2) 受控接入。其特点是用户不能随机地发送信息而必须服从一定的控制。这类的典型代表有分散控制的令牌环局域网和集中控制的多点线路探询。目前局域网中受控接入用得较少。

3.3.2 局域网参考模型

局域网是计算机网络系统中的一种。与一般的网络结构相比，它有两个特点：一是数据按帧寻址方式工作；二是传输介质是共享的，局域网内一般不存在中间转换问题。对于局域网来说，物理层用来建立物理连接是必要的。数据链路层把数据结构变换成帧结构传输，并实现帧的顺序控制、差错控制和流量控制功能，使不可靠的链路变成可靠的链路，也是必需的。

因此，根据OSI参考模型，结合局域网本身的特点，IEEE 802委员会制定了具体的局域网模型和标准。图3-5所示为局域网参考模型(IEEE 802 LAN/RM)。若网络中涉及子网互联时，要在数据链路层上设网际层。由图可见，LAN参考模型只相当于OSI的最低两层。

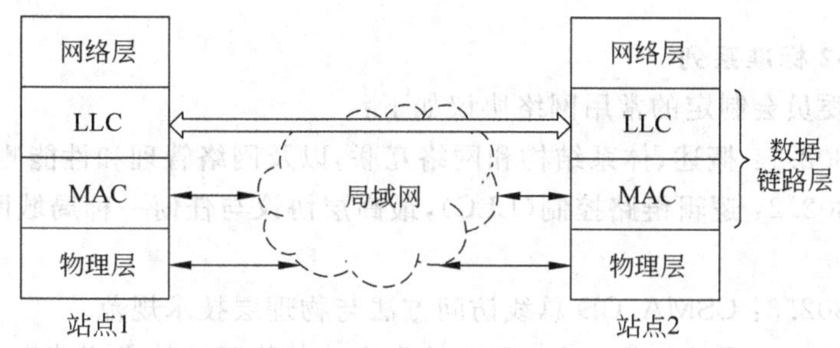

图3-5 局域网参考模型

1. 物理层

物理层负责物理设备连接管理和在传输介质中传送比特流。一对物理层实体能够确认出两个介质访问控制(MAC)子层实体间同等比特单元的交换，其主要任务是描述传输介质接口的一些特性，如接口的机械特性、电气特性、功能特性和规程特性等。这与OSI参考模型的物理层相同。但由于LAN可以采用多种传输介质，各种介质的差异很大，这使得物理层的处理过程较为复杂。物理层又可分为物理信号(PS)子层和物理媒体访问(PMA)子层。

2. 数据链路层

数据链路层的主要作用是通过一些数据链路层协议，在不太可靠的传输信道上实现可靠的数据传输，负责帧的传输管理和控制。

但在局域网中，由于各站点共享网络公共信道，因此，必须首先解决多个站点之间可能产生的信道抢占、争用的问题，即数据链路层必须有介质访问控制的功能。又由于局域网采用的拓扑结构不同，传输介质各异，相应的介质访问控制方法也有多种，这就导致了数据链路层存在与传输介质有关的和无关的两部分。在数据链路功能中，将与传输介质有关的部分和无关的部分分开，可以降低连接不同类型介质接口设备的费用。因此又可将局域网的数据链路层划分为两个子层：逻辑链路控制(Logic Link Control，LLC)子层和介质访问控制(Medium Access Control，MAC)子层。

1) LLC子层

LLC子层集中定义了与介质接入无关的部分，并将网络层的服务访问点(SAP)设在LLC子层与高层的交界面上。LLC具有帧发送、接收功能，并具有帧顺序控制和流量控制等功能。在不设网际层时，此子层还包括某些网络功能，如数据报、虚拟控制和多路复用等。

2) MAC 子层

MAC 子层集中定义了与接入介质有关的部分，负责在物理层的基础上进行无差错通信，维护数据链路功能，并为 LLC 子层提供服务，支持 CSMA/CD、Token-Bus、Token-Ring 等介质访问控制方式。发送信息时负责把 LLC 帧组装成带有地址和差错校验字段的 MAC 帧，接收数据时对 MAC 帧进行拆卸，执行地址识别和循环冗余码校验(CRC)功能。

3. IEEE 802 标准系列

IEEE 802 委员会制定的常用网络协议如下：

(1) IEEE 802.1：概述、体系结构和网络互联，以及网络管理和性能测量。

(2) IEEE 802.2：逻辑链路控制(LLC)，最高层协议与任何一种局域网 MAC 子层的接口。

(3) IEEE 802.3：CSMA/CD 总线访问方法与物理层技术规范。

(4) IEEE 802.4：Token Passing Bus 访问方法与物理层技术规范。

(5) IEEE 802.5：Token Passing Ring 访问方法与物理层技术规范。

(6) IEEE 802.11：无线局域网。

(7) IEEE 802.15：无线个人网。

(8) IEEE 802.16：宽带无线接入。

在这些标准中，IEEE 802.3 标准最为常用。下面是该标准的几个组成部分。

(1) 10Base-5：使用粗同轴电缆，最大网段长度为 500m，基带传输方法。

(2) 10Base-2：使用细同轴电缆，最大网段长度为 185m，基带传输方法。

(3) 10Base-T：使用双绞线电缆，最大网段长度为 100m。

(4) 1Base-5：使用双绞线电缆，最大网段长度为 500m，传输速度为 1Mb/s。

(5) 10Broad-36：使用同轴电缆(RG-59/U CATV)，最大网段长度为 3600m，宽带传输方法。

(6) 10Base-F：使用光纤，传输率为 10Mb/s。

注意：第一个数字表示传输速度，单位为 Mb/s；最后一个数字表示网段长度，单位为百米；Base 表示基带；Broad 表示宽带。

3.4 以 太 网

3.4.1 CSMA/CD 协议

带有冲突检测的载波侦听多路访问(Carrier Sense Multiple Access With Collision Detection，CSMA/CD)含有两个方面的内容：载波侦听多路访问(CSMA)和冲突检测(CD)。CSMA/CD 访问控制方式主要用于总线型和树形网络拓扑结构的基带传输系统中。数据传输以“帧”为单位，后来发展为 IEEE 802.3 基带 CSMA/CD 局域网标准。

1. 载波侦听多路访问(CSMA)

(1) “多路访问(Multiple Access)”表示许多计算机以多点接入的方式连接在一根总

线上。

(2)“载波侦听(Carrier Sense)”是指每一个站在发送数据之前先要检测一下总线上是否有其他计算机在发送数据，如果有，则暂时不要发送数据，以免发生碰撞。

载波侦听多路访问(CSMA)的工作原理是：每个站点在发送数据之前要侦听信道上是否有数据在传送，若有，则此站不能发送，需等待一段时间后重试。

2. 冲突检测(CD)

“冲突检测(Collision Detection)”就是计算机边发送数据边检测信道上的信号电压大小，即网络接口将从总线上接收的信号和自己发送的信号进行比较。

(1) 当几个站同时在总线上发送数据时，总线上的信号电压摆动值将会增大(互相叠加)。

(2) 当一个站检测到的信号电压摆动值超过一定的门限值时，就认为总线上至少有两个站同时在发送数据，表明产生了冲突(冲突有时也称为碰撞)。

3. CSMA/CD 发送流程

CSMA/CD 发送流程可简单概括为“先听后发，边听边发，冲突停止，随机延迟后重发”，其具体工作过程如下：

(1) 先侦听信道，如果信道空闲则发送信息。

(2) 如果信道忙，则继续侦听，直到信道空闲时立即发送。

(3) 发送信息后进行冲突检测，如发生冲突，立即停止发送，并向总线上发出一串阻塞信号(连续几个字节全1)，通知总线上各节点冲突已发生，使各节点重新开始侦听与竞争。

(4) 已发出信息的各节点收到阻塞信号后，等待一段随机时间，重新进入侦听发送阶段。

CSMA/CD 发送过程如图 3-6 所示。

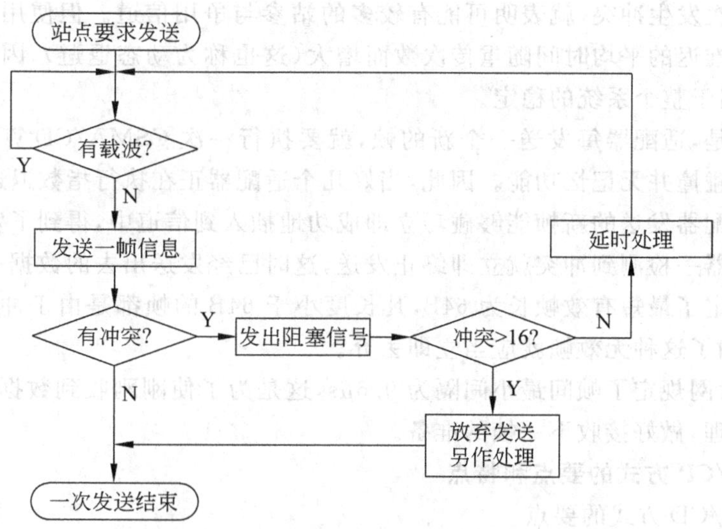

图 3-6　CSMA/CD 发送过程流程图

4. 截断二进制指数退避算法

以太网使用截断二进制指数退避算法来解决冲突问题。截断二进制指数退避算法并不复杂。这种算法让发生冲突的站在停止发送数据后，不是等待信道变为空闲后就立即再发送数据，而是推迟(也称退避)一个随机的时间。这样做是为了使重传时再次发生冲突的概率减小。具体的退避算法如下：

(1) 确定基本退避时间，一般是取为争用期 2τ，即以太网的端到端的往返时间。争用期又称为冲突窗口，它是一个很重要的参数。这是因为一个站在发送完数据后，只有通过争用期的"考验"，即经过争用期这段时间还没有检测到冲突，才能肯定这次发送不会发生冲突。以太网把争用期定为 51.2μs。对于 10Mb/s 以太网，在争用期内可发送 512b，即 64B。也可称争用期为 512b 时间。1b 时间就是发送 1b 所需的时间。这种时间单位与数据率密切相关。

(2) 从整数集合$[0,1,\cdots,2^k-1]$中随机地取出一个数，记为 r。重传所需的时延就是 r 倍的基本退避时间。定义重传次数 k，$k\leqslant 10$，即

$$k=\text{Min}[\text{重传次数}, 10]$$

可见重传次数不超过 10 时，参数 k 等于重传次数；当重传次数超过 10 次时，k 就不再增大而一直等于 10。

(3) 当重传达 16 次仍不能成功时即丢弃该帧，并向高层报告。

例如，在第 1 次重传时，$k=1$，随机数 r 从整数$\{0,1\}$中选一个数。因此重传的站可选择的重传推迟时间为 0 或 2τ，在这两个时间中随机选择一个。

若再发生碰撞，则在第 2 次重传时，$k=2$，随机数 r 从整数$\{0,1,2,3\}$中选一个数。因此重传推迟时间是在 0、2τ、4τ 和 6τ 这 4 个时间中随机选择一个。

同样，若再发生碰撞，则在第 3 次重传时，$k=3$，随机数 r 从整数$\{0,1,2,3,4,5,6,7\}$中选一个数。以此类推。

若连续多次发生冲突，就表明可能有较多的站参与争用信道。但使用上述退避算法可使重传需要推迟的平均时间随重传次数而增大(这也称为动态退避)，因而减小发生碰撞的概率，有利于整个系统的稳定。

需注意的是，适配器每发送一个新的帧，就要执行一次 CSMA/CD 算法。适配器对过去发生过的碰撞并无记忆功能。因此，当好几个适配器正在执行指数退避算法时，很可能有某一个适配器发送的新帧能够碰巧立即成功地插入到信道中，得到了发送权。

由于适配器一检测到冲突就立即终止发送，这时已经发送出去的数据一定小于 64B，因此以太网规定了最短有效帧长为 64B，凡长度小于 64B 的帧都是由于冲突而异常中止的无效帧，收到了这种无效帧就应当立即丢弃。

另外，以太网规定了帧间最小间隔为 9.6μs，这是为了使刚刚收到数据帧的站的接收缓存来得及清理，做好接收下一帧的准备。

5. CSMA/CD 方式的要点和特点

1) CSMA/CD 方式的要点

(1) 适配器从网络层获得一个分组，加上以太网的首部和尾部，组成以太网帧，放入适配器的缓存中，准备发送。

(2) 若适配器检测到信道空闲时(即在 96b 时间内没有检测到信道上有信号),就发送这个帧。若检测到信道忙,则继续检测并等待信道转为空闲(加上 96b 时间),然后发送这个帧。

(3) 在发送过程中继续检测信道,若一直未检测到碰撞,就顺利把这个帧成功发送完毕。若检测到碰撞,则中止数据的发送,并发送人为的干扰信号。

(4) 在中止发送后,适配器就执行指数退避算法,等待 r 倍 512b 时间后,返回到步骤(2)。

2) CSMA/CD 方式的特点

CSMA/CD 原理比较简单,技术上较易实现,网络中各工作站处于同等地位,不需要集中控制。但这种方式不能提供优先级控制,各节点争用总线,不能满足远程控制所需要的确定时延和绝对可靠性的要求。此方式效率高,但当负载增大时,发送信息所需要等待的时间较长。

3.4.2 网络适配器与硬件地址

1. 网络适配器

计算机与局域网是通过网络适配器连接的,如图 3-7 所示。适配器本来是主机箱内插入的一块网络接口板(或是笔记本电脑的 PCMCIA 卡)。这种接口板又称为网络接口卡(NIC,简称网卡)。由于较新的计算机主板已经嵌入了这种适配器,不使用单独的网卡了,因此适配器更为准确。在适配器上面装有处理器和存储器(包括 RAM 和 ROM)。

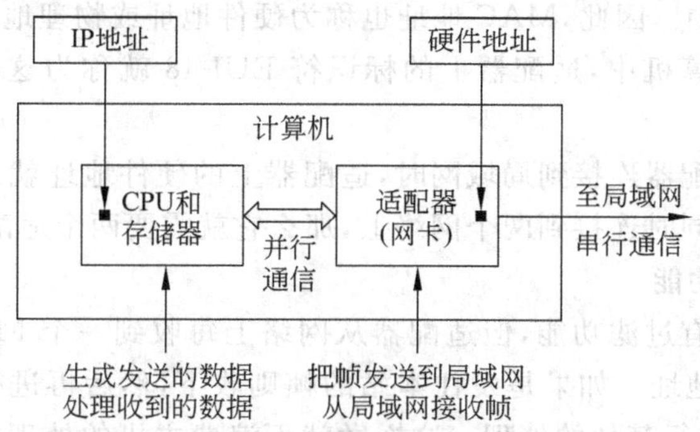

图 3-7 计算机通过适配器和局域网进行通信

适配器和局域网之间的通信是通过电缆线或双绞线以串行传输方式进行的,而适配器和计算机的通信则是通过计算机主板上的 I/O 总线以并行传输方式进行的,因此适配器的一个重要功能就是进行数据串行传输和并行传输的转换。由于网络上的数据率和计算机总线上的数据率并不相同,因此在适配器中必须装有对数据进行缓存的存储芯片。若在主板上插入适配器时,还必须把管理该适配器的设备驱动程序安装在计算机的操作系统上。

适配器还能够实现以太网协议。适配器接收和发送各种帧时不使用计算机的 CPU。这时 CPU 可以处理其他任务,当适配器收到有差错的帧时,就把这个帧丢弃而不必通知计算机。当适配器收到正确的帧时,它就使用中断来通知该计算机并交付给协议栈中的网络层。当计算机要发送IP数据报时，就由协议栈把IP数据报向下交给适配器，组装成帧后发送到局域网。

2. 硬件地址

在局域网中，硬件地址又称为物理地址或MAC地址。在所有计算机系统的设计中，标识系统都是一个核心问题。在标识系统中，地址就是为识别某个系统的一个非常重要的标识符。IEEE 802标准规定MAC地址可采用6字节或2字节这两种的一种。6字节地址字段对局部范围内使用的局域网的确是太长了，但是由于6字节的地址可使全世界所有的局域网适配器都具有不相同的地址，因此现在的局域网适配器实际上使用的都是6字节的MAC地址。

现在IEEE的注册管理机构(Registration Authority,RA)是局域网全球地址的法定管理机构，它负责分配地址字段的6个字节中的前3个字节。世界上凡要生产局域网适配器的厂家都必须向IEEE购买由这3个字节组成的编号，这个编号的正式名称是组织唯一标识符(Organizationally Unique Identifier,OUI)，通常也叫做公司标识符。例如，3Com公司生产的适配器的MAC地址的前3个字节是02-60-8C。地址字段中的后3个字节则由厂家自行指派，称为扩展标识符，只要保证生产出的适配器没有重复地址即可。可见用一个地址块可以生成2^{24}个不同的地址。用这种方式得到的48位地址称为MAC-48，它的通用名称是EUI-48，EUI表示扩展的唯一标识符。

24位的OUI不能单独使用来标识一个公司，因为一个公司可能有几个OUI，也可能有几个小公司合起来购买一个OUI。在生产适配器时，这种6字节的MAC地址已被固化在适配器的ROM中。因此，MAC地址也称为硬件地址或物理地址。当这块适配器插入(或嵌入)到某台计算机中，适配器上的标识符EUI-48就称为这台计算机的MAC地址了。

当路由器通过适配器连接到局域网时，适配器上的硬件地址就用来标识路由器的某个接口。路由器如果同时连接到两个网络上，那么它就需要两个适配器和两个硬件地址。

3. MAC地址的功能

我们知道适配器有过滤功能，但适配器从网络上每收到一个MAC帧就先用硬件检查MAC帧中的目的地址。如果是发往本站的帧则收下，然后再进行其他的处理。否则就将此帧丢弃，不再进行其他的处理。这样做就不浪费主机的处理机和内存资源。这里“发往本站的帧”可分为3类：

(1) 单播帧(一对一)，即收到的帧的MAC地址与本站的MAC地址相同。

(2) 广播帧(一对全体)，即发送给本局域网上所有站点的帧(全1地址)。

(3) 多播帧(一对多)，即发送给本局域网上一部分站点的帧。

所有的适配器都至少应当能识别前两种帧，即能识别单播和广播地址。有的适配器可用编程方法识别多播地址。当操作系统启动时，它就把适配器初始化，使适配器能够识别某些多播地址。显然，只有目的地址才能使用广播地址和多播地址。

以太网适配器还可以设置为一种特殊的工作方式，即混杂方式。工作在混杂方式的适配器只要“听到”有帧在以太网上传输就都接收了，而不管这些帧是发往哪个站的。请注意，这样做实际上是“窃听”其他站点的通信而不中断其他站点的通信。网络上的黑客常利用这种方法非法获取网络用户的口令。所以以太网上的用户不愿意网络上有工作在混杂方式的适配器。但混杂方式有一定的用处。例如，网络维护和管理人员需要用这种方式来监视和分析以太网上的流量，以便找出提高网络性能的具体措施。有一种很有用的网络工具叫做嗅探器(sniffer)，就使用了设置为混杂方式的网络适配器。此外，这种嗅探器还可帮助学习网络的人员更好地理解各种网络协议的工作原理。

3.4.3　以太网 MAC 帧的标准格式

常用的以太网 MAC 帧格式有两种标准，一种是由 DEC、Intel 和 Xerox 三家公司制定的 DIX Ethernet V2 标准，是世界上第一个局域网产品(以太网)的规范，另一种是 IEEE 的 802.3 标准。DIX Ethernet V2 标准与 IEEE 的 802.3 标准只有很小的差别，因此可以将 IEEE 802.3 局域网简称为“以太网”。

1. 以太网帧格式

这里主要介绍用得最多的 Ethernet V2 的帧格式。Ethernet V2 标准数据帧格式如图 3-8 所示。

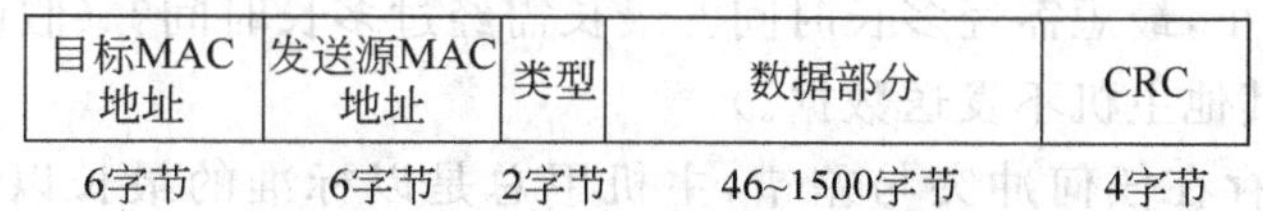

图 3-8　以太网数据帧格式

以太网目的地址(目的 MAC 地址)和以太网源地址(源 MAC 地址)是我们最为熟悉的数据链路层地址，分别占 6 个字节。它包括单播地址、多播地址和广播地址。

以太网的类型域也是我们最关心的一个字段，占 2 个字节。它在 1997 年以前还一直由施乐公司维护，但后来就交由 IEEE 802 小组维护了。通过这个字段的内容，数据的接收方可以识别以太网的数据域中承载的是什么协议的数据报文。例如，0x0800 表示上层是 IP 协议，0x0806 表示上层是 ARP 协议，0x8137 表示 Novell IPX 协议。

数据部分(净载荷)主要是用来承载类型域中所指示的数据报文，最小长度为 46 个字节，最大为 1500 个字节。

CRC 校验域主要用来保证链路层数据帧传送的正确性，占 4 个字节，采用 CRC 校验。

2. 无效 MAC 帧

IEEE 802.3 标准规定凡出现下列情况之一的即为无效的 MAC 帧：

(1) 帧的长度不是整数个字节。

(2) 用收到的帧检验序列 CRC 查出有差错。

(3) 收到 MAC 帧的数据字段的长度不在 46～1500 字节之间。考虑到 MAC 帧首部和尾部的长度共有 18 字节，可以得出有效的 MAC 帧长度在 64～1518 字节之间。

对于检查出的无效 MAC 帧就简单地丢弃，以太网不负责重传丢弃的帧。

3. 两种帧格式的区别

IEEE 802.3 MAC 帧格式与 Ethernet V2 MAC 帧格式的区别有两个地方：

(1) IEEE 802.3 标准规定的 MAC 帧的第三个字段是“长度/类型”。当这个字段值大于 0x0600 时，就表示“类型”。这样的帧和 Ethernet V2 MAC 帧完全一样。当这个字段值小于或等于 0x0600 时，就表示“长度”，即 MAC 帧的数据部分长度。显然，在这种情况下，若数据字段的长度与长度字段的值不一致时，则该帧为无效的 MAC 帧。实际上，由于以太网采用了曼彻斯特编码，长度字段并无实际意义。

(2) 当“长度/类型”字段值小于 0x0600 时，数据字段必须装入上面的 LLC 子层的 LLC 帧。

由于现在广泛使用的局域网只有以太网，因此 LLC 帧已经失去了原来的意义。现在市场上流行的都是 Ethernet V2 MAC 数据帧，但大家常把它称为 IEEE 802.3 标准的 MAC 帧。

【例 3-1】 某局域网采用 CSMA/CD 协议实现介质访问控制，数据传输速率为 10Mb/s，主机甲和主机乙之间的距离为 2km，信号传播速度是 200 000km/s。请回答下列问题，并给出计算过程。

(1) 若主机甲和主机乙发送数据时发生冲突，则从开始发送数据时刻起，到两台主机均检测到冲突时刻止，最短需经多长时间？最长需经过多长时间？(假设主机甲和主机乙发送数据过程中，其他主机不发送数据。)

(2) 若网络不存在任何冲突与差错，主机甲总是以标准的最长以太网数据帧(1518 字节)向主机乙发送数据，主机乙每成功收到一个数据帧后，立即发送下一个数据帧，此时主机甲的有效数据传输速率是多少？(不考虑以太网帧的前导码。)

【解】

(1) 当甲乙同时向对方发送数据时，两台主机均检测到冲突所需时间最短：

$$1\text{km}/200\,000\text{km/s}\times 2=1\times 10^{-5}\text{s}$$

当一方发送的数据马上要到达另一方时，另一方开始发送数据，两台主机均检测到冲突所需时间最长：

$$2\text{km}/2\,000\,000\text{km/s}\times 2=2\times 10^{-5}\text{s}$$

(2) 发送一帧所需时间：1518B/10Mb/s＝1.2144ms。

数据传播时间：2km/200 000km/s＝1×10^{-5}s＝0.01ms。

总时延：1.2144＋0.01＝1.2244 ms。

有效的数据传输速率：1518B/1.2244ms≈9.92Mb/s。

3.4.4 循环冗余校验码

循环冗余校验(Cyclic Redundancy Check，CRC)码简称循环码。它是在多项式代数运算的基础上建立起来的，具有较强的检错能力，而且编码和解码设备不太复杂，在理论和实践上都有较大的发展，目前在计算机网络中的应用比较广泛。

1. CRC 码校验序列的计算

CRC 码由要传送的 k 位信息后附加 r 位校验序列(冗余码)构成。校验序列的计算方法是：

(1) 设 $M(x)$为 k 位信息码多项式，$G(x)$为 r 阶生成码多项式(事先由协议指定)。

（2）用模 2 除法进行 $x^rM(x)/G(x)$，得到余式 $R(x)$，$R(x)$为 r 位校验码多项式。

（3）进行加法运算 $x^rM(x)+R(x)$，即得到待传送的 CRC 码多项式（数据位加校验位）。

在发送端，将信息码和校验序列一起传送。在接收端，对收到的信息码用同一个生成多项式去除；若除尽，则说明信息传输没错误，否则说明传输有错误。

2. CRC 编码实例

若要传输的信息序列为 1100，生成多项式为 $G(x)=x^3+x+1$，求 CRC 码的检验序列码，并验证收到的码字 1101010 的正确性。

1）编码

（1）信息序列 1100 对应的多项式为 $M(x)=x^3+x^2$。

（2）$x^rM(x)=x^3(x^3+x^2)=x^6+x^5$，对应的代码为 1100000。

（3）生成多项式 $G(x)=x^3+x+1$，对应的代码为 1011。

（4）用模 2 除法求 $R(x)$的代码。为简单起见，这里采用二进制位运算而未采用多项式运算。在模 2 除法中，减法无借位，等同于异或运算；再就是只要被除数与除数位数相同且最高位为 1 就上商 1。具体除法过程如下：

```
          1110
1011)1100000
      1011
       1110
       1011
        1010
        1011
          10
```

（5）根据 $r=3$，余数取 3 位，如不足 3 位，在左边补 0，因此，010 就是校验序列，即 $R(x)=x$。

2）验证

用 1101010 除以生成多项式 $G(x)=x^3+x+1$ 对应的代码 1011 得余数 11。由于余数不为 0，所以此码字出错。

3.4.5 传统 10Mb/s 以太网

传统 10Mb/s 以太网是指信息的传输速率为 10Mb/s 的共享式以太网。在 10Mb/s 以太网中又有几种形式：采用粗同轴电缆的 10Base-5，采用细同轴电缆的 10Base-2，采用 3 类双绞线的 10Base-T 以及采用多模光纤的 10Base-F。

1. 10Base-5

10Base-5 是以太网的最初形式，数字信号采用曼彻斯特编码，传输介质为直径 10mm 的粗同轴电缆，阻抗为 50Ω，电缆最大长度为 500m，超过 500m 的可用中继器扩展。任意两个站点之间最多允许有 4 个中继器，因此该网络的网络直径限制可扩大到 2500m，即最多可由 5 个 500m 长的线段和 4 个中继器组成。

2．10Base-2

10Base-2 采用阻抗为 50Ω 的基带细同轴电缆为传输介质，又称廉价网，数字信号采用曼彻斯特编码。10Base-2 在不使用中继器时电缆的最大长度为 185m，使用 4 个中继器时的电缆最大长度为 925m，允许每一段电缆上有 30 个站点。两个相邻的 BNC-T 型连接器的距离应大于 0.5m。

10Base-2 与 10Base-5 相比，其成本和安装的复杂性均大大降低，但由于网络中存在多个 BNC-T 型连接头和 BNC-T 型连接器的连接点，使得同轴电缆的连接故障率较高，影响了系统的可靠性。

3．10Base-T

10Base-T 标准于 1990 年 9 月由 IEEE 802.3 发布，网络不采用或较少采用前两个以太网的总线型结构，而采用星形拓扑结构，所有的工作站都接到集线器上，其结构如图 3-9 所示。

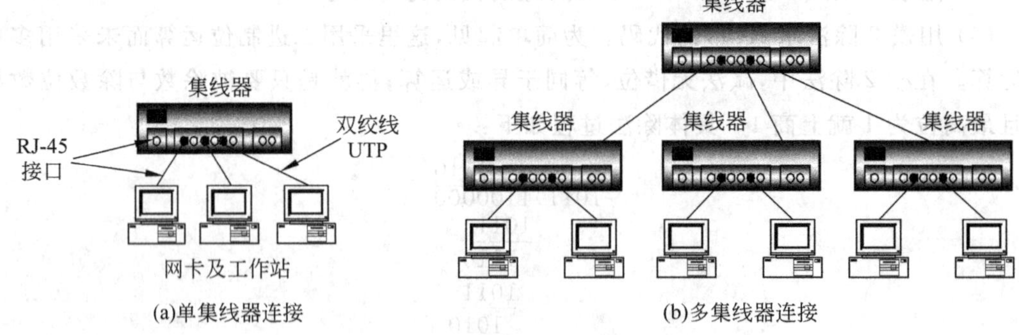

图 3-9　10Base-T 结构

10Base-T 可完成如下主要功能：

(1) 通过网络适配器的端口，使工作站与网络之间构成点对点的连接。

(2) 某一端口传输的信号可通过集线器进行接收、再生和广播到其他端口。

(3) 自动检测冲突，并在冲突产生时发出阻塞信号以便通知其他的工作站。

(4) 能够自动隔离发生故障的工作站。

10Base-T 与 10Base-5、10Base-2 兼容，网络操作系统不需要进行任何改变，同时千兆以太网技术是基于 10Base-T 建立的，使得 10Base-T 的升级非常容易。由于较高的数据速率和非屏蔽双绞线的不良传输特性，10Base-T 的传输距离被限制在 100m 以内。若要增加传输距离，可改用光纤连接，此时传输距离可达数千米。表 3-1 是 3 种电缆的参数性能比较。

4．10Base-F

光纤以太网 10Base-F 使用一对光纤，一条用于发送数据，另一条用于接收数据。在所有情况下，信号都采用曼彻斯特编码，每一个曼彻斯特信号元素转换成光信号元素。用有光表示高电平，无光表示低电平。使用 ST 连接器，星形拓扑结构。10Base-F 定义了 4 种光缆规范：FOIRL、10Base-FP、10Base-FB 和 10Base-FL 规范。FOIRL 和 10Base-FP 规范允许每一段的最大距离为 1km，10Base-FB 和 10Base-FL 规范则允许最大距离达到 2km。

表 3-1 10Base-X 网络用的 3 种电缆参数性能比较

参 数	10Base-2	10Base-5	10Base-T
传输介质	50Ω 细同轴电缆	50Ω 粗同轴电缆	3 类双绞线电缆
传输速率/(Mb/s)	10	10	10
电缆直径/mm	5	10	每芯 0.511
最大段长/m	185	500	100m 以内效果最佳
每段最大节点数	30	100	2
节点最小间距/m	0.5	2.5	一般无限制
最大中继段数	5	5	一般无限制
节点最大间距/m	925	2500	约 2800
连接器接口标准	BNC-T 型头	AUI DIX 外收发器	RJ-45 接口
最大节点数	150	500	250
网络拓扑结构	总线型	总线型	星形

3.5 集线器和交换机

一个机构(包括厂矿、公司和学校)通常是由许多部门组成,每个部门都管理自己的局域网。一个机构希望各部门互联它们的 LAN 网段。在本节中主要考虑连接 LAN 的两种不同方法:集线器和交换机。集线器主要用于共享式经典以太网,交换机主要用于当前流行的交换式以太网。

3.5.1 集线器

1. 集线器的功能和特点

在局域网中,为延长信号的传输距离,网段间往往要使用中继器(repeater)。一般的中继器具有一个输入端和一个输出端,可对电缆上传输的数据信号进行复制、调整和再生放大。

集线器(hub)是中继器的一种扩展形式,是一个多端口的中继器,属于 OSI 参考模型中物理层的连接设备,如图 3-10 所示,集线器可逐位复制经由物理介质传输的信号,提供所有端口间的同步数据通信。

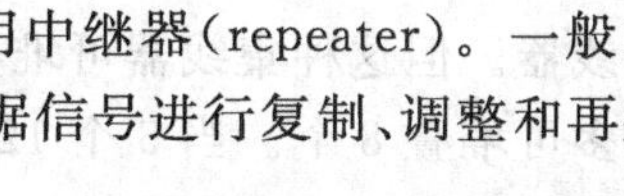

图 3-10 集线器

在以太网中,集线器按 CSMA/CD 算法,随机选出某一端口的设备将独占全部带宽,与集线器上的互联设备进行通信,所以集线器和中继器都只是信号加强和中转的设备,所有传到集线器的数据均被原样不动地广播到与之相连接的各个端口。

集线器能够支持各种不同的传输介质和数据传输速率。集线器一般以一个端口与主干网相连,并有多个端口连接一组工作站,除了连接工作站外,它还能与网络中的打印服务器、交换机或其他网络设备连接,可以在一组节点中共享信号。

与同轴电缆的总线结构对比,当采用集线器时,使用双绞线构成星形拓扑结构,让所有的电缆都集中到诸如配线室这样一个地点。将一个有着不同类型接口的集线器放置在配线室中,再通过这些接口连接到其他以太网、光纤分布式接口或广域网。这样就形成了一个以集线器为中心的布线结构。由于所有线缆都独立连接到配线室,因此可以在不影响其他节点用户的情况下为系统扩容,更便于管理。

2. 集线器的分类与配置方式

1) 分类

根据不同的角度,集线器有多种分类方法。依据外形尺寸可分为机架式和桌面式;依据带宽可分为10M、100M和10M/100M自适应型;按管理方式可分为普通型和智能型;按端口数目可分为8口、16口和24口等;从安装的可扩展性可分为可堆叠式和不可堆叠式及可扩展型和不可扩展型;按配置方式可分为独立式、堆叠式和模块式等。目前所使用的集线器基本是上述分类的组合,如人们经常说的24口10M/100M自适应智能型可堆叠式集线器。

2) 集线器的配置方式

(1) 独立式集线器。

这种集线器一般提供固定的端口数,用于一个计算机工作组,适合于较小的独立部门,如办公室、实验室或网吧等环境。独立式集线器可以通过同轴电缆、光纤或双绞线与其他的集线器连接,安装连接比较简单。独立式集线器一般都是普通型的,但也可以是智能型的。

尽管几个独立式集线器可以使用上行链接端口级联在一起,组成一个大型的集线器,但现在一般不这样用,更多的是采用可堆叠式集线器。

(2) 可堆叠式集线器。

可堆叠式集线器类似于独立式集线器,但它有一个特殊的高速端口可以把集线器堆叠起来以获得更好的效果。从逻辑上来看,多个堆叠在一起的集线器形成了一个大型的集线器。但这种集线器可堆叠的数目是有限的,也是不同的,有的最多可堆叠5个,有的最多可堆叠8个。当5个12口的集线器堆叠在一起时,可以看成是一个60口的独立式集线器。和独立式集线器一样,可堆叠式集线器可以连接不同传输介质并支持不同传输速率,但可堆叠式集线器通常都是智能型的。

(3) 模块式集线器。

模块式集线器可以通过底盘上的主板和插槽提供大量可选的接口选项,可以插入不同的适配器。插入的适配器可以使这些模块式集线器与其他类型的集线器相连,或者与路由器、广域网相连,也可以与令牌网或以太网的主干相连。这使得它使用起来比独立式集线器和堆叠式集线器更加方便灵活。

由于模块式集线器可以安装冗余部件,所以它在所有类型的集线器中可靠性是最高的。同时它提供了扩展插槽,可以连接很多种不同类型的设备。即根据网络需要,可以定制相应的模块式集线器。但这种集线器的价格也是最贵的,模块式集线器几乎都是智能型的。

3.5.2 网桥

每一种局域网都规定了最大的节点数目，其他一些技术规范也限制了局域网的规模。同时由于早期的局域网所有站点共享可用的带宽，所以在局域网达到它的理论最大节点数目之前，性能就已经严重下降了。网络中包含的节点越多，每个站点可以利用的带宽就越少。因此，局域网单独的网段已不能满足大型局域网应用的需求，这时出现了网桥技术。利用网桥技术可以将局域网分成两个或更多的网段，它通过隔离每个网段内部的数据流量，从而增加了每个节点所能使用的有效带宽。

网桥(bridge)也称桥接器，它属于OSI模型数据链路层的连接设备，能够解析它所接收的帧，并能指导如何把数据传送到目的地。

1. 网桥的基本功能

网桥能够解读数据帧的目标MAC地址信息，并用自己的过滤数据库(转发表)来决定是否向网络的其他网段转发数据包。如果数据包的目标地址与源地址位于同一段，就把该包过滤掉不进行转发；如果数据包的目标地址与源地址不在同一段，则进行转发，如图3-11所示。

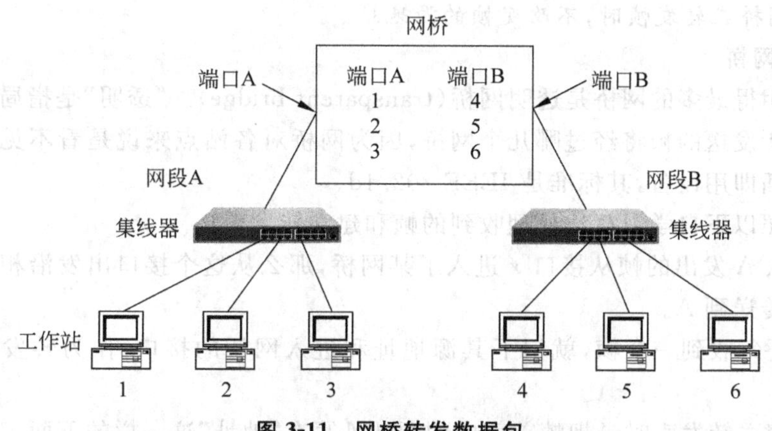

图3-11 网桥转发数据包

在图3-11中，当工作站1试图向工作站2发送数据时，传输的数据要经过端口A的集线器到达网桥。网桥先读取工作站1所发数据包的源MAC地址，然后搜索过滤数据库，查看此MAC地址是否与工作站2的目的MAC地址位于同一网段。如果它们属于不同的网段，网桥会把数据转发到它的目标段。在本例中工作站1和工作站2位于网络中的同一网段，所以数据包就被过滤掉，信息只通过端口A的集线器广播发送给工作站2。如果工作站1向工作站5发送数据，数据先经过端口A的集线器到达网桥。网桥发现工作站1和工作站5不在一个网段，它就把数据发送给端口B，再通过端口B的集线器广播发送给工作站5。

在以上例子中，尽管端口A和端口B在同一局域网中，但端口A内的数据传输不影响端口B，端口B内的传输也不影响端口A。即网桥把该局域网分成了两个独立的冲突域，从而减少了冲突的产生。

由上面的例子可以看出使用网桥的优点如下：

(1) 过滤通信量，增大吞吐量。网桥工作在链路层的 MAC 子层，可以使以太网各网段成为隔离开的冲突域，而且不同网段上的通信不会相互干扰。

(2) 扩大了物理范围，增加了整个以太网上工作站的最大数目。

(3) 提高了可靠性。当网络出现故障时，一般只影响个别网段。

(4) 可互连不同物理层、不同 MAC 层和不同速率的以太网。

尽管如此，网桥在扩展以太网时有一些局限性：

(1) 时延较长。由于网桥对接收的帧要先存储和查找转发表，然后才转发，而且还必须执行 CSMA/CD 算法，同时具有不同 MAC 子层的网段桥接在一起时时延更大，这就增加了时延。

(2) MAC 子层并没有流量控制的功能。当负荷很重时，会由于网桥缓存空间不够而发生溢出，以致产生帧丢失的现象。

(3) 容易引起广播风暴。网桥只适合于用户数不太多(不超过几百个)和通信量不太大的局域网，否则有时还会因传播过多的广播信息而产生网络拥塞。这就是所谓的广播风暴。

注意：网桥在转发帧时，不改变帧的源地址。

2. 透明网桥

目前使用得最多的网桥是透明网桥(transparent bridge)。“透明”是指局域网上的站点并不知道所发送的帧将经过哪几个网桥，因为网桥对各站点来说是看不见的。透明网桥是一种即插即用设备，其标准是 IEEE 802.1d。

网桥按照以下自学习算法处理收到的帧和建立转发表：

(1) 若从 A 发出的帧从接口 x 进入了某网桥，那么从这个接口出发沿相反方向一定可把一个帧传送到 A。

(2) 网桥每收到一个帧，就记下其源地址和进入网桥的接口，作为转发表中的一个项目。

(3) 在建立转发表时是把帧首部中的源地址写在“地址”这一栏的下面。

(4) 在转发帧时，则是根据收到的帧首部中的目的地址来转发的。这时就把在“地址”栏下面已经记下的源地址当作目的地址，而把记下的进入接口当作转发接口。

在网桥的转发表中写入的信息除了地址和接口外，还有帧进入该网桥的时间。这是因为以太网的拓扑可能经常会发生变化，站点也可能会更换适配器(这就改变了站点的地址)。另外，以太网上的工作站并非总是接通电源的。把每个帧到达网桥的时间登记下来，就可以在转发表中只保留网络拓扑的最新状态信息。这样就使得网桥中的转发表能反映当前网络的最新拓扑状态。

下面用图 3-12 的具体例子说明转发表的建立过程。

(1) 站点 A 向 B 发送帧。

连接在同一个局域网上的站点 B 和网桥 B_1 都能收到 A 发送的帧。网桥 B_1 先按源地址 A 查找转发表。B_1 的转发表中没有 A 的地址，于是把地址 A 和收到此帧的接口 1 写入转发表中。这就表示，以后若收到要发给 A 的帧，就应当从这个接口 1 转发出去。

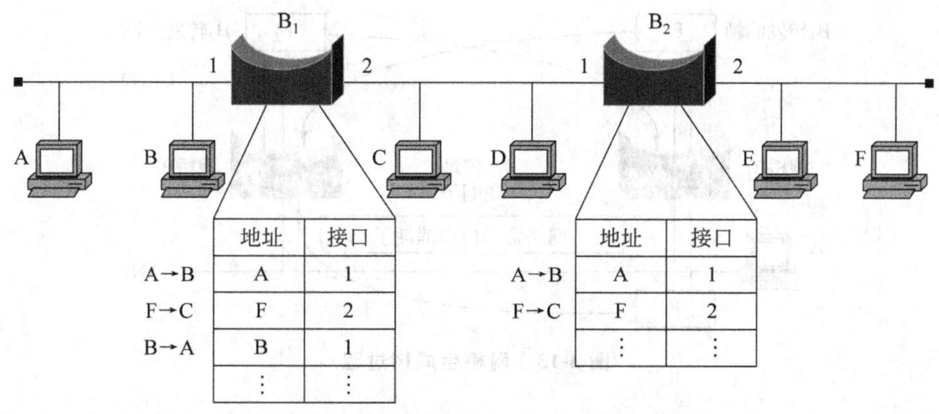

图 3-12 网桥的自学习和转发过程

接着再按目的地址 B 查找转发表。转发表中没有 B 的地址，于是就通过除收到此帧的接口 1 以外的所有接口（现在是接口 2）转发该帧。网桥 B_2 从其接口 1 收到这个转发来的帧，按同样方式处理收到的帧。

(2) 站点 F 向 C 发送帧。

网桥 B_2 从其接口 2 收到这个帧。B_2 的转发表中没有 F，因此在转发表写入地址 F 和接口 2。B_2 的转发表中没有 C，因此要通过 B_2 的接口 1 把帧转发出去。现在 C 和 B_1 都能收到这个帧。在网桥 B_1 的转发表中没有 F，因此要把地址 F 和接口 2 写入转发表，并且还要从 B_1 的接口 1 转发这个帧。

(3) 站点 B 向 A 发送帧。

网桥 B_1 从其接口 1 收到这个帧。B_1 的转发表中没有 B，因此在转发表写入地址 B 和接口 1。再查找目的地址 A。现在 B_1 的转发表中可以查到 A，其转发表接口是 1，和这个帧进入网桥 B_1 的接口一样。于是网桥 B_1 知道，不用自己转发这个帧，A 也能收到 B 发送的帧。于是网桥 B_1 把这个帧丢弃，不再继续转发了。这次网桥 B_1 的转发表增加了一个项目，网桥 B_2 的转发表没有变化。

网桥自学习和转发帧的步骤如下：

(1) 网桥收到一帧后先进行自学习。查找转发表中与收到帧的源地址有无相匹配的项目。如没有，就在转发表中增加一个项目（源地址、进入的接口和时间）；如有，则把原有的项目进行更新。

(2) 转发帧。查找转发表中与收到帧的目的地址有无相匹配的项目。

① 如没有，则通过所有其他接口（但进入网桥的接口除外）进行转发。

② 如有，则按转发表中给出的接口进行转发。

③ 若转发表中给出的接口就是该帧进入网桥的接口，则应丢弃这个帧（因为这时不需要经过网桥进行转发）。

3. 生成树协议

有时为了提高扩展局域网的可靠性，可以在 LAN 之间设置并行的两个或多个网桥，如图 3-13 所示。但是，这样引起了另外一个问题，因为在拓扑结构中产生了环路。

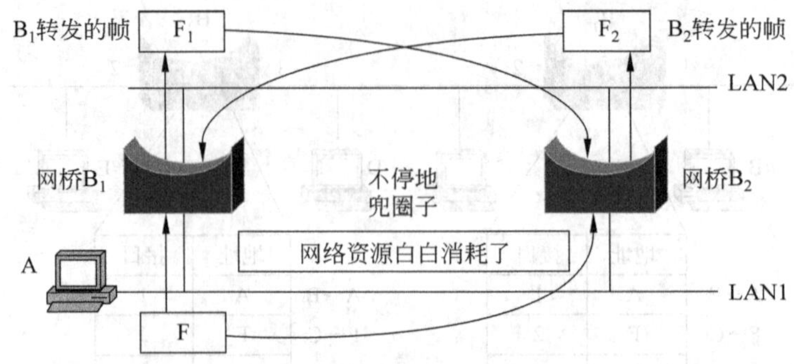

图 3-13 网桥生成树过程

这样,工作站 A 发送的帧 F,网桥 B_1 和 B_2 都要进行转发。把经过 B_1 转发的帧命名为 F_1,把经过 B_2 转发的帧命名为 F_2,当 F_1 到达 B_2 后,B_2 又转发一次,而 F_2 到达 B_1 后,B_1 又转了一次,如此下去,循环往复,整个网上将有无数个 F 的副本,这就是所谓的"广播风暴"问题。解决"广播风暴"问题的方法是让扩展局域网中的网桥互相通信,并且生成一棵覆盖每个 LAN 的生成树,这就是生成树协议(Spanning Tree Protocol,STP)。

生成树协议使互联在一起的网桥在进行彼此通信后就能找出原来的网络拓扑的一个子集。在这个子集里,整个连通的网络中不存在环路,即在任何两个站之间只有一条路径。为了避免产生转发的帧在网络中不断地兜圈子,同时为了得出能够反映网络拓扑发生变化时的生成树,在生成树上的根网桥每隔一段时间还要对生成树的拓扑进行更新。

最初开发网桥是为了转发同类网络间数据包的传递,但后来网桥扩展为可以处理不同类型网络间数据包的传递。网桥能够检测并丢弃出现问题的数据包,从而减轻网络拥塞。使用它能突破原有最大传输距离的限制,方便地扩充网络。随着先进的交换技术和路由技术的发展,更高级的路由器和交换机取代了网桥,现在已很少见到作为独立设备存在的网桥了,但理解网桥概念对于我们理解交换机和路由器的工作原理是非常必要的。

3.5.3 交换机

交换机(switch)工作于 OSI 参考模型数据链路层的 MAC 子层,实际上是一种多接口的透明网桥。交换机的每一个端口都扮演了一个网桥的角色,并且每一个连接到交换机上的设备都可以享有它们自己的专用信道。

1. 交换机的基本功能

交换机传输数据时先检查每个 MAC 帧的目的地址,并和自身内部的交换表进行比较,找到和目的网段相连的端口,然后将该帧转发往正确的端口。当交换机刚接通的时候,内部的交换表是空的,开始它会向所有的端口发送广播帧,并从中学习一段时间后,自己建立起和端口号相关的 MAC 地址表。

虽然交换机和普通集线器在外观上极为相似,但两者之间有较大的区别:普通的集线器仅起到数据接收和发送的作用,而交换机则可以智能地分析数据包,有选择地将其发送出去。例如,如果给某台主机发送一个数据包,在使用普通集线器的环境中,则所有的主机都可能收到这个数据包;而在使用了交换机的网络环境中,交换机将分析这个数据包

是发送给谁的，并对其进行定向转发，此时只有数据包的接收者才会收到。

1）共享式以太网

共享式以太网的典型代表是使用 10Base-2/10Base-5 的总线型网络和以集线器为核心的星形网络。在使用集线器的以太网中，多台主机连接到集线器的各个端口，而集线器的各个端口在其内部是连接到一条物理总线上的，其实质是总线型网络。集线器仅起到数据接收和广播发送的作用。连到一个集线器上的所有主机是共享带宽的。如果 10 台主机接到一个 10Mb/s 的集线器上，每台主机所占有的带宽为总带宽的 1/10，即 1Mb/s。

2）交换式以太网

交换式以太网主要是以交换机为核心的星形网络，如图 3-14 所示。在交换式以太网中，交换机根据收到的数据帧中的 MAC 地址决定数据帧应发向交换机的哪个端口。因为端口间的帧传输彼此屏蔽，因此节点就不必担心自己发送的帧在通过交换机时是否会与其他节点发送的帧产生冲突。用交换式网络替代共享式网络的好处有：交换机将冲突隔绝在每一个端口（即冲突域缩小到一个端口的范围），避免了冲突的扩散；接入交换机的每个节点都可以使用全部的带宽，而不是各个节点共享带宽，从而提升了整个 LAN 的带宽。

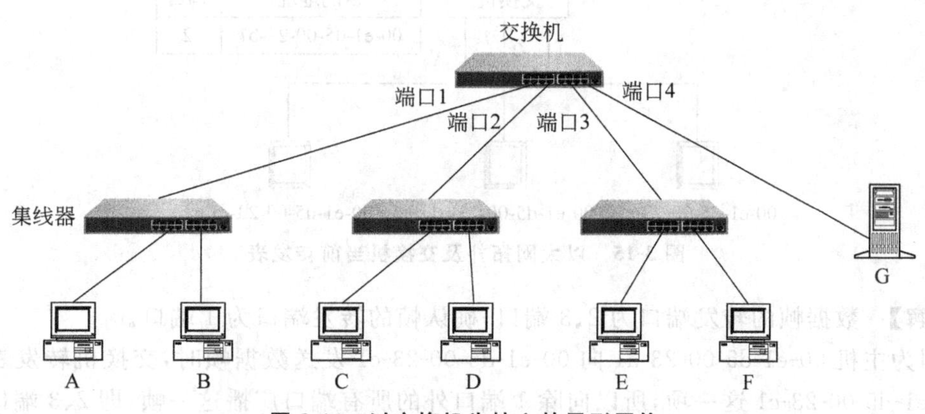

图 3-14　以交换机为核心的星形网络

2. 交换机的交换方式

交换机采用的交换方式有直通方式、存储转发方式和碎片丢弃方式这 3 种。

1）直通方式

直通方式（Cut Through）的以太网交换机可以理解为在各端口间是纵横交叉的线路矩阵电话交换机。它在输入端口检测到一个数据帧时，检查该帧的帧头的 14 字节，获取帧的目的地址，启动内部的 MAC 地址表转换成相应的输出端口，在输入与输出交叉处接通，把数据帧无缓冲地直通到相应的端口，实现交换功能。

由于不需要存储，因此延迟非常小，交换非常快，这是它的优点。它的缺点是，因为数据帧内容并没有被以太网交换机保存下来，所以无法检查所传送的数据帧是否有误，不能提供错误检查能力。由于没有缓存，不能将具有不同速率的输入输出端口直接接通，而且容易丢帧。

2）存储转发方式

存储转发方式(Store and Forward)是计算机网络领域应用最为广泛的方式。它把输入端口的数据帧先存储起来，然后进行CRC检查，在对错误帧处理后才取出数据帧的目的地址，通过查找表转换成输出端口送出帧。正因如此，存储转发方式在数据处理时延时大，这是它的不足，但是它可以对进入交换机的数据帧进行错误检测，有效地改善网络性能。尤其重要的是它可以支持不同速度的端口间的转换，保持高速端口间的协同工作。

3）碎片丢弃方式

碎片丢弃方式(Fragment Free)是介于前两者之间的一种解决方案。它检查数据帧的长度是否够64B，如果不够，说明是假帧，则丢弃该帧；否则转发该帧。该方式不提供数据校验，它的数据处理速度比存储转发方式快，但比直通式慢。

【例3-2】 某以太网拓扑及交换机当前转发表如图3-15所示，主机00-e1-d5-00-23-a1向主机00-e1-d5-00-23-c1发送1个数据帧，主机00-e1-d5-00-23-c1收到该帧后，向主机00-e1-d5-00-23-a1发送一个确认帧，交换机对数据帧和确认帧的转发端口分别是多少？说明理由。

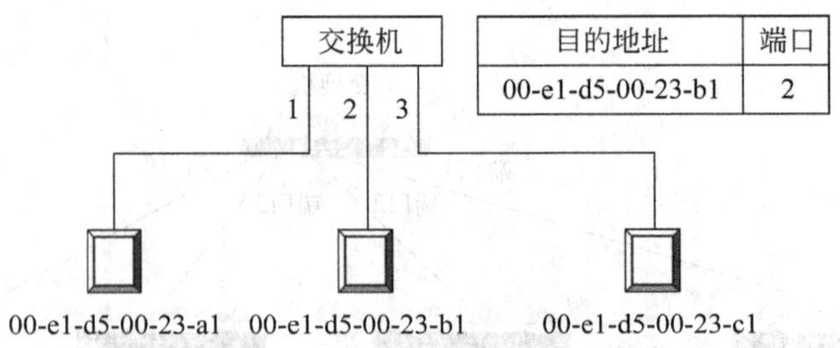

目的地址	端口
00-e1-d5-00-23-b1	2

图3-15 以太网拓扑及交换机当前转发表

【解】 数据帧的转发端口为2、3端口，确认帧的转发端口为1端口。

因为主机00-e1-d5-00-23-a1向00-e1-d5-00-23-c1发送数据帧时，交换机转发表中没有00-e1-d5-00-23-c1这一项，所以向除1端口外的所有端口广播这一帧，即2、3端口会转发这一帧，同时把(目的地址00-e1-d5-00-23-a1，端口1)这一项加入转发表。

而当00-e1-d5-00-23-c1向00-e1-d5-00-23-a1发送确认帧时，由于转发表已经有00-e1-d5-00-23-a1这一项，所以交换机只向1端口转发。

3. 二层、三层、四层交换

一般的以太网交换机工作在数据链路层，实现OSI模型中第二层的数据交换，数据帧不做任何修改，仅仅查看一下地址映射表，就将数据帧从交换机的一个端口转发到另一个端口，交换机根据主机MAC地址进行交换，这种交换称为二层交换。

第三层交换机是直接根据第三层(网络层)IP地址来完成端到端的数据交换的。其重要表现是，当某一信息源的第一个数据包进入第三层交换机后，其中的路由系统将会产生一个MAC地址与IP地址的映射表，并将该表存储起来，当同一信息源的后续数据包再次进入交换机时，交换机将根据第一次产生并保存的地址映射表，直接从第二层由源地址传输到目的地址，不再经过第三层路由系统处理，从而消除了路由选择时造成的网络延迟，提高了数据包的转发效率，解决了网间传输信息时路由产生的速率瓶颈。所以说，第

三层交换机既可完成第二层交换机的端口交换功能，又可完成部分路由器的路由功能。

第四层交换机是基于传输层数据包的交换过程的，是一类基于 TCP/IP 协议应用层的用户应用交换需求的新型局域网交换机。第四层交换机支持 TCP/UDP 第四层以下的所有协议，可识别至少 80 个字节的数据包包头长度，可根据 TCP/UDP 端口号来区分数据包的应用类型，从而实现应用层的访问控制和服务质量保证。所以，与其说第四层交换机是硬件网络设备，还不如说它是软件网络管理系统。也就是说，第四层交换机是一类以软件技术为主，以硬件技术为辅的网络管理交换设备。

4. 交换机的分类

根据不同的标准，可以对交换机进行不同的分类。不同种类的交换机，各有其功能特点和应用范围，在实际应用中，应当根据具体的使用环境和实际需求进行选择。

(1) 按照外形尺寸可分为机架式交换机和桌面式交换机。

(2) 按照网络类型可分为以太网交换机、FDDI 交换机、ATM 交换机和令牌环交换机等多种，最常用的是以太网交换机。以太网交换机可分为快速以太网交换机、千兆以太网交换机和万兆以太网交换机。

(3) 按照网络位置可分为接入层交换机(也称工作组交换机)、汇聚层交换机(也称骨干交换机或部门交换机)以及核心层交换机(也称中心交换机)。其在网络中的位置如图 3-16 所示。

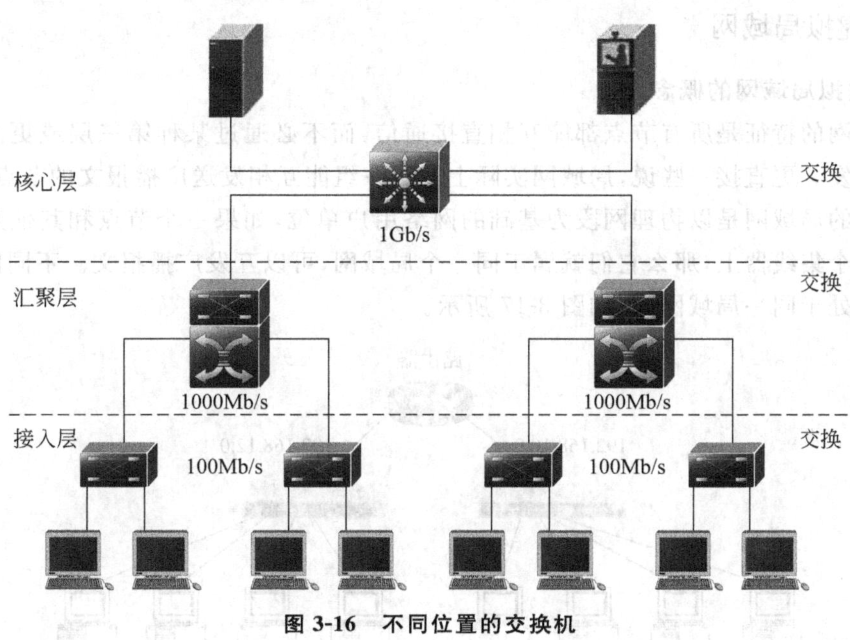

图 3-16　不同位置的交换机

(4) 按照结构类型可分为固定端口交换机和模块化交换机(也称机箱交换机)。

(5) 按照协议层次可分为第二层交换机、第三层交换机以及第四层交换机。

(6) 按照可否网管可分为智能交换机和傻瓜交换机。拥有独立的网络操作系统，可以进行配置和管理的交换机称为可网管交换机(也称智能交换机)。不能进行配置和管理的交换机称为不可网管交换机(也称傻瓜交换机)。

5. 交换机的技术参数

下面对交换机的重要技术参数进行介绍，方便在选购交换机时比较不同厂商的不同产品。每一个参数都影响到交换机的性能、功能和不同集成特性。

(1) 背板带宽。背板带宽也叫交换带宽，是指交换机的接口处理器或接口卡和数据总线间所能吞吐的最大数据量。背板带宽标志了交换机总的数据交换能力，单位为 Gb/s（吉位/秒），常见交换机的背板带宽从几吉位/秒到上百吉位/秒不等。

(2) 包转发率。包转发率标志了交换机转发数据包能力的大小，单位一般为 pps（包/秒）。一般交换机的包转发率在几十千包/秒到几百千包/秒不等。

(3) 端口类型。支持的网络类型，如以太网、FDDI 和 ATM 等。

(4) 端口密度。所有模块插槽均插满时的最大端口数。

(5) 交换机 MAC 地址表的容量。交换机的地址表中最多可存储的 MAC 地址数，通常几万到几十万不等。地址表的大小体现了交换机正常工作时所能支持的终端数量。

实际应用中，不同的用户对交换机的性能往往还有不同的需求，如支持 VLAN 的数量、是否支持全双工/半双工自适应、是否带光纤接口、是否支持网络管理以及是否支持生成树算法等。目前交换机还具备了一些新的功能，如线速交换（即三层具有和二层相同的交换速率），甚至有的还具有防火墙的功能。

3.5.4 虚拟局域网

1. 虚拟局域网的概念

局域网的特征是所有节点都能互相直接通信，而不必通过某种第三层或更高层的设备进行转发。更直接一些说，局域网实际上就是一组能互相发送广播报文的节点。

传统的局域网是以物理网段为基础的网络用户单位，如果一个节点和其他某些节点连接到一个集线器上，那么它们就属于同一个局域网，可以互发广播报文。不同网段上的用户不能处于同一局域网中，如图 3-17 所示。

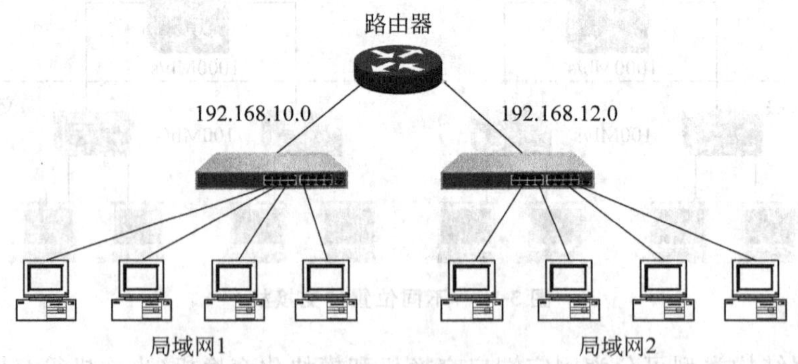

图 3-17　用路由器互联两不同物理局域网

虚拟局域网简称 VLAN(Virtual LAN)，是多个跨接不同物理局域网网段的节点连接在一起而形成的逻辑局域网网段，是处于不同物理网段的用户通过软件设置而处于同一局域网中形成的逻辑工作组。在同一逻辑工作组中的节点可以互发广播报文。如

图 3-18 所示，两个物理网络上的用户根据其工作性质可以分为 4 个逻辑局域网，即教务处（H1、H9）、财务处（H3、H10）、人事处（H2、H4、H8）和资产处（H5、H6、H7）。虚拟网络是物理用户可以根据自己的需求，而不是根据用户在网络中的物理位置来划分的网络。

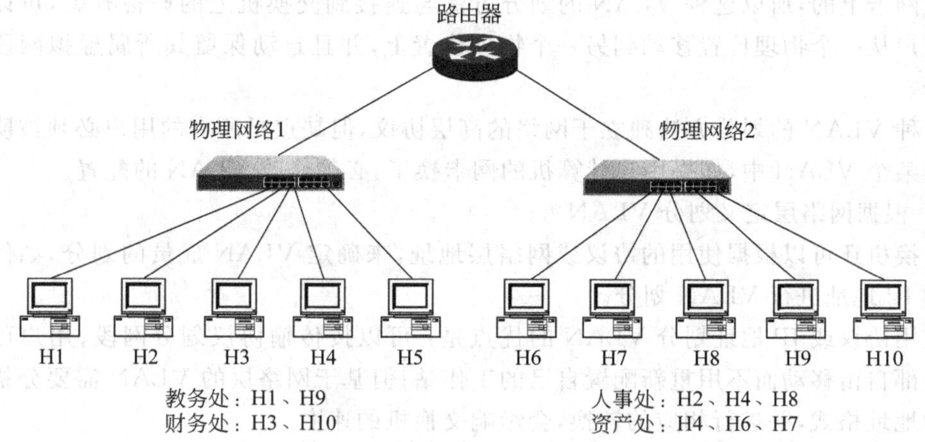

图 3-18　逻辑工作组划分示意图

在实际联网中，使用 VLAN 主要有以下好处：

（1）通过 VLAN 的划分，使得用户的增加、删除、移动非常方便，可以不受工作地点的限制，如某逻辑工作组成员因工作的地点发生变化，从一个办公楼移到另一个办公楼，它的计算机也要从一个物理网段移到另一个物理网段，这时只要网络管理者进行一下设置，即可保证机器还处于原来的逻辑工作组中。

（2）可以构成虚拟工作组。某一部门或分支机构的成员可以在虚拟工作组模式下共享同一个"局域网"，把绝大多数的网络流量限制在 VLAN 广播域内部。

（3）可以提高局域网的安全性。如在某企业局域网中把各重要部门的计算机网络系统分别作为独立的 VLAN，并利用路由器等设备的安全机制来控制各子网的访问。

（4）支持 VLAN 的交换机可以在没有路由器的情况下很好地控制广播流量。在 VLAN 中，从服务器到客户端的广播信息只会在连接本 VLAN 客户机的交换机端口上被复制，而在其他端口上的广播信息将被终止，只有那些需要跨越 VLAN 的数据报才会穿过交换机。

2. 虚拟局域网的划分

划分 VLAN 的方法主要有两种：静态和动态。静态 VLAN 由交换机本身的特征信息定义，通常包括插槽、端口或端口组等；动态 VLAN 通常由节点的某些特征信息定义，可以是节点的 MAC 地址、正在使用的协议，甚至是某些认证信息，如名字和口令等。下面介绍 3 种常用的 VLAN 划分方法。

1）根据端口划分 VLAN（配置交换）

利用交换机的端口或端口组划分 VLAN 成员，可以在一个交换机上进行 VLAN 划分，也可以允许跨越多个交换机的多个不同端口划分 VLAN 成员，不同交换机上的若干个端口也可组成一个 VLAN。根据端口划分 VLAN 的特点是配置过程简单，但用户从一个端口的 VLAN 移到另一端口所在的 VLAN,需要重新进行设置。

2）根据 MAC 地址划分 VLAN(帧交换)

交换机根据节点的 MAC 地址,决定将其放置于哪个 VLAN 中。由于 MAC 地址是捆绑在网卡上的,所以这种 VLAN 的划分方法与连接到交换机上的设备有关,可以允许网络用户从一个物理位置移动到另一个物理位置上,并且自动保留其所属虚拟网段的成员身份。

这种 VLAN 的划分方法独立于网络的高层协议,但缺点是所有的用户必须被明确地分配到某个 VLAN 中,如果用户计算机的网卡换了,必须修改 VLAN 的配置。

3）根据网络层定义划分 VLAN

交换机还可以根据使用的协议或网络层地址,来确定 VLAN 成员的划分,如使用计算机的 IP 地址进行 VLAN 划分。

使用协议或 IP 地址划分 VLAN 的优点是：可以按传输协议划分网段；用户可以在网络内部自由移动而不用重新配置自己的工作站；但基于网络层的 VLAN 需要分析各种协议的地址格式,并进行相应的转换,会影响交换机的速度。

虚拟网络之间是不能直接进行通信的,它们之间的互联需要通过路由器或者三层交换机进行。

3. VLAN 划分实例

本实例主要介绍在华为交换机上创建/删除 VLAN、划分 VLAN 的方法。组网环境如图 3-19 所示,1 台华为 Quidway S2403 交换机 Switch1,其操作系统版本为 VRP(R) software Version 3.1；PC 4 台；网线 4 根,配置电缆 1 根。交换机通过 Console 口与 PC-A 相连。

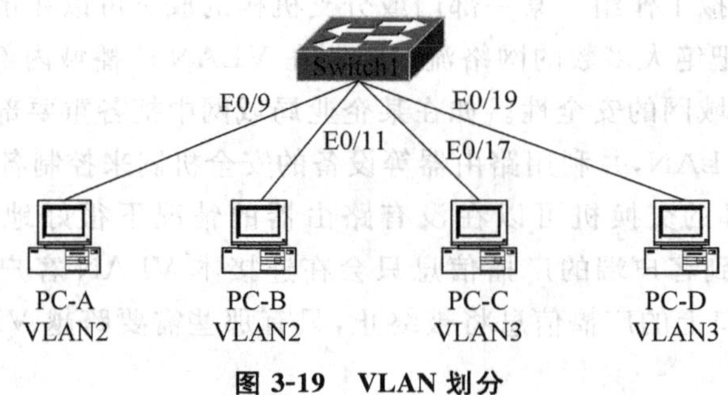

图 3-19 VLAN 划分

具体操作步骤如下：

(1) 创建超级终端,通过 Console 口进入 Switch1。

(2) 交换机 VLAN 配置：

```
< Quidway>system-view                       //进入系统视图
Enter system view, return user view with Ctrl+Z.
[Quidway] sysname Switch1                   //修改交换机名
[Switch1] vlan 2                            //创建 VLAN 2
[Switch1-vlan2] port e0/9 to e0/11          //指定本 VLAN 所包含的端口
```

```
[Switch1-vlan2] quit
[Switch1] vlan 3                          //创建 VLAN 3
[Switch1-vlan3] port e0/17 to e0/19       //指定本 VLAN 所包含的端口
[Switch1-vlan3] quit
```

(3) 设置 PC 地址，测试其连通性。

设置 4 台 PC 的 IP 地址都在同一个网段上。

PC-A：IP 地址为 192.168.20.2，子网掩码为 255.255.255.0，默认网关为空。

PC-B：IP 地址为 192.168.20.4，子网掩码为 255.255.255.0，默认网关为空。

PC-C：IP 地址为 192.168.20.6，子网掩码为 255.255.255.0，默认网关为空。

PC-D：IP 地址为 192.168.20.8，子网掩码为 255.255.255.0，默认网关为空。

在 PC-A 上执行：

```
C:\>ping 192.168.20.4  //测试结果连通
C:\>ping 192.168.20.6  //测试结果不通
C:\>ping 192.168.20.8  //测试结果不通
```

在 PC-C 上执行：

```
C:\>ping 192.168.20.2  //测试结果不通
C:\>ping 192.168.20.4  //测试结果不通
C:\>ping 192.168.20.8  //测试结果连通
```

上面测试结果证明，PC-A 与 PC-B 属于 VLAN 2，PC-C 与 PC-D 属于 VLAN 3，属于同一个 VLAN 的机器可以连通，属于不同 VLAN 的机器不能连通。

3.6　高速局域网

3.6.1　快速以太网

1. 快速以太网简介

快速以太网(fast Ethernet)是由 DEC、Sun、Intel、3Com、SMC 等公司组成的高速以太网联盟提出的，其目标是提高 10Mb/s 以太网的速度。其国际标准为 IEEE 802.3u。高速以太网联盟同时建立了工业标准的测试规程来保证各个厂商生产的快速以太网产品的互操作性。

快速以太网的一个显著特性是它尽可能地采用了 IEEE 802.3 以太网的成熟技术。因而，它很容易被移植到传统的标准以太网环境中。快速以太网的速度在传统以太网的基础上提高了 10 倍，并保留了其格式、CSMA/CD 和最大传输单元。

快速以太网和传统的以太网的不同之处在于物理层。原 10Mb/s 以太网的附属单元接口件由新的介质无关接口件所代替，接口下采用的物理介质也相应地发生了变化。

2. 物理层标准

快速以太网标准是 100Mb/s 的以太网标准的总称，支持 3 种不同的物理层标准：

100Base-TX、100Base-FX 和 100Base-T4。所有的 100Base-X 在两个节点间用两条链路，一条用于发送，一条用于接收。

1) 100Base-TX

100Base-TX 是一种使用屏蔽双绞线或 5 类非屏蔽双绞线的快速以太网技术，是快速以太网中使用最广泛的物理层标准。它使用两对双绞线，是全双工的系统。100Base-TX 在传输中使用 MLT-3 信号编码方式，信号频率为 125MHz。符合 EIA568 的 5 类布线标准和 IBM 公司的 SPT 1 类布线标准。使用同 10Base-T 相同的 RJ-45 连接器。它的最大点到点的距离为 100m，支持全双工的数据传输。

为了在 5 类非屏蔽双绞线上传输超过 100Mb/s 的数据流，100Base-T 采用了多级电平方式 MLT-3，信道编码则采用了 4B/5B 编码方法。同时为了方便用户网络能从 10Mb/s 升级到 100Mb/s，100Base-T 标准还包括有自动速度侦听功能。这个功能使一个适配器或交换机能以 10Mb/s 和 100Mb/s 两种速度发送，并以另一端的设备所能达到的最快的速度进行工作。

2) 100Base-FX

100Base-FX 是一种使用单模和多模光纤(62.5μm 和 125μm)的快速以太网技术。在传输中使用 4B/5B NRZI 信号编码方式，信号频率为 125MHz。它使用 MIC/FDDI 连接器、ST 连接器或 SC 连接器。它的最大网段长度为 150m、412m、2000m 或更长(至 10km)，这与所使用的光纤类型和工作模式有关。100Base-FX 特别适合于有电气干扰的环境、较大距离连接或高保密环境等情况下的使用。

100Base-FX 使用两束多模光纤，每束都可用于两个方向，支持全双工的数据传输。100Base-FX 利用亮度调制技术，把 4B/5B NRZI 的数据流转变成光信号，1 表示一个光脉冲，0 表示没有光脉冲或者强度极低的光脉冲。

3) 100Base-T4

100Base-T4 使用低性能 3 类 UTP，在一条双绞线上不可能达到 100Mb/s 的传输速率，但 100Base-T4 使用 4 对双绞线，每对双绞线的信号速度为 33.3Mb/s，3 对用于传送数据，即达到传输速率 100Mb/s 的要求，另一个 33.3Mb/s 的信道则用于检测冲突信号。

由于每对双绞线都需要 33.3MHz 的信号频率，并且不提供同步信号，因此 100Base-T4 采用 8B/6T(8 比特被映射为 6 个三进制位)的三元信号编码方式。100Base-T4 符合 EIA586 结构化布线标准，使用与 10Base-T 相同的 RJ-45 连接器，它的最大网段长度为 100m。

3.6.2 千兆以太网

千兆以太网(gigabit Ethernet)是对 IEEE 802.3 以太网标准的扩展，在基于以太网协议的基础之上，将快速以太网的传输速率(100Mb/s)提高到 1Gb/s，其国际标准是 IEEE 802.3z 和 IEEE 802.3ab。千兆以太网是以太网技术的改进和提高，仍然采用与其前代相同的 CSMA/CD 协议、相同的帧格式和相同的帧长度。

1996 年 7 月开始了千兆以太网的标准化过程，初步的可行性研究之后，IEEE 802.3 委员会成立了 IEEE 802.3z 工作组，制定了基于光纤和同轴电缆的千兆以太网标准，于

1998年6月发布了IEEE 802.3z千兆以太网标准。千兆以太网的功能层组成如图3-20所示。

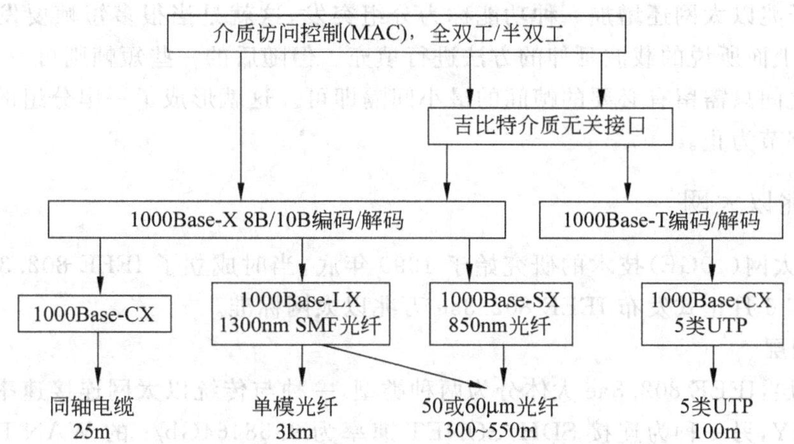

图3-20　千兆以太网的功能层组成

千兆以太网是相当成功的10Mb/s以太网和100Mb/s快速以太网连接标准的扩展，IEEE 802.3z作为千兆以太网的成熟标准，其目标如下：

(1) 使用IEEE 802.3帧格式。

(2) 可以使用全双工和半双工。

(3) 共享模式下仍使用CSMA/CD。

(4) 对安装介质的向后兼容性。

(5) 传输速度是快速以太网的10倍，是以太网的100倍。

IEEE 802.3z标准主要定义了千兆以太网的物理层标准，根据OSI模型，物理层负责定义网络设备间物理链路的机械、电气、功能和规程特性。IEEE 802.3z标准为千兆以太网通信提供了多个物理层标准。

两个物理层标准用于通过光纤实现千兆位/秒通信，1000Base-SX以低价格的多模光纤实现短距离通信，1000Base-LX用多模光纤实现建筑物之间的通信，或者单模光纤实现校园或企业范围内的通信。

另外两个物理层标准用于通过铜线实现千兆位/秒通信，一个是1000Base-CX，采用8B/10B编码，在25m范围内，利用同轴电缆实现室内网络设备之间的通信；另一个利用铜线实现千兆位/秒通信的标准由IEEE 802.3ab工作组制定，其标准为1000Base-T。其目标是利用4对5类非屏蔽双绞线来实现千兆位/秒通信的最大传输距离达到100m，它必须定义一种新的物理层和介质访问控制子层之间的接口来规范不同介质、不同编码方法的物理层和介质访问控制子层之间的功能界面。这种物理层标准可以保护用户在5类UTP布线系统上的投资，同时与10Base-T、100Base-T完全兼容。

为了能够进行冲突检测，千兆以太网若将最大电缆长度减少到10m就没有什么实际用处了。因此千兆以太网采用“载波延伸”的办法。这就是最短帧长64字节仍不变(这样可以保持兼容性)，但将争用期变为512字节。凡发送的帧长不足512字节时，就用一些特设字符填充在帧的后面，使其长度达到 512 字节。但这对净负荷并无影响。当原来只有 64 字节长的帧填充到 512 字节时，所填充的 448 字节造成了很大的浪费。

为此，千兆以太网还增加一种功能称为分组突发，这就是当很多短帧要发送时，第一个短帧要用上面所说的载波延伸的方法进行填充。但随后的一些短帧则可一个接一个地发送，它们之间只需留有必要的帧间的最小间隔即可。这就形成了一串分组的突发，直到达到 1500 字节为止。

3.6.3 万兆以太网

万兆以太网(10GE)技术的研究始于 1999 年底，当时成立了 IEEE 802.3ae 工作组，并于 2002 年 6 月正式发布 IEEE 802.3ae 万兆以太网标准。

1. 物理层

在物理层，IEEE 802.3ae 大体分为两种类型，一种与传统以太网连接速率为 10Gb/s 的 LAN PHY，另一种为连接 SDH/SONET 速率为 9.58464Gb/s 的 WAN PHY。每种 PHY 分别可使用 10GBase-S(850nm 短波)、10GBase-L(1310nm 长波)、10GBase-E(1550nm 长波)3 种规格，最大传输距离分别为 300m、10km、40km，其中 LAN PHY 还包括一种可以使用 DWDM 波分复用技术的 10GBASE-LX4 规格。WAN PHY 与 SONET OC-192 帧结构的融合，可与 OC-192 电路、SONET/SDH 设备一起运行，保护传统基础投资，使运营商能够在不同地区通过城域网提供端到端以太网。

2. 数据链路层

IEEE 802.3ae 继承了 IEEE 802.3 以太网的帧格式和最大/最小帧长度，支持多层星形连接、点到点连接及其组合，充分兼容已有应用，不影响上层应用，进而降低了升级风险。

与传统的以太网不同，IEEE 802.3ae 仅仅支持全双工方式，而不支持单工和半双工方式，不采用 CSMA/CD 机制，并且只是以光纤作为传输介质；IEEE 802.3ae 不支持自协商，可简化故障定位，并提供广域网物理层接口。

3.6.4 FDDI 网络

在局域网中，除了采用 CSMA/CD 这种带有竞争性的介质访问控制协议之外，还有采用其他介质访问控制协议的局域网，其中最典型的就是 IBM 公司开发的令牌环网以及美国国家标准化协会(ANSI)开发的 FDDI 网络。令牌环网是 FDDI 网络产生的基础。

1. 令牌环网

令牌环(token ring)网的所有工作站都连接到一个环上。一般以屏蔽双绞线作为传输介质，采用环形拓扑结构，信息单向沿环流动，数据率为 16Mb/s，通过令牌传递进行介质访问控制。

在令牌环网中，令牌实际上是一个特殊的比特串。令牌环网采用的令牌传递机制的思想是：当环空闲时，有一个令牌不停地在环上传递。当某个站有数据要发送时，首先改变令牌中的一位，然后将要发送的数据加到令牌后面，接着将整个数据帧发到环中，数据帧沿环传递至接收方，接收方复制数据帧，同时将数据帧做“复制”标记后继续转发到环上，最后回到发送站点。发送站点可通过复制标记获知数据帧是否被正确接收，同时将此数据帧删除，然后产生一个新的令牌发送到环上。

在令牌环网中，只有获得令牌后方可发送数据，这就说明令牌环的介质访问控制算法是非竞争的。令牌环网在轻负荷时，由于存在等待令牌的时间，故效率较低；但在重负荷时，令牌以“循环”方式工作，效率较高且各站机会均等。

2. FDDI 网络

自从华裔科学家、“光纤之父”高锟于 1966 年开创性地指出“可以用玻璃去做光学纤维传送讯号”以来，光纤通信迅猛发展。如今，光纤分布数据接口(Fiber Distributed Data Interface，FDDI)已是成熟的高速局域网技术，传输速率高达 100Mb/s。其所依据的标准是 ANSI X3T9.5。该网络是一种使用光纤作为传输介质的令牌环网，是最早能支持100Mb/s 标准的局域网和城域网技术。

1) FDDI 网络基本组成

由光纤构成的 FDDI，其基本结构为逆向双环，如图 3-21 所示。一个环为主环，另一个环为备用环。当主环上的设备失效或光缆发生故障时，通过从主环向备用环的切换可继续维持 FDDI 的正常工作。这种故障容错能力是其他网络所没有的。

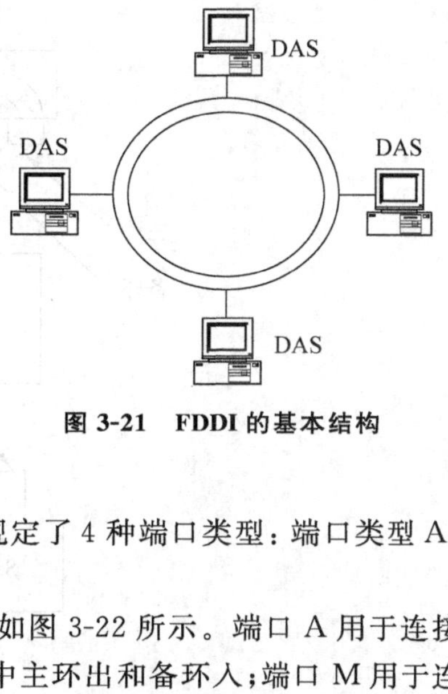

图 3-21　FDDI 的基本结构

构成 FDDI 的部件主要有光缆、FDDI 适配器以及 FDDI 适配器与光缆的连接器。应用中为了使网络具有很强的适应性，并能将作为骨干网的 FDDI 与低速的 20Mb/s Ethernet 相连，还需多种互连设备，如 FDDI-Ethernet 网桥、FDDI 集中器、光旁路器等设备。

(1) FDDI 端口类型。

FDDI 标准对如何与光纤的连接规定了一些规则，旨在防止构成错误的拓扑结构。在 FDDI 标准中，规定了 4 种端口类型：端口类型 A、端口类型 B、端口类型 M 及端口类型 S。

同时具备这 4 种端口类型的 FDDI 设备是集中器，如图 3-22 所示。端口 A 用于连接 FDDI 的主环入和备环出；端口 B 用于连接 FDDI 双环中主环出和备环入；端口 M 用于连接单连接站(SAS)、双连接站(DAS)或另外的集中器；端口 S 用于连接到集中器上。

(2) 两类连接站。

FDDI 标准规定了两类站，即上述的单连接站(SAS)和双连接站(DAS)。所谓 DAS 是具有两个 FDDI 端口，因而能直接与双环相连的工作站；单连接站(SAS)只有一个 FDDI 端口，要与 FDDI 环相连必须经过集中器。两类站在 FDDI 双环结构中的连接如图 3-23 所示。图中数据站 1、数据站 2 和集中器都具有双环连接的能力，所以是双环连接站(DAS)，通过集中器只与主环相连的数据站 A、B 和 C 都属于单连接站(SAS)。

2) FDDI 标准

FDDI 适配器虽然按所使用机器总线不同各有差异，但与光纤接口部分原理是相同

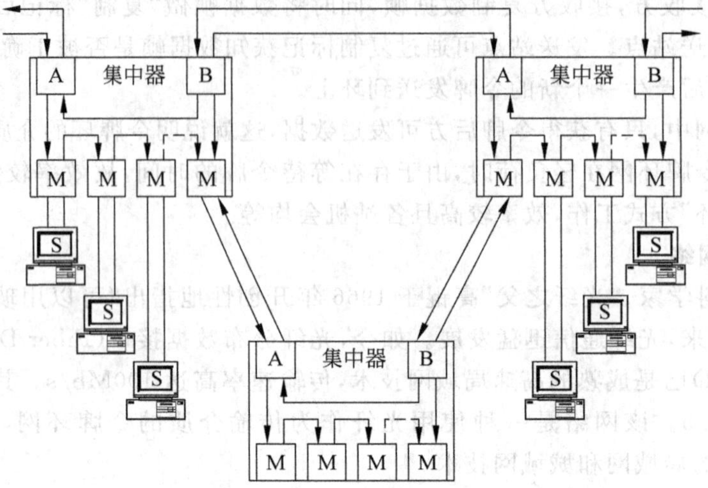

图 3-22　集中器的端口

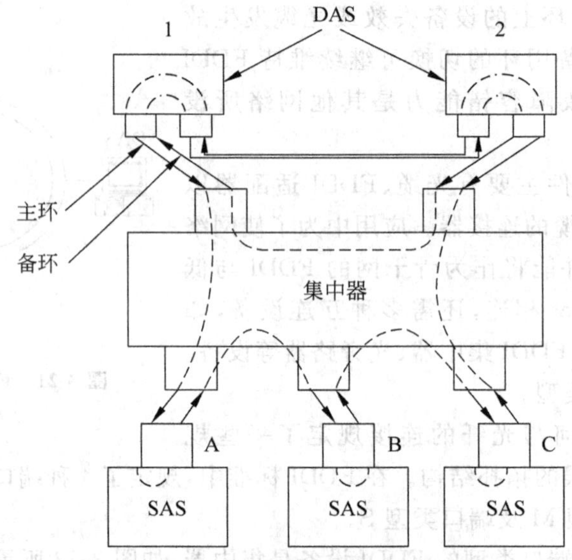

图 3-23　双环结构连接

的。为了解这种适配器的结构，先要了解 FDDI 技术所遵循的标准。图 3-24 给出了 FDDI 标准的模型，并与 OSI 模型相应层做了对比。

OSI	FDDI	
数据链路层	逻辑链路控制层(LLC)	站管理(SMT)
	介质访问控制层(MAC)	
物理层	物理层协议(PHY)	
	物理介质相关层(PMD)	

图 3-24　FDDI 标准的模型

PHY子层规定了传输编码和译码、时钟要求及符号集合；PMD规定了光纤介质应具备的条件以及连接器等。

数据链路层分割成的两个子层为介质访问控制(MAC)和逻辑链路控制(LLC)。这两个子层的功能与IEEE 802.3(Ethernet)、IEEE 802.5(Token Ring)相似。MAC子层规定了FDDI定时令牌协议所需要的帧格式、寻址和令牌处理。LLC子层为LLC用户提供了交换数据的手段。FDDI的站管理(SMT)标准定义如何对物理介质相关层、物理层协议层和介质访问控制部分进行管理和控制。

3) FDDI的操作原理

FDDI建立在小令牌帧的基础上，当所有站都空闲时，小令牌帧沿环运行。当某一站有数据要发送时，必须等待有令牌通过时才可能。一旦识别出可用的令牌，该站便将其吸收，随后便可发送一帧或多帧。当数据发送完后或规定时间用完，则立即释放令牌，不必像IEEE 802.5令牌环那样，只有收到自己发送的帧后才能释放令牌。因此，任一时刻环上可能会有来自多个站的帧运行，这样提高了信道的利用率。此项技术称为最早令牌释放技术。

3.7 无线局域网

无线局域网提供了移动接入的功能，这就给许多需要发送数据但又不能坐在办公室的工作人员提供了方便。当一个工厂跨越的面积很大时，若要把各个部门都用电缆连接成网，其费用可能很高。但若使用无线局域网，不仅节省了投资，而且建网的速度也会较快。另外，当大量持有便携式电脑的用户都在同一个地方同时要求上网时(例如在图书馆或在证券公司的大厅里)，若用电缆联网，那么布线就是个很大的问题，这时若采用无线局域网则比较容易。无线局域网常简写为WLAN(Wireless Local Area Network)。

3.7.1 基本概念

1. 无线主机

如同在有线网络中一样，主机是运行应用程序的端系统设备。无线主机(wireless host)可以是便携机、掌上计算机、PDA、电话或桌面计算机。主机本身可能移动，也可能不移动。

2. 无线链路

主机通过无线通信链路(wireless communication link)连接到一个基站或者另一个无线主机。不同的无线链路技术有不同的传输速率和传输距离。

无线链路与有线链路的主要区别如下：

(1) 递减的信号强度：电磁波在穿过物体(如无线电信号穿过墙壁)时强度将减弱。即使在自由空间，信号仍将扩散，这使得信号强度随着发送方和接收方距离的增加而减弱。

(2) 来自其他源的干扰：在同一个频段发送信号的电波源将互相干扰。例如，2.4GHz无线电话和IEEE 802.11b无线LAN使用同一频率传输。因此，IEEE 802.11b

无线 LAN 用户同时利用 2.4GHz 无线电话通信，将会导致网络和电话都不会工作得特别好。除了来自发送源的干扰，环境中的电磁噪声（如附近的电动机、微波）也能形成干扰。

（3）多路径传播：当电磁波的一部分受物体和地面反射，在发送方和接收方之间走了不同长度的路径，则会出现多路径传播。这使得接收方收到的信号变得模糊。位于发送方和接收方之间的移动物体可导致多路径传播随时间而改变。

3. 基站

基站（base station）是无线网络基础设施的一个关键部分。与无线主机和无线链路不同，基站在有线网络中没有明确的对应设备。它负责向与之关联的无线主机发送数据和从主机那里接收数据（分组）。基站通常负责协调与之相关联的多个无线主机的传输。当我们说一台无线主机与一个基站相关联，则是指该主机位于该基站的无线通信覆盖范围内；该主机使用基站中继它（主机）和更大网络之间的数据。蜂窝网络中蜂窝塔和 IEEE 802.11 无线 LAN 中接入点都是基站的例子。

4. 网络基础设施

网络基础设施是无线主机希望与之进行通信的更大网络。

3.7.2 无线局域网的组成

无线局域网可分为两大类。第一类是有固定基础设施的，第二类是无固定基础设施的。所谓“固定基础设施”是指预先建立起来的、能够覆盖一定地理范围的一批固定基站。人们使用的蜂窝移动电话就是利用电信公司预先建立的、覆盖全国的大量固定基站来接通用户手机拨打的电话。

1. 有固定基础设施的无线局域网

1997 年 IEEE 制定出无线局域网的协议标准 IEEE 802.11系列标准。2003 年 5 月，我国颁布了 WLAN 的国家标准，该标准采用 ISO/IEC 8802-11 系列国际标准，并针对 WLAN 的安全问题，把国家对密码算法和无线电频率的要求纳入进来。它是基于国际标准之上的符合我国安全规范的 WLAN 标准，是属于国家强制执行的标准。该国标在 2004 年 6 月已经正式执行，不符合此标准的 WLAN 产品将不允许出现在国内市场上。

IEEE 802.11 是一个相当复杂的标准，它是无线以太网的标准，使用星形拓扑，其中心叫做接入点 AP（Access Point），在 MAC 子层使用 CSMA/CA 协议。凡使用 IEEE 802.11 系列协议的局域网又称为 Wi-Fi（Wireless-Fidelity，无线保真度）。因此，在许多文献中，Wi-Fi 几乎成为无线局域网 WLAN 的同义词。

1）基本服务集与扩展服务集

IEEE 802.11 标准规定无线局域网的最小构件是基本服务集（Basic Service Set，BSS）。一个 BSS 包括一个基站和若干个移动站，所有在本 BSS 以内的站都可以直接通信，但如果与本 BSS 以外的站通信时，都要通过本 BSS 的基站。基本服务集内的基站就是 AP，其作用与网桥相似。当网络管理员安装 AP 时，必须为该 AP 分配一个不超过 32 字节的服务集标识符（SSID）和一个信道。

一个基本服务集可以是孤立的，也可通过 AP 连接到一个主干分配系统（Distribution

System,DS),然后再接入到另一个基本服务集,构成扩展的服务集(Extended Service Set,ESS),如图3-25所示。ESS还可通过门户(portal)为无线用户提供到非IEEE 802.11无线局域网(例如到有线连接的因特网)的接入。门户的作用就相当于一个网桥。移动站A从某一个基本服务集漫游到另一个基本服务集(到A′的位置),仍可保持与另一个移动站B进行通信。

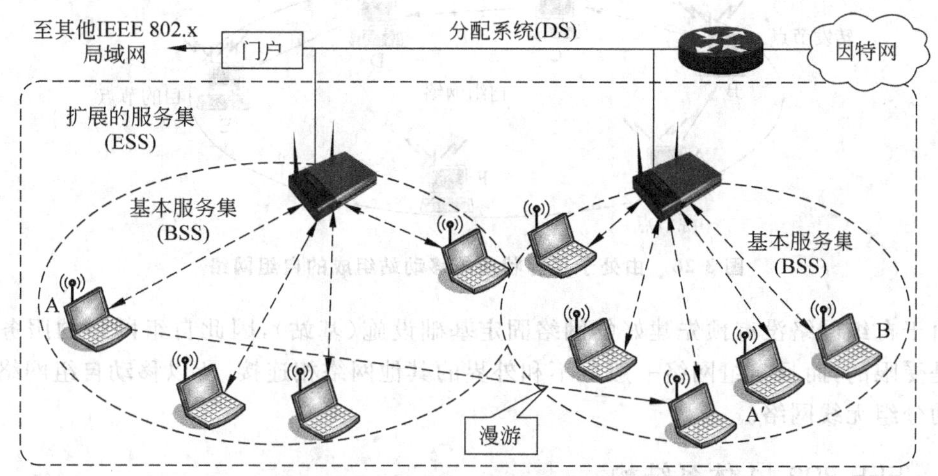

图3-25 IEEE 802.11的基本服务集和扩展服务集模式

2) 与接入点建立关联

一个移动站若要加入到一个基本服务集,就必须先选择一个AP,并与此AP建立关联。

建立关联就表示这个移动站加入了选定的AP所属的子网,并和这个AP之间创建了一个虚拟线路。

只有关联的AP才向这个移动站发送数据帧,而这个移动站也只有通过关联的AP才能向其他站点发送数据帧。

3) 移动站与AP建立关联的方法

有以下两种方法:

(1) 被动扫描,即移动站等待接收接入点周期性发出的信标帧(beacon frame)。信标帧中包含有若干系统参数(如服务集标识符以及支持的速率等)。

(2) 主动扫描,即移动站主动发出探测请求帧(probe request frame),然后等待从AP发回的探测响应帧(probe response frame)。

4) 热点

现在许多地方,如办公室、机场、快餐店、旅馆、购物中心等都能够向公众提供有偿或无偿接入Wi-Fi的服务。这样的地点就叫做热点(Hot Spot)。由许多热点和AP连接起来的区域叫做热区(Hot Zone)。热点也就是公众无线入网点。现在也出现了无线因特网服务提供者(Wireless Internet Service Provider,WISP)这一名词。用户可以通过无线信道接入到WISP,然后再经过无线信道接入到因特网。

2. 移动自组网络

自组网络是没有固定基础设施(即没有 AP)的无线局域网。这种网络是由一些处于平等状态的移动站之间相互通信组成的临时网络,如图 3-26 所示。

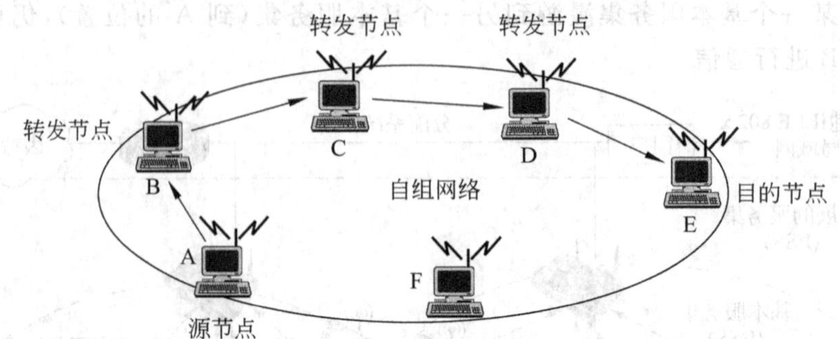

图 3-26 由处于平等状态的移动站组成的自组网络

由于自组网络没有预先建好的网络固定基础设施(基站),因此自组网络的服务范围通常是受限的,而且自组网络一般也不和外界的其他网络相连接,所以移动自组网络也称为移动分组无线网络。

3.7.3 IEEE 802.11 体系结构

图 3-27 展示了 IEEE 802.11 WLAN 体系结构的基本构件。IEEE 802.11 体系结构的基本构件模块是基本服务集(BSS),一个 BSS 通常包含一个或多个无线站点和一个在 IEEE 802.11 中称为接入点(AP)的中央基站。图中展示了两个 BSS 中的 AP,它们连接到一个路由器上,路由器又连接到因特网中。在一个典型的家庭网络中,有一个 AP 和一个将该 BSS 连接到因特网的路由器。

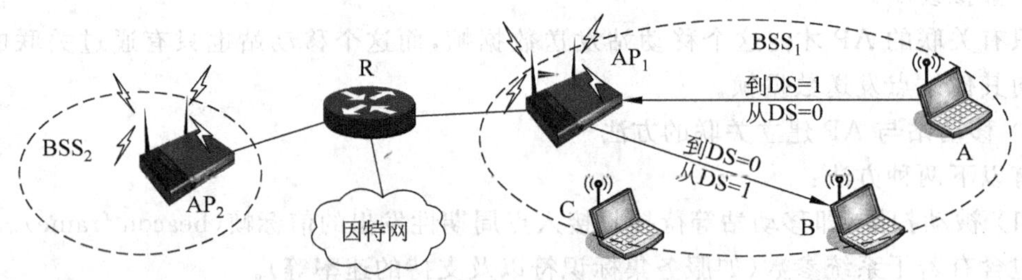

图 3-27 IEEE 802.11 WLAN 体系结构

1. IEEE 802.11 局域网的物理层

IEEE 802.11 标准中物理层相当复杂。根据物理层的不同(如工作频段、数据率、调制方法等),IEEE 802.11 无线局域网可再细分为不同的类型。现在最流行的无线局域网是 IEEE 802.11b,而另外两种(IEEE 802.11a 和 IEEE 802.11g)的产品也广泛存在,表 3-2 是这 3 种无线局域网的简单比较。

表 3-2 中所列的 3 种标准都使用共同的媒体接入控制协议,都可以用于有固定基础设施的或无固定基础设施的无线局域网。对于最常用的 IEEE 802.11b 无线局域网,所

工作的2.4～2.485GHz频率范围中有85MHz的带宽可用。IEEE 802.11b定义了11个部分重叠的信道集。但仅当两个信道由4个或更多信道隔开时它们才无重叠。因此信道1、6和11的集合是唯一的3个非重叠信道的集合。因此，在同一个位置上可以设置3个AP，并分别给它们分配信道1、6和11，然后用一个交换机把这3个AP连接起来。这样就可以构成一个最大传输速率为33Mb/s的无线局域网。

表3-2　几种常用的IEEE 802.11无线局域网

标　　准	频段/GHz	数据速率/(Mb/s)	物　理　层	优　缺　点
IEEE 802.11b	2.4	最高为11	高速直接序列扩频(HR-DSSS)	最高数据率较低，价格最低，信号传播距离最远，不易受阻碍
IEEE 802.11a	5	最高为54	正交频分复用(OFDM)	最高数据率较高，支持更多用户同时上网，价格最高，信号传播距离较短，易受阻碍
IEEE 802.11g	2.4	最高为54	正交频分复用(OFDM)	最高数据率较高，支持更多用户同时上网，信号传播距离最远，不易受阻碍，价格比IEEE 802.11b贵

2. IEEE 802.11MAC子层协议

1) CSMA/CA协议

无线局域网不能简单地搬用CSMA/CD协议。这里主要有两个原因：

(1) CSMA/CD协议要求一个站点在发送本站数据的同时，还必须不间断地检测信道，但在无线局域网的设备中要实现这种功能就花费过大。

(2) 即使发送端能够实现冲突检测的功能，并且当在发送数据时检测到信道是空闲的，在接收端仍然有可能发生冲突。

无线局域网不能使用CSMA/CD，而只能使用改进的CSMA/CD协议。改进的办法是把CSMA增加一个碰撞避免(Collision Avoidance,CA)功能。IEEE 802.11就使用CSMA/CA协议。而在使用CSMA/CA的同时，还增加使用停止等待协议。

所有的站在完成发送后，必须再等待一段很短的时间(继续监听)才能发送下一帧。这段时间的通称是帧间间隔(InterFrame Space,IFS)。帧间间隔长度取决于该站欲发送的帧的类型。高优先级帧需要等待的时间较短，因此可优先获得发送权。若低优先级帧还没来得及发送而其他站的高优先级帧已发送到媒体，则媒体变为忙态，因而低优先级帧就只能再推迟发送了。这样就减少了发生碰撞的机会。

CSMA/CA协议的原理如下：

(1) 欲发送数据的站先检测信道。在IEEE 802.11标准中规定了在物理层的空中接口进行物理层的载波监听。

(2) 通过收到的相对信号强度是否超过一定的门限数值就可判定是否有其他的移动站在信道上发送数据。

(3) 当源站要发送它的第一个MAC帧时，若检测到信道空闲，则在等待一段时间(即IFS)后就可发送。若检测到信道忙，则重新等待信道变为空闲再发送。在信道从忙态转为空闲时，各站就要执行二进制指数退避算法。这样做就减少了发生碰撞的概率。

(4) 目的站若正确收到此帧，则经过帧间间隔(IFS)后，向源站发送确认帧 ACK。

(5) 若源站在规定时间内(由重传计时器控制这段时间)没有收到确认帧 ACK，就必须重传此帧，直到收到确认为止，或者经过若干次的重传失败后放弃发送。

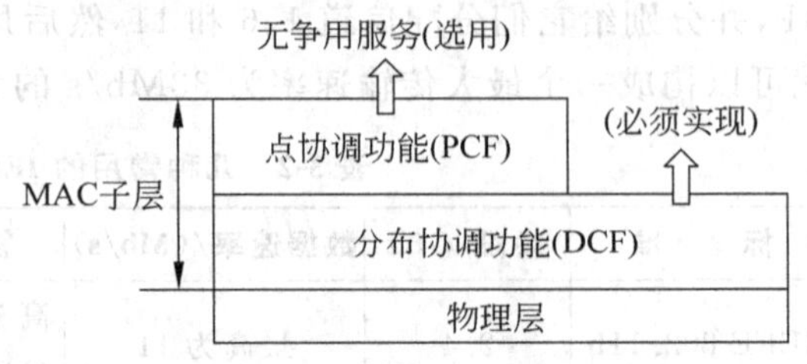

图 3-28 IEEE 802.11 MAC 子层

2) IEEE 802.11 的 MAC 子层

图 3-28 是 IEEE 802.11 标准设计的独特的 MAC 子层。它通过协调功能(coordination function)来确定在基本服务集(BSS)中的移动站在什么时间能发送数据或接收数据。IEEE 802.11 的 MAC 层在物理层的上层，它又包括两个子层。

(1) 分布协调功能(Distributed Coordination Function，DCF)。DCF 不采用任何中心控制，而是在每一个节点使用 CSMA 机制的分布式接入算法，让各个站通过争用信道来获取发送权。因此 DCF 向上提供争用服务。IEEE 802.11 协议规定，所有的实现都必须有 DCF 功能。

(2) 点协调功能(Point Coordination Function，PCF)。PCF 是选项，是用接入点(AP)集中控制整个 BSS 内的活动，因此自组网络就没有 PCF 子层。PCF 使用集中控制的接入算法，用类似于探询的方法把发送数据权交给各个站，从而避免了冲突的产生。对于时间敏感的业务，如分组话音，就应使用提供无争用服务的点协调功能。

3. IEEE 802.11MAC 帧结构

IEEE 802.11 帧共有 3 种类型，即控制帧、数据帧和管理帧。帧结构如图 3-29 所示。

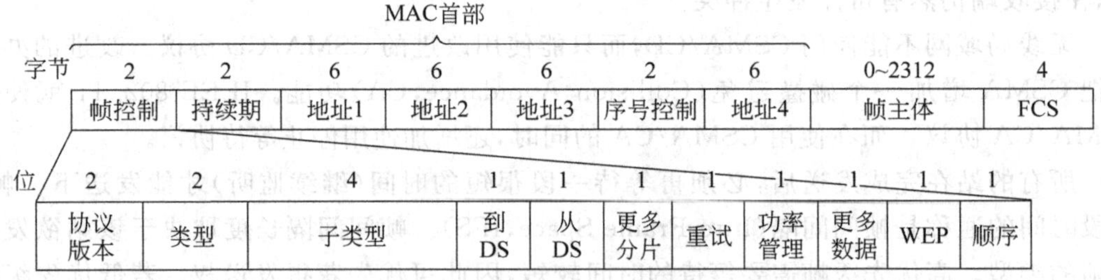

图 3-29 IEEE 802.11 MAC 帧结构

IEEE 802.11 数据帧由以下 3 大部分组成：

(1) MAC 首部，共 30 字节。帧的复杂性都在帧的首部。

(2) 帧主体，也就是帧的数据部分，不超过 2312 字节。这个数值比以太网的最大长度长很多。不过 IEEE 802.11 帧的长度通常都是小于 1500 字节。

(3) 帧校验序列(FCS)是尾部，共 4 字节，采用 CRC 校验。

1) 关于 IEEE 802.11 数据帧的地址

IEEE 802.11 数据帧最特殊的地方就是有 4 个地址字段。地址 4 用于自组网络。在这里只讨论前 3 种地址。这 3 个地址的内容取决于帧控制字段中的“到 DS”(到分配系统）和“从DS”（从分配系统）这两个子字段的数值。这两个子字段各占1位，合起来共有4种组合，用于定义IEEE 802.11帧中的几个地址字段的含义，表3-3列出了地址字段最常用的两种情况。

表3-3　IEEE 802.11帧的地址字段最常用的两种情况

到DS	从DS	地址1	地址2	地址3	地址4
0	1	目的地址	AP地址	源地址	—
1	0	AP地址	源地址	目的地址	—

现结合图3-30的例子进行说明。站点A向B发送数据帧，但这个过程要分两步走。首先要由站点A把数据帧发送到接入点AP_1，然后再由AP_1把数据帧发送到站点B。当站点A把数据帧发送给AP_1时，帧控制字段中的“到DS”为1而“从DS”为0。因此地址1是AP_1的MAC地址（接收地址），地址2是A的MAC地址，地址3是B的MAC地址（目的地址）。当站点AP_1把数据帧发送给B时，帧控制字段中的“到DS”为0而“从DS”为1。因此地址1是B的MAC地址（目的地址），地址2是AP_1的MAC地址（发送地址），地址3是A的MAC地址（源地址）。

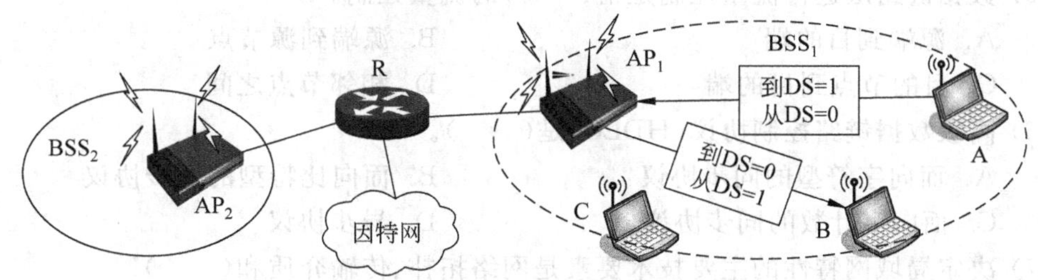

图3-30　A向B发送数据帧

2）序号控制字段、持续期字段和帧控制字段

(1) 序号控制字段占16位，对帧分片进行编号。其中帧编号占12位，分片编号占4位。

(2) 持续期字段占16位。表示数据帧和确认帧将会占用信道多长时间。

(3) 帧控制字段共分为11个子字段。

① 协议版本字段现在是0。

② 类型字段和子类型字段用来区分帧的类型。

③ 更多分片字段置为1时表明这个帧属于一个帧的多个分片之一。

④ 有线等效保密字段（Wired Equivalent Privacy，WEP）占1位。若WEP＝1，就表明采用了WEP加密算法。

习　题

1. 单项选择题

(1) 当数据传输局限在局域网时，报文分组的转接功能由（　　）来完成。

A. 物理层、数据链路层　　B. 物理层
C. 数据链路层　　D. 网络层

(2) 共享式以太网传输技术的特点是(　　)。

A. 能同时发送和接收帧,不受 CSMA/CD 限制
B. 能同时发送和接收帧,受 CSMA/CD 限制
C. 不能同时发送和接收帧,不受 CSMA/CD 限制
D. 不能同时发送和接收帧,受 CSMA/CD 限制

(3) 快速以太网 100Base-T 采用的介质访问控制方法是(　　)。

A. 令牌环　　B. 令牌总线　　C. MA　　D. CSMA/CD

(4) 流量控制是数据链路层的基本功能。以下关于流量控制的说法中正确的是(　　)。

A. 只有数据链路层存在流量控制
B. 不只是数据链路层有流量控制,并且所有层的流量控制对象都一样
C. 不只是数据链路层有流量控制,但不同层的流量控制对象不一样
D. 以上都不正确

(5) 数据链路层进行流量控制是指(　　)的流量控制。

A. 源端到目的端　　B. 源端到源节点
C. 目的节点到目的端　　D. 相邻节点之间

(6) 高级数据链路控制协议(HDLC)是(　　)。

A. 面向字符型的同步协议　　B. 面向比特型的同步协议
C. 面向字计数的同步协议　　D. 异步协议

(7) 决定局域网特性的主要技术要素是网络拓扑、传输介质和(　　)。

A. 服务器硬件　　B. 网络操作系统
C. 网络协议　　D. 介质访问控制方法

(8) 以太网定义的最大帧长度为(　　)。

A. 128 字节　　B. 512 字节
C. 1518 字节　　D. 4096 字节

(9) 网络交换机可以(　　),从而提高了网络的整体性能。

A. 对广播域进行分割　　B. 对冲突(碰撞)域进行分割
C. 提高服务器的传输速率　　D. 过滤掉所有的广播帧

(10) 常见的独立型集线器的基本端口数通常为(　　)。

A. 8 个,12 个,15 个　　B. 2 个,4 个,8 个
C. 12 个,16 个,20 个　　D. 8 个,16 个,24 个

(11) Ethernet 的核心技术是它的随机争用型介质访问控制方法,即(　　)。

A. CSMA/CD　　B. Token Ring
C. Token Bus　　D. XML

(12) 对于 100Mb/s 的以太网交换机,当输出端口无排队,以直通交换方式转发一个以太网帧(不包括前导码)时,引入的转发延迟至少是(　　)。

A. 0μs　B. 0.48μs　C. 5.12μs　D. 121.44μs

(13) 数据链路层中的数据块常被称为(　　)。

A. 信息　B. 分组　C. 帧　D. 比特流

(14) 下列属于无线局域网的协议的是(　　)。

A. IEEE 802.5　B. IEEE 802.10a

C. IEEE 802.11g　D. IEEE 802.3c

(15) 下列选择中,对正确接收到的数据帧进行确认的 MAC 协议是(　　)。

A. CSMA　B. CDMA　C. CSMA/CD　D. CSMA/CA

(16) 以太网的 MAC 协议提供的是(　　)。

A. 无连接不可靠服务　B. 无连接可靠服务

C. 有连接不可靠服务　D. 有连接可靠服务

2. 填空题

(1) IEEE 802 LAN/RM 中数据链路层分为________、________。

(2) 局域网软件主要由网卡驱动程序和________两个基本部分组成。

(3) ________层研究和解决的问题是两个相邻节点之间的通信问题,实现的任务是在两个节点间透明地传输________。该层不能解决由多条链路组成的两个主机之间的通路的数据传输问题,这一任务是由________层来完成的。

(4) 快速以太网中通常使用________和光缆两种传输介质。

(5) 数据链路层使用的信道主要有两种类型,分别为________和________。

(6) 共享信道的实现技术有________和________两种方法,其中________又分为________和________。

(7) 以太网的两个标准分别为________和________。

(8) 以太网交换机进行转发决策时使用的 PDU 地址是________。

(9) 无线局域网可分为两大类,分别为________和________。

3. 简答题

(1) 数据链路层的主要任务、传输的数据单位各是什么?

(2) 什么是零比特插入法?设有一个原始数据串 1111100111111110,将其在线路上传输,该数据的形式如何?

(3) PPP 协议的组成部分有哪些?

(4) 简述 PPP 协议的工作状态。

(5) 局域网的主要特点是什么?为什么局域网采用广播通信方式?

(6) 简述 CSMA/CD 介质访问控制法的原理与过程。

(7) 图 3-31 表示有 5 个站分别连接在 3 个局域网上,并且用透明网桥 B_1 和 B_2 连接起来。每一个网桥都有两个接口(1 和 2)。在一开始,两个网桥中的转发表都是空的。以后有以下各站向其他的站按先后顺序发送了数据帧:A 发送给 E,C 发送给 B,D 发送给 C,B 发送给 A。试把有关数据填写在表 3-4 中(表中的第一行数据已给出)。表中的"转发"表示网桥转发数据帧,"丢弃"表示不转发数据帧,"登记"表示将地址和接口写入转发表。

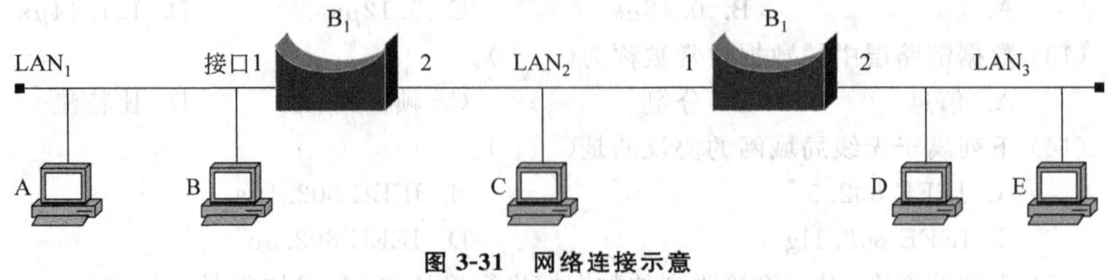

图 3-31 网络连接示意

表 3-4 转发

发送的帧	B_1 的转发表		B_2 的转发表		B_1 的处理（转发/丢弃/登记）	B_2 的处理（转发/丢弃/登记）
	地址	接口	地址	接口		
A→E	A	1	A	1	转发，登记	转发，登记
C→B						
D→C						
B→A						

(8) 信息位串为 1010001，若 $G(x)=x^4+x^2+x+1$，求 CRC 码。

(9) 简述 10Base-2 和 10Base-T 两种以太网的组网特点。

(10) 一个 10Mb/s 以太网若工作在全双工状态，那么其数据率是发送和接收各为 5Mb/s 还是发送和接收各为 10Mb/s？为什么？

(11) 集线器和交换机有什么区别，分别用于什么场合？

(12) 什么是 VLAN，进行 VLAN 划分有什么好处，如何进行 VLAN 的划分？

(13) 在一个采用 CSMA/CD 协议的网络中，传输介质是一根完整的电缆，传输速率为 1Gb/s，电缆中的信号传播速度是 200 000km/s。若最小数据帧长度减少 800b，则最远的两个站点之间的距离是增加还是减少？增加或减少的距离是多少？

(14) 无线局域网由哪几部分组成？无线局域网中的固定基础设施对网络的性能有何影响？

(15) 服务集标识符(SSID)与基本服务集标识符(BSSID)有什么区别？

(16) 无线局域网的物理层主要有哪几种？

第4章 网络层与网络互联

网络层是OSI参考模型中的第三层，介于传输层和数据链路层之间，它在数据链路层提供的两个相邻节点之间的数据帧的传送功能的基础上，进一步管理网络中的数据通信，将数据设法从源端经过若干个中间节点传送到目的端，从而向传输层提供最基本的端到端的数据传送服务。网络层的主要功能包括路由选择、拥塞控制、网络互联和计费等。

4.1 网络互联概述

4.1.1 网络互联的基本概念

随着计算机的普及和网络技术的迅速发展，带来了20世纪90年代网络的空前繁荣。在各类局域网和广域网应用迅速普及的同时，需要将不同单位、不同部门的局域网或广域网联接起来，以便共享相互间的资源，从而产生了计算机网络互联。

所谓计算机网络互联就是指将两个或多个不同的计算机网络互相联接起来，形成更大的网络，使不同网络上的用户能互相通信和交换信息，使一个网络上的用户能够访问其他网络上的资源，从而实现各个网络间的数据通信和资源共享。

随着计算机和通信技术的不断发展，以及社会对计算机网络需求的不断增长，计算机网络互联变得日益重要。企业经营的全球化、网络技术的进步、新的网络应用不断出现以及全球范围内信息高速公路的建设等因素，都促进了网络互联技术的进步。

4.1.2 网络互联的基本要求

在网络互联中，互联的网络可能是同种类型的网络系统，也可能是不同类型的网络系统，或者是运行不同网络协议的设备与系统，但每个网络中的网络资源都是互联网中的共享资源。从方便用户使用的角度看，互联网络的结构对网络用户应该是透明的，它应该屏蔽各子网在网络协议、服务类型、网络管理等方面的差异。即网络互联时应该考虑或处理不同网络间可能存在的不同特性，这些特性表现在以下几个方面：

(1) 不同的编码方案。每个网络可能有不同的端点名称、编址方法和目录保存方案。

(2) 不同的最大分组尺寸。在互联网中，数据信息从一个网络传送到另一个网络时，需要分成多个部分，称为分组。不同网络的最大分组尺寸可能不同。

(3) 不同的网络访问机制。用户对不同网络上的多个站点或网络之间的访问控制机制可能是不同的；互联的网络可能需要不同的用户访问控制技术，提供用户对不同网络的访问权。

(4) 不同的超时处理。面向连接的传送服务总要等待回答响应，如超时后仍没有接到响应，则需要重传。但在互联网络中，数据传送有时需要经过多个网络，这需要更长的时间，所以应设置合适的超时值，以避免不必要的重传。

(5) 不同的差错恢复。各个网络有不同的差错恢复功能。互联网络的服务既不应该依赖，也不应该影响各个网络原有的差错恢复能力。

(6) 不同的状态报告。不同的网络有不同的状态报告，对互联网络提供有关网络互联的活动信息。

(7) 不同的路径选择技术。网络内的路径选择一般依靠各个网络特有的故障检测和拥塞控制技术，而互联网络应该提供不同网络站点之间的路径选择技术。

(8) 连接和无连接服务。各个网络可能提供面向连接的服务，也可能提供无连接的数据报服务。互联网络的服务不应该依赖于原有各个网络所提供的连接服务性质。

(9) 不同的网络管理、控制方法和安全策略等。

基于以上的分析，可以将网络互联的功能分为两类：即基本功能和扩展功能。基本功能是指网络互联所必备的功能，包括不同网络之间的寻址、路由选择和流量控制等；扩展功能是指互联网络提供不同的服务级别时所需要的功能，包括协议转换、数据的分段、组合、重排序和差错控制等。但是对用户来说，信息在不同的网络上传输应该是透明的，在不同网络或设备上，上述各种差别对用户来说是隐蔽的。

4.1.3 网络互联的形式

计算机网络分为广域网和局域网，因此，不同网络之间的互联主要有以下几种形式：局域网与局域网互联、局域网与广域网互联、广域网与广域网互联、局域网与局域网通过广域网互联等。

1. 局域网与局域网的互联

在实际应用中，局域网与局域网的互联是最常见的一种类型。根据互联局域网所使用的协议，局域网与局域网的互联又可以进一步分为同种局域网互联和异种局域网互联。

同种局域网互联是指使用相同协议的局域网之间的互联，如两个以太网互联，或两个令牌环网互联，都属于同种局域网互联。这类互联比较简单，一般可使用中继器或网桥进行互联。

异种局域网互联是指两种不同协议的共享介质局域网的互联。如一个以太网和一个令牌环网的互联。两个异种局域网可以用网桥互联起来，多个局域网可以用路由器进行互联。

2. 局域网与广域网的互联

局域网与广域网互联也是目前常见的类型，如使用公用电话网、分组交换网、DDN、ISDN、帧中继等连接远程局域网。例如，某校园网通过 DDN 专线联入 Internet，网吧的局域网接入 Internet 等，都属于局域网与广域网的互联。实现局域网与广域网互联的设备主要是路由器和网关。

3. 广域网与广域网的互联

广域网与广域网互联一般也是通过路由器或网关进行的，如专用广域网与公用广域网的互联、某国家或地区广域网和另一国家或地区广域网的互联。

4. 局域网与局域网通过广域网实现互联

在实际应用中，往往需要将两个或多个分布在不同地理位置的局域网通过广域网互联起来，如某跨国公司的多个子公司的局域网通过 Internet 来实现互联。

另外，从广义上讲，单机接入局域网或广域网也是计算机网络互联的一种形式。

4.2　网络层的主要功能

数据链路层研究和解决的问题是两个相邻节点之间的通信问题，实现的任务是在两个节点间透明地传输信息帧。数据链路层不能解决由多条链路组成的两个主机之间的通路的数据传输问题，因为两个主机之间的通路通常由多条链路组成，涉及路径选择、流量控制等问题；在通信的双方经过两个或更多的网络时，又出现网络互联问题，而这些问题可在网络层得到解决。网络层关系到通信子网的运行控制，体现了网络应用环境中资源子网访问通信子网的方式，是 OSI 参考模型中最为复杂而且比较关键的一层。

网络层的目的是实现两个端系统之间的数据透明传送，具体功能包括维护网络连接、组包/拆包、路由选择和拥塞控制等。

1. 建立、维持和拆除网络连接

网络层提供的服务有两类：面向连接的网络服务和无连接的网络服务。在网络层的虚电路服务中，要涉及虚电路的建立、维持和拆除过程。

虚电路服务是网络层向传输层提供的一种使所有数据包按顺序到达目的节点的可靠的数据传送方式，进行数据交换的两个节点之间存在着一条为它们服务的虚电路。

2. 组包/拆包

在网络层，数据传输的基本单位是数据包(也称为分组)。在发送方，传输层的报文到达网络层时被分为多个数据块，在这些数据块的头部和尾部加上一些相关控制信息后，即组成了数据包(分组)。数据包的头部包含源节点和目的节点的网络地址(逻辑地址)。在接收方，数据从低层到达网络层时，要将各数据包原来加上的包头和包尾等控制信息去掉(拆包)，然后组合成报文，送给传输层。

3. 路由选择

路由选择也叫做路径选择，是根据一定的原则和路由选择算法在多节点的通信子网中选择一条最佳路径。确定路由选择的策略称为路由算法。通信子网为网络源节点和目的节点提供了多条传输路径的可能性。设计路由算法时要考虑诸多技术要素。首先，要考虑是选择最短路由还是选择最佳路由；其次，要考虑通信子网是采用虚电路还是数据报的操作方式；其三，是采用分布式路由算法还是采用集中式路由算法；其四，要考虑关于网络拓扑、流量和延迟等网络信息的来源；最后，确定是采用静态路由选择策略还是动态路由选择策略。

1）静态路由选择策略

静态路由选择策略是非自适应路由选择，其特点是简单，但不能及时适应网络状态变化。常见的有下述几种算法：

（1）固定路由选择。

每个网络节点存储一张表格，表格中每一项记录着对应某个目的节点的下一节点或链路，当一个分组到达某节点时，该节点只要根据分组上的地址信息，便可从固定的路由表中查出对应的目的节点及所应选择的下一节点。这种路由选择法的优点是简便易行，在负载稳定，拓扑结构变化不大的网络中运行效果很好。它的缺点是灵活性差，无法应付网络中发生的阻塞和故障。

（2）泛射路由选择。

泛射路由选择又叫扩散法，这是一种最简单的路由算法。一个网络节点从某条线路收到一个分组后，再向除该条线路外的所有线路重复发送收到的分组。结果，最先到达目的节点的一个或若干个分组肯定经过了最短的路线，而且所有可能的路径都被同时尝试过。这种方法可用于诸如军事网络等强壮性要求很高的场合，即使有的网络节点遭到破坏，只要源节点和目的节点间有一条信道存在，则泛射路由选择仍能保证数据的可靠传送。

（3）随机路由选择。

在这种方法中，收到分组的节点在所有与之相邻的节点中为分组随机选择一个出路。该方法虽然简单，但实际选择的路由很可能不是最佳路由，而且分组传输延迟也不可预测，故该算法应用不广。

2）动态路由选择策略

静态路由选择策略不能根据网络流量和拓扑结构的变化来调整，也就不能找出最佳路由。动态路由选择策略则需要依靠网络当前的状态信息来决定。这种策略能较好地适应网络流量和拓扑结构的变化，有利于改善网络的性能。但由于算法复杂，会在一定程度上增加网络的负担。

（1）独立路由选择策略。

在这类路由算法中，节点仅根据自己搜集到的信息做出路由选择的决定，与其他节点不交换路由信息。一种简单的独立路由选择算法是 Baran 在 1964 年提出的热土豆（HotPotato）算法。当一个分组到来时，节点必须尽快脱手，将其放入输出列最短的方向上排队，而不管该方向通向何方。

（2）集中路由选择策略。

集中路由选择也像固定路由选择一样，在每个节点上存储一张路由表。不同的是，固定路由选择算法中的节点路由表由手工制作，而在集中路由选择算法中的节点路由表是由路由控制中心（Routing Control Center，RCC）定时根据网络状态计算、生成并分送各相应节点。由于 RCC 利用了整个网络的信息，所以得到的路由选择是完美的，同时也减轻了各节点计算路由选择的负担。

（3）分布路由选择策略。

分布路由选择采用分布路由选择算法，所有节点定期地与其每个相邻节点交换路由选择信息。每个节点均存储一张以网络中其他每个节点为索引的路由选择表,网络中每个节点占用表中一项,每一项又分为两个部分,即所希望使用的到目的节点的输出线路和估计到达目的节点所需要的延迟或距离。度量标准可以是毫秒或链路段数、等待的分组数、剩余的线路和容量等。对于延迟,节点可以直接发送一个特殊的称作“回声”的分组,接收该分组的节点将其加上时间标记后尽快送回,这样便可测出延迟。有了以上信息,节点即可确定路由。

4. 拥塞控制

拥塞现象是指到达通信子网中某一部分的分组数量过多,使得该部分网络来不及处理,以致引起这部分乃至整个网络性能下降的现象,严重时甚至会导致网络通信业务陷入停顿,即出现死锁现象。网络的吞吐量(数据包数量/秒)与通信子网负荷(即通信子网中正在传输的数据包数量)有着密切的关系。为防止出现拥塞和死锁,需进行流量控制,通常可采用缓冲区预分配、分组丢弃和定额控制等方法。

1) 缓冲区预分配法

这种方法用于采用虚电路的分组交换网中,在建立虚电路时,让呼叫请求分组途经的节点为虚电路预先分配一个或多个数据缓冲区。若某个节点缓冲器已被占满,则呼叫请求分组另择路由,或者返回一个“忙”信号给呼叫者。这样,通过途经的各节点为每条虚电路开设的永久性缓冲区(直到虚电路拆除),就总能有空间来接纳并转送经过的分组。当节点收到一个分组并将它转发出去之后,该节点向发送节点返回一个确认信息,该确认信息一方面意味着接收节点已正确收到分组,另一方面告诉发送节点,该节点已空出缓冲区以备接收下一分组。

2) 分组丢弃法

这种方法不用预先保留缓冲区,而在缓冲区占满时,将到来的分组丢弃。若通信子网提供的是数据报服务,则用分组丢弃法来防止阻塞发生从而不会引起大的影响。但若通信子网提供的是虚电路服务,则必须在某处保存被丢弃分组的副本,以便阻塞解决后能重新传送。有两种解决被丢弃分组重发的方法,一种是让发送被丢弃分组的节点超时,并重新发送分组直至分组被收到;另一种是让发送被丢弃分组的节点在尝试一定次数后放弃发送,并迫使数据源节点超时而重新开始发送。为了防止节点不加分辨地随意丢弃分组,可以为每条输入链路永久地保留一块缓冲区,用于接纳并检测所有进入的分组,对于捎带确认信息的分组,在利用了所捎带的确认信息释放了一个缓冲区后,再将该分组丢弃或将该分组保存在刚空出的缓冲区中。

3) 定额控制法

这种方法直接对通信子网中分组的数量进行严格、精确的限制,可以设计在通信子网中存在若干个称为“许可证”的特殊信息。许可证法的原理是这样的:开始时,为网络中各节点分配若干个许可证。主机要向网内发送分组时,必须使每一分组都能得到一个许可证。于是每向网络中发送一个分组,网内的许可证总数就减1。一旦许可证用完,就不允许新的分组再进入网络。当分组送交目的主机后,便可释放其许可证以供新的分组入网使用。经研究表明,当网络中的许可证总数是节点数的3倍时,可获得最佳的流量控制效果。

4.3 网络层提供的两种服务

网络层的主要任务是向传输层提供服务，分为可靠(面向连接)的服务和不可靠(无连接)的服务两种。

4.3.1 面向连接的服务与无连接服务

1. 无连接服务

以因特网阵营为代表，认为通信子网本质上是不可靠的，用户肯定需要自己做差错控制和流量控制的工作，既然如此，通信子网干脆只提供最基本的数据传输服务就行了，即只负责将分组正确路由到目的节点，除此之外不提供差错控制、顺序控制、流量控制等其他功能。从这个思想出发，那么通信子网是无连接的，每个分组是一个独立的传输单位，携带完整的地址，在每个节点被独立传输，分组之间彼此没有联系。

2. 面向连接的服务

以电信公司阵营为代表，认为通信子网应该提供可靠的面向连接的服务，在这里服务质量是一个需要重点考虑的因素。只有在通信前建立连接，才能进行服务协商并预留足够的资源，才能保证像话音、视频等一类实时业务获得它们所需要的服务质量。

这两派意见的焦点在于是否需要建立连接，至于是否需要保证数据传输的可靠其实是可选的。提供无连接服务的典型代表是因特网，提供面向连接服务的典型代表是电话网和 ATM 网络。事实上，由于实时多媒体应用的不断普及，服务质量的问题越来越受到关注，而因特网在这方面的局限性也日益凸现。因此，因特网也在不断地改进，IPv6 就引入了面向连接的特性。

3. 无连接服务的实现

在提供无连接服务的通信子网中，每个分组被独立地传输，分组常被称为数据报，而通信子网则称为数据报子网。

用图 4-1 的例子来说明数据报子网的工作原理：

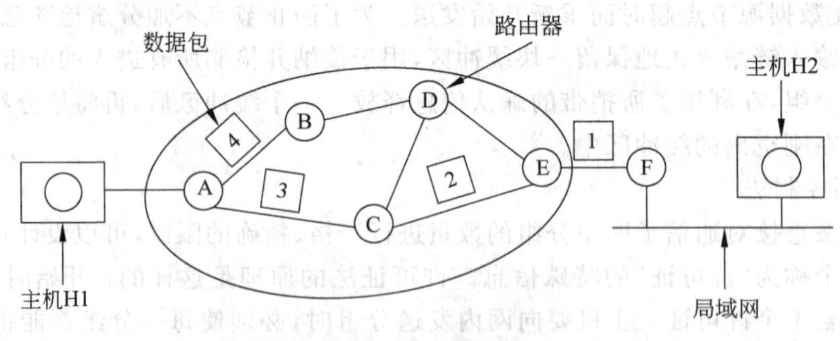

图 4-1 数据报子网

(1) 主机 H1 的网络层从传输层接收一个消息。

(2) 将消息封装成分组，发送给距它最近的路由器 A。若消息太大，超过了分组的最大长度，还需要先将消息划分成较小的数据块，再分别封装成分组。如图 4-1 中将消息划分成 4 个分组分别传输。

(3) 每个路由器都有一个路由表，记录各个已知的目的地址及这些地址所在的输出线路。每当从网络端口收到一个分组，首先判断自己是否是分组的目的地，若是就将分组交给合适的上层实体去处理；否则用分组的目的地址查找路由表，从相应的输出线路转发分组。

(4) 如果分组长度超过了输出链路上的最大传输单元(Maximum Transfer Unit，MTU)，路由器的网络层必须将分组分成较小的片段，每个片段封装成分组，独立传输。

(5) 目的主机 H2 的网络层将收到的分组交给传输层；如果分组被划分成了若干个片段，目的主机先将各个片段重组，再交给传输层。

路由器中的路由模块负责生成和维护路由表(使用路由算法)，转发模块负责查找转发表并转发分组。转发表是根据路由表生成的、便于快速查找的数据结构。

4. 面向连接服务的实现

在提供面向连接服务的通信子网中，通信前首先需要建立一条从源节点到目的节点的传输通路(也称为连接)，相关的数据包都沿着这条通路传输，传输结束后要释放这条通路。

建立连接的目的是避免在每收到一个分组后，都要去查找庞大的转发表。其基本思想是，将从源主机到目的主机的路径记录在沿途经过的每一个路由器中，此后，该连接上的所有分组都在这条路径上传输。由于在同一条物理链路上可能存在多条连接，因此需要为每条连接分配一个标识。每个分组必须携带其所属连接的标识，这样路由器检查分组头中的连接标识就知道分组属于哪个连接了。

连接标识只具有局部意义，即同一条连接在不同的物理链路上可能被分配不同的连接标识。为此，路由器必须为经过它的所有连接建立一张连接表，对于每一条连接，记录其输入链路及在这条链路上的连接标识，还有输出链路及在输出链路上的连接标识。路由器在转发分组时，必须用输出链路上的连接标识替换分组头中的连接标识。

从源主机到目的主机的连接称为虚电路，这是因为它只是表示了从源主机到目的主机的一条逻辑通路，与实际的物理通路并不相同。除了用于建立连接的初始分组需要携带完整的网络层地址之外，其他分组只需要携带一个连接标识(虚电路号)即可。

用图 4-2 的例子来说明虚电路子网的工作原理：

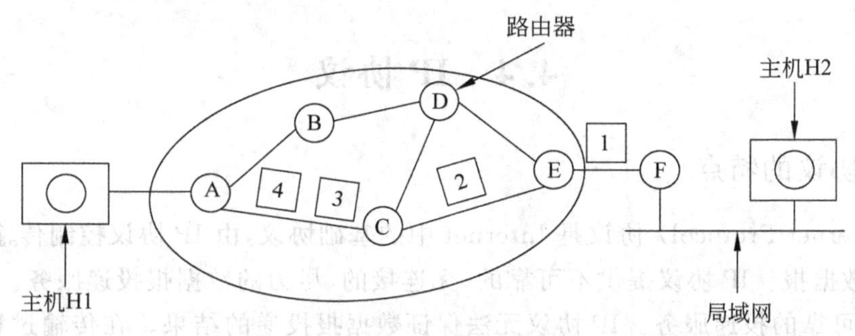

图 4-2 虚电路子网

(1) 源节点向目的节点发送一个连接建立分组,分组中携带完整的源地址和目的地址,并在源节点与源路由器之间的线路上选择一个当前未用的虚电路号,携带在分组头中。

(2) 每一个中间节点收到连接建立分组后,根据分组的目的地址查找路由表,选择一条合适的输出线路,然后在输出线路上选择一个当前未用的虚电路号,替换分组头中的虚电路号,并在节点的虚电路表中记录下这条连接(输入线路、输入虚电路号、输出线路、输出虚电路号),最后从输出线路上转发该分组。

(3) 这个过程不断重复直至到达目的节点 H2,如果主机 H2 同意建立连接,则会发回一个连接确认分组,该分组沿着相反的路径返回源节点,虚电路就建立起来了,这条虚电路是全双工的。

(4) 源节点 H1 在发送的每一个分组中都放入该分组所属的虚电路号,每个中间节点用输入线路和输入虚电路号查找虚电路表,用输出虚电路号替换分组头中的虚电路号,并从输出线路上转发分组,该过程不断重复直至分组到达目的节点主机 H2。

传输结束后,任何一方都可以发出一个连接拆除分组,收到该分组的节点删除虚电路表中的相应表项,并向下转发分组,当连接拆除分组到达另一方时,虚电路就被拆除了。

4.3.2 虚电路子网与数据报子网的比较

虚电路子网与数据报子网各有其优缺点,具体如下:

(1) 在虚电路子网中,每个分组(除连接建立分组之外)只需要携带较短的虚电路号而不是一个完整的目的地址,这可以节省带宽,但却需要占用一部分内存空间来存放虚电路表;数据报子网刚好相反,它使用较小的内存空间,但要消耗较多的带宽。

(2) 虚电路的建立需要花费一定的时间,但虚电路建立后,查找虚电路表进行分组转发是很快的;数据报子网虽然不需要连接建立时间,但每一个分组到达路由器时都要查找路由表转发,这个过程复杂得多,也慢得多。

(3) 由于在建立虚电路时可以预留资源,所以虚电路子网在提供服务质量保证和避免拥塞方面较数据报子网优越。

(4) 由于节点或线路故障会使所有经过故障点的虚电路中断,而数据报却可以轻易地绕过故障点继续传输,因此数据报子网在健壮性方面较虚电路子网优越。

(5) 数据报子网易于实现负载均衡。

4.4 IP 协议

4.4.1 IP 协议的特点

IP (Internet Protocol) 协议是 Internet 中的基础协议,由 IP 协议控制传输的协议单元称为 IP 数据报。IP 协议提供不可靠的、无连接的、尽力的数据报投递服务。

(1) 不可靠的投递服务。IP 协议无法保证数据报投递的结果。在传输过程中,IP 数据报可能丢失、重复传输、延迟、乱序等,协议本身不关心这些结果,也不将结果通知双方。

(2) 无连接的投递服务。每一个 IP 数据报是独立处理和传输的,由一台主机发出的若干数据报,在网络中可能会经过不同的路径,到达接收方的顺序可能会乱,甚至其中一部分数据还会在传输过程中丢失。

(3) 尽力的投递服务。IP 协议软件绝不简单地丢弃数据报,只要有一线希望,就尽力向前投递。IP 协议软件执行数据报的分段,以适应具体的网络传输,数据报的分段重组则由最终节点 IP 模块完成。

4.4.2 IP 数据报

IP 协议位于基础网络之上,并尽可能变得透明,这种透明性是通过封装来实现的。主机发送的数据、源和目的地址等信息被封装到 IP 数据报中,然后通过各种物理网络和路由器进行转发,以完成不同物理网络的互联。

1. IP 报文的字段结构

目前 Internet 上广泛使用的是第 4 版本的 IP 协议,即 IPv4,图 4-3 和表 4-1 分别是 IPv4 数据报的数据结构和对各字段的简要描述。

版本号(4b)	报头长度(4b)	服务类型(8b)
IP数据报总长度(16b)		
标识符(16b)		
标志(3b)	分段地址偏移量(13b)	
生存期(8b)		协议(8b)
报头校验(16b)		
源站IP地址(32b)		
目的站IP地址(32b)		
IP选项和填充项(可变长)		
数据域(可变长)		

图 4-3　IPv4 数据报的数据结构

表 4-1　IPv4 数据报的字段描述

字　段	描　述
版本号	标识 IP 协议的版本号,目前为 4
报头长度	以 32 位为单位的数据报报头长度
服务类型	说明本数据报对优先级、延迟、吞吐量和可靠性等网络性能的要求,指导路由器选择合适的传输网络。一般不使用,设为 0
总长度	说明整个 IP 数据报的长度,以字节为单位,最大值为 65 535
标识符	在数据传输过程中,一个大的数据报可能分成若干个小的分段,为方便收方 IP 模块组合分段,所有划分后的分段,该字段具有相同的标识值
标志	标志本数据报是否可分段。本字段共 3 位,第 1 位保留未用,第 2 位表示是否允许分段,第 3 位表示本段是否为最后一段

续表

字　段	描　述
分段偏移量	说明本 IP 数据报分段在整个数据报中的起始位置，本字段占 13 位，在源节点发送的 IP 数据报最多可有 8192 个分段
生存期	说明本 IP 数据报在网络中停留的时间；为避免数据报在网络中无限制转发，设置本字段；数据报每经过一个路由器，本字段数值减 1；当结果为 0 时，路由器丢弃本数据报
协议	标记接收方主机接收数据的上一层协议，如 TCP、UDP 等
报头校验	用于路由器检测 IP 数据报报头的正确性。该域在 IP 数据报途经的每个路由器上重新生成，并由下一跳的路由器验证。IP 模块丢弃报头出错的数据报，并通过 ICMP 告知发送方
源站地址	填写本数据报发送方的 IP 地址
目的站地址	填写本数据报接收方的 IP 地址
IP 选项	用于对 IPv4 的功能进行扩充。例如，安全选项——说明本数据报的安全性要求；源路由选项——用于发送方规定本 IP 数据报传输时的完整路径；有限源路由器——用于发送方规定本 IP 数据报传输时必须经过的部分路由器；记录路由选项——通知本 IP 数据报途经的每个路由器将其对应 IP 地址写入本数据报，以便管理者分析路由算法；时标选项——通知本数据报途经的每个路由器将该数据报到达的时间写入本数据报
填充位	为保证整个 IP 数据报报头的长度为 32b 的整数倍而添加的位
数据域	用户传输的数据

IP 数据报包括 IP 数据报报头和数据域两部分，报头主要包含数据报传输时所用的控制信息，数据域携带用户希望传输的数据信息。

2. IP 报文的报头校验

IP 协议属于 TCP/IP 协议栈中非常重要的协议之一。因此，IP 报文在网络传输过程中，其报头的校验就成为一件比较重要的事情。校验采用的是将报头视为二进制 16 位整数流进行反码求和计算的方法，因此有时称其为因特网校验和。除此之外，ICMP、IGMP、TCP 和 UDP 等协议也都采用相同的校验和算法来对报头进行差错检测。

为了计算校验和，首先把报头中的校验和字段置为 0。然后，对报头内的每个 16 位二进制数进行反码求和，如果数据长度为奇数个字节，则补一字节全 0(凑足 16 位的整数倍)。反码求和的运算规则是：从低位到高位逐列进行计算，若有进位加到左一列高位。若最高位相加后产生进位，则得到的结果要加 1。所有的 16 位全部加完后，将求和结果取反填入校验和字段中，数据与校验和一起发送出去。

当接收方收到数据后，同样对报头中的每个 16 位二进制数进行反码求和。由于接收方在计算校验和的过程中包含了发送方计算的校验和，因此，如果报头在传输过程中没有发生任何差错，那么接收方计算的结果应该为全 1。如果结果不是全 1，那么表示报头在传输过程中出错。

例如，假定有 3 个 16 位的字：0110011001100000、0101010101010101、1000111100001100，

求其校验和的过程如下：

前两个16位之和是

```
  0110011001100000
+ 0101010101010101
  1011101110110101   （最高位无进位）
```

再将上面的和与第三个字相加，得

```
  1011101110110101
+ 1000111100001100
  0100101011000001   （最高位有进位）
```

将最高进位加到结果中得

```
  0100101011000001
+                1
  0100101011000010
```

运算结果0100101011000010的反码是1011010100111101，这就是校验和，将其填到数据当中。因此发出的4个16位数据是0110011001100000（数据）、0101010101010101（数据）、1000111100001100（数据）、1011010100111101（校验和）。

在接收方，将收到的全部4个16位的字进行反码求和，如果分组中无差错，则结果显然是1111111111111111。如果不是全1，那么数据在传输中出现错误。

4.4.3 IP数据报的封装与分段

1. IP数据报的封装

IP协议屏蔽下层各种物理网络的差异，向上层（主要是TCP实体或UDP实体）提供统一的IP数据报投递服务。IP数据报的投递利用了物理网络的传输能力，网络接口模块负责将IP数据报封装到具体网络的数据帧中。如图4-4所示，是以太网MAC数据帧封装IP数据报的形式。

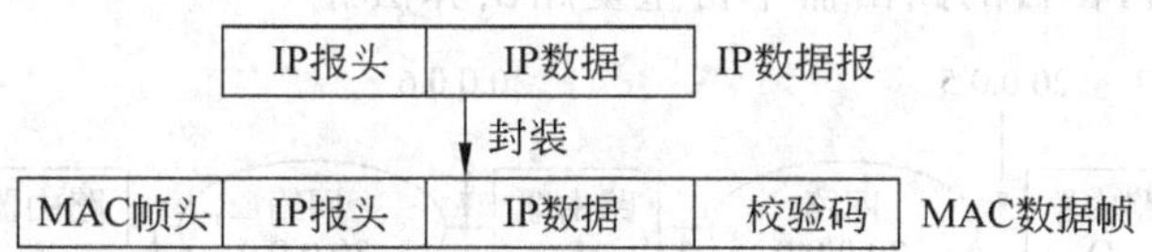

图4-4 IP数据报封装示意图

2. IP数据报的分段

各种物理网络对数据帧的大小有不同的规定，每个网络都规定了最大传输单元（MTU），如以太网为1500字节。不同的物理网络的MTU也不同，当IP数据报长度超过MTU时，需对数据报进行分段。

下面举例说明IP模块投递数据报时的分段过程。如图4-5所示，假设局域网帧的MTU为1500字节，广域网帧的MTU为670字节，IP报头不含任何选项占20字节；局域网的帧头/帧尾以及广域网的分组头等占20字节，因此，每个分组中都含有40字节的头部。

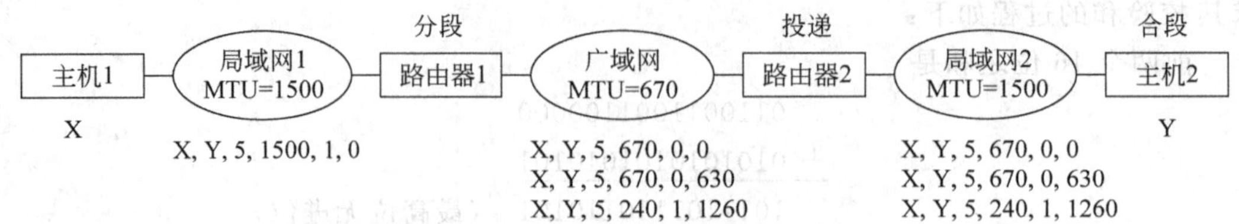

图 4-5 IP 模块尽力投递的数据报分段

"X,Y,id,l_th,mf,off"表示长度为 l_th 字节，标识符为 id 的数据报从节点 X 发往节点 Y,mf 和 off 分别表示分段标志和段偏移。

源发主机 1 形成长度为 1500 字节的 MAC 帧，除去 20 字节的 IP 头和 20 字节的帧头尾之后，其中有效数据为 1460 字节；由局域网 1 传至路由器 1，路由器 1 执行分段工作，1460 字节的数据域被分为 3 段，数据长度分别为 630、630 和 200 字节，每段再加上 20 字节 IP 头和 20 字节广域网分组头，形成长度不超过 670 字节的分组。经广域网传至路由器 2，路由器 2 将这些数据分段经局域网 2 传递到目的主机 2。主机 2 的 IP 模块执行数据合段工作，形成完整的 IP 数据报，并投递给高层的 TCP 实体。

4.4.4 IP 数据报的路由选择

IP 数据报的传输可能需要跨越多个子网，子网之间的数据报传输由路由算法实现。进行路由选择需要路由选择表，该表存储各个目的站点以及如何到达目的站点的信息。为使路由表尽可能小，提高路由选择效率，路由表中仅存放网络地址，而不是整个 IP 地址。表 4-2 是图 4-6 中路由器 S 的路由选择简易表。

路由器 IP 模块根据 IP 数据报中目的 IP 地址和路由表中目的网络地址，确定是否为本网投递。如果是本网投递，则利用 ARP 协议，取得对应 IP 地址的物理地址，并将 IP 数据报进行分段、封装成数据帧，发往目的网卡，直接进行传送。如果是跨网投递，则利用 ARP 协议，取得下一路由器对应端口的物理地址，并将 IP 数据报进行分段、封装成数据帧，发往目的路由器，在目的路由器中再重复路由算法。

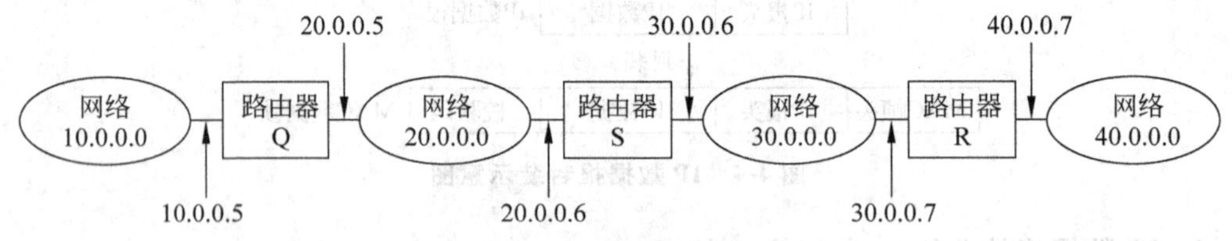

图 4-6 用路由器互联网络

表 4-2 路由器 S 的路由选择简易表

目的主机网络地址	路　由	目的主机网络地址	路　由
20.0.0.0	直接传送	10.0.0.0	20.0.0.6
30.0.0.0	直接传送	40.0.0.0	30.0.0.7

4.4.5 IP 地址

谈到因特网，IP 地址就不能不提，因为无论是从学习还是使用因特网的角度来看，IP 地址都是一个十分重要的概念，因特网的许多服务和特点都是通过 IP 地址体现出来的。

1. IP 地址的概念

因特网是全世界范围内的计算机联为一体而构成的通信网络的总称。联在某个网络上的两台计算机之间在相互通信时，在它们所传送的数据包里都会含有某些附加信息，这些附加信息之一就包括发送数据的计算机的地址和接收数据的计算机的地址。人们为了通信的方便，给每一台计算机都事先分配一个类似日常生活中的电话号码一样的标识地址，该标识地址就是 IP 地址。根据 TCP/IP 协议规定，IP 地址是由 32 位二进制数组成，且在因特网范围内是唯一的。

例如，某台联在因特网上的计算机的 IP 地址为

11010010　01001001　10001100　00000010

很明显，这些数字对于人们来说不好记忆。人们为了方便记忆，就将组成计算机的 IP 地址的 32 位二进制数分成 4 段，每段 8 位，中间用小数点隔开，然后将每 8 位二进制数转换成一位十进制数，这样，上述计算机的 IP 地址就变成了 210.73.140.2。

2. IP 地址的分类

因特网是把全世界的无数个网络联接起来的一个庞大的网间网，每个网络中的计算机通过其自身的 IP 地址而被唯一地标识，据此也可以设想，在因特网这个庞大的网间网中，每个网络也有自己的标识符。这与日常生活中的电话号码很相像，例如有一个电话号码为 0515163，这个号码中的前 4 位表示该电话是属于哪个地区的，后面的数字表示该地区的某个电话的号码。与上面的例子类似，把计算机的 IP 地址也分成两部分，分别为网络标识和主机标识。同一个物理网络上的所有主机都用同一个网络标识，该网络上的一个主机（包括网络上的工作站、服务器和路由器等）都有一个主机标识与其对应，这样 IP 地址的 4 个字节划分为两个部分，一部分用以标明具体的网络段，即网络标识；另一部分用以标明具体的主机，即主机标识，也就是某个网络中的特定的计算机号码。

例如，某个信息网络中心的服务器的 IP 地址为 210.74.141.2，对于该 IP 地址，可以把它分成网络标识和主机标识两部分，这样上述的 IP 地址就可以写成如下两部分：

网络标识：210.74.141.0，主机标识：2

合起来写为 210.74.141.2。

由于各网络中包含的计算机数量有可能不一样多，有的网络可能含有较多的计算机，也有的网络包含较少的计算机，于是人们按照网络规模的大小，把 32 位地址信息设成 3 种定位主机的划分方式，分别对应于 A 类、B 类、C 类 IP 地址，同时，为了能够实现多播应用，还划分了专门的多播地址用于多播数据的传输，对应 IP 地址中的 D 类地址，如图 4-7 所示。E 类地址则为未来的扩展应用而保留，当然在当前 IPv6 地址即将替代 IPv4 地址的大环境下，未来 E 类地址的用途十分有限。

由于因特网发展的历史原因，早期加入因特网的网络（一般在美国和加拿大）可获得

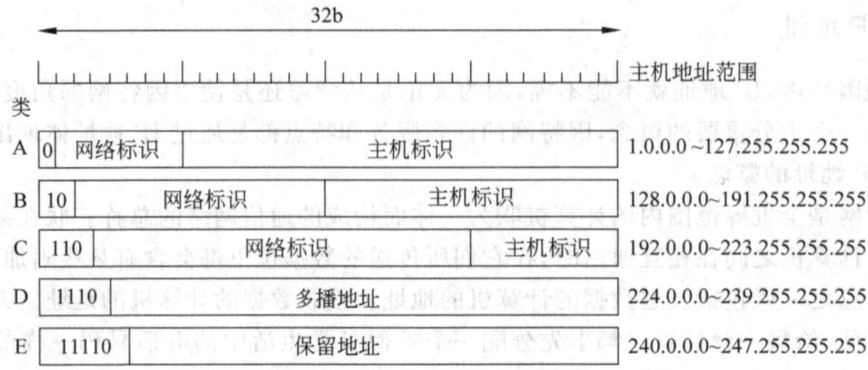

图 4-7 IP 地址分类

A 类地址，稍后加入的网络（例如清华大学、北京大学和中国科学院）是 B 类地址，目前申请加入因特网的网络一般仅分配给 C 类地址。

近年来，随着因特网用户数的迅速增长，可分配的 IP 地址空间随之减少。为了解决现有的 IP 地址空间紧缺的状况，目前有关因特网组织正在对原来的 IP 地址体系进行扩展，这就是所谓的 IPv6 方案。

3. 子网与子网掩码

1）子网与子网掩码的概念

为了提高 IP 地址的使用效率，可将一个网络划分为多个子网：采用借位的方式，从主机位最高位开始借位变为新的子网位，所剩余的部分则仍为主机位。这使得 IP 地址的结构分为 3 部分：网络位、子网位和主机位。

引入子网概念后，网络位加上子网位才能在全局唯一地标识一个网络。把所有的网络位用 1 来标识，主机位用 0 来标识，就得到了子网掩码。

根据 IP 协议标准规定：每一个使用子网的网点都选择一个 32 位的位模式，若位模式中的某位置 1，则对应 IP 地址中的该位为网络地址中的一位；若位模式中的某位置 0，则对应 IP 地址中的该位为主机地址中的一位。

例如在位模式 11111111 11111111 11111111 00000000 中，前 3 个字节全 1，代表对应 IP 地址中最高的 3 个字节为网络地址；后一个字节全 0，代表对应 IP 地址中最后的一个字节为主机地址。这种位模式叫做子网掩码。

为了使用方便，常常使用点分十进制整数表示法来表示一个 IP 地址和子网掩码，例如，C 类地址的默认子网掩码（11111111 11111111 11111111 00000000）为 255.255.255.0。IP 协议关于子网掩码的定义提供了一种有趣的灵活性，允许子网掩码中的 0 和 1 位不连续。但是，这样的子网掩码给分配主机地址和理解路由表都带来一定困难，并且只有极少的路由器支持在子网中使用低序或无序的位，因此在实际应用中通常各网点采用连续方式的子网掩码。像 255.255.255.64 和 255.255.255.160 等一类的子网掩码不推荐使用。

A、B、C 三类网络的默认子网掩码如表 4-3 所示。

表 4-3　A、B、C 三类网络的默认子网掩码

网络类型	二进制子网掩码	十进制子网掩码
A 类	11111111. 00000000. 00000000. 00000000	255. 0. 0. 0
B 类	11111111. 11111111. 00000000. 00000000	255. 255. 0. 0
C 类	11111111. 11111111. 11111111. 00000000	255. 255. 255. 0

IP 地址子网掩码与 IP 地址结合使用，可以区分出一个网络地址的网络号和主机号。

例如，有一个 C 类地址为 192.9.200.13，其默认的子网掩码为 255.255.255.0，则它的网络号和主机号可按如下方法得到：

(1) 将 IP 地址 192.9.200.13 转换为二进制 11000000 00001001 11001000 00001101。

(2) 将子网掩码 255.255.255.0 转换为二进制 11111111 11111111 11111111 00000000。

(3) 将两个二进制数逻辑与(AND)运算后得出的结果即为网络号部分：

```
         11000000  00001001  11001000  00001101
    AND  11111111  11111111  11111111  00000000
    --------------------------------------------
         11000000  00001001  11001000  00000000
```

结果为 192.9.200.0，即网络号为 192.9.200.0。

(4) 将子网掩码取反再与 IP 地址逻辑与(AND)后得到的结果即为主机号部分：

```
         11000000  00001001  11001000  00001101
    AND  00000000  00000000  00000000  11111111
    --------------------------------------------
         00000000  00000000  00000000  00001101
```

结果为 0.0.0.13，即主机号为 13。

2) 子网划分方法

根据以上分析，建议按以下步骤和实例定义子网掩码。

(1) 将要划分的子网数目转换为 2 的 m 次方。如要分 8 个子网，$8=2^3$。

(2) 取上述要划分子网数的 2 的 m 次方的幂。如 2^3，即 $m=3$。

(3) 将上一步确定的幂 m 按高序占用主机地址 m 位后转换为十进制。如 m 为 3 则是 11100000，转换为十进制为 224，即为最终确定的子网掩码。如果是 C 类网，则子网掩码为 255.255.255.224；如果是 B 类网，则子网掩码为 255.255.224.0；如果是 A 类网，则子网掩码为 255.224.0.0。

在这里，子网个数与占用主机地址位数有如下等式成立：$2^m=n$。其中，m 表示占用主机地址的位数，n 表示划分的子网个数。

根据这些原则，将一个 C 类网络分成 4 个子网。若使用的网络号为 192.9.200，则该 C 类网内的主机 IP 地址范围就是 192.9.200.1～192.9.200.254(因为全 0 和全 1 的主机地址有特殊含义，不作为有效的 IP 地址)，现将网络划分为 4 个部分，按照以上步骤：$4=2^2$，取 2^2 的幂，即 2，则二进制为 11，占用主机地址的高序位，即为 11000000，转换为十进制为 192。这样就可确定该子网掩码为 192.9.200.192，4 个子网的 IP 地址范围如下：

(1) 二进制范围为 11000000 00001001 11001000 00000001～11000000 00001001 11001000 00111110；转换为十进制，范围为 192.9.200.1～192.9.200.62。

(2) 二进制范围为 11000000 00001001 11001000 01000001～11000000 00001001 11001000 01111110;转换为十进制,范围为 192.9.200.65～192.9.200.126。

(3) 二进制范围为 11000000 00001001 11001000 10000001～11000000 00001001 11001000 10111110;转换为十进制,范围为 192.9.200.129～192.9.200.190。

(4) 二进制范围为 11000000 00001001 11001000 11000001～11000000 00001001 11001000 11111110;转换为十进制,范围为 192.9.200.193～192.9.200.254。

4. 无类域间路由

随着因特网的迅速扩张,IP 编址方案的缺陷已经显露出来。问题之一是地址分级不合理,B 类网络太大造成地址浪费,而 C 类网络太小又不实用,因此地址紧缺的现象日益严重。问题之二是按照目前以 A、B、C 类网络进行路由的方法,路由表暴涨,不仅占用太多的内存,也会在交换路由信息时消耗太多的带宽。

无类域间路由(Classless Inter-Domain Routing,CIDR)的基本思想是抛弃类的概念。CIDR 使用各种长度的网络前缀代替分类地址中的网络号和子网号。网络前缀的使用,使 IP 地址从子网掩码的三级编址回到了两级编址,并且是无分类编址,消除了传统的 A、B、C 类地址以及划分子网的概念。

CIDR 标记法为:

```
IP 地址={<网络前缀>,<主机号>}
```

另一种常用的标记方法使用斜线记法(CIDR 记法),即在 IP 地址后面加上斜线"/",后面再标上网络前缀所占的比特数,例如 120.25.48.12/18,表示前 18 位为网络前缀,后 14 位为主机号。

CIDR 标记法除上述点分十进制记法外,还有几种等效的形式。一种是将点分十进制中低位连续的 0 省略的形式,28.0.0.0/13 可以简写为 28/13。也可以直接使用二进制表示,例如 00011110 00000××× ×××××××× ××××××××,这里 19 个×是任意值的主机号。还有一种简化表示法是在网络前缀的后面加一个星号 *,如 00011110 00000 *。

当位于路由器同一条输出线路上的几个目的网络的地址块可以合并成一个更大的地址块时(即具有更短的网络前缀),则在路由器中可以使用一个聚合入口来代替这几个网络的入口,从而进一步减小路由表的大小和加快查表的速度。

为此,RFC 1519 将剩余的地址进行了统一分配,将世界划分为 4 个区,每个区分配一大块地址(约 3200 万个),具体如下:地址 194.0.0.0～195.255.255.255(地址块 194/7)给欧洲;地址 198.0.0.0～199.255.255.255(地址块 198/7)给北美;地址 200.0.0.0～201.255.255.255(地址块 200/7)给中美和南美;地址 202.0.0.0～203.255.255.255(地址块 202/7)给亚洲和太平洋地区。

这样分配的好处是,如果欧洲外部的路由器发送目的地址为 194.×××.×××.×××或 195.×××.×××.×××的分组,只需将它送到标准欧洲网关即可,实际上 3200 万个地址在路由表中被压缩成了一项,大大减小了路由表。其他区域类似。

4.5　ARP协议与RARP协议

4.5.1　地址解析协议ARP

IP地址是用于在网络层寻址的，数据链路层寻址用的是物理地址。当目的节点与源节点在同一个物理网络上，或者数据包到达目的路由器时，源节点或目的路由器需要用直接交付方式将数据包发送给目的节点。方法是将数据包封装在一个数据链路层帧中发送，帧的目的地址为目的节点的MAC地址，目的节点的网卡识别出该帧，取出其中的数据包交给目的节点的网络层。

在这里，MAC地址是与网卡联系在一起的物理地址，而IP地址是与节点所在网络相关的逻辑地址，源节点或目的路由器已知目的节点的IP地址，它们如何知道目的节点的MAC地址呢？这就是ARP需要解决的问题。

ARP(Address Resolution Protocol，地址解析协议)的基本思想是：当主机A想要知道与IP地址I_B对应的MAC地址时，它广播一个ARP请求分组，地址为I_B的主机用物理地址P_B做出响应。包括B在内的所有主机都会收到这个请求，但只有主机B识别出它的IP地址，并发出一个包含其物理地址的ARP应答分组，ARP应答是封装在单播帧中发送的。

为降低通信开销，使用ARP的计算机维护着一个高速缓存，存放最近获得的IP地址到物理地址的绑定。也就是说，当一台计算机发送一个ARP请求并接收到一个ARP应答时，就在高速缓存中保存IP地址及对应的物理地址，便于以后查询。当发送分组时，计算机首先在缓存中寻找所需的绑定，如果没有找到，再广播ARP请求。若高速缓存中的绑定超过20分钟没有更新，就自动删除。

ARP协议还有以下改进：

(1) A在向B发送的ARP请求分组中也包含了A的IP地址与物理地址，以便B从请求中提取A的地址绑定，便于过后向A发送应答。

(2) 当A广播它的请求时，网上所有机器都接收到了该请求，它们可以从中取出A的地址绑定更新自己的ARP缓存。

(3) 每台计算机启动时主动广播自己的地址绑定，通常以ARP查找自己的IP地址的形式完成，这样不会有应答，但网上其他主机都会在它们的ARP缓存中加进这个地址绑定。如果真收到了应答，表明两台机器分配了相同的IP地址，新机器会通知系统管理员，并停止启动。

在以太网上，ARP请求分组是封装在以太帧中发送的，帧头中的类型字段为0x0806。用于IP地址到以太网地址转换的ARP/RARP报文格式如图4-8所示。

硬件类型：指明硬件接口类型，对于以太网，该值为1。

协议类型：指明高层协议地址类型，对于IP地址，该值为0x0800。

硬件地址长度：对于以太网，该值为6(以字节为单位)。

<table>
<tr><th>0</th><th>8</th><th>16</th><th>32</th></tr>
<tr><td colspan="2">硬件类型</td><td colspan="2">协议类型</td></tr>
<tr><td>硬件地址长度</td><td>协议地址长度</td><td colspan="2">操作</td></tr>
<tr><td colspan="4">发送方硬件地址(字节0~3)</td></tr>
<tr><td colspan="2">发送方硬件地址(字节4~5)</td><td colspan="2">发送方IP地址(字节0~1)</td></tr>
<tr><td colspan="2">发送方IP地址(字节2~3)</td><td colspan="2">目标硬件地址(字节0~1)</td></tr>
<tr><td colspan="4">目标硬件地址(字节2~5)</td></tr>
<tr><td colspan="4">目标IP地址(字节0~3)</td></tr>
</table>

图 4-8　ARP/RARP 报文格式

协议地址长度：对于 IP 地址，该值为 4。

操作：指明是 ARP 请求(1)、ARP 响应(2)、RARP 请求(3) 还是 RARP 应答(4)。

发送方及目标的硬件地址和 IP 地址：当发出 ARP 请求时，发送方用目标 IP 地址字段提供目标 IP 地址。目标主机填入所缺的目标硬件地址，然后交换目标和发送方地址对中数据的位置，并把操作改成应答，就变成了 ARP 应答。

4.5.2　反向地址解析协议 RARP

通常一台计算机的 IP 地址保存在一张配置表中并存于本地硬盘，当系统启动时读配置文件，即可知道自己的 IP 地址。但是对于一个无盘工作站，它又将 IP 地址保存在哪里呢？无盘工作站在启动时可以从本地获得自己的物理地址，因此这里的问题变为：如何根据已知的物理地址获得与其绑定的 IP 地址？反向地址解析协议就是用来解决这个问题的。

RARP(Reverse ARP，反向地址解析协议)的基本思想是：网络中有一个 RARP 服务器，保存有本网中各个无盘工作站的地址绑定。一个新启动的无盘工作站广播一个 RARP 请求分组，分组中给出自己的物理地址。RARP 服务器查找地址绑定表，然后用单播方式发回一个 RARP 应答分组，分组中包含所请求的 IP 地址。

RARP 的报文格式与 ARP 报文相同，同样封装在以太网 MAC 帧中发送，帧头的类型字段为 0x8035。

4.6　ICMP 协议

因特网控制报文(Internet Control Message Protocol，ICMP)协议是 TCP/IP 协议族的一个子协议，主要用于在主机与路由器之间传递控制信息。控制信息是指网络通不通、主机是否可达、路由是否可用等网络本身的消息。这些控制信息虽然并不传输用户数据，对于用户数据的传递却起着重要的作用。

ICMP 通常是由发现报文有问题的站产生的，例如可由目的主机或中继路由器来发现问题并产生有关的 ICMP。ICMP 也可以用来报告网络阻塞。

1. ICMP 报文的格式

ICMP 通常被认为是 IP 协议的一部分，但从结构上说 ICMP 位于 IP 协议之上，因为

ICMP 消息是封装在 IP 数据报中传输的。ICMP 报文的格式如图 4-9 所示。

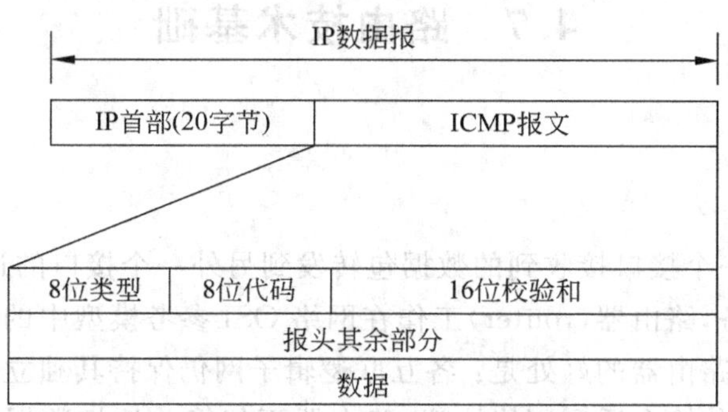

图 4-9 ICMP 报文格式

类型字段长度 1 个字节，用于指明报文的类型。

代码字段长度 1 个字节，表示发送这个特定报文类型的原因，用于对某类型报文做进一步的区分。比如，类型为 3 的报文是目的不可达报文，每个报文又用代码域进一步说明是网络不可达、主机不可达、还是端口不可达等 16 种不同的情况。

校验和字段长度 2 个字节，用于数据报传输过程中的差错控制，与 IP 报头校验和的计算方法类似，不同点在于其是对整个 ICMP 报文进行校验。

报头其余部分的内容随报文类型的不同而有所差异。

ICMP 报文包括 8 个字节的定长报头和长度可变的数据部分。对于不同的报文类型，报文的格式一般是不相同的。但是前 4 个字节是通用部分，对所有的 ICMP 报文都是相同的。

2. ICMP 报文的种类

ICMP 报文有两大类，即 ICMP 差错报告报文和 ICMP 查询报文。

ICMP 差错报告报文用来向源节点报告错误信息，不需要响应，报文内容中通常包含引起该错误的 IP 数据报的报头及载荷的前 8 个字节。载荷的前 8 个字节刚好包含了 TCP 或 UDP 的端口号及 TCP 段序号，这使得收到 ICMP 报文的节点可根据报头中协议字段指定的协议与相应的协议实体进行联系，并根据 TCP 或 UDP 端口号与相应的用户进程进行联系。

ICMP 查询报文用来请求一些信息，如无盘工作站的子网掩码或远程主机的应答(测试远程主机是否可达)等，通常采用请求-响应模式进行交互。

Ping 程序就是利用类型为 8 或 0 的 ICMP 报文(分别称为回声请求和回声响应)来完成测试功能的。程序工作时定期向目的主机发送 ICMP 回声请求，并接收目的主机的回声响应。Ping 同时还计算出从发出请求到收到响应的来回时间，这个时间反映了远程主机到用户的距离或网络当前的负载状况。

Traceroute 也是利用 ICMP 报文来发现路径的。Traceroute 程序向目标发送不同 TTL 值的 ICMP 报文，当 IP 包的 TTL 减为 0 时，路由器会向源节点发送一个 ICMP 错误报告。程序先发送 TTL 为 1 的回声请求，并在随后的每次发送时将 TTL 加 1，直到目标节点响应或 TTL 达到最大值，通过检查中间路由器发回的 ICMP 超时报文来确定路由。

4.7 路由技术基础

4.7.1 路由器

1. 概述

路由就是将从一个接口接收到的数据包转发到另外一个接口的过程。而路由器则是实现路由的主要设备，路由器(router)工作在网络OSI参考模型中的网络层，用于互联不同类型的网络，使用路由器的好处是：各互联逻辑子网仍保持其独立性，每个子网可以采用不同的拓扑结构、传输介质和网络协议；路由器不仅简单地把数据发送到不同的网段，还能用详细的路由表和复杂的软件选择最有效的路径，从一个路由器到另一个路由器，从而穿过大型的网络。路由器是最重要的网络互联设备，因特网就是依靠遍布全世界的成百上千台路由器连接起来的。

2. 路由器的组成

典型的路由器内部都有自己的处理器、内存、电源，以及为各种不同类型的网络连接器而准备的输入输出插座，如RJ-45、BNC、FDDI、ATM等。路由器通常还具有管理控制台接口。功能强大的模块式路由器还有扩展插槽，可以用来安装不同接口卡，支持各种协议，在多种网络环境中建立灵活的连接。

路由器有许多端口，每个端口都可以连接到一个网络或者另一个路由器。各端口连接的网络可以是不同结构的网络，如一个是以太网，一个是令牌环网。路由器每接收到一个数据帧，都要剥离到帧头和帧尾以获得里面的数据分组，然后再用与新连接所使用的数据链路层协议一致的帧重新封装该数据分组，构建一个新的帧，从发送端口发送出去。在每一次数据帧拆散后重建帧的过程中，帧中数据保持不变。

3. 路由器的功能

路由器具有以下功能和特点：

(1) 寻址能力。通过路由器互联的网络具有公共的网络地址，并且，网间协议对全网地址做出规定，以使路由器可以区分各个节点所在的通信子网。

(2) 路由选择。路由器具备相对灵活的路由选择功能，能以最快的速度使分组通过网络。

(3) 分段/重组。路由器可对数据分组进行分段和重组，使得互联能力不受通信子网分组长度的影响。

(4) 存储-转发。路由器严格地执行存储-转发的原则，即先接收和存储分组，再完成必要的分组分析和格式转化之后，转发至特定的子网。

(5) 分组过滤。路由器通常分析整个数据分组，因此可以过滤掉网络中的错误信息，减少出错分组的传输。

4. 路由表

路由选择是路由器的一项重要功能，任何经过路由器的数据包，都要由路由器从路由表中寻找出数据包从源IP地址到目的IP地址的最佳转发路径。路由表不同于网桥和交换机中简单的地址数据库。主要区别在于路由表包含了任一分组通过网络从源到目的所能够采用的路径的详细信息,如路由器间的跳步距离、数据分组的大小、可用的线路速度、一天中有数据包的时间以及协议等信息。

路由器工作时一般要完成两件事情,一是建立并维护自己的路由表;二是根据每一数据分组中的源和目的信息以及路由表中的信息,为分组选择"旅途"的下一站。

路由表可以静态或动态建立,即静态路由和动态路由。如果路由器只支持静态路由,那么网络管理员必须手动建立初始化路由表,并且当网络的拓扑结构发生改变时路由表也需手动更改。

目前大部分路由器均采用动态路由,即自动建立自己的路由表,能根据路由算法自动对网络的拥塞或拓扑结构等连接变化做出反应,并向每个路由器发送关于自己面向路径信息的特殊数据分组,其他路由器使用这些数据分组来增加或删除它们各自路由表中的条目。如网络中某一路由器一个端口连接一个新的网络,另一个端口不再起作用,此路由器就会广播连接改变信息。根据路由协议和算法的不同,每个路由器发送和传输的路由信息数量以及这些信息发送的路由器数量也会不同。

5. 路由器的配置

在组网过程中,路由器的硬件连接非常简单,通常只需用电缆将它与对应的设备相连即可。但在使用之前,一般需要对其进行配置,平时也可以使用本配置对网络进行监测和管理。下面以华三通信有限责任公司研制的 MSR3201 路由器为例来说明路由器基本配置过程。

如图 4-10 所示,通过路由器 RA、RB 和 RC 将两个支持 TCP/IP 协议的以太局域网 LAN1(PC1 所在网络)与 LAN2(PC2 所在网络)连接起来。路由器各提供一个以太网接口和两个串行接口,其中以太网接口和各自的局域网相连,而串行接口之间通过专线互连,线速为 2Mb/s。

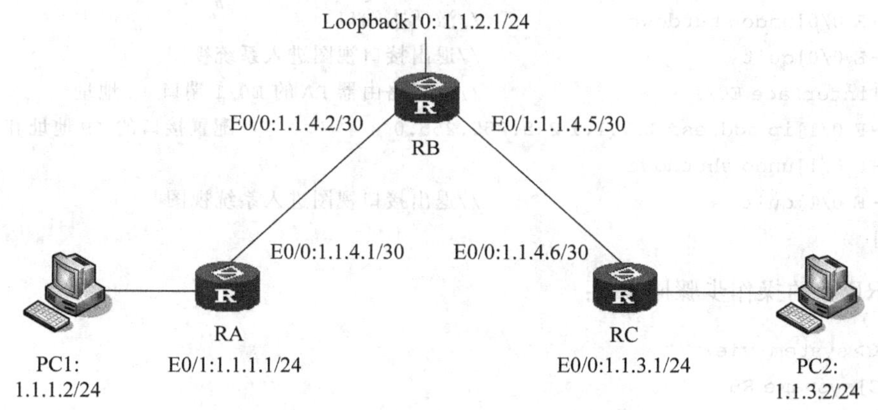

图 4-10 用 MSR3201 互联两个局域网

本例的具体要求如下:

(1) 按照拓扑图搭建实际实验环境。

(2) 按照拓扑图给路由器命名。

(3) 按照图中的要求为路由器和 PC 相应的端口配置 IP 地址。

(4) 路由器 RB 创建 Loopback 10 端口。

(5) 路由器 RA 和路由器 RC 配置静态路由中的默认路由，路由器 RB 配置静态路由，做到全网通。

假设两个局域网的参数如表 4-4 所示。

表 4-4 两个局域网的参数

参　数	LAN1	LAN2
网络号	1.1.1.0	1.1.3.0
子网掩码	255.255.255.0	255.255.255.0
IP 范围	1.1.1.0～1.1.1.255	1.1.3.0～1.1.3.255
域名	a.com	b.com
路由器的以太网地址	1.1.1.1	1.1.3.1
路由器的互联地址	1.1.4.1	1.1.4.6

配置步骤及其主要内容如下：

(1) 通过路由器的配置口(Console)搭建本地配置环境，按照拓扑图使用交叉线连接设备。

(2) 进入配置界面进行配置。

① RA 上的操作如下：

```
<H3C>system-view                       //进入系统视图
[H3C]sysname RA                        //给路由器 RA 命名
[RA]interface E0/0                     //进入接口视图,配置路由器 RA 的 E0/0 端口 IP 地址
[RA-E 0/0]ip address 1.1.4.1 255.255.255.252          //配置接口的 IP 地址和子网掩码
[RA-E 0/0]undo shutdown                //激活本端口
[RA-E 0/0]quit                         //退出接口视图进入系统视图
[RA]interface E0/1                     //配置路由器 RA 的 E0/1 端口 IP 地址
[RA-E 0/1]ip address 1.1.1.1 255.255.255.0            //配置接口的 IP 地址和子网掩码
[RA-E 0/1]undo shutdown
[RA-E 0/1]quit                         //退出接口视图进入系统视图
[RA]
```

② RB 上的操作步骤同 RA：

```
<H3C>system-view
[H3C]sysname RB
[RB]interface E0/0
[RB-E 0/0]ip address 1.1.4.2 255.255.255.252          //配置接口的 IP 地址和子网掩码
[RB-E 0/0]undo shutdown                               //激活本端口
[RB-E 0/0]quit                                        //退出接口视图进入系统视图
[RB]interface E0/1                                    //进入接口视图
[RB-E 0/1]ip address 1.1.4.5 255.255.255.252          //配置接口的 IP 地址和子网掩码
```

```
[RB-E 0/1]undo shutdown
[RB-E 0/1]quit
[RB]
```

③ RC上的操作步骤同RA：

```
<H3C>system-view
[H3C]sysname RC
[RC]interface E0/0
[RC-E 0/0]ip address 1.1.3.1 255.255.255.0
[RC-E 0/0]undo shutdown
[RC-E 0/0]quit
[RC]interface E0/1
[RC-E 0/1]ip address 1.1.4.6 255.255.255.252
[RC-E 0/1]undo shutdown
[RC-E 0/1]quit
[RC]
```

④ 配置路由。

在RA上配置默认路由：

```
[RA] ip route-static 0.0.0.0 0.0.0.0 1.1.4.2            //下一跳到 RB
```

在RB上配置两条静态路由：

```
[RB] ip route-static 1.1.1.0 255.255.255.0 1.1.4.1      //下一跳到 RA
[RB] ip route-static 1.1.3.0 255.255.255.0 1.1.4.6      //下一跳到 RC
```

在RC上配置默认路由：

```
[RC] ip route-static 0.0.0.0 0.0.0.0 1.1.4.5            //下一跳到 RB
```

(3) 配置主机。

配置主机PC1的IP地址为1.1.1.2，默认网关为1.1.1.1。

配置主机PC2的IP地址为1.1.3.2，默认网关为1.1.3.1。

(4) 测试。

PC1：ping 1.1.1.1(网关)通，ping 1.1.3.2(PC2)通。

PC2：ping 1.1.3.1(网关)通，ping 1.1.1.2(PC1)通。

6. 路由器的分类

目前路由器已经广泛应用于各行各业，各种不同档次的产品已成为实现各种骨干网内部连接、骨干网间互联和骨干网与互联网互联互通业务的主力军。

1) 接入路由器

接入路由器是位于网络外围(边缘)的路由器，用于连接家庭或ISP内的小型企业客户。接入路由器将来会支持许多异构和高速端口，并在各个端口能够运行多种协议。

2) 企业级路由器

企业或校园级路由器连接许多终端系统，其主要目标是以尽量便宜的方法实现尽可能多的端点互连。企业级路由器不但要求端口数目多、价格低廉，而且要求配置起来简单方便，并提供服务质量，另外还要求企业级路由器有效地支持广播和多播。

3）骨干级路由器

骨干级路由器用于实现企业级网络的互联。对它的要求是速度和可靠性，而代价则处于次要地位。骨干级路由器硬件可靠性可以采用电话交换网中使用的技术，如热备份、双电源、双数据通路等来获得。骨干IP路由器的主要性能瓶颈是在转发表中查找某个路由所耗的时间。当收到一个包时，输入端口在转发表中查找该包的目的地址以确定其目的端口，当包较短或者要发往许多目的端口时，势必增加路由查找的代价。因此，将一些常访问的目的端口放到缓存中能够提高路由查找的效率。不管是输入缓冲还是输出缓冲，路由器都存在路由查找的瓶颈问题。除了性能瓶颈问题，路由器的稳定性也是一个常被忽视的问题。

4）太比特路由器

在未来核心互联网使用的3种主要技术中，光纤和DWDM都已经很成熟。如果没有与现有的光纤技术和DWDM技术提供的原始带宽对应的路由器，新的网络基础设施将无法从根本上得到性能的改善，因此开发高性能的骨干交换/路由器（太比特路由器）已经成为一项迫切的要求。太比特路由器技术还主要处于开发实验阶段。

4.7.2 RIP协议

路由信息协议（Routing Information Protocol，RIP）是一种基于距离矢量算法的路由选择协议，是内部网关协议（IGP）中最先广泛使用的协议。较新的RIP版本是RIP2。

RIP规定，路由器每30s向外广播一个路由信息报文，报文信息来自本地路由表。RIP协议的报文中，一条路由的距离为该路由（从信源机到信宿机）上的路由器数。为防止路由回路的长期存在，RIP规定，长度为16的路由为无限长路由，即不存在路由。所以一条有限的路由长度不得超过15。正是这一规定限制了RIP的使用范围，使RIP局限于小型互联网。

对于相同开销路由的处理采用先入为主的原则。在具体的应用中，去往相同网络可能有若干条相同距离的路由。在这种情况下，哪个路由器的路由广播报文先到，就采用哪个路由。直到该路由失败或被新的更短的路由所代替。

RIP协议对过时路由的处理是采用了两个计时器：超时计时器和垃圾收集计时器。所有路由器对路由表中的每个表项设置两个计时器。每增加一个新表项，就相应地增加两个计时器。当新的路由被更新到路由表中时，超时计时器被初始化为0，并开始计数。每当收到包含路由的RIP消息，超时计时器就被重新设置为0。如果在180s内没有接收到包含该路由的RIP消息，该路由的长度就被设置为16，而启动该路由的垃圾收集计时器。如果120s过去了，也没有收到该路由的RIP消息，该路由就从路由表中删除。如果在垃圾收集计时器到120s之前收到了包含路由的消息，计时器被清零。而路由被更新到路由表中。

RIP协议有一个严重的缺陷，即“慢收敛”（slow convergence）问题。又叫“计数到无穷”（count to infinity）。如果出现环路，直到路由长度达到16，也就是说要经过7番来回

(至少 30×7s),路由回路才能被解除,这就是所谓的慢收敛问题。采用的解决方法有很多种,主要采用分割范围(split horizon)法和带触发更新的毒性反转(poison reverse with triggered updates)法。分割范围法的原理是：当路由器从某个网络接口发送 RIP 路由更新报文时,其中不能包含从该接口获得的路由信息。毒性反转法的原理是：某路由崩溃后,最早广播此路由的路由器将原路由继续保存在若干更新报文中,但是指明路由为无限长。为了加强毒性反转的效果,最好同时使用触发更新技术：一旦检测到路由崩溃,立即广播路由更新报文,而不必等待下一个广播周期。

1. RIP 报文的格式

RIP2 的报文格式如图 4-11 所示。

8b	8b	16b
命令	RIP版本号	0
地址族标识符		路由标记
目的网络地址		
子网掩码		
下一跳路由器地址		
距离(1~16)		

图 4-11　RIP2 的报文格式

(1) 命令字段的值的范围是 1～5,但只有 1 和 2 是正式的值。命令码 1 标识一个请求报文,命令码 2 标识一个响应报文或更新报文。

(2) RIP 版本号为 2。

(3) 地址族标识符又称地址类别,对于 IP 地址,该字段的值为 2。

(4) 路由标记,填入自治系统号。

一个 RIP 报文最多可包括 25 个路由,即上面格式中从“地址族标识符”字段至“距离”字段可重复 25 次。因此,RIP 报文的最大长度是 4＋20×25＝504B。

2. RIP 协议的运行

1) RIP 协议运行的过程

首先,路由器启动时初始化自己的路由表,初始路由表包含所有去往与该路由器直接相连的网络路由,初始路由表中各路由的距离均为 0。

然后,各路由器周期性地向其相邻的路由器广播自己的路由表信息。

接下来,路由器收到其他路由器广播的路由信息后,更新自己的路由表(假设 Ri 收到 Rj 的路由信息报文),其更新的规则如下：

(1) 若 Rj 列出的某表项 Ri 中没有,则 Ri 需增加相应表项,其“目的网络”是 Rj 表项中的“目的网络”,其“距离”为 Rj 表项中的距离加 1,而“路由”则为 Rj。

(2) Rj 去往某目的地的距离比 Ri 去往该目的地的距离减 1 还小,则 Ri 修改本表项,其“目的网络”不变,“距离”为 Rj 表项中的距离加 1,“路由”为 Rj。

(3) Ri 去往某目的地经过 Rj,而 Rj 去往该目的地的路由发生变化。分两种情况考虑。第一种情况：若 Rj 不再包含去某目的地的路由,则 Ri 中相应路由需删除；第二种情况：若 Rj 去往某目的地的距离发生变化，则 Ri 中相应表项的“距离”需修改，以 Rj 中的“距离”加 1 取代之。

2）RIP 协议运行示例

为了更好地理解 RIP 协议的运行，以图 4-12 所示的简单互联网为例，来讨论图中各个路由器中的路由表是怎样建立起来的。

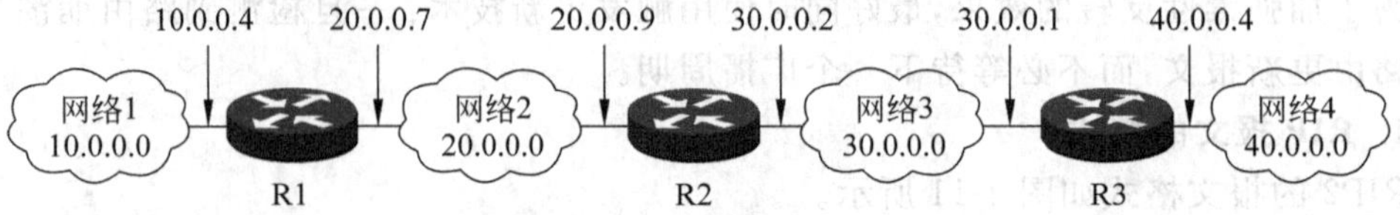

R1的路由表

目的主机的网络号	下一站路由器	距离
10	—	0
20	—	0

R2的路由表

目的主机的网络号	下一站路由器	距离
20	—	0
30	—	0

R3的路由表

目的主机的网络号	下一站路由器	距离
30	—	0
40	—	0

目的主机的网络号	下一站路由器	距离
20	—	0
30	—	0
10	20.0.0.7	1
40	30.0.0.1	1

目的主机的网络号	下一站路由器	距离
10	—	0
20	—	0
30	20.0.0.9	1
40	20.0.0.9	2

目的主机的网络号	下一站路由器	距离
30	—	0
40	—	0
10	30.0.0.2	2
20	30.0.0.2	1

图 4-12 使用 RIP 协议时路由表的建立过程

(1) 所有路由器中的路由表只有路由器所直接相连的网络(共有两个网络)的情况。在图 4-12 中“下一站路由器”项中有符号“—”，表示直接交付。这是因为路由器和同一网络上的主机可直接通信而不需要再经过别的路由器进行转发。同理，到目的网络的距离也都是 0，因为需要经过的路由器数为 0。图中粗的空心箭头表示路由表的更新，细的箭头表示更新路由表要用到相邻路由表传送过来的信息。

(2) 各路由器都向其相邻路由器广播 RIP 报文，这实际上就是广播路由表中的信息。

(3) 假定路由器 R2 先收到了路由器 R1 和 R3 的路由信息，然后就更新自己的路由表。更新后的路由表再发送给路由器 R1 和 R3。路由器 R1 和 R3 分别再进行更新。更新结果容易理解，此处不再赘述。

总之，RIP 协议的最大优点是实现简单、开销较小。但 RIP 协议的缺点也较多。首先，RIP 限制了网络的规模，它能使用的最大距离为 15。其次，路由器之间交换的路由信息是整个路由表，因而随着网络规模的扩大，开销也就增加。最后，“坏消息传播得慢”，使更新过程的收敛时间长。因此，对于规模较大的网络就应当使用 4.7.3 节介绍的 OSPF 协议。然而，目前在规模较小的网络中使用 RIP 协议的仍占多数。

4.7.3 OSPF 路由协议

开放式最短路径优先(Open Shortest Path First，OSPF)协议是由 Internet 工程任务组开发的一种内部网关协议(Interior Gateway Protocol，IGP)，即网关和路由器都在一个自治系统内部。OSPF 是一种链路状态协议。另外，OSPF 可以在很短的时间里使路由表收敛。

1. OSPF 协议的特点

1) OSPF 协议是一种链路状态路由协议

对于 OSPF 路由协议，路由表中存放着每条链路的度量(metric)，这个度量用来表示费用、距离、时延、带宽等。有时为了方便就称这个度量为代价(cost)。OSPF 路由信息不受物理跳数的限制，因此，OSPF 适合应用于大型网络中。

2) 将自治系统分区

OSPF 允许在一个自治系统里划分区域，相邻的网络和它们相连的路由器组成一个区域(area)。每一个区域有该区域自己的拓扑数据库，该数据库对于外部的区域是不可见的，每个区域内部路由器的链路状态信息数据库实际上只包含着该区域内的链路状态信息，它们也不能详细地知道外部的链接情况，在同一个区域内的路由器拥有同样的拓扑数据库。同多个区域相连的路由器拥有多个区域的链路状态信息库。划分区域的方法减少了链路状态信息数据库的大小，并极大地减少了路由器间交换状态信息的数量。图 4-13 所示的是拥有 3 个区域的自治系统。

在多于一个区域的自治系统中，OSPF 规定必须有一个骨干区(backbone)——area 0，骨干区是 OSPF 的中枢区域，它与其他区域通过区域边界路由器(ABR)相连。区域边界路由器通过骨干区进行区域路由信息的交换。

3) 支持可变长子网掩码

可变长子网掩码(Variable Length Subnet Mask，VLSM)产生的原因就是由于 IP 地址的匮乏。如果协议支持 VLSM，就极大地方便了网络的规划和 IP 地址分配的合理性。现在划分 IP 地址的时候掩码通常都是随意的，就是因为协议支持 VLSM。

4) 路由收敛较快

路由收敛快慢是衡量路由协议的一个关键指标。对于 OSPF 路由协议，当网络比较稳定时，网络中的路由信息是比较少的，并且其广播也不是周期性的。因此，OSPF 路由协议在大型网络中也能够较快地收敛。

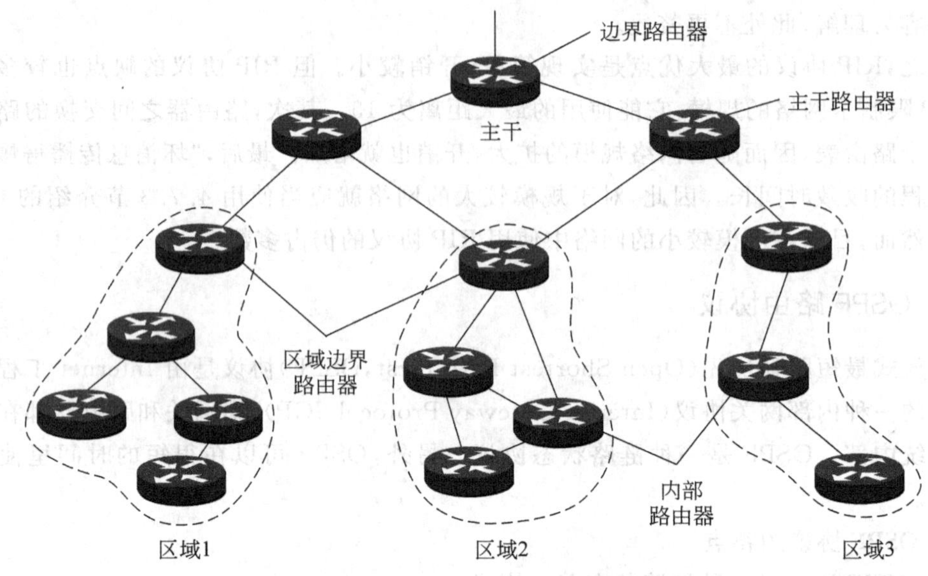

图 4-13 把 AS 分成多个 OSPF 区域

5）无路由环路

OSPF 采用 SPF(Shortest Path First，最短路径优先)算法，从算法本身避免了环路的产生。计算的结果是一棵树，路由是树上的叶子节点。从根节点到叶子节点是单向不可回复的路径。每一条 LSA(Link State Advertisement，链路状态通告)都标记了生成者(用生成该 LSA 的路由器的 Router ID 标记)，其他路由器只负责传输。这样不会在传输的过程中发生对该信息的改变或错误理解。

6）支持路由认证

只有互相通过路由认证的路由器之间才能交换路由信息，并且 OSPF 可以对不同的区域定义不同的认证方式，提高网络的安全性。

7）支持负载分担

OSPF 路由协议支持多条代价相同的链路上的负载分担。如果到同一个目的地址有多条路径，而且花费都相等，那么可以将这些路由显示在路由表中，可将通信量分配到这些路由上。

2. OSPF 报文

1）OSPF 报文类型

OSPF 使用 5 种类型的路由协议报文，在各个路由器间进行信息交换，如表 4-5 所示。

表 4-5 OSPF 路由协议报文类型

报文类型	目的	报文类型	目的
Hello 问候	发现和维护邻居	链路状态更新	数据库上载
数据库描述	汇总数据库内容	链路状态确认	扩散确认
链路状态请求	数据库下载		

(1) Hello问候报文：用于寻找和维护路由器所连网络上的邻居关系。通过周期性地发出Hello包来确定和维护邻居路由器接口是否仍在起作用。Hello报文被发送到网络上的每个活动的路由器接口。

(2) 数据库描述(DataBase Description,DBD)报文：在形成邻接过程的路由器之间交换数据库描述报文,且它们描述链路状态数据库。根据接口数和网络数,可能有不只一个数据库描述报文来传输整个链路状态数据库。

(3) 链路状态请求(Link State Request,LSR)报文：当两个路由器完成交换数据库描述报文时,路由器可检测链路状态数据库是否过时。当这种情况发生时,路由器可请求新的数据库描述报文。

(4) 链路状态更新(Link State Update,LSU)报文：用洪泛法(flooding)向全网更新链路状态,是OSPF协议最核心的部分。每个链路状态更新报文包含一个或多个链路状态通告(LSA)。

(5) 链路状态确认(Link State Acknowledgement,LSAck)报文：用来确认LSU报文。

2) OSPF报文格式

OSPF报文格式如图4-14所示。

8位	8位	16位
版本号	类型	报文长度
路由器标识符		
区域标识符		
校验和		认证类型
认证		
认证		
数据区(类型1至类型5的OSPF报文)		

图4-14　OSPF报文格式

(1) 版本号：标识OSPF的版本,当前的版本号是2。

(2) 类型：可以是5种类型中的一种。

(3) 报文长度：报文总长度,以字节为单位。

(4) 路由器标识符：标志发送该报文的路由器的接口的IP地址。

(5) 区域标识符：报文属于的区域的标识符。

(6) 校验和：用于接收方检测错误。

(7) 认证类型：目前只有两种：0(不用)和1(口令)。

(8) 认证：认证类型为0时就填入0,认证类型为1则填入8个字符的口令。

(9) 数据区：长度可变,存放OSPF报文数据。

4.7.4 外部网关协议 BGP

从理论上说,网络间的路由和单个通信子网内的路由是类似的。首先是将互联网络抽象为一张图,顶点代表多协议路由器,通信子网抽象为一条链路,表示连接在同一个子网上的多协议路由器可以互相直接访问到。图构成后,这组多协议路由器就可以使用已知的一些路由算法(如距离矢量、链路状态等)建立到其他多协议路由器的路由。这给出了两层次的路由算法,在每个子网内使用内部网关协议,在网络间使用外部网关协议。由于各个网络是相互独立的(通常称为自治系统(AS)),因此在各个子网内可以使用不同的路由算法。

实际上,网间路由(也称域间路由选择)与网内路由(也称域内路由选择)非常不同,它还要考虑纯路由算法以外的许多其他因素。域间路由的复杂性在于:

(1) 因特网的规模极其庞大且结构非常复杂。

(2) 每个域可以运行自己的内部路由协议,并使用自己的代价计算方案。

(3) 一个域可能不信任来自某个域的路由信息。

(4) 一个域可能不愿意为其他域转发分组。

因此,域间路由只能是找到一条可达的路径,要想找到最优路径根本是不可能的。因特网中最流行的域间路由协议是 BGP。BGP 采用的是路径向量路由选择协议,它与距离矢量协议和链路状态协议都有很大区别。每个自治系统的管理者至少选择一个节点作为"BGP 代言人"(BGP speaker),这个 BGP 代言人与其他自治系统中的 BGP 代言人交换可达性信息,即通报通过各自的 AS 可到达的网络。

与域内路由只确定下一跳节点不同的是,域间路由是以 AS 枚举列表的形式通知到达某个特定网络的完全路径。以图 4-15 为例,AS2 的 BGP 代言人通报的可达性信息是"网络 128.96、192.4.153、192.4.32 和 192.4.3 可从 AS2 直接到达",主干网 AS1 收到后通报的可达性信息是"网络 128.96、192.4.153、192.4.32 和 192.4.3 可经路径<AS1, AS2>到达",AS1 还可以通报"网络 192.12.69、192.4.54 和 192.4.23 可经路径<AS1, AS3>到达"。

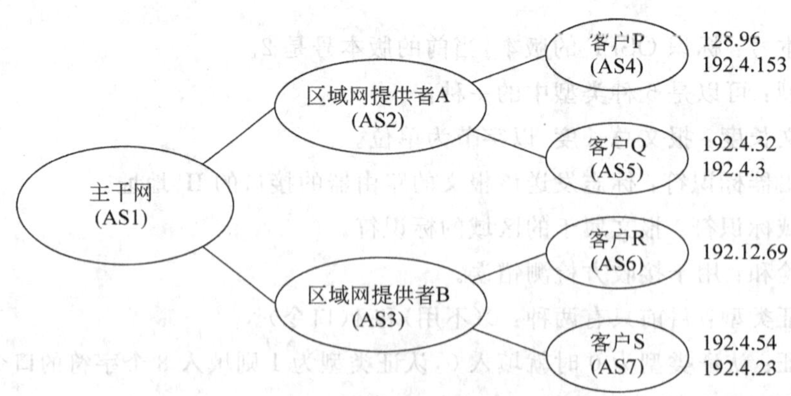

图 4-15 一个运行 BGP 的网络的例子

BGP 共使用 4 种报文：

(1) OPEN(打开)报文。用来与相邻的另一个 BGP 发言人建立关系，使通信始化。

(2) UPDATE(更新)报文。用来发送某一路由的信息，以及列出要撤销的多条路由。

(3) KEEPALIVE(保活)报文。用来确认打开报文和周期性地证实邻站关系。

(4) NOTIFICATION(通知)报文。用来发送检测到的差错。

4.8　IPv6 协议

4.8.1　IPv6 概述

提出 IPv6 的主要目的是想增加地址空间、简化分组的转发处理、实现多播功能、实现移动通信功能、增加服务质量支持和提供更好的安全性等。IPv6 保持了 IPv4 的优良特性，但克服了它的一些缺点，并且增加了新的特性。总的来说，IPv6 和 IPv4 是不兼容的，但它与其他所有因特网协议都是兼容的。

IPv6 使用 128 位的地址，采用冒号十六进制表示法，即每 16 位以十六进制的形式写成一组，组之间用冒号分隔，如 8000:0:0:0:123:4567:89AB:CDEF。当地址中包含连续多组 0 时，可以采用零压缩技术，将连续的多组 0 压缩为一对冒号，如以上地址可以表示为 8000::123:4567:89AB:CDEF。IPv4 地址转换成 IPv6 地址时，前 96 位都为 0，如::192.31.20.46。

IPv6 的地址空间很大，可支持很多种地址分配方法，比如可以为不同的协议族、不同的组织、不同的地理区域等分配不同的地址块，每个地址块内部还可以有自己的编址方法，使用起来非常灵活方便。IPv6 是具有多层结构的地址，虽然地址的划分是不固定的，但基本上可以将高层地址想象为一个 ISP，下一层地址想象为对应一个组织(如公司)，再下一层对应一个网站，以此类推。

IPv6 有 3 种地址类型：单播地址、多播地址和任播地址(anycast)，没有广播地址，因为广播可以看成是特殊的多播。任播对应于一个共享地址前缀的计算机集合，发送到该地址的数据包会沿着最短路径被路由，然后到达这个集合中的某一台计算机。

4.8.2　IPv6 数据报文格式

IPv6 数据报文以一个基本头开始，基本头长为 40 个字节，后面跟着零个或多个扩展头，然后是数据，如图 4-16 所示。

1. 基本报头各字段的意义

(1) 版本(version)：版本号为 6。

(2) 类别(traffic class)或优先级(priority)：指明分组所属的数据流的类型或优先级。

(3) 流标号(flow label)：有服务质量要求的应用使用该标号指示分组所属的流。

(4) 有效载荷长度(payload length)：数据字段的长度。

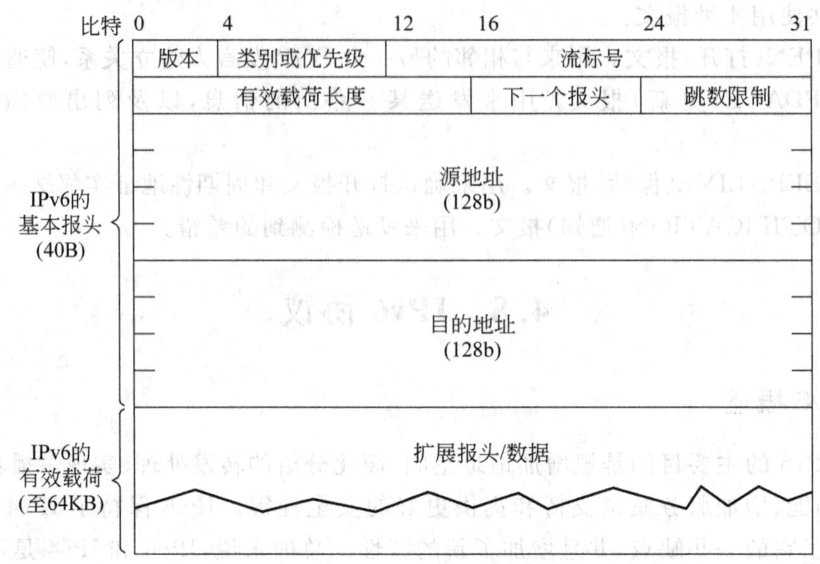

图 4-16 IPv6 数据包格式

(5) 下一个报头(next header):用于指定跟在当前头部后面的信息的类型。例如,如果数据包中含有一个扩展头,则 next header 指出该扩展头的类型;如果没有扩展头,则指出载荷字段中携带的数据的类型。

(6) 跳数限制(hop limit):对应于 IPv4 的 TTL 域。

(7) 源地址与目的地址:指明源 IP 和目的 IP 地址。

2. IPv6 的基本报头去掉的字段

与 IPv4 固定头相比,IPv6 的基本头中去掉了以下一些字段:

(1) 去掉了报头长度字段,因为 IPv6 的基本头总是 40 字节长,而每个扩展头都有长度指示。

(2) 去掉了协议字段,因为 next header 字段可以指出载荷中的数据类型。

(3) 去掉了所有与分段相关的字段,因为在 IPv6 中路由器不负责分段,主机必须保证分组的长度可以穿过每一个中间网络。

(4) 去掉了报头校验,因为计算校验和太花时间,加之现在网络非常可靠,链路层和传输层往往又都有校验和,因此不值得增加这个开销。

3. 扩展头

为了加快分组的转发速度和增加协议的可扩展性,IPv6 引入了扩展头的概念。IPv6 的基本头中只包含分组传输必需的最少信息,而将一些扩展功能放到扩展头中,这样大多数分组可以避免使用不需要的头部,从而可以加快分组的处理速度,也减少内存和带宽的消耗。有了扩展头后,增加协议功能也变得非常容易,只需定义一种新的扩展头就可以了,而那些不支持这种扩展功能的路由器只需简单地跳过这个扩展头就可以了。

4.8.3 双栈操作和隧道技术

以因特网今天的规模及其分散式的管理形式,要想让所有的主机和路由器一夜之间全部从IPv4过渡到IPv6是不可能的。IPv6的部署只能是渐进的，即一开始只有一些主机和路由器部署了IPv6，然后这个范围逐渐扩大。那么如何将这些孤立的“IPv6岛”整合到IPv4世界中呢？RFC 2893描述了两种方法：双栈操作和隧道技术。

双栈操作就是IPv6节点也有完整的IPv4实现，这样的节点称为IPv6/IPv4节点。IPv6/IPv4节点具有IPv6和IPv4两种地址，并能判断对方使用什么协议，当与IPv4节点互操作时使用IPv4数据报，当与IPv6节点互操作时使用IPv6数据报。在双栈方法中，如果发送方或接收方中有一个是仅支持IPv4的，必须使用IPv4数据报；若双方均支持IPv6，则不应相互发送IPv4数据报。

图4-17说明了这种情况，A与F是IPv6网络中的两个主机，B和E是两个IPv6/IPv4节点，C和D是仅支持IPv4的路由器，A与F之间交换IPv6数据报。然而，当B将数据报转发给C时，B必须将IPv6数据报转换成IPv4数据报。当然，IPv6数据报中的数据可以复制到IPv4数据报的数据域，并进行适当的地址映射，但IPv6报头中一些IPv6特定的字段（如流标号）在IPv4报头中无对应部分，这些字段的信息将会丢失。因此，即使E和F能够交换IPv6数据报，从D到E的IPv4数据报并不含有从A发出的初始IPv6数据报中的所有字段。

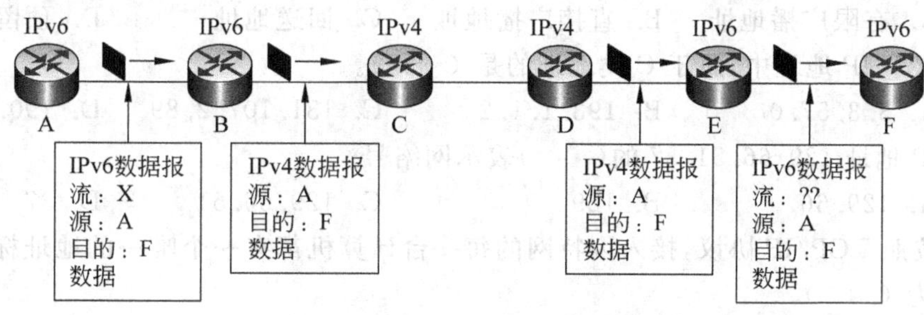

图4-17 IPv4与IPv6共存的双栈方法

另一种方法——隧道技术可以解决上述问题。为在IPv4网络中传输IPv6数据报，节点B在B和E（两个IPv6/IPv4节点）之间建立一条隧道，即将IPv6数据报封装到一个IPv4数据报的载荷中，并将IPv4数据报的源地址和目的地址分别标记为B和E的IPv4地址，然后将数据报发送给隧道中的第一个节点C。该IPv4数据报将像任何其他的IPv4数据报一样从C到达E。E取出IPv6数据报，将其转发给F，就好像它是从一个直接相连的IPv6邻居那里收到的一样。

习 题

1. 单项选择题

(1) 因特网使用的互联协议是(　　)。

A. IPX协议　　B. IP协议

C. AppleTalk协议　　D. NetBEUI协议

(2) 下列(　　)说法是错误的。

A. IP 层可以屏蔽各个物理网络的差异

B. IP 层可以代替各个物理网络的数据链路层工作

C. IP 层可以隐藏各个物理网络的实现细节

D. IP 层可以为用户提供通用的服务

(3) 把网络 202.112.78.0 划分为多个子网(子网掩码是 255.255.255.192),则各子网中可用的主机地址总数是(　　)。

A. 64　　B. 62　　C. 128　　D. 124

(4) 当 A 类网络地址 34.0.0.0 使用 8 个二进制位作为子网地址时,它的子网掩码为(　　)。

A. 255.0.0.0　　B. 255.255.0.0

C. 255.255.255.0　　D. 255.255.255.255

(5) IP 地址是一个 32 位的二进制数,它通常采用点分(　　)。

A. 二进制数表示　　B. 八进制数表示

C. 十进制数表示　　D. 十六进制数表示

(6) 255.255.255.255 地址称为(　　)。

A. 有限广播地址　　B. 直接广播地址　　C. 回送地址　　D. 预留地址

(7) 以下 IP 地址中,属于 C 类地址的是(　　)。

A. 3.3.57.0　　B. 193.1.1.2　　C. 131.107.2.89　　D. 190.1.1.4

(8) IP 地址 129.66.51.37 的(　　)表示网络号。

A. 129.66　　B. 129　　C. 129.66.51　　D. 37

(9) 按照 TCP/IP 协议,接入因特网的每一台计算机都有一个唯一的地址标识,这个地址标识为(　　)。

A. 主机地址　　B. 网络地址　　C. IP 地址　　D. 端口地址

(10) IP 地址 205.140.36.88 的(　　)部分表示主机号。

A. 205　　B. 205.104　　C. 88　　D. 36.88

(11) IP 地址为 172.16.101.20,子网掩码为 255.255.255.0,则该 IP 地址中,网络地址占前(　　)位。

A. 19　　B. 21　　C. 20　　D. 24

(12) 有限广播是将广播限制在最小的范围内,该范围是(　　)。

A. 整个网络　　B. 本网络内　　C. 本子网内　　D. 本主机

(13) MAC 地址与网络层的地址的区别是(　　)。

A. 网络层需要一个分层结构的寻址方案,与 MAC 的平面寻址方案恰恰相反

B. 网络层使用二进制形式的地址,而 MAC 地址是十六进制的

C. 网络层使用一个唯一的可转换地址

D. 上述答案都不对

(14) 以下地址中,不是子网掩码的是(　　)。

A. 255.255.255.0　　B. 255.255.0.0

C. 255.241.0.0　　D. 255.255.254.0

(15) 假设一个主机的 IP 地址为 192.168.5.121，而子网掩码为 255.255.255.248，那么该主机的网络号是(　　)。

A. 192.168.5.12　　B. 192.168.5.121
C. 192.168.5.120　　D. 192.168.5.32

(16) (　　)地址是网络 123.10.0.0(掩码为 255.255.0.0)的广播地址。

A. 123.255.255.255　　B. 123.10.255.255
C. 123.13.0.0　　D. 123.1.1.1

(17) 使用子网的主要原因是(　　)。

A. 减少冲突域的规模　　B. 增加主机地址的数量
C. 减少广播域的规模　　D. 上述答案都不对

(18) 网络号在一个 IP 地址中起的作用是(　　)。

A. 它规定了主机所属的网络
B. 它规定了网络上计算机的身份
C. 它规定了网络上的哪个节点正在被寻址
D. 它规定了设备可以与哪些网络进行通信

(19) 假定 MAC 地址不在 ARP 表中，发送方(　　)找到目的地址的 MAC 地址。

A. 发送广播信息到整个局域网　　B. 发送广播信息到整个网络
C. A 和 B 都不是　　D. A 和 B 都是

(20) 删除 ARP 表项可以通过(　　)命令进行。

A. arp -a　　B. arp -s　　C. arp -t　　D. arp -d

(21) 在 Windows 2000 中，查看高速缓存中 IP 地址和 MAC 地址的映射表的命令是(　　)。

A. arp -a　　B. tracert　　C. ping　　D. ipconfig

(22) 下列(　　)情况需要启动 ARP 请求。

A. 主机需要接收信息，但 ARP 表中没有源 IP 地址与 MAC 地址的映射关系
B. 主机需要接收信息，但 ARP 表中已经具有了源 IP 地址与 MAC 地址的映射关系
C. 主机需要发送信息，但 ARP 表中没有目的 IP 地址与 MAC 地址的映射关系
D. 主机需要发送信息，但 ARP 表中已经具有了目的 IP 地址与 MAC 地址的映射关系

(23) 用(　　)协议可以获得已知 IP 地址的某个节点的 MAC 地址。

A. RARP　　B. SNMP　　C. ICMP　　D. ARP

(24) 关于 OSPF 和 RIP，下列说法中(　　)是正确的。

A. OSPF 和 RIP 都适合在规模庞大的、动态的互联网上使用
B. OSPF 和 RIP 比较适合在小型的、静态的互联网上使用
C. OSPF 适合在小型的、静态的互联网上使用，而 RIP 适合在大型的、动态的互联网上使用
D. OSPF 适合在大型的、动态的互联网上使用，而 RIP 适合在小型的、静态的

互联网上使用

(25) RIP 路由算法所支持的最大跳数为(　　)。

A. 10　　B. 15　　C. 16　　D. 32

(26) 路由器中的路由表(　　)。

A. 需要包含到达所有主机的完整路由信息

B. 需要包含到达目的网络的完整路由信息

C. 需要包含到达目的网络的下一步路由信息

D. 需要包含到达所有主机的下一步路由信息

(27) 在 Windows 2000 中,下述(　　)命令用于显示本机路由表。

A. route print　　B. tracert　　C. ping　　D. ipconfig

(28) 在互联网中,(　　)具备路由选择功能。

A. 具有单网卡的主机　　B. 具有多网卡的宿主主机

C. 路由器　　D. 以上全部设备

(29) RIP 协议使用(　　)。

A. 链路-状态算法　　B. 距离-矢量算法

C. 标准路由选择算法　　D. 统一的路由选择算法

(30) 对距离-矢量算法描述正确的是(　　)。

A. 路由器启动时对路由器直接进行初始化,该初始路由表包括所有去往与本路由器直接相连的网络路由

B. 初始化的路由表中各路由的距离均为 0

C. 各路由器周期性地向其相邻的路由器广播自己的路由表信息

D. 以上都正确

(31) 关于动态路由说法不对的是(　　)。

A. 动态路由可以通过自身的学习,自动修改和更新路由表

B. 动态路由要求路由器之间不断地交换路由信息

C. 动态路由有更多的自主性和灵活性

D. 动态路由特别适合于拓扑结构简单、网络规模小的互联网环境

(32) 关于路由器中的路由表的说法正确的是(　　)。

A. 一个标准的 IP 路由表包含许多(N,R)对序偶。

B. 需要包含到达目的网络的下一步路由信息

C. 需要包含到达目的网络的完整路由信息

D. 需要包含到达所有主机的完整路由信息

(33) 对 IP 数据报分段的重组通常发生在(　　)。

A. 源主机　　B. 目的主机

C. IP 数据报经过的路由器　　D. 源主机或路由器

2. 填空题

(1) IP 可以提供________、________和________服务。

(2) 网络互联的解决方案有两种,一种是________,另一种是________;目前采用的

是________。

(3) IP广播有两种形式，一种是________，另一种是________。

(4) 当IP地址为210.198.45.60，子网掩码为255.255.255.240，其子网号是________，网络地址是________，直接广播地址是________。

(5) IP地址由________个二进制位构成，其组成结构为________。________类地址用前8位作为网络地址，后24位作为主机地址；B类地址用________位作为网络地址，后16位作为主机地址；一个C类网络的最大主机数为________。子网划分可导致实际可分配IP地址数目的________。

(6) 在IP协议中，地址分类方式可以支持________种不同的网络类型。

(7) IP地址由网络号和主机号两部分组成，其中网络号表示________，主机号表示________。

(8) 为高速缓冲区中的每一个ARP表项分配定时器的主要目的是________。

(9) 以太网利用________协议获得目的主机IP地址与MAC地址的映射关系。

(10) 静态路由的主要优点是________、________，同时避免了________的开销。

(11) 路由可以分为两类，一类是________，另一类是________。

(12) IP路由表通常包括3项内容，它们是子网掩码、________和________。

(13) 路由分为静态路由和动态路由，使用路由选择信息协议RIP来维护的路由是________路由。

(14) RIP协议使用________算法，OSPF协议使用________算法。

(15) 为了适应更大规模的互联网环境，OSPF协议通过一系列的办法来解决这些问题，其中包括________和________。

(16) 路由表中存放着________、________和________等内容。

3. 简答题

(1) 请简述IP互联网的工作原理。

(2) 为什么要进行网络互联？

(3) 简述IP互联网的主要作用和特点。

(4) 为什么引入IP地址？

(5) 请从IP寻址的角度阐述什么是IP地址。

(6) 请简述在互联网中ARP协议的具体应用。

(7) 什么是路由？什么是路由表？

(8) 路由器的主要功能是什么？

(9) 请简述路由选择算法。

第5章

传 输 层

5.1 传输层概述

OSI模型的低三层主要是面向数据通信，因此基于低三层通信协议构成的网络常称为通信网络(或通信子网)，支持用户信息在同一个网络的端到端传输。而OSI模型的高三层则面向用户，面向信息处理。从通信和信息处理的角度看，传输层向它上面的应用层提供通信服务，它属于面向通信部分的最高层，同时也是用户功能中的最低层。从通信子网的角度可以这样理解，作为资源子网中的端用户是不可能对通信子网内部加以直接控制的，只能依靠在自己主机上所增加的这个传输层来检测分组的丢失或数据的残缺，并采取相应的补救措施。所以传输层不仅有存在的必要，还是非常重要的一层。它位于低层与高层之间，是高层与低层衔接的一个接口层，起着承上启下的作用，可弥补、加强网络层提供的服务。传输层与其他层的关系如图5-1所示。

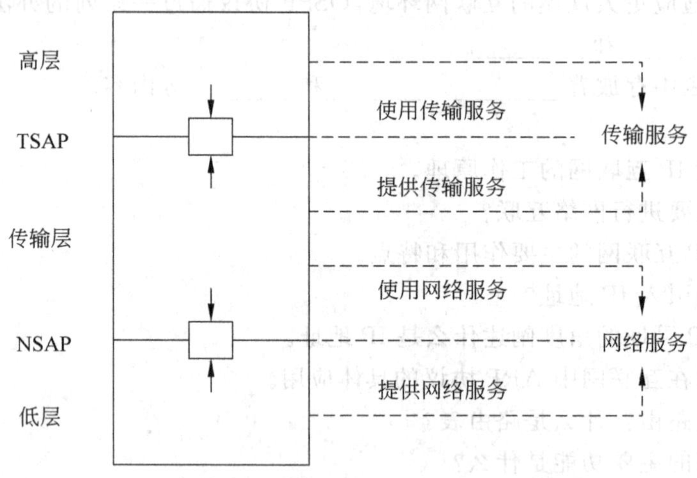

图5-1 传输层与其他层的关系

1. 弥补作用

"弥补"是指传输层能够弥补各个通信子网提供的服务的差异和不足。"差异"表现在有的网络提供虚电路服务，有的网络提供数据报服务，其可靠性等性能均不同。因此，就必须提供一种手段，能屏蔽掉不同通信网络的性能差异，向上提供标准的、完善的服务界面，使用户完全无须了解通信网络传输的细节，这就是传输层协议的功能。"不足"表现在通信子网仅提供一台主机到另一台主机之间的通信，没有程序或进程的概念，无法满足多任务多系统的需要。当子网把数据传输到信宿机时，在众多的进程中由谁来接收和处理到达的数据呢？子网无能为力，这就要由传输层来解决。传输层是两台计算机经过网络进行数据通信时的第一个端到端的层次，具有缓冲作用。当网络层服务质量不能满足要求时，它将服务加以提高，以满足高层的要求；当网络层服务质量较好时，它只用完成很少的工作。传输层还可进行复用，即在一个网络连接上创建多个逻辑连接。

2. 加强作用

"加强"是指提高服务质量，增加服务功能。服务质量包括吞吐量、传输延迟、残留误码率、优先级和可靠性等；增加的服务功能包括分段与组装（当用户数据较大时，发送方传输层应能将数据分段，接收方传输层应能把所收到的段组装还原）、组块与分块（当用户数据较小时，发送方传输层应能将多个用户数据组合成块，接收方传输层应能把所收到的数据块分割为原来的用户数据）。

世界上各种通信子网在性能上存在着很大差异，例如电话交换网、分组交换网、公用数据交换网以及局域网等通信子网都可互联，但它们提供的吞吐量、传输速率、数据延迟和通信费用各不相同。对于会话层来说，却要求有一个性能恒定的界面。传输层就承担了这一功能，它采用分流/合流、复用/分用技术来调节，使会话层感受不到上述通信子网的差异。

此外，传输层还要具备差错恢复、流量控制等功能，以此对会话层屏蔽通信子网在这些方面的细节与差异。传输层面对的数据对象已不是网络地址和主机地址，而是与会话层的界面端口。上述功能的最终目的是为会话提供可靠的、无误的数据传输。

5.1.1 传输层协议等级

1. 网络服务类型

按照服务质量的不同，网络服务可分为A型、B型和C型网络服务3种类型。

1）A型网络服务

A型网络连接具有可接受的低差错率（残留差错率和漏检差错率）和可接受的低故障通知率（通知传输层的网络连接释放或重建）。该类网络服务是一个完整的、理想的、可靠的服务。在该类网络服务下，网络中传输的分组不会丢失和失序，因此传输层不需要提供故障恢复和重新排序服务。

2）B型网络服务

B型网络连接具有可接受的低差错率和不可接受的低故障通知率。该类网络服务是完美的分组递交，但存在网络连接释放和重建问题。

3）C型网络服务

C型网络连接具有不可接受的高差错率，即网络连接不可靠，可能会丢失或重复分组，且存在网络连接释放问题。

在3种网络服务中，A型质量最高，分组的丢失、重复或连接释放等情况可忽略不计；B型质量次之，大多数X.25网络均为B型，丢失的分组可忽略不计，但存在连接释放问题；C型质量最差，它是完全不可靠的服务，对于该类网络，传输层协议要具有对网络进行检错和差错恢复能力，具有对失序、重复、错误投递的分组进行检错和更正能力。

2. 传输层协议类型

为了使不同的网络能进行不同类型的数据传输，ISO根据传输层功能的特点，为传输层定义了一套功能集，这套功能集包括0类～4类共5类传输层协议。所有5类协议都是面向连接的，都要用到网络层提供的服务，建立网络连接。

1) 0类协议

0类协议是最简单的协议，是面向A型网络服务的。其功能只是建立一个简单的端到端的传输连接，在数据传输阶段具有将长数据报文分段传输的功能。该类协议没有差错恢复和将多条传输连接复用到一条网络连接上的功能。

2) 1类协议

1类协议提供基本的传输连接，是面向B型网络服务的。其功能是在0类协议的基础上增加了基本差错恢复功能。基本差错是指出现网络连接断开或网络连接失败，或者收到了未被认可的传输连接的数据单元。

3) 2类协议

2类协议具有在一个网络连接上复用多个传输连接的能力，也是面向A型网络服务的。该类协议具有流量控制功能而没有网络连接故障恢复功能。

4) 3类协议

3类协议也是面向B型网络服务的，它既具有差错恢复功能，又具有复用功能。

5) 4类协议

4类协议是面向C型网络服务的，它具有差错检测、差错恢复、复用等功能。它可以在网络服务质量差时保证高可靠的数据传输。该类协议是最复杂、最全面的协议。

传输层5类协议的区别见表5-1。

表5-1 传输层协议类别

类别	网络类型	基本功能
0	A	建立连接
1	B	差错恢复
2	A	多路复用
3	B	差错恢复、多路复用
4	C	差错恢复、差错检测、多路复用

5.1.2 传输层功能

传输层涉及从源主机到目的主机的可靠数据传输，利用网络层所提供的源到目的的分组传输服务向会话层提供可靠的源主机到目的主机的数据传输，并使数据传输与当前所使用的网络无关。

传输层的主要任务就是向会话层提供服务，服务内容包括传输连接服务和数据传输服务。前者是指能在两个传输层用户之间负责建立、维持和在传输结束后拆除传输连接；

后者则是要求在一对用户之间提供互相交换数据的方法。传输层的服务使高层的用户可以完全不考虑信息在物理层、数据链路层和网络层通信的详细情况，方便了用户使用。

1. 传输连接服务

数据传输服务可提供面向连接和无连接的数据传输，为了实现这些数据传输，必须在两个传输用户之间建立传输连接。这种两个传输用户之间的关系和它们之间的数据传输都具有从端点到端点的含义。

一般情况下，对于会话层要求的每个传输连接，传输层相应地都要在网络层上建立连接。传输层的这种连接总是以通信子网提供的服务为基础的。当传输吞吐量大、需要建立多条网络连接时，为减少费用，传输层首先可把几条传输连接复合在一条网络连接上，实行多路复用。传输层建立的多路复用对会话层都是透明的。其次，要提供端到端的错误恢复与流量控制，以能对网络层出现的丢包、乱序或重复等问题做出反应。第三，当上层的协议数据包的长度超过网络层所能承载的最大数据传输单元时，要提供必要的分段功能，当然也需要在接收方的对等层提供合并分段的功能。

传输层的协议都具有端到端性质，其中，端被定义为对等传输实体。通过传输层提供的服务，实现了从一个传输实体到另一个传输实体的网络联接，所以，传输层不关心路径选择和中断问题。

传输层包括一个供选择服务类别的选择参数，当建立传输连接时，允许在时延、吞吐量和可靠性之间进行选择。

2. 数据传输服务

网络层的服务有虚电路服务和数据报服务。若网络层提供的是虚电路服务，则传输层能保证对报文的正确接收，传输层协议同通信子网能够构成可靠的计算机网络。若网络层提供的是数据报服务，传输层协议则必须包括差错检测和差错恢复，因为此时网络层提供的服务没有进行差错控制和分组丢失、报文重复等处理工作的服务，可靠性较差。

总之，传输层通过扩展网络层服务功能，并通过传输层与高层之间的服务接口向高层提供了端到端节点之间的可靠数据传输，从而使系统之间实现高层资源的共享时不必再考虑数据通信方面的问题。

传输层中完成相应功能的硬件与软件被称为传输实体，其可能位于操作系统内核中、用户进程内、网络应用程序库中或网络接口卡上。在一个系统中，传输实体通过网络服务与其他对等的传输实体通信，进而向传输层用户(可以是应用进程，也可以是会话层协议)提供传输服务。

5.1.3 TCP/IP 的传输层控制协议

传输层的传输控制协议是实现端到端计算机之间的通信、实现网络系统资源共享所必不可少和非常重要的协议。虽然物理层和数据链路层协议具有把数据从一台计算机传送到另一台计算机系统的功能，但它们所实现的数据通信是不可靠的数据通信。对不同的计算机系统、不同的局域网，物理层和数据链路层协议所具有的通信功能远远达不到通信的实际要求。

传输层的传输控制协议所实现的功能不仅是弥补物理层和数据链路层协议的通信功

能的缺陷，保证相同计算机系统之间、相同计算机网络系统之间信息的可靠传输，还可实现不同计算机系统之间、不同计算机网络系统之间信息的可靠传输。

由于TCP/IP的网络层提供的是面向无连接的数据报服务，也就是说IP数据报传送会出现丢失、重复或乱序的情况，因此在TCP/IP网络中传输层就变得极为重要。TCP/IP的传输层提供了两个主要的协议，即传输控制协议(Transport Control Protocol，TCP)和用户数据报协议(User Datagram Protocol，UDP)。

5.2 用户数据报协议

用户数据报协议(UDP)是TCP/IP协议集中类似于TCP的通信协议，它直接利用IP协议进行数据报的传送，不提供错误校验和序列编号，不保证数据包以正确的序列被接收。如果出现丢失包或重复包的情况，也不会向发送方发出差错报文。因此UDP提供的是一种无连接的、不可靠的数据报投递服务。

5.2.1 UDP端口

由于同一台机器上往往会运行多个网络应用程序，因此必须确保目的计算机上的软件程序能从源计算机处获得数据包，而源计算机能收到正确的回复。为了允许多个应用程序在同一台主机上工作并能独立地进行数据报的发送和接收，可以使用UDP的端口号来完成，实现进程到进程之间的通信。

计算机硬件领域的端口又称接口，如USB端口、串行端口等。软件领域的端口一般指网络中面向连接服务和无连接服务的通信协议端口，是一种抽象的软件结构，包括一些数据结构和I/O(输入输出)缓冲区。而端口这个概念在传输层的内容都有确切的定义，它们对应着因特网上常见的一些服务。这些常见的服务可以划分为使用TCP端口的服务和使用UDP端口的服务两种。

由网络OSI七层模型可知，传输层与网络层最大的区别是传输层提供进程通信能力，网络通信的最终地址不仅包括主机地址，还包括可描述进程的某种标识。所以TCP/IP协议提出的协议端口可以认为是网络通信进程的一种标识符。应用程序(调入内存运行后一般称为进程)通过系统调用与某端口建立连接后，传输层传给该端口的数据都被相应的进程所接收，相应进程发给传输层的数据都从该端口输出。

在TCP/IP协议的实现中，端口操作类似于一般的I/O操作，进程获取一个端口，相当于获取本地唯一的I/O文件，可以用一般的读写方式访问。类似于文件描述符，每个端口都拥有一个叫端口号的整数描述符，用来区别不同的端口。由于TCP/IP传输层的TCP和UDP两个协议是两个完全独立的软件模块，因此各自的端口号也相互独立。如TCP有一个255号端口，UDP也可以有一个255号端口，两者并不冲突。

端口号有两种基本的分配方式，一种叫全局分配，这是一种集中分配方式，由公认权威的中央机构根据用户需要进行统一分配，并将结果公布于众。另一种则是本地分配，又称动态连接，即进程需要访问传输层服务时，向本地操作系统提出申请，操作系统返回本地唯一的端口号，进程再通过合适的系统调用将自己和该端口连接起来。

TCP/IP 端口号的分配综合了以上两种方式，将端口号分为两部分。少量的作为保留端口，以全局方式分配给服务进程。每一个标准服务器都拥有一个全局公认的端口，即使在不同的机器上，其端口号也相同。剩余的为自由端口，以本地方式进行分配。

按端口号可将端口分为三大类，一类是熟知端口(well known ports)，又称为系统端口，范围为0～1023，它们和一些服务紧密绑定在一起，如80端口分配给WWW服务，21端口分配给FTP服务等。另一类称为注册端口(registered ports)或登记端口，范围为1024～49 151，有许多服务绑定于这些端口。这些端口同样用于许多其他目的，例如许多系统处理动态端口从1024开始。还有一类称为动态和/或私有端口(dynamic and/or private ports)，范围为49 152～65 535。理论上，一般不为应用服务分配这些端口。

表5-2中列举了常用的一些UDP端口号。

表5-2 常用UDP端口号

端口号(十进制)	关键字	描述
7	ECHO	回显
9	DISCARD	丢弃
11	USERS	活动用户
13	DAYTIME	日期时间
53	DNS	域名服务器
67/68	DHCP Server/Client	DHCP 服务器/客户
69	TFTP	简单文件传输
123	NTP	网络时间协议
161	SNMP	简单网络管理协议
520	RIP	路由选择协议

实际上，机器通常从1024起分配动态端口。系统管理员可以重定向端口，常见的一种技术是把一个端口重定向到另一个地址。例如默认的HTTP端口号是80，不少人常将它重定向到另一个端口，如8080。如果照此方法作修改，要访问某个地址如http://www.1000.net，应在该地址后加上端口号，变成http://www.1000.net:8080。实现重定向的主要目的是为了隐藏一些服务的默认端口，降低受破坏率。这样，如果要对一个公认的默认端口进行攻击，则必须先进行端口扫描。

5.2.2 UDP的报文结构

UDP的报文结构较为简单，如图5-2所示。

<table>
<tr><td>源端口号(16b)</td><td>目的端口号(16b)</td></tr>
<tr><td>数据报长度(16b)</td><td>校验和(16b)</td></tr>
<tr><td colspan="2">数据域(可变长)</td></tr>
</table>

图5-2 UDP报文数据结构

UDP 源端口号：16 位的源端口号是源计算机上的连接号。该字段是可选的，如果指定了该字段的值，表示对方回信时数据报应发往的端口号。如果不使用，就将其设为全 0。

UDP 目的端口号：16 位的目的端口号是目的主机上的连接号，用于把到达目的主机的报文转发到正确的应用程序。

UDP 数据报长度：告诉目的计算机数据报的大小。这一字段为目的计算机提供了另一机制，验证信息的有效性。

UDP 校验和：是一个 16 位的错误检查字段，用来保证 UDP 数据报的完整性，但该字段是可选的。目的计算机执行和源端计算机上相同的数学计算。如果两个计算值不同，则表明报文在传输过程中出现了错误。UDP 协议可以计算校验和，也可以不计算，没计算校验和的 UDP 数据报应该将校验和字段设为 0。考虑到有的网络可靠性很高，传输的数据几乎不会出错，这样就可以通过不计算数据报的校验和来减少主机的计算工作量。

5.2.3 UDP 伪报头及校验和的计算

使用 UDP 伪报头的目的是为了验证 UDP 报文是否在两个端点之间正确传输，即让数据报的接收者确定接收的 UDP 数据报是来自正确的源地址且该数据报是发给自己的。我们知道，在 UDP 数据报的结构中只包含了数据报的源端口和目的端口，而没有包含源 IP 地址和目的 IP 地址。因此，UDP 协议使用伪报头结构来计算校验和。

UDP 伪报头的格式如图 5-3 所示。

<table>
<tr><td colspan="3">源IP地址(32b)</td></tr>
<tr><td colspan="3">目的IP地址(32b)</td></tr>
<tr><td>0(8b)</td><td>协议代码17(8b)</td><td>UDP数据报长度(16b)</td></tr>
</table>

图 5-3 UDP 伪报头结构

源 IP 地址和目的 IP 地址这两个字段包含了发送该数据报的源主机和接收它的目的主机的 IP 地址。

协议代码字段为 UDP 协议的代码。协议字段增加进来可确保这个分组是属于 UDP 的，而不是属于 TCP 的。由于进程既可使用 UDP 又可使用 TCP，端口号可以是一样的。UDP 的协议字段是 17。若在传输过程中这个值改变了，在接收端计算校验和时就可检测出来，UDP 就可丢弃这个分组，这样就不会交付给错误的协议。

UDP 数据报长度字段表示 UDP 数据报长度。

UDP 校验和的计算不仅包含了 UDP 数据报中的所有数据，还包括伪报头的结构和将 UDP 数据报补足 16 位的整数倍的一个全为 0 的 8 位字。计算校验和时，UDP 协议先构造该数据报的一个伪报头结构，然后将 UDP 数据报的校验和字段设置为 0，再将 UDP 数据报的长度补足为 16 位的整数倍，最后按照 IP 协议校验和的计算方法，对这个新的结构计算校验和并将结果填入校验和字段。UDP 伪报头和长度补足部分不会进行传输，其长度也不包含在 UDP 数据报长度字段内。

1. 在发送端的校验和计算

(1) 将伪首部加到 UDP 用户数据报上。

(2) 将校验和字段填入 0。

(3) 将所有的比特划分为 16 位(2 字节)的字。

(4) 若 UDP 报文中数据的字节总数不是偶数,则增加一个全 0 字节的填充,填充只是为了计算校验和,计算完毕后就将其丢弃。

(5) 将所有的 16 位部分使用反码求和运算。

(6) 将得到的结果取反码(将所有的 0 变成 1,而 1 变成 0),它是一个 16 位的数,将此数插入到校验和字段。

(7) 将伪首部和任何增加的填充丢掉。

(8) 将 UDP 用户数据报交付给 IP 协议进行封装。

2. 在接收端的校验和计算

(1) 将伪首部加到 UDP 用户数据报上。

(2) 若需要,就增加填充。

(3) 将所有的比特划分为 16 位(2 字节)的字。

(4) 将所有的 16 位部分使用反码求和运算。

(5) 将得到的结果取反码。

(6) 若得到的结果是全 0,说明数据正确,则丢弃伪首部和任何增加的填充,并接收此用户数据报。否则数据出错,就丢弃该用户数据报。

从上述发送端和接收端进行的校验和计算的具体过程可以看出,UDP 在发送方构造一个伪报头结构与待发送的 UDP 数据报一起计算校验和后发给接收方。在接收方使用同样的方法计算校验和,如果为 0,就说明该数据报是发给本主机的,且数据传输没有出错。

5.2.4 UDP 数据的封装与拆装

要利用 UDP 协议将报文从进程发送到另一个进程,就要对报文进行封装和拆装。一个包含 UDP 报头及其数据域的 UDP 报文在因特网中传输时先要封装到 IP 数据报中,IP 协议加上自己的首部,在协议字段使用值 17,指出这个数据是从 UDP 协议来的。然后由 IP 协议将这个数据报发送到数据链路层,加上该层的帧头和帧尾将数据封装到一个帧中再进行物理信道上的传输,最后将其发送到远端的主机上。

UDP 数据的拆装过程则和封装过程正好相反,封装时通常是给到达的数据添加首部,而拆装时是在对数据进行差错检查后将其首部剥除,层层传递。

具体的封装和拆装过程如图 5-4 所示。IP 协议的报头指明了源主机和目的主机的地址,而 UDP 协议的报头指明了主机上的源端口和目的端口。IP 层和 UDP 层之间的职责非常清楚而明确,IP 负责在因特网上的一对主机之间进行数据传输,而 UDP 负责对一台主机上的复用的多个源端口或目的端口进行区分。

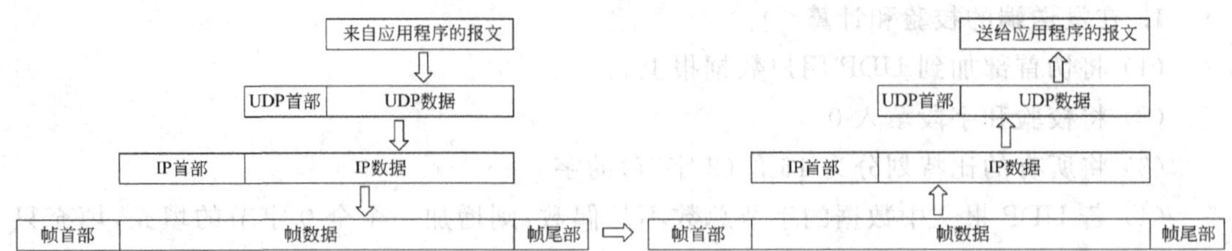

图 5-4 UDP 数据的封装和拆装示意图

5.2.5 UDP 协议的特点

(1) UDP 是面向无连接的,发送数据之前通信双方不需要建立连接,因此减少了建立、维持以及释放连接的过程和发送数据之前的时延。

(2) UDP 使用尽力投递的方式传送数据报,直接利用 IP 的转发功能,不保证可靠交付,由于某种原因传输失败,数据报将被丢弃并且不会试图被重传。在传输过程中,UDP 数据报可能丢失、重复、差错以及乱序。

(3) UDP 比较简单,数据报头部包含很少的 8 个字节,报头短且简单,负载消耗少,使数据传输得更快、效率更高。

(4) UDP 没有计时机制、流量控制或拥塞管理机制、应答、紧急数据的加速传送等功能,适用于不需要可靠机制的情形和数量较少的数据传输,比如,当高层协议或应用程序提供错误和流控制功能的时候。尤其在少量数据的传输时,使用 UDP 协议传输信息流,可以省去建立连接的过程,提高工作效率。

UDP 是传输层协议,可服务于很多知名的应用层协议,包括网络文件系统(NFS)、简单网络管理协议(SNMP)、域名系统(DNS)以及简单文件传输系统(TFTP)等。在多媒体应用中,常用 UDP 支持音频或视频流传输。当然 UDP 也能很好地适用于其他的网络功能,如在路由器之间传输路由表更新,或传输网络管理及监控数据。

但 UDP 协议也有明显的不足,任何与 UDP 相配合作为传输层服务的应用程序必须提供确认和顺序系统。也就是说,使用 UDP 的应用程序本身可以在不影响应用实时性的前提下,负责解决数据报排序、差错确认等问题,以确保数据报是以发送时的顺序正确到达。

5.2.6 端口的查看

在网络的使用当中,常常会发现系统中开放了一些莫名其妙的端口,这就给系统的安全带来了一些隐患。一台运行的机器通常有大量的端口处于使用状态之中,这些端口包括常见的 UDP 端口以及后面要介绍的 TCP 端口。那么,如何来查看当前这些端口的使用情况呢?常见的方式有两种:一种是利用系统内置的命令;另一种是利用第三方端口扫描软件。

1. 用系统内置命令查看端口状态

在 Windows XP 系统中,在命令提示符下使用 netstat -a 命令查看系统端口状态,可以列出当前系统正在开放的端口号及其状态,如图 5-5 所示。

```
C:\Documents and Settings\xzy>netstAT -A

Active Connections

  Proto  Local Address          Foreign Address        State
  TCP    ncist-9d8e61169:epmap  ncist-9d8e61169:0      LISTENING
  TCP    ncist-9d8e61169:microsoft-ds  ncist-9d8e61169:0      LISTENING
  TCP    ncist-9d8e61169:1025   ncist-9d8e61169:0      LISTENING
  TCP    ncist-9d8e61169:6059   ncist-9d8e61169:0      LISTENING
  TCP    ncist-9d8e61169:7909   ncist-9d8e61169:0      LISTENING
  TCP    ncist-9d8e61169:1025   localhost:1259         TIME_WAIT
  TCP    ncist-9d8e61169:netbios-ssn  ncist-9d8e61169:0      LISTENING
  TCP    ncist-9d8e61169:1117   reverse.gdsz.cncnet.net:https  ESTABLISHED
  TCP    ncist-9d8e61169:2076   218.57.9.200:http      TIME_WAIT
  TCP    ncist-9d8e61169:2078   218.57.9.200:http      TIME_WAIT
  UDP    ncist-9d8e61169:1120   *:*
  UDP    ncist-9d8e61169:1227   *:*
  UDP    ncist-9d8e61169:1900   *:*
  UDP    ncist-9d8e61169:ntp    *:*
  UDP    ncist-9d8e61169:netbios-ns  *:*
  UDP    ncist-9d8e61169:netbios-dgm  *:*
  UDP    ncist-9d8e61169:1900   *:*
```

图 5-5 查看端口状态

其中，Proto 表示所采用的传输层协议，本例中有 TCP、UDP 协议；Local Address 表示本地地址，如 ncist-9d8e61169：1227 表示主机名为 ncist-9d8e61169，端口号为 1227；Foreign Address 表示另一端系统的地址，如 218.57.9.200：http 表示 IP 地址为 218.57.9.200，端口号为 http80；State 表示 TCP 的连接状态，通常有 LISTENING（监听）、ESTABLISHED（已建立）和 TIME_WAIT（等待）3 种状态。

2. 利用第三方端口扫描软件

第三方端口扫描软件有许多，界面虽然各不相同，但是功能却是非常类似的，常见的工具有 Fport、Mport 等。Fport 和 Mport 在命令提示符下使用，运行结果与 netstat -a 有些相似，但是如 Fport 这类工具软件不仅能够列出正在使用的端口号及类型，还可以列出端口被哪个应用程序使用，显示对应的应用程序完整路径、进程标识符、进程名称等信息。

5.3 传输控制协议 TCP

我们知道，IP 协议提供不可靠、无连接和尽力投递的服务，构成了因特网数据传输的基础。传输控制协议 TCP 在 IP 协议提供的服务基础上，增加了确认-重发、滑动窗口和复用等机制，提供面向连接的、可靠的、面向流的全双工投递服务。

5.3.1 TCP 协议的特点

1. 面向连接的服务

所谓面向连接，是指通信双方在进行通信之前，要事先在双方之间建立起一个完整的可以彼此沟通的通道。这个通道也就是连接，在通信过程中，整个连接的情况一直可以被实时地监控和管理。对于 TCP 协议而言，数据传输之前，TCP 模块之间需要建立连接，其后的 TCP 报文在此连接基础上进行传输。

2. 可靠的传输服务

TCP 采用具有重传功能的积极确认技术作为可靠数据流传输服务的基础。这里，确认是指接收端在正确收到报文之后向发送端回送一个确认（ACK）信息。发送方将每个已发送的数据报文备份在自己的发送缓冲区里，而且在收到相应的确认之前是不会丢弃所保存的报文的。积极是指发送方在每一个数据报文发送完毕的同时启动一个计时器，假如计时器的定时期满而关于数据的确认信息尚未到达，则发送方认为该数据已丢失并主动重发。

为了避免由于网络延迟引起迟到的确认和重复的确认，TCP 规定在确认信息中捎带一个数据报文的序号，使接收方能正确地将数据报文与确认信息联系起来。图 5-6 给出了 TCP 分段确认的实现示例，图 5-7 表示分组丢失引起了超时重传。

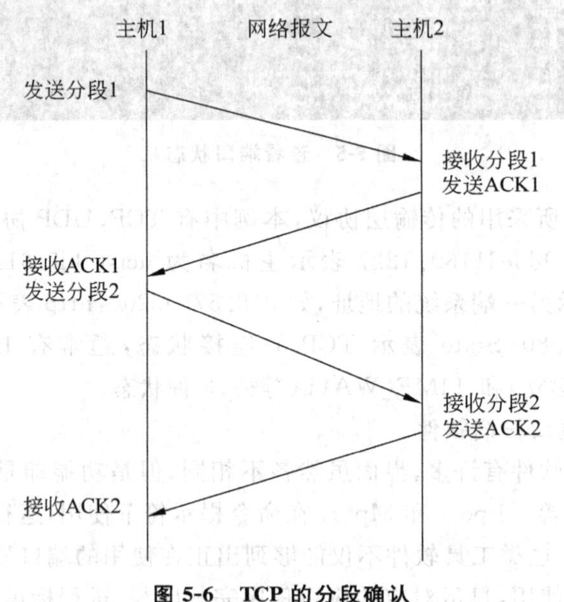

图 5-6　TCP 的分段确认

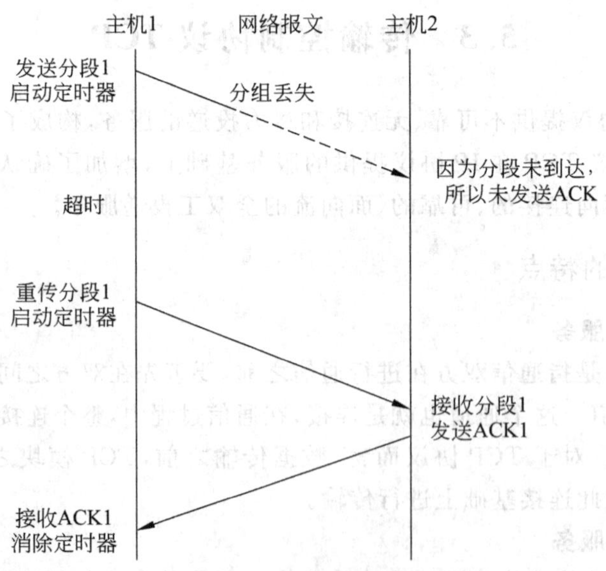

图 5-7　TCP 的超时重传

3. 面向流的投递服务

应用程序之间传输的数据可视为无结构的字节流(或位流),流投递服务保证收发的字节顺序完全一致。TCP向上层应用程序提供的传输服务是面向字节流的。

如图5-8所示,TCP协议将应用程序需要传输的数据理解为按顺序排列的二进制位,并按8位字分隔,形成有序的8位字流,也称为字节流。发送方将数据以字节流的顺序递交给下层的TCP协议进行传输,接收方的TCP协议会将数据以相同的字节流顺序交给接收方的程序。

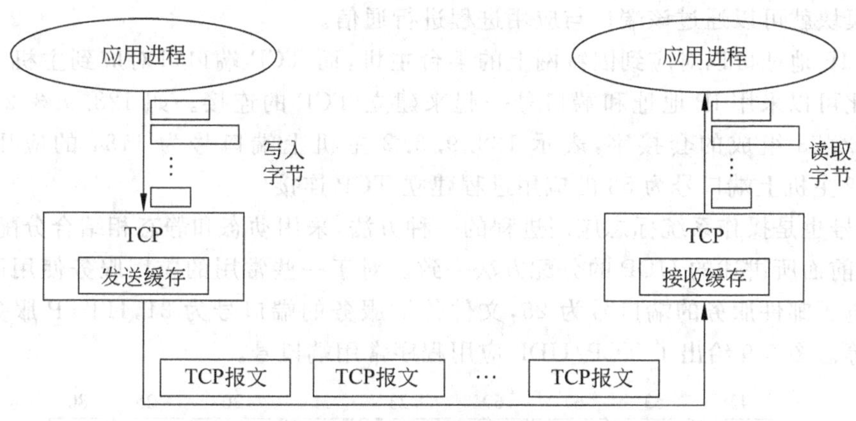

图5-8 TCP字节流

虽然TCP协议数据的传输最终是以数据报文段的形式进行的,但TCP协议在组织数据报文段时并不会关心数据的结构,而是以它觉得合适的方式将数据进行分割。因此发送方的应用程序将一个完整结构的数据组织成字节流一次交给TCP协议传输后,接收方的应用程序通过一次收取动作可能无法获得完整的记录数据,因为TCP协议可能将该数据进行了分割,而目前到达的数据可能只是整个记录数据的一部分。接收方的应用程序在接收数据时必须自己识别记录的结构,如果发现一次收取的数据不是完整的记录,就需要进行多次收取,并将多次收集的数据还原成完整的记录。

4. 全双工服务

TCP提供全双工服务,即数据可在同一时间双向流动。在两个应用程序彼此连接之后,它们都可以发送和接收数据报文。TCP连接可以从应用程序A向B发送数据,而在同一时间还可以从B向A发送数据。当报文从A发往B时,它也可以携带对B发来的报文的确认。同理,当报文从B向A发送时,它也可以携带对A发来的报文的确认。这就叫做捎带确认,因为确认随着数据报文一起发送。当然,若一方没有数据可发送,它就仅发送确认信息而没有数据。

TCP模块以IP模块为传输基础,同时又可面向多种应用程序来提供传输服务,如Telnet、FTP、WWW、电子邮件等。为了能够区分出对应的应用程序,引入了TCP套接字的概念。

5.3.2 TCP套接字

应用层通过传输层进行数据通信时,TCP协议会遇到同时为多个应用程序进程提供并发服务的问题。多个 TCP 连接或多个应用程序进程可能需要通过同一个 TCP 协议端口传输数据。为了区别不同的应用程序进程和连接,许多计算机操作系统为应用程序与 TCP/IP 协议交互提供了称为套接字(socket)的接口。

TCP 连接采用发送端和接收端的套接字组合来识别,形如(socket1,socket2)。套接字实际上是一个通信端点,每个套接字都有一个套接字序号,包括主机的 IP 地址与一个16 位的主机端口号,采用的形式是"主机 IP 地址:端口号"。

TCP 端口号以一个 16 位的整数值来表示,各端口号对应主机上的各服务进程。这样 TCP 模块就可以通过该端口与应用进程进行通信。

由于 IP 地址可以对应到因特网上的某台主机,而 TCP 端口可对应到主机上的应用进程,因此可以采用 IP 地址和端口号一起来建立 TCP 的连接。如 128.9.3.2:1184 和 128.0.3.2:53 组成的套接字,表示 128.9.3.2 主机上端口号为 1184 的应用进程和 128.0.3.2 主机上端口号为 53 的应用进程建立 TCP 连接。

端口号也是操作系统标志应用进程的一种方法,采用动态和静态相结合分配,这种分配方法和前面所讲述的 UDP 的分配方法一致。对于一些常用的应用服务使用固定的端口号,如电子邮件服务的端口号为 25,文件传输服务的端口号为 21,HTTP 服务的端口号为 80 等。图 5-9 给出了 TCP/UDP 应用程序常用端口号。

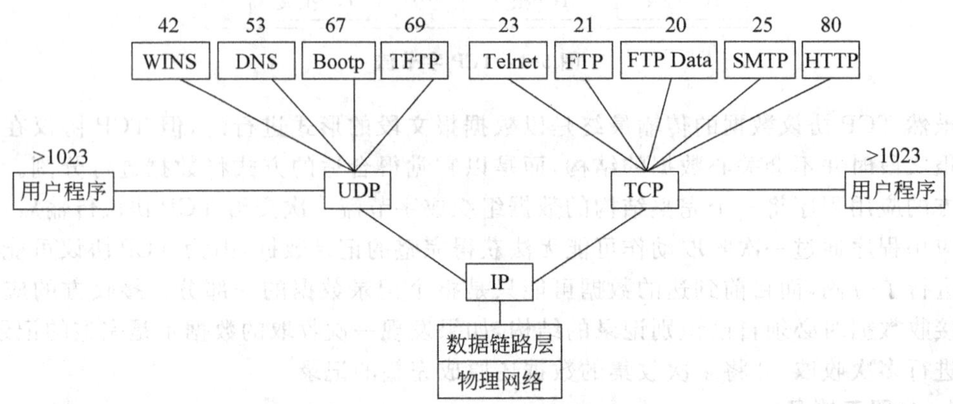

图 5-9 TCP/UDP 应用程序常用端口

对于其他的应用服务,尤其是用户自行开发的应用服务,端口号采用动态分配,由用户指定操作系统进行分配。TCP/IP 约定 0~1023 为保留端口号,供标准应用服务使用;1024 以上是自由端口号,供用户应用服务使用。

每一个网络操作系统都有一个 services 文件,给出了本系统为用户提供的 TCP、UDP 应用服务的名称和对应端口信息,如 UNIX 系统中的\etc\services 文件,Windows 2000 系统中的\winnt\system32\drivers\etc\services 文件等。

5.3.3 TCP 报文段的首部格式

尽管 TCP/IP 的网络层提供的是一种面向无连接的 IP 数据报服务,但传输层的 TCP 旨在向 TCP/IP 的应用层提供一种端到端的面向连接的可靠的数据流传输服务。

TCP 常用于一次传输要交换大量报文的情形,如文件传输、远程登录等。

为了实现这种端到端的可靠传输,TCP 协议必须规定传输层的连接建立与拆除的方式、数据传输格式、确认的方式、目标应用进程的识别以及差错控制和流量控制机制等。与所有网络协议类似,TCP 将自己所要实现的功能集中体现在了 TCP 的协议数据单元中,称为 TCP 报文段。

TCP 报文段的首部数据结构如图 5-10 所示。

源端口(16b)			目的端口(16b)	
发送序号(32b)				
确认序号(32b)				
首部长度(4b)	保留字段(6b)	标志码位(6b)	窗口(16b)	
校验和(16b)			紧急指针(16b)	
选项(长度可变)				填充

图 5-10 TCP 报文段首部数据结构

源端口:这是一个 16 位字段,它定义了在主机中发送该报文段的应用程序的端口号。这和 UDP 源端口地址的作用一样。

目的端口:这是一个 16 位字段,它定义了在主机中接收该报文段的应用程序的端口号。和 UDP 目的端口地址的作用一样。

发送序号:这个 32 位字段定义了一个数,它指出本报文段数据的第一个字节的序号。一般用小写的 seq 表示。TCP 是流式传输协议,为了保证连通性,要给发送的整个报文的每一个字节都编号。发送序号告诉目的地,这个报文段数据中的第一个字节在整个报文中的字节序号。

确认序号:这个 32 位字段指出期望收到对方下一个报文段的第一个数据字节的序号。一般用小写的 ack 表示。

若本字段是 N,则说明到序号 $N-1$ 为止的所有数据都已正确收到,并希望对方发送第 N 字节开始的数据。这就是捎带确认机制。

首部长度:这个 4 位字段指出 TCP 首部共有多少个 4 字节字。首部长度可以在 20~60 字节之间。因此,这个字段的值可以在 5~15 之间。

保留字段:这是一个 6 位字段,供今后扩展使用,目前全部置 0。

标志码位:也称控制字段。6 位分别用于标识本报文段的传输控制特性。这个字段定义了 6 种不同的控制位或标志,每 1 位标志可以打开一个控制功能,这 6 个标志是紧急标志、确认标志、推送标志、复位标志、同步标志、终止标志。这些标志以出现的先后顺序排列为 URG、ACK、PSH、RST、SYN 和 FIN。

URG(紧急标志):为 1 时表示为紧急,此报文不参加排队,尽快发送出去,此时紧急指针有效。

ACK(确认标志):为 1 时表示确认序号有效,否则无效。

PSH(推送标志):为 1 时表示报文立即交付接收应用程序,而不是缓冲区填满后再向上交付。

RST(复位标志)：为1时表示出现严重差错，必须重建传输连接。

SYN(同步标志)：为1时表示此报文段为连接请求或连接接受报文段，确认标志为0时为连接申请，确认标志为1时为连接接受。

FIN(终止标志)：为1时表示此报文的发送端的数据已发送完毕，并要求释放传输连接。

窗口：定义了对方必须维持的窗口大小(以字节为单位)，窗口值作为接收方让发送方设置其发送窗口的依据。这个字段是16位长，因此窗口大小的最大长度是65 535B。

校验和：该字段校验的范围包括报头和数据两部分。计算方法同UDP校验和字段。在计算校验和时，要在TCP报文段的前面加上12字节的伪报头。伪报头的格式与图5-3中UDP用户数据报的伪报头一样。但应把伪报头第4个字段的17改为6(TCP的协议号是6)，把第5个字段中的UDP长度改为TCP长度。接收方收到此报文段后，仍要加上这个伪报头来计算校验和。

紧急指针：紧急指针字段是一个可选的16位指针，指向段内紧急数据最后一个字节的位置，这个字段只在URG标志设置了1时才有效。在源与目的主机之间网络中的设备要加快处理标识为紧急的数据段。如果URG标志为0，紧急指针字段作为填充。

选项：长度可变的字段，在TCP首部中可以有多达40字节的可选信息。TCP最初只规定了一种选项，即最大报文段长度(Maximum Segment Size，MSS)。MSS是数据域中可包含的最大数据量，源和目的主机要对此达成一致。这里应注意一点，MSS定义的是数据的最大长度，而不是整个报文段的最大长度。因为字段是16位长，因此值在0～65 535之间。

填充：为保证报文段首部的长度为32位的整数倍而添加的二进制0。

5.4 TCP的传输控制

5.4.1 流量控制基本原理

在通信系统的两个节点之间进行数据通信时，收发双方必须相互协调。如果接收方的接收能力不足，发送方必须等待，否则会造成数据报文的丢失或系统的死锁。控制发送方的发送能力不超过接收方的接收能力称为流量控制。

站点的接收能力主要体现在接收缓存空间上，当接收缓存空间不足时，必须停止接收数据，等待空闲出缓存空间后才能再接收数据。例如，DTE将分组报文交给交换机时，必须得到交换机的接收允许。交换机需要接收来自许多终端设备的数据，如果其接收缓冲区没有空闲空间，即交换机出现接收能力不足，它将关闭所有链路的接收窗口，停止接收数据报文。当交换机接收缓冲区中的报文转发出去之后，接收缓冲区有了空闲空间时，交换机才打开某一链路的接收窗口，并通知对方可以发送数据。

常见的流量控制协议有停止-等待协议、连续ARQ协议和选择重传ARQ协议。

1. 停止-等待协议

停止-等待协议是最简单的一种流量控制协议，它采用单工或半双工通信方式。当发送方发送完一数据帧后，便等待接收方发回的反馈信号。若收到的是肯定信息(ACK)，则接着发送下一帧；若收到的是否定信息(NAK)，或超时而没有收到反馈信号，则重发刚刚发过的数据帧。

下面以图 5-11 为例，讨论停止-等待协议的传输过程。

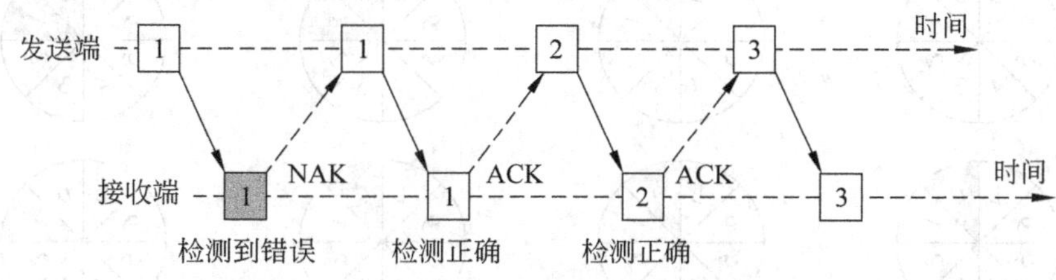

图 5-11 停止-等待控制方法

(1) 初始时，发送方当前发送的数据帧序号为 1，接收方将要接收的数据帧序号为 1。

(2) 当接收方收到发送方送来的 1 号帧时，首先进行帧校验，此时帧校验有误，则向发送方返回一个否定应答信号 NAK，要求发送方重新发送该数据帧。

(3) 发送方收到应答信号后，根据接收方返回的否定信号，确定重发 1 号数据帧。

(4) 接收端收到 1 号数据帧，经校验无误后，发回肯定信息 ACK。

(5) 双方处理数据帧 2、3，逐一发送，逐一确认。

从以上过程可以看出，停止-等待协议的收、发双方只需要设置一个帧的缓冲存储空间，便可以有效地实现数据重发。这种协议的优点是控制简单，收发双方所需要的缓冲存储空间小，因此在链路端使用简单终端的环境中被采用较多。但同时也要看到，停止-等待协议使传输过程中的吞吐量降低，影响了传输线路的使用率。

2. 滑动窗口机制

为了提高传输效率，使用滑动窗口流量控制方法是一种更为有效的策略。它采用全双工通信方式，发送方在窗口尺寸允许的情况下，一次可连续发送多个数据帧，对多个数据帧可一次确认，这样就大大提高了信道使用率。

1) 发送窗口和接收窗口

发送窗口是指发送方允许连续发送帧的序列表。发送窗口的大小(宽度)规定了发送方在未得到应答的情况下允许发送的数据单元数。也就是说，窗口中能容纳的逻辑数据单元数就是该窗口的大小。

接收窗口是指接收方允许接收帧的序列表。凡是到达接收窗口内的帧，才能被接收方所接收，在窗口外的其他帧将被丢弃。

发送方每发送一帧，窗口便向前滑动一个格，直到已发送而未被确认的帧数等于最大窗口数目时便停止发送。

2) 窗口的滑动过程

滑动窗口机制是从发送和接收两方面来限制用户资源需求，并通过接收方来控制发送方的数量。其基本思想是，某一时刻，发送方只能发送编号在规定范围内(即落在发送窗口内)的几个数据单元，接收方也只能接收编号在规定范围内(即落在接收窗口内)的几个数据单元。

图 5-12 说明了滑动窗口工作原理，为简单起见，设其发送窗口大小为 2，接收窗口大小为 1。此处帧编号 0～7(由 3 位二进制编码)，是循环利用的(编号范围往往是根据具体协议而定的)。

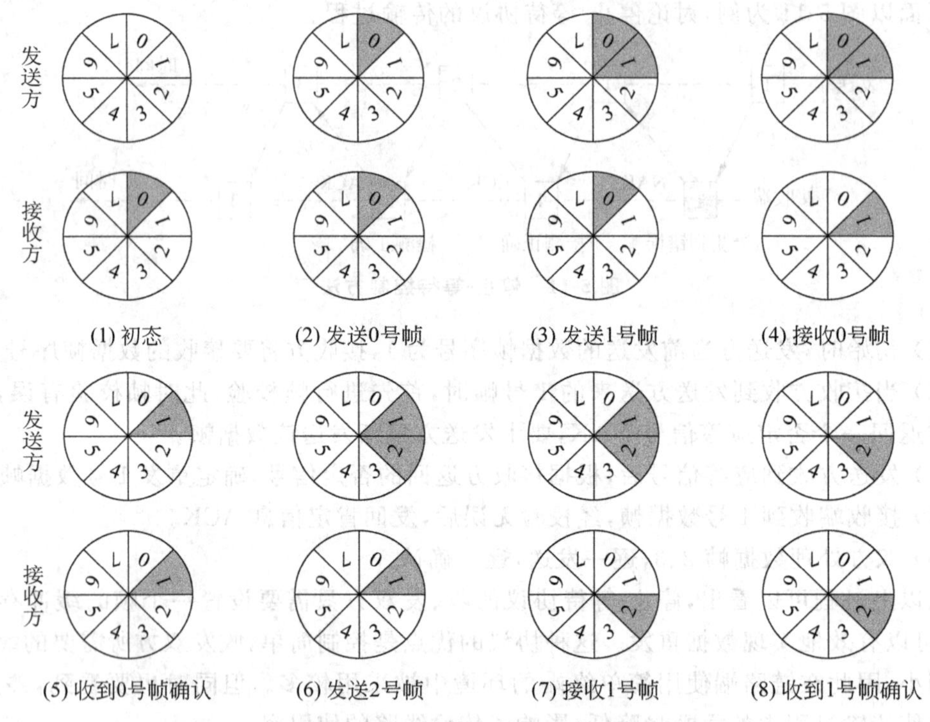

图 5-12 滑动窗口状态变化过程

图中窗口滑动过程比较容易看懂：

到第(4)步时，发送方发送帧数已等于发送窗口大小，不再发送，等待对方确认。接收方收到 0 号帧，发回确认并将窗口向前移动，准备接收 1 号帧。

到第(6)步时，发送方收到 0 号帧确认信息，将窗口向前移动，2 号帧落在窗口内并进行发送。

3. 连续 ARQ 协议

连续 ARQ(Automatic Repeat reQuest，自动重传请求)协议是应用滑动窗口机制的流量控制协议，改进了停止-等待协议的缺点，在发送完一个数据帧后，不是停下来等待确认帧，而是可以连续再发送若干个数据帧，接收端可以累积确认。由于减少了等待时间，整个通信的效率就提高了。当然，连续 ARQ 协议需在发送方设置较大的缓存空间(称作重发表)，用以存放待确认的信息帧。一旦发送方收到某数据帧的确认帧，就可以从重发表中将该数据帧删除。

现通过图 5-13 举例说明连续 ARQ 协议的工作过程。假定节点 A 要向节点 B 发送数据帧，发送窗口的大小 $W_s=5$，表明节点 A 可连续发送 5 个数据帧，其序号为 0～4。当节点 A 发完 0 号帧后，不是停止等待，而是继续发送后续的 1～4 号帧。现设节点 B 收到 2 号帧后校验出错，节点 B 发送否认帧 NAK_2，当它到达节点 A 时，节点 A 已将 4 号帧发送完毕，这时，节点A也不知道3、4号帧的下落，只好后退，从2号帧开始重发所有发过的帧。所以，连续ARQ协议又称后退N帧ARQ协议(Go-Back-N,GBN协议)。

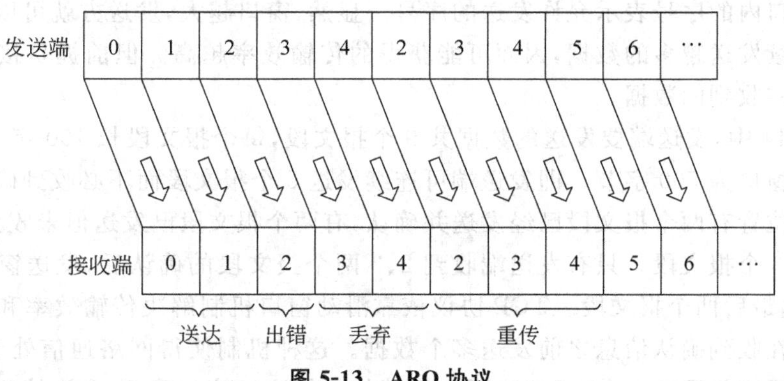

图5-13 ARQ协议

ARQ协议可能将已经正确传送到目的方的帧再重传一遍，容易造成浪费。但这种方案相比停止-等待协议而言，链路传输效率却大大提高了。

4. 选择重传ARQ协议

当传输质量很差时，连续ARQ协议由于把出差错后已正确传送过的帧进行重传，从而降低了传输效率。为了进一步提高信道的利用率，减少重传的帧数，可设法只重传出现差错的数据帧或计时器超时的数据帧，这就是选择重传ARQ协议。该协议中，通过加大接收窗口，收下发送序号不连续但仍处在接收窗口中的那些数据帧，等到所缺序号的数据帧收到后，再一起送交上层。

显然，选择重传ARQ是以浪费存储空间来提高信道的利用率的，但一般要求接收方有足够大的缓冲空间。这样当接收方发现某数据帧出错后，后续送来的正确帧虽然不能立即递交给接收方的高层，但接收方仍然可以接收下来，存放在缓冲区中，同时要求发送方重新传送出错的那一帧。一旦收到重传的数据帧，就可以将原先已存放在缓冲区中的其余帧一起按正确的顺序向上递交。

以上3种流量控制协议在应用中各有所长，停止-等待协议在码组较长、等待时间较短时有较高的效率，反之则传输效率较低，但由于其工作原理简单，易于控制，故在计算机数据通信中有所应用；连续ARQ协议比停止-等待协议有很大的改进，传输效率较高；选择重传ARQ协议的传输效率最高，但其控制也最为复杂。连续ARQ协议和选择重传ARQ协议皆需全双工链路，而停止-等待协议只要求有半双工链路即可。

5.4.2 TCP滑动窗口

TCP采用可变长的滑动窗口，使得发送端与接收端可根据自己的CPU和数据缓存资源对数据发送和接收能力做出动态调整，从而灵活性更强，也更合理。

TCP滑动窗口的大小是以字节为单位的。在通信过程中，接收端可根据自己的资源情况，随时动态调整自己的接收窗口，然后告诉对方，使发送窗口和自己窗口大小一致，即由接收端控制发送端。

发送窗口表示在没有收到接收端的确认的情况下，发送端可以连续把窗口范围内的数据都发送出去。凡是已经发送过的数据，在未收到确认之前都必须暂时保留在缓冲区，以便在超时重传时使用。

发送窗口内的序号表示允许发送的序号。显然，窗口越大，发送方就可以在收到对方确认之前连续发送越多的数据，因而可能获得的传输效率越高。但前提是接收方必须来得及处理这些收到的数据。

在图 5-14 中，发送端要发送的数据共 9 个报文段，每个报文段长 100 字节，而接收端允许的发送窗口为 500 字节。即发送端可连续发送 5 个报文段而不必收到确认。图中发送窗口当前位置有两个报文段已经发送并确认，有两个报文段已发送但未收到确认，那么它还能发送 3 个报文段。只有发送端收到 2、3 两个报文段的确认后，发送窗口才可以向前移动，发送最后两个报文段。TCP 协议依靠滑动窗口机制解决传输效率和流量控制问题。它可以在收到确认信息之前发送多个数据。这种机制使得网络通信处于忙碌状态，提高了整个网络的吞吐率，它还解决了端到端的通信流量控制问题，允许接收端在拥有足够容纳数据的缓冲之前对传输进行限制。在实际运行中，TCP 滑动窗口的大小是可以随时调整的。收发端在进行分组确认通信时，还交换滑动窗口控制信息，使得双方滑动窗口大小可以根据需要动态变化，提高了数据传输效率。

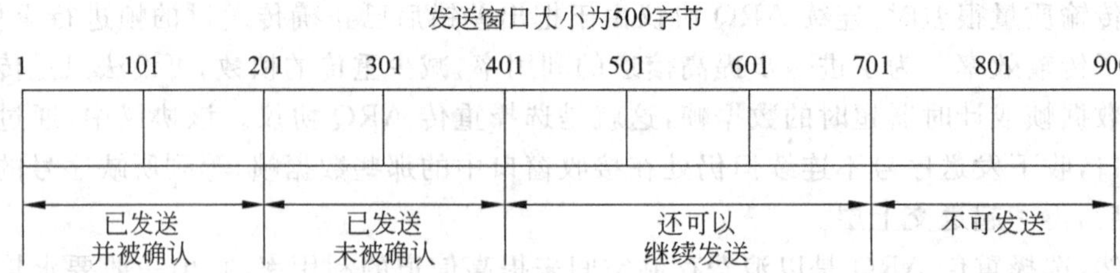

图 5-14　TCP 窗口控制

5.4.3　糊涂窗口综合征

当发送端应用进程产生数据很慢，或者接收端应用进程处理接收缓冲区数据很慢，或者二者兼而有之，就会使应用进程间传送的报文段很小，特别是有效载荷很小。例如，若 TCP 发送的报文段只包括一个字节的数据，则意味着发送 41 字节的数据报(20 字节的 TCP 首部和 20 字节的 IP 首部)才传送 1 字节的数据。数据的传送效率是 1/41，这时候网络的使用率非常低，这种现象就叫做糊涂窗口综合征。

该现象可发生在两端中的任何一端，TCP 协议在接收方和发送方都有机制来避免产生糊涂窗口综合征。发送方主要用来防止在数据段中只包含少量数据，而接收方则主要防止发送小的窗口通知给发送方。实际上，在一个连接中只需要其中一方有机制就可以避免该现象的出现，但 TCP 协议要求发送方和接收方都要实现各自的机制。这样要求是为了防止实际通信中某一方不按照该机制处理。由于 TCP 的数据传输是全双工的，任何一方既会发送数据也会接收数据，因此 TCP 协议的具体实现包含这两套机制。

下面从发送方和接收方不同的角度来讨论糊涂窗口综合征的解决方法。

1. 发送方采用的策略

基于发送方采用的启发式策略的思想是，发送方 TCP 在发送报文段之前必须等待一段时间，积聚足够多的数据量，以防止短报文段的发送，这称为组块技术(clumping)。

那么发送方的TCP应该等待多长时间才能发送报文段？如果等待时间过长，就会使整个过程产生较长的时延；如果等待时间过短，它就可能发送较小的报文段。

这里，Nagle提出了一个算法，给出了解决问题的答案，该算法主要是为发送端的TCP考虑的。在上一次传输的数据未被确认前，后续到来的数据被放到缓冲区中，等到数据足以填满一个最大长度的报文段时再发送，或者等到上一次传输的数据的确认到来时，用一个TCP报文段将缓存的字节全部发送完。

Nagle算法较为简单，可以适应不同的网络时延、不同的最大段长度以及不同应用程序速度的组合情况，而且在常规情况下不会降低网络的吞吐量。

2. 接收方采用的策略

如果接收端的TCP为处理数据很慢的应用程序服务，也会产生糊涂窗口综合征，要解决这种问题，常用的方法有两种。

(1) 延迟通告(delayed advertisement)，又称为Clark方法，主要思想是只要有数据报到达TCP就立即发送确认信息，另外送出一个窗口大小为0的通告(表明接收端的接收缓冲区已满)。等到缓冲区的可用空间达到其全部空间的一半或是能够容纳最大尺寸的报文段(MSS)时再发通告。

(2) 推迟确认(delayed acknowledgement)，这种方法是TCP推迟一段时间后再传送确认消息，直到窗口大小达到一定的量才通告窗口的可用量。也就是说，当一个报文段到达时不立即发送确认。接收端在确认收到的报文段之前一直等待，直到缓存有足够的空间为止。推迟的确认防止了发送端的TCP滑动其窗口。当发送端的TCP发送完其数据后，它就停下来了。

推迟确认的优点是能够降低通信量并提高吞吐率。而推迟确认的缺点是当确认延迟太大时，会导致不必要的重传，也会给TCP估计往返时间带来混乱。为此TCP标准规定了推迟确认的时间限度(最多500ms)，而且推荐接收方至少每隔一个报文段使用正常方式对报文段进行确认，以便尽可能准确地估计往返时间。

5.4.4 TCP的计时器

TCP为其关键功能使用计时控制，常用的计时器(也称定时器)有下面4种。

1. 重传计时器

当TCP每次传输一个报文段时，就设置一个该报文段特定的重传计时器。假如计时器在接到应答之前停止(就是说减少到0)，报文段就被认为已丢失，则重传此报文段。若在计时器截止时间到之前收到了确认，则撤销此计时器。计时器可以间接地管理网络拥塞，采用的方法是当超时出现时减慢传输率。虽然从理论上讲，当超时出现时才减小发送速率，不能很好地管理网络拥塞，但会减小对拥塞的影响。

2. 坚持计时器

坚持计时器主要是使窗口大小的信息保持不断流动，即使在另一端关闭了其接收窗口的情况下。假定有如下情况，接收方接收到一定量的数据，发现本地缓存满了，于是发送一个窗口大小为零的ACK给发送方，发送方在接收到该ACK后停止发送。一段时间后，接收方有空余的窗口，于是发送一个窗口大小非零的ACK用以更新窗口。但是，这时若确认丢失了，接收方的TCP并不知道，而是会认为它已经完成了任务，并等待着发送方TCP接着发送更多的报文段。但发送方TCP由于没有收到确认，就等待对方发送确认来通知窗口的大小。双方的TCP都在永远地等待着对方，连接将被一直保持下去。

坚持计时器正是用于解决这个问题。发送端在接收到一个窗口大小为零的ACK以后，启动坚持计时器，并定时查询窗口是否已经更新。当坚持计时器期限到时，发送端TCP就发送一个特殊的探测报文段，提醒接收端TCP确认已丢失，必须重传。正是为了防止因为ACK丢失而双方进行等待的问题，发送方用一个坚持计时器来周期性地向接收方查询。

坚持计时器的值设置为重传时间的数值。但是，若没有收到从接收端来的响应，则需发送另一个探测报文段，并将坚持计时器的值加倍和复位。如果仍未收到响应，发送端继续发送探测报文段，将坚持计时器设定的值加倍和复位，直到这个值增大到门限值(通常是60s)为止。在这以后，发送端每隔60s就发送一个探测报文段，直到窗口重新打开。

3. 保活计时器

理想状态下，一个TCP连接可以被长期保持下去。然而，在实际应用中，客户端或服务器端维持的一个看似正常的TCP连接可能已经断开了。

实际的网络应用中，两个主机之间的通信往往需要穿越多个中间节点，例如路由器、网关、防火墙等。因此，两个主机之间TCP连接的保持同样会受到中间节点的影响，尤其是会受到防火墙(软件或硬件防火墙)的限制。大部分防火墙默认会关闭长时间处于非活跃状态的连接而导致TCP连接断开。类似地，如果中间节点异常将导致来自客户端关闭连接的请求无法传递到服务器端，也将导致服务器端的相应连接断开。

另一方面，对于一个TCP连接两端的主机而言，创建TCP连接需要耗费一定的系统资源。如果不再使用某个连接，我们希望进行通信的两个主机能够主动关闭相应的连接，以便释放所占用的系统资源。然而，如果由于客户端出现异常(例如崩溃或异常重启)而导致连接未能正常关闭，这将导致服务器端的连接虽然已经断开，却永久处于打开状态。

无论是客户端节点还是服务器端节点，断开的TCP连接已经不能传递任何信息，因此，维护大量断开的TCP连接将导致系统资源的浪费。这种系统资源的浪费可能并不会对客户端节点带来太大问题。然而，对于服务器端的主机而言，TCP连接建立好以后，发送方不发送任何数据，这可能会导致服务器端系统资源被耗尽而拒绝为新的用户请求提供服务。因此在实际应用中，服务器端通常需要采取相应的方法来探测TCP连接是否已经断开。

保活功能主要就是为服务端应用程序提供的，用于确保TCP连接有效。解决问题的方法一般是在服务器端设置保活计时器。每当服务器收到客户的信息，就将计时器复位。若服务端过了2小时还没有收到客户的信息，它就发送探测报文段查看对方是否出现问题。若发送了10个探测报文段(每两个相隔75s)还没有响应，就假定客户出了故障，这时就终止该连接。

4. 时间等待计时器

时间等待计时器是在连接终止期间使用的。当TCP关闭一个连接时，它并不认为这个连接马上就真正地关闭了。在时间等待期间中,连接还处于一种中间过渡状态。该计时器用于表明过渡状态的时间长短。如果在计时器到期限时,收到预期报文,就真正关闭该连接。否则,重新进行连接关闭,多次后,强行关闭连接。这就可以使重复的 FIN 报文段(如果有的话)到达目的站因而可将其丢弃。这个计时器的值通常设置为一个报文段的寿命期待值的两倍,即 2MSL(Maximum Segment Lifetime,最大段生存时间)。

5.4.5 TCP的超时重传机制

超时重传机制是 TCP 中非常重要和复杂的技术之一,也是 TCP 协议数据传输可靠性的保证。发送端每发送一个报文段,TCP 为其保留一个副本,设定一个计时器并等待确认信息。如果计时器超时,而发送的报文段中的数据仍未得到确认,则重传这一报文段,直到发送成功为止。由此可见,重传超时时间(Retransmission Time-Out,RTO)的计算是超时重传的关键部分,TCP 要求能大致估计出当前的网络状况。

1. 超时时间的选择

在因特网中,一个数据包的发送可能是两个主机之间直接进行的,也有可能要经过很多的交换机、路由器等网络节点。不同的网络环境传输数据所需要的时间往往是不同的,一个连接所产生的路径长度和另一个连接所产生的路径长度也可能完全不一样。

因此,判断超时比较简单的方法就是指定一个固定的超时值,启动一个时间间隔为该值的计时器,计时器超时后就进行重发。这个固定值的指定可以选择传输往返时间 RTT(Round Trip Time),即所有网络上报文段的传输时间加上确认传输的时间。这个时间一过就可以确定报文段已经丢失了。但由于大多数网络的传输时间可能远远低于这个值,多等待的时间白白浪费,造成网络利用率不高。

另一种方法是选择一个较小的固定超时值,但是超时值设定太短的话则会造成很多稍有延迟的数据的重发。这样就使得发送方和接收方必须处理大量重复的数据,网络上有过多重复的数据包在传输,容易增加网络负担,降低网络传输效率甚至可能造成网络瘫痪。

2. RTT 的计算

针对网络环境的复杂性,TCP 协议以往返时间(RTT)为基础,采用了一种自适应算法确定重传时间。由于 RTT 对应不同报文段的往返有不同的时延,而且其起伏比较大,导致其不能作为重传超时的标准。因此,这里将各个报文段的往返时间样本进行加权平均,就得出报文段的平均往返时间,可以记为 SRTT,又称为平滑往返时间(Smoothed RTT)。第一次测量往返时间时,SRTT 值就取所测量到的 RTT 样本值,但以后每测量到一个新的往返时间样本,就按下面的式子重新计算一次平滑往返时间 SRTT:

$$\text{新的 SRTT} = \alpha \times (\text{旧的 SRTT}) + (1-\alpha) \times (\text{新的 RTT 样本})$$

在上式中,α 是平滑因子,范围是 $0 \leqslant \alpha < 1$。若 α 值很接近于1,表示新计算出的 SRTT 和原来的值相比变化不大,新的往返时间 RTT 样本对 SRTT 的影响不大。若选择的 α 值接近于零,则表示加权计算的 SRTT 受新的往返时间样本的影响较大。典型的 α 值为 7/8。

3. RTO的计算

计时器的重传超时时间(RTO)应略大于上面得出的SRTT,常用的公式是

$$RTO=\beta\times SRTT$$

这里β的值是一个大于1的系数。

若β取值很接近于1,发送端可及时地重传丢失的报文段,因此可以提高网络传输效率。但若将β的值选得过小,报文段并未丢失,仅仅是增加了一点时延就过早地重传,这种情况反而会加重网络的负担。

因此TCP的标准推荐将β的值取为2,重传超时时间RTO就变成SRTT的两倍,即

$$RTO=2\times SRTT$$

4. Karn算法

当网络中有重传现象发生时,发送方TCP生成了一个报文段发送出去,重传计时器到时也没有收到确认,又重传了一次该报文段,并收到一个确认。由于这两个报文段完全相同,确认报文也相同,发送方无法分辨出这个确认是针对原报文段还是重传报文段,因此出现了确认的二义性,并可能引起RTT计算上的错误。

解决上述问题可以考虑Karn算法,简单来说,在计算新的RTT时,不考虑重传报文段的RTT,即对于发生重传的数据段,在收到确认后,不要更新RTT,除非发送了一个报文段并在不需要重传时收到了确认。

Karn算法能够防止由于数据段重发造成的不正确的往返时间(RTT)的测量。该算法最初被用在分组无线电网络中,对分组丢失的问题是一种较好的解决办法。但它也有一个主要缺点,就是不能适应网络中延迟的高速变化。

5.5 TCP的拥塞控制

拥塞现象是指注入到网络中的数据量过多,使得网络来不及处理,以致引起部分乃至整个网络性能下降的现象,严重时甚至会导致网络通信业务陷入停顿。

5.5.1 拥塞现象及产生原因

1. 拥塞现象

前面提到,TCP采用了滑动窗口机制来进行流量控制。虽然通过可变窗口机制能有效地调整两台机器之间的数据流,但是它只能保证通信的端系统不会被接收的数据所淹没,窗口尺寸自身不会考虑网络上存在的拥塞情况。所以流量控制是一种局部控制机制,其参与者仅仅是发送方和接收方,它只考虑了接收端的接收能力,而没有考虑到网络的传输能力;而拥塞控制则注重于整体,其考虑的是整个网络的传输能力,是一种全局控制机制。正因为流量控制的这种局限性,从而导致了拥塞崩溃现象的发生。

这种现象跟公路网中常见的交通拥挤一样,当节假日公路网中车辆大量增加时,各种走向的车流相互干扰,使每辆车到达目的地的时间都相对增加(即延迟增加),甚至有时在某段公路上车辆因堵塞而无法开动。

网络的吞吐量与通信子网负荷(即通信子网中正在传输的分组数)有着密切的关系。

当通信子网负荷比较小时，网络的吞吐量(分组数/秒)随网络负荷(每个节点中分组的平均数)的增加而线性增加。当网络负荷增加到某一值后，若网络吞吐量反而下降，则表征网络中出现了拥塞现象。

在一个出现拥塞现象的网络中，到达某个节点的分组将会遇到无缓冲区可用的情况，从而使这些分组不得不由前一节点重传，或者需要由源节点或源端系统重传。当拥塞比较严重时，通信子网中相当多的传输能力和节点缓冲器都用于这种无谓的重传，从而使通信子网的有效吞吐量下降。由此引起恶性循环，使通信子网的局部甚至全部处于死锁状态，最终导致网络有效吞吐量接近零。

2. 拥塞现象产生的原因

互联网是由许多网络和连接设备组成的，从发送站发出的分组要经过许多的路由器才能到达最终的目的站。造成拥塞的原因有很多，下面进行简要说明。

(1) 存储空间不足。如果几个输入数据流需要同一个输出端口，那么在这个端口就会建立排队。如果没有足够的存储空间，数据包则会被丢弃。对突发数据流更是如此。增加存储空间在某种程度上可以缓解这一矛盾，但当路由器有无限存储量，拥塞只会变得更坏，而不是更好，因为在网络里数据包经过长时间排队完成转发时，它们早已超时，源端认为它们已经被丢弃，而这些数据包还会继续向下一个路由器转发，从而浪费网络资源，加重网络拥塞。

(2) 带宽容量不足。低速链路对高速数据流的输入也会产生拥塞。所有信源发送的速率 R 必须小于或等于信道容量 C。如果 $R>C$，在理论上无差错传输则是不可能的。所以在网络低速链路处就会形成带宽瓶颈，当其满足不了通过它的所有源端带宽的要求时，网络就会发生拥塞。

(3) 处理器处理能力弱、速度慢。如果路由器的 CPU 在执行排队缓存、更新路由表等功能时，处理速度跟不上高速链路，也会产生拥塞。

要避免拥塞的发生，需对以上几点原因进行综合考虑。例如，低速链路对高速 CPU 也会产生拥塞，提高链路速率而不改变处理器，只会转移网络瓶颈，而不能避免拥塞。因此，拥塞往往也是系统各部分不匹配的结果。拥塞一旦发生，往往会不断加重，形成一个恶性循环。如果路由器没有空余的缓存，那么它就必须丢弃新到的数据包。当数据包被丢弃时，源端会因超时而重传该包。由于没有得到确认，源端只能保留数据包，结果缓存会进一步消耗，并加重拥塞。

5.5.2 TCP 拥塞控制算法

一般来说，拥塞控制算法包括拥塞避免和拥塞控制。拥塞避免是一种预防措施，维持网络的高吞吐量、低延迟状态，避免进入拥塞。而拥塞控制则是一种恢复措施，使网络从拥塞中恢复过来，进入正常的运行状态。

为了防止网络的拥塞现象，TCP 加入了一系列的拥塞控制机制。最初由 Van Jacobson 在 1988 年的论文中提出的 TCP 的拥塞控制由慢启动(slow start)和拥塞避免(congestion avoidance)组成，后来 TCP Reno 版本中又有针对性地加入了快速重传(fast retransmit)、快速恢复(fast recovery)算法，再后来在 TCP NewReno 中又对快速恢复算法进行了改进，近些年又出现了选择性应答(Selective ACKnowledgement，SACK)算法，还有其他方面的一些改进，成为网络研究的一个热点。

提到 TCP 的拥塞控制，其主要原理依赖于一个拥塞窗口(congestion window，cwnd)和一个接收端窗口(receiver window，rwnd)。接收端窗口又称为通知窗口，这是接收端根据其目前的接收缓存大小所许诺的最新的窗口值，是来自接收端的流量控制。接收端将此窗口值放在 TCP 报文的首部中的窗口字段，传送给发送端。拥塞窗口是发送端根据自己估计的网络拥塞程度而设置的窗口值，是来自发送端的流量控制。

窗口值的大小就代表能够发送出去的但还没有收到 ACK 的最大数据报文段，显然，窗口越大，数据发送的速度也就越快，但是也越有可能使得网络出现拥塞，如果窗口值为1，那么就简化为一个停止-等待协议，每发送一个数据，都要等到对方的确认才能发送第二个数据包，显然数据传输效率低下。TCP 的拥塞控制算法就是要在这两者之间权衡，选取最好的 cwnd 值，从而使得网络吞吐量最大化且不产生拥塞。

由于需要考虑拥塞控制和流量控制两个方面的内容，因此 TCP 真正的发送窗口应等于 min(rwnd，cwnd)。但是 rwnd 是由对方一端确定的，网络环境对其没有影响，所以在考虑拥塞的时候一般不考虑 rwnd 的值，暂时只讨论如何确定 cwnd 值的大小。关于 cwnd 的单位，在 TCP 中是以字节为单位，假设 TCP 每次传输都是按照 MSS 大小来发送数据的，因此认为 cwnd 按照数据包个数来做单位也可以理解，所以有时认为 cwnd 增加1也就相当于字节数增加 1 个 MSS 大小。

1. 慢启动

最初的 TCP 在连接建立成功后会向网络中发送大量的数据包，这样很容易导致网络中路由器缓存空间耗尽，从而发生拥塞。因此新建立的连接不能够一开始就大量发送数据包，而只能根据网络情况逐步增加每次发送的数据量，以避免上述现象的发生。

也就是说，在刚建立的 TCP 连接上，或在超时后重新启动数据传输的时候，以一个 MSS 作为拥塞窗口的初始值，每当收到一个确认之后，将拥塞窗口增加 1 个 MSS，直至发生超时。

具体来讲，当新建连接时，cwnd 初始化为 1 个最大报文段(MSS)大小，发送端开始按照拥塞窗口大小发送数据，每当有一个报文段被确认，cwnd 就增加 1 个 MSS 大小。这样 cwnd 的值就随着网络往返时间(RTT)呈指数级增长，事实上，慢启动的速度一点也不慢，只是它的起点比较低而已。可以进行一下计算，在刚开始时，cwnd=1；经过 1 个 RTT 后，cwnd=2×1=2；经过两个 RTT 后，cwnd=2×2=4；经过 3 个 RTT 后，cwnd=4×2=8。一段时间后，源端向网络中发送的数据量将急剧增加。如果带宽为 W，那么经过 $\text{RTT}\times\log_2 W$ 时间就可以占满带宽。

2. 拥塞避免

从慢启动可以看到，cwnd 可以很快地增长上来，从而最大程度地利用网络带宽资源，但是 cwnd 不能一直这样无限增长下去，一定需要某个限制。TCP 使用了一个叫慢启动门限(ssthresh)的变量，当 cwnd 超过该值后，慢启动过程结束，进入拥塞避免阶段。对于大多数 TCP 实现来说，ssthresh 的值是 65 536(以字节计算)。拥塞避免的主要思想是加法增大的方法，也就是 cwnd 的值不再指数级往上升，开始加法增大。此时当窗口中所有的报文段都被确认时，cwnd 的大小加 1，cwnd 的值就随着 RTT 开始线性增加，这样就可以避免增长过快导致网络拥塞，慢慢地增加调整到网络的最佳值。

上面讨论的两个机制都是没有检测到拥塞的情况下的行为，那么当发现拥塞时 cwnd 又该如何去调整呢？

首先来看 TCP 是如何确定网络进入了拥塞状态的，TCP 认为网络拥塞的主要依据是它重传了一个报文段。上面提到过，TCP 对每一个报文段都有一个计时器，称为重传计时器，当重传计时器超时且还没有得到数据确认，那么 TCP 就会对该报文段进行重传，当发生超时时，出现拥塞的可能性就很大，某个报文段可能在网络中某处丢失，并且后续的报文段也没有了消息，在这种情况下，TCP 则会给出比较明显的反应：

(1) 把 ssthresh 降低为 cwnd 值的一半。

(2) 把 cwnd 重新设置为 1。

(3) 重新进入慢启动过程。

图 5-15 用具体数值说明了拥塞控制的过程。从整体上来讲，TCP 拥塞控制窗口变化的原则是加法增大、乘法减小。所谓乘法减小，即每发生一次超时事件，就将当前的拥塞窗口减半(最小不低于 1 个 MSS)。而加法增大，即当拥塞窗口内的报文段都在预定的时间内被确认(没有超时发生)时，拥塞窗口增大一个 MSS。可以看出 TCP 的该原则可以较好地保证数据流之间的公平性，因为一旦出现丢包，那么立即减半退避，可以给其他新建的数据流留有足够的空间，从而保证整个网络的公平性。

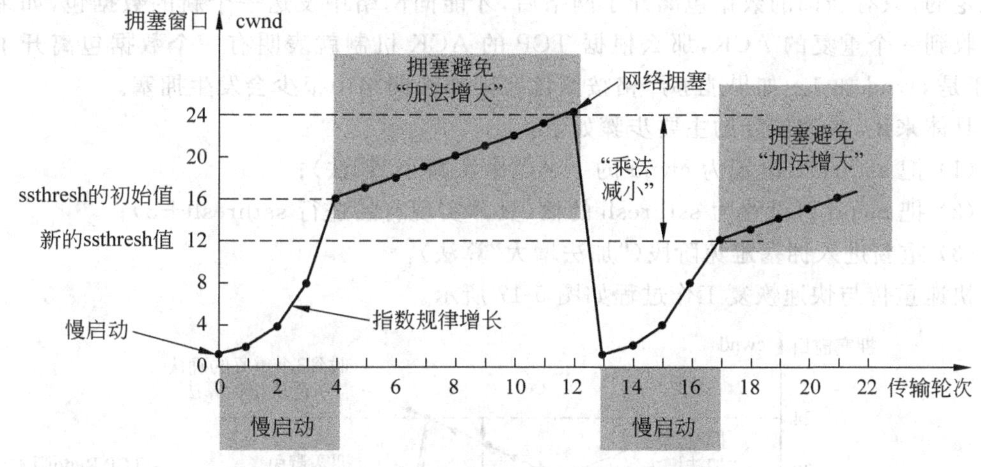

图 5-15 慢启动和拥塞避免算法的实现

3. 快速重传

快速重传算法要求接收方对于每个到达的 TCP 报文段都要给予响应，对于没有按正常顺序到达的报文段，只要差错检测正确都接收下来，并发送一个重复确认。发送方在收到 3 个重复确认后开始重传丢失的数据段；接收方收到重传的数据段后，发送累积确认。其工作原理如图 5-16 所示。

4. 快速恢复

后来的快速恢复算法是在上述快速重传算法后添加的，当收到 3 个重复 ACK 时，

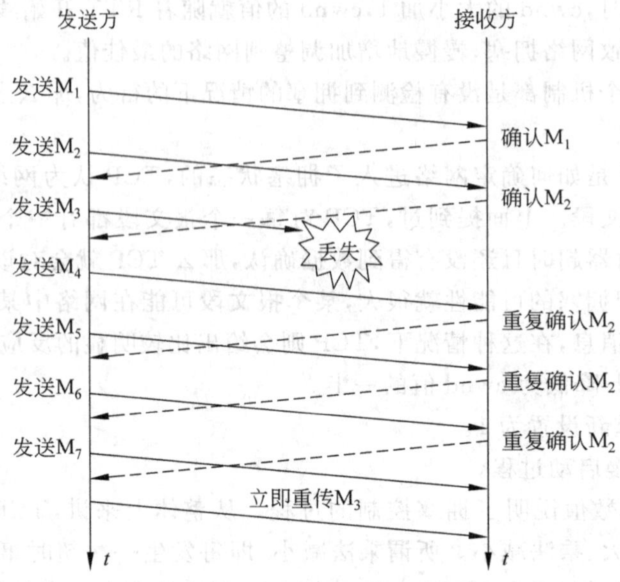

图 5-16 快速重传示意图

TCP 最后进入的不是拥塞避免阶段，而是快速恢复阶段。快速重传和快速恢复算法一般同时使用。快速恢复的思想是“数据包守恒”原则，即同一个时刻在网络中的数据包数量是恒定的，只有当旧的数据包离开了网络后，才能向网络中发送一个新的数据包，如果发送方收到一个重复的 ACK，那么根据 TCP 的 ACK 机制就表明有一个数据包离开了网络，于是 cwnd 加 1。如果能够严格按照该原则那么网络中很少会发生拥塞。

具体来说，快速恢复的主要步骤如下：

(1) 把 ssthresh 设置为 cwnd 的一半（“乘法减小”算法）；

(2) 把 cwnd 再设置为 ssthresh 的值（具体实现有的进行 ssthresh＋3）；

(3) 重新进入拥塞避免阶段（“加法增大”算法）。

快速重传与快速恢复工作过程如图 5-17 所示。

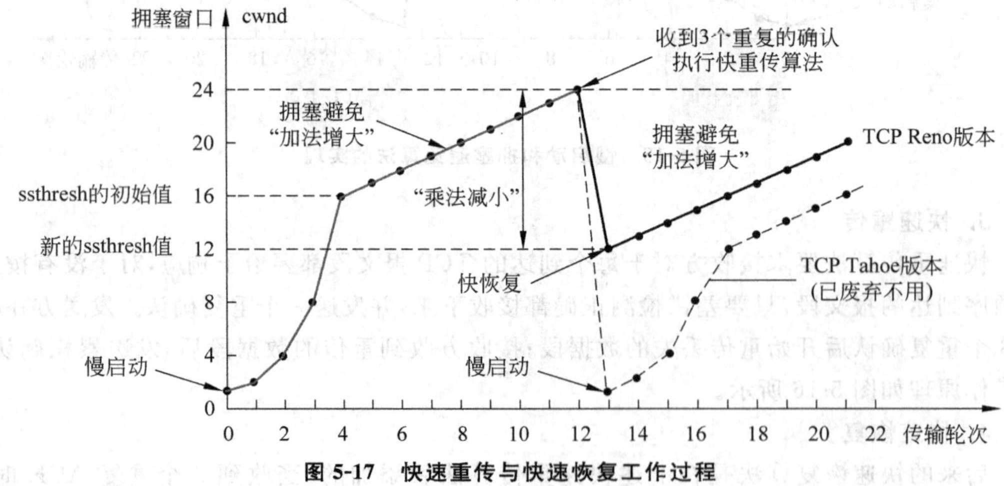

图 5-17 快速重传与快速恢复工作过程

5.6 TCP的传输连接管理

TCP是面向连接的协议,连接的建立和释放是每一次面向连接的通信中必不可少的过程。双方通信之前,先建立一条连接,然后双方就可以在其上发送数据流。数据发送完后需关闭释放连接。

5.6.1 TCP连接的建立

在建立连接时,为了防止源或目的站发出的用于建立连接的TCP报文段丢失,采用了三次握手协议。TCP连接可以由任何一方发起,也可以由双方同时发起。一旦一台主机上的TCP已经主动发起连接请求,运行在另一台主机上的TCP就被动地等待握手。图5-18说明了利用三次握手协议建立连接的过程。

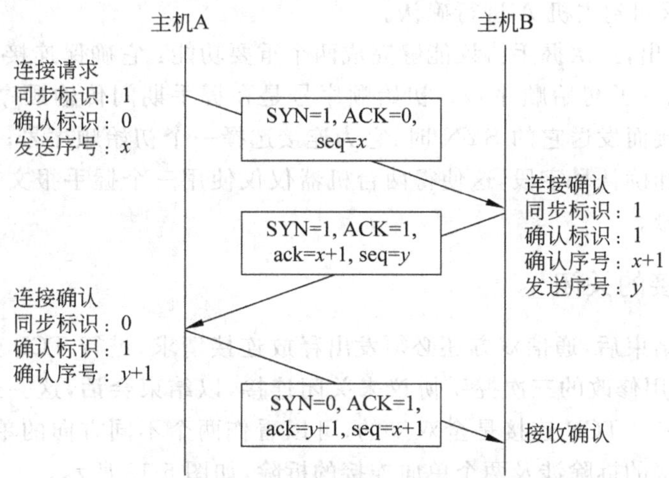

图5-18 三次握手建立TCP连接

首先主机B运行一个服务进程,用于TCP准备接受客户的连接请求。服务器处于监听的状态,不断检测是否有客户发起连接请求,如有则做出响应。

然后主机A的TCP向主机B的TCP发出连接请求报文,报文中同步标识SYN为1,确认标识ACK为0,发送序号seq为x。

主机B的TCP收到连接请求报文后,如同意则发回确认,确认报文中同步标识SYN为1,确认标识ACK为1,确认序号ack为$x+1$,发送序号seq为y。TCP规定,SYN=1的报文段不能携带数据,但要消耗掉一个发送序号。

最后主机A的TCP收到确认后还要向B发出确认报文,报文中同步标识SYN为0,确认标识ACK为1,确认序号ack为$y+1$,发送序号seq为$x+1$。此确认报文可携带数据,如携带数据就要消耗发送序号。

主机A收到B的$x+1$确认后,通知其上层应用进程,连接建立成功,可以发送数据。

主机B收到A的$y+1$确认后,通知其上层应用进程,即连接建立成功,开始发送、接收数据。其中 x、y 为连接报文中的发送序号，可以任意选择，如 x 为 50，y 为 200。

采用三次握手协议主要是为防止已失效的连接请求报文、引起错误的连接等待。

假设采用两次握手建立连接，主机 A 向主机 B 发出连接请求报文 1，请求报文 1 因在某些节点滞留时间太长，主机 A 在一定时间内没有等到主机 B 的确认回复，于是主机 A 又向主机 B 重复发出连接请求报文 2。主机 B 很快收到并及时回复，连接建立成功。

而连接报文 1 延误一段时间后，此时到达主机 B，主机 B 并不知道此报文为已失效的请求报文，误认为是又一次新的连接请求，同意建立连接，向主机 A 发出确认报文，并等待 A 数据的发送。这时主机 A 不会理睬主机 B 的确认，也不向 B 发送数据和回复，而主机 B 在另一端一直等待数据，资源就白白地浪费了。采用三次握手可以避免上述情况的发生。

连接建立成功以后，就可以开始传送数据了。TCP 发送报文时将所要传送的整个报文看成是一个个字节组成的数据流，对每一个字节编一个序号。对于图中的主机 A 将报文一段一段地以递增的序号将其封装，并发送到主机 B，主机 B 接收到报文后，以序号加 1 的确认数据报返回到主机 A 进行确认。

因此，可以看出，三次握手协议能够完成两个重要功能：它确保连接的双方做好传输准备，并使双方统一了初始顺序号。初始顺序号是在握手期间传输顺序号并获得确认：当一端为建立连接而发送它的 SYN 时，它为连接选择一个初始顺序号；每个报文段都包括了顺序号字段和确认号字段，这使得两台机器仅仅使用三个握手报文就能协商好各自的数据流的顺序号。

5.6.2 TCP 连接的关闭

在数据传输结束后，通信双方还必须发出释放连接请求，进行 TCP 连接的拆除或关闭。TCP 协议使用修改的三次握手协议来关闭连接，以结束会话，这一过程也称四次握手（或称四次挥手）。TCP 连接是全双工的，可以看作两个不同方向的单工数据流传输。所以一个完整连接的拆除涉及两个单向连接的拆除，如图 5-19 所示。

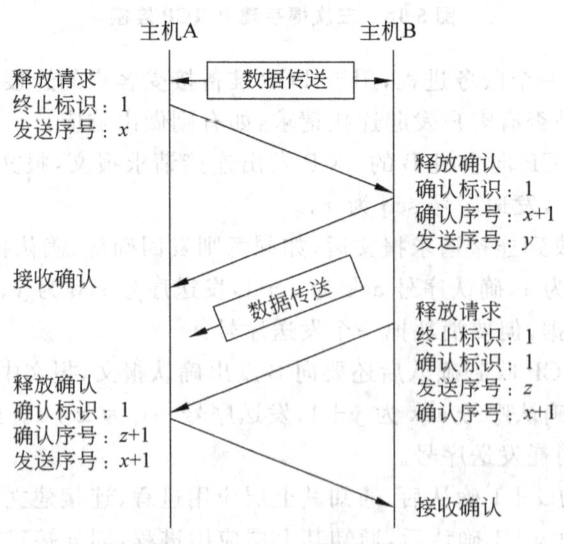

图 5-19 TCP 连接的释放

首先主机 A 的应用进程向其 TCP 发出连接释放请求，并且不再将数据传送给传输层，主机 A 的 TCP 向主机 B 发送连接释放报文，报文中的终止标识 FIN 为 1，发送序号 seq 为 x（等于前面已传送过的数据的最后一个字节序号加 1）。主机 B 的 TCP 收到释放连接的通知后，即发出确认，确认标识 ACK 为 1，确认序号 ack 为 $x+1$，发送序号 seq 为 y（等于 B 前面已传送过的数据的最后一个字节序号加 1）。同时通知高层的应用进程，接收数据结束。A 收到确认后，从 A 到 B 的连接就释放了，此时的连接处于半关闭状态，相当于主机 A 向主机 B 说"我已经没有数据需要传送，若你还发送数据，我仍接收"。即主机 B 不再接收数据，但 B 可以发送数据到 A。

如果主机 B 的数据已发送完毕，需彻底释放连接，还必须发送连接释放报文，报文中的终止标识 FIN 为 1，发送序号 seq 为 z（等于前面已传送过的数据的最后一个字节序号加 1），并且必须重复上次发出的确认序号 $x+1$。主机 A 的 TCP 收到释放连接的通知后，即发出确认，报文中的确认标识 ACK 为 1，确认序号为 $z+1$，发送序号 seq 为 $x+1$。这样才将 B 到 A 的连接释放掉，即整个连接全部释放。

从一方的 TCP 来说，连接的关闭有 3 种情况：

第一种情况是本方启动关闭。收到本方应用进程的关闭命令后，TCP 在发送完尚未处理的报文段后，发终止标识为 1 的报文段给对方，记为 FIN＝1，且 TCP 不再受理本方应用进程的数据发送。在该终止报文段以前发送的数据字节，包括 FIN，都需要对方确认，否则要重传。这里也占一个顺序号。一旦收到对方对 FIN 的确认以及对方的 FIN 报文段，本方 TCP 就对该 FIN 进行确认，再等待一段时间，然后关闭连接。等待是为了防止本方的确认报文丢失，避免对方的重传报文干扰新的连接。

第二种情况是对方启动关闭。当 TCP 收到对方发来的 FIN 报文时，发 ACK 确认此 FIN 报文，并通知应用进程连接正在关闭。应用进程将以关闭命令响应。TCP 在发送完尚未处理的报文段后，发一个 FIN 报文给对方 TCP，然后等待对方对 FIN 的确认，收到确认后关闭连接。若对方的确认未及时到达，在等待一段时间后也关闭连接。

第三种情况是双方同时启动关闭。连接双方的应用进程同时发关闭命令，则双方 TCP 在发送完尚未处理的报文段后，发送 FIN 报文。各方 TCP 在 FIN 前所发报文都得到确认后，发送 ACK 确认它收到的 FIN。各方在收到对方对 FIN 的确认后，同样等待一段时间再关闭连接，这称之为同时关闭。

5.6.3 TCP 状态转换

理解 TCP 的状态转换对排除和定位网络或系统故障往往能提供较大的帮助。借助表 5-3 列出的各种状态及描述和图 5-20 给出的 TCP 的状态转换图，可以认识一下 TCP 每个状态的变化。

1. 建立连接的三次握手

(1) 响应端首先执行 LISTEN 原语进入被动打开状态(LISTEN)，等待请求端连接。

(2) 当请求端的一个应用程序发出 CONNECT 命令后，本地的 TCP 实体为其创建一个连接记录并标记为 SYN-SENT 状态，然后给响应端发送一个 SYN 报文段。

表 5-3 TCP 状态表

状　态	描　述
LISTEN	侦听对方 TCP 端口的连接请求
SYN-SENT	在发送连接请求后等待对方的连接确认
SYN-RCVD	在收到对方的连接请求后发送一个连接确认,并等待对方的连接确认
ESTABLISHED	已建立连接
FIN-WAIT-1	发出关闭连接请求后等待对方的确认
FIN-WAIT-2	本方先关闭连接后等待对方的关闭连接请求
CLOSE-WAIT	对对方的主动关闭连接请求确认,并进入半关闭状态
CLOSING	双方同时发出关闭连接请求后等待对方的确认
LAST-ACK	发出关闭连接请求后等待对方的最后确认
TIME-WAIT	发出最后关闭连接确认后,等待足够的时间以确保对方能够接收到最后的确认
CLOSED	没有任何连接状态

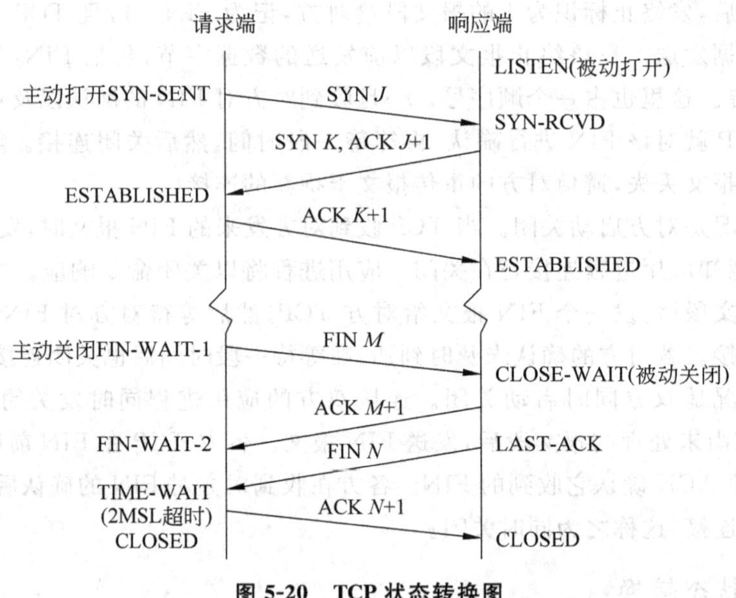

图 5-20　TCP 状态转换图

(3) 响应端收到一个 SYN 报文段,其 TCP 实体给请求端发送确认 ACK 报文段同时发送一个 SYN 信号,进入 SYN-RCVD 状态。

(4) 请求端收到 SYN+ACK 报文段,其 TCP 实体给响应端发送出三次握手的最后一个 ACK 报文段,并转换为 ESTABLISHED 状态。

(5) 响应端收到确认的 ACK 报文段,完成了三次握手,于是也进入 ESTABLISHED 状态。

在此状态下,双方可以自由传输数据。

2. 关闭释放连接的四次挥手

当一个应用程序完成数据传输任务后，它需要关闭TCP连接。假设仍由请求端发起主动关闭连接。

(1) 请求端执行CLOSE原语，本地的TCP实体发送一个FIN报文段并等待响应端的确认(进入状态FIN-WAIT-1)。

(2) 响应端收到一个FIN报文段，它确认请求端的请求并发回一个ACK报文段，进入CLOSE-WAIT状态。

(3) 请求端收到确认ACK报文段，就转移到FIN-WAIT-2状态，此时连接在一个方向上就关闭了。

(4) 响应端完成数据传输后，执行CLOSE原语关闭另一个方向的连接，其本地TCP实体向请求端发送一个FIN报文段，并进入LAST-ACK状态，等待最后一个ACK确认报文段。

(5) 请求端收到FIN报文段并确认，进入TIME-WAIT状态，此时双方连接均已关闭，但TCP要等待一个2倍报文段最大生存时间(2MSL)，确保该连接的所有分组全部消失，以防止出现确认丢失的情况。当计时器超时后，TCP删除该连接记录，返回到初始状态(CLOSED)。

(6) 响应端收到最后一个确认ACK报文段，其TCP实体便释放该连接，并删除连接记录，返回到初始状态(CLOSED)。

习　题

1. 单项选择题

(1) 网络层提供的服务使传输层(　　)了解网络中的数据传输和交换技术。

A. 需要　　B. 需要或不需要　　C. 不需要　　D. 以上都不正确

(2) 端点之间的通信是依靠(　　)之间的通信实现的。

A. 通信子网中的节点　　B. 资源子网中的节点　　C. 通信子网间的端点　　D. 资源子网间的端点

(3) 传输层中3种类型的网络服务以(　　)型质量最高。

A. A　　B. B　　C. C　　D. 3种类型一样

(4) 传输层服务中，5种协议类别中(　　)提供最简单的传输连接。

A. 0　　B. 1　　C. 2和3　　D. 4

(5) 下面关于UDP的说法错误的是(　　)。

A. UDP是面向无连接的

B. UDP使用尽力投递的方式传送数据报，不保证可靠交付

C. UDP报头短且简单，负载消耗少，数据传输快

D. UDP具有拥塞管理和流量控制机制

(6) TCP 中滑动窗口的值设置太小,对主机的影响是(　　)。

A. 传输时延加大,并产生过多的 ACK

B. 会改善传输速率

C. 会减少 ACK 数目

D. 会改善传输并产生较少的 ACK 数目

(7) TCP 中紧急数据需要紧急指针字段以及将(　　)字段中的 URG 置 1。

A. 标志码位　　B. 偏移　　C. 序号　　D. 保留

(8) 主机可以由(　　)来标识,而在主机上正在运行的程序可以用(　　)来标识。

A. IP 地址,端口号　　B. 端口号,IP 地址

C. IP 地址,主机地址　　D. IP 地址,熟知地址

(9) 以下关于 TCP 协议的叙述中,不正确的是(　　)。

A. TCP 协议的连接服务提供全双工的服务方式

B. TCP 协议把通过连接而传送的数据看成是字节流

C. 在存储转发的包交换中采用了超时重发的机制

D. 传输连接建立采用了五次握手的方法

(10) HTTP 服务常用端口号一般是(　　)。

A. 80　　B. 25　　C. 23　　D. 21

(11) TCP 使用(　　)进行差错检测。

A. 校验和　　B. 确认　　C. 超时　　D. 以上三项

(12) 下列关于 TCP 和 UDP 的描述正确的是(　　)。

A. TCP 和 UDP 均是面向连接的

B. TCP 和 UDP 均是无连接的

C. TCP 是面向连接的,UDP 是无连接的

D. UDP 是面向连接的,TCP 是无连接的

(13) 当(　　)计时器截止时间到,发送 TCP 就发送叫做探测报文段的特殊报文段。

A. 重传　　B. 坚持　　C. 保活　　D. 时间等待

(14) 使用(　　)计时器可防止两个 TCP 之间的连接长时间空闲。

A. 重传　　B. 坚持　　C. 保活　　D. 时间等待

(15) 为避免发送端因发送数据的速率非常低而产生的糊涂窗口综合征,可使用(　　)。

A. Clark 解决方法　B. Nagle 算法　　C. 延迟的确认　　D. A 或 C

(16) 连接建立要用到(　　)握手,连接终止要用到(　　)握手。

A. 一次,二次　　B. 二次,三次　　C. 三次,三次　　D. 三次,四次

2. 填空题

(1) ________层位于低/高层之间,是高层与低层衔接的一个接口层,起承上启下作用,可弥补、加强________层提供的服务。

(2) 接收方收到有差错的 UDP 用户数据报时直接________。

(3) 套接字是计算机的________加上 TCP 软件使用的________构成的。

(4) 应用程序分割为 TCP 认为最合适发送的数据块。由 TCP 传递给 IP 的信息单位叫做________。

(5) 一个 TCP 连接由________和________组成。

(6) TCP 负责________到________的通信。

(7) TCP 的首部长度需要设置,因为任选字段长度是可变的,首部最多有________个字节。

(8) TCP 提供了连接的一端在结束它的发送后还能接收来自另一端数据的能力,这就是 TCP 的________。

(9) 报文段被丢弃前在网络中的最长时间称为________。

(10) 流量控制是一种________控制机制,其参与者仅仅是发送方和接收方,它只考虑了接收端的接收能力,而没有考虑到网络的传输能力;而拥塞控制则注重于整体,其考虑的是整个网络的传输能力,是一种________控制机制。

(11) 包含 UDP 报头和数据域的 UDP 报文在网络中传输时先要封装到________。

(12) 滑动窗口协议用于传输层是为了在________之间实现流量控制,而用于数据链路层是为了在________之间实现流量控制。

3. 简答题

(1) 简述传输层的功能特点。网络层提供数据报或虚电路服务对传输层有何影响?

(2) UDP 数据报的报头有几个字段?为什么不包含目的地址和源地址?

(3) UDP 数据报的伪报头有什么作用? UDP 提供了什么样的可靠性措施?

(4) 一个 UDP 用户数据报的首部十六进制表示是 06 32 00 45 00 1C E2 17,求源端口、目的端口、用户数据报的总长度、数据部分长度。这个用户数据报是从客户发送给服务器还是服务器发送给客户?使用 UDP 的这个服务器程序是什么?

(5) 什么是 TCP 协议? TCP 数据报的报头结构有哪些字段?

(6) TCP 协议和 UDP 协议有什么相同点和不同点?为什么在 TCP 首部中有一个首部长度字段,而 UDP 的首部中没有这个字段?

(7) 试描述滑动窗口状态变化过程。

(8) TCP 协议进行流量控制是采用什么机制来实现的?

(9) 通告窗口在 TCP 流量控制中起什么作用?

(10) 什么是 TCP 的数据流和报文段? TCP 对什么进行编号?

(11) 一个 TCP 报文段的数据部分最多为多少个字节?为什么?如果用户要传送的数据的字节长度超过 TCP 报文字段中的序号字段可能编出的最大序号,还能否用 TCP 来传送?

(12) 主机 A 向主机 B 发送 TCP 报文段,首部中的源端口是 m 而目的端口是 n。当 B 向 A 发送回信时,其 TCP 报文段的首部中源端口和目的端口分别是什么?

(13) 什么是拥塞?其主要特点是什么?拥塞控制的目的是什么?

(14) 在 TCP 连接上,主机的发送窗口大小为 64KB,线路往返时间为 50ms,则主机能达到的最大信息传输速率是多少?

(15) TCP 为何使用坚持计时器?

(16) TCP 拥塞控制主要采用哪几种技术?

(17) TCP 为什么要使用自适应算法计算 RTO?

(18) 什么是最大报文段长度(MSS)?选择合适的 MSS 有什么困难?应如何选择?

(19) 为什么说 TCP 是面向连接的?TCP 的连接如何建立和释放?

(20) Karn 算法提出的原因是什么?

第6章 因特网技术与应用

随着网络应用的普及和因特网技术的迅猛发展，利用因特网已作为21世纪人类的一种新的生活方式而逐步深入到寻常百姓家，本章讲述因特网的应用及其基本理论。

6.1 因特网的产生及主要应用

因特网起源于美国。在某种意义上，因特网可以说是美苏冷战的产物。当时美国国防部认为：如果仅有一个集中的军事指挥中枢，万一这个中枢被苏联的核武器摧毁，全国的军事指挥将处于瘫痪状态，其后果将不堪设想。因此，有必要设计出一种分散的指挥系统。它由一个个分散的指挥点组成，当部分指挥点被摧毁后，其他指挥点仍能正常工作，并且这些指挥点之间能够绕过那些已被摧毁的指挥点而继续保持联系。为了对这一构思进行验证，美国国防部的高级研究计划署(Advanced Research Projects Agency，ARPA)将不同地域、不同型号的计算机和局域网络以同一种协议连接起来以进行信息交流。这就是因特网的前身ARPANET(阿帕网)，于1969年建立的军用网络，ARPANET是第一个分组交换网(并不是一个互联的网络)，所有连接在ARPANET上的主机都直接与就近的节点交换机相连。由于这个计划十分诱人，美国的政府部门、各个大学和商业组织都参与其中，但是，随着加入的主机越来越多，人们逐渐认识到不可能仅使用一个单独的网络来满足所有的通信问题。于是ARPA开始研究多种网络互联的技术，这就导致互联网的出现，这样的互联网就成为因特网的雏形。1983年，TCP/IP协议成为ARPANET上的标准协议，使得所有使用TCP/IP协议的计算机都能利用互联网相互通信，因而人们就把1983年作为因特网的诞生时间。

因特网的最初用户一般只限于科学研究和学术领域，其目的是进行研究和教育，而不是谋求利润。20世纪80年代末到90年代初，因特网上的商业活动开始缓慢发展。1991年，美国成立商业网络交换协会，允许在因特网上不加限制地选取商业信息。各公司也逐渐意识到因特网在产品推销、大众联系、信息传播及电子商贸等方面的价值，因特网上的商业应用迅速发展。商业应用的推动，使因特网发展更迅猛、规模不断扩大，用户不断增加，应用不断拓展，技术不断更新，使因特网几乎深入社会生活的每个角落，成为一种全新的工作、学习和生活方式。

到目前为止，因特网并不属于任何国家或组织所有，因特网也不再仅仅是一种资源共享、数据通信和信息查询的手段，已经逐渐成为人们了解世界、讨论问题、购物休闲，乃至从事跨国学术研究、商贸活动、接受教育、结识朋友的重要途径。一些国家甚至开始利用因特网广泛的覆盖面和深刻的影响力，在政治、军事等领域开展工作，传播其意识形态和行为方式。现在的因特网是世界上规模最大、用户最多、影响最广的网络，它已经覆盖上百个国家和地区，连接数千个网络，含有几百万台的计算机和数以千万计的用户。这些数据还在以惊人的速度增长。

因特网采用的 TCP/IP 协议集把整个网络分成 4 层，如图 6-1 所示，包括网络接口层、网际层、传输层和应用层。可以看出，TCP/IP 协议集是对 ISO/OSI 的简化，其主要功能集中在 OSI 的第三层和第四层，通过增加软件模块来保证和已有系统的最大兼容性，其中应用层主要包括下列内容。

(1) DNS 协议：域名系统(Domain Name System，DNS)，负责域名和 IP 地址的映射。

(2) HTTP 协议：超文本传输协议(Hyper Text Transfer Protocol，HTTP)，提供万维网浏览服务。

(3) FTP 协议：文件传输协议(File Transfer Protocol，FTP)，提供应用级的文件传输服务。

(4) SMTP 协议：简单邮件传输协议(Simple Mail Transfer Protocol，SMTP)，提供简单的电子邮件交换服务。

(5) DHCP 协议：动态主机配置协议(Dynamic Host Configuration Protocol，DHCP)，提供自动分配 IP 地址等服务。

(6) TELNET 协议：远程终端协议，提供远程登录服务。

(7) SNMP 协议：简单网络管理协议(Simple Network Management Protocol，SNMP)，提供网络管理功能。

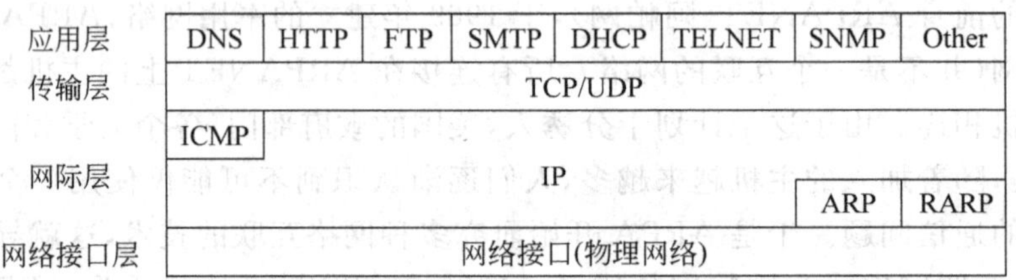

图 6-1 TCP/IP 协议集

在因特网应用层中，许多协议都是基于客户/服务器方式的，这里做一说明，客户(client)和服务器(server)都是指通信中所涉及的两个应用进程，客户/服务器方式所描述的是进程之间服务和被服务的关系，客户是服务请求方，服务器是服务提供方。不同的协议使用不同的端口号来区分这些服务，这些端口号和使用的传输层协议都有统一的规定，不同服务所使用的端口在前面 TCP 部分已经介绍，这里就不再赘述。

6.2 域名系统

6.2.1 域名地址的构成

IP 地址在因特网中是一个十分重要的概念，因特网的许多服务和特点都是通过 IP

地址体现出来的。但长达 32 位的二进制 IP 地址是很难记忆的，即使是点分十进制的 IP 地址也并不便于记忆和使用。就像人们希望记住某个人的名字，而不愿意记住这个人的身份证号一样。所以，因特网引入了分布式管理的域名系统(DNS)。

DNS 的主要功能有两个：一是定义了一组为网上主机定义域名的规则；二是将域名转换成实际的 IP 地址。另外，域名也具有广告宣传作用，也便于网络管理和维护，因为主机的 IP 地址是随网络变化的，但域名可以保持不变。

早期的因特网使用了非等级的名字空间，其优点是名字简短。但当因特网上的用户数急剧增加时，用非等级的名字空间来管理一个很大的而且是经常变化的名字集合就非常困难。因此，在 1983 年因特网采用了树状层次结构的命名方法。采用这种命名方法，任何一个连接在因特网上的主机或路由器都有一个唯一的层次结构的名字，即域名(domain name)。域(domain)是名字空间中一个可被管理的划分。域还可以划分为子域，而子域还可继续划分为子域的子域，这样就形成了顶级域、二级域、三级域等。

从语法上讲，每一个完整的域名都是由多个子域名组成的，而每个子域名之间用句点作分隔符，从右到左分别是顶级域名、二级域名、三级域名、四级域名。

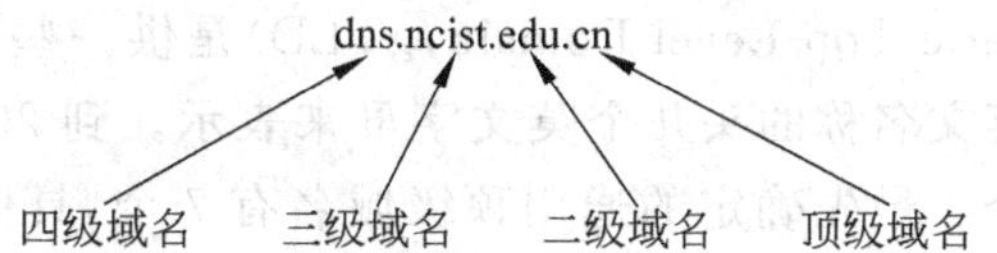

如上面的域名就是中国(cn)教育科研网(edu)上华北科技学院校园网(nicst)内的域名服务器(dns)主机的域名，它由 4 部分组成，其中 cn 是顶级域名，edu 是二级域名，ncist 是三级域名，dns 是四级域名。通常情况下二级域名又被称为机构名，三级域名被称为网络名，四级域名被称为主机名。

DNS 在最初规定，域名中的子域名都由英文字母和数字组成，后来为促进互联网在非英文国家和地区的普及，可以在域名中出现非英文字符，因此出现了中文域名等域名。在域名中每一个子域名不超过 63 个字符(但为了记忆方便，最好不超过 12 个字符)，也不区分大小写(例如，ncist 和 NCIST 在域名中是等效的)，子域名中除连字符(-)外不能用其他的标点符号。级别最低的域名写在最左边，而级别最高的域名则写在最右边。由多个子域名组成的完整域名总共不超过 255 个字符。各级域名由其上一级的域名管理机构管理，而最高的顶级域名则由互联网名称与数字地址机构(The Internet Corporation for Assigned Names and Numbers，ICANN)进行管理。用这种方法可使每一个域名在整个因特网范围内是唯一的，并且也容易设计出一种查找域名的机制。

据 2012 年 5 月的统计，现在的顶级域名(Top Level Domain，TLD)已有 326 个，顶级域名共分为三大类。

1. 国家和地区顶级域名(nTLD)

国家顶级域名又常记为 ccTLD(cc 代表国家代码 country-code)，到 2012 年 5 月为止，国家和地区顶级域名总共 296 个，常见的国家和地区顶级域名如表 6-1 所示。

表 6-1 国家和地区顶级域名(部分)

代码	国家或地区	代码	国家或地区
au	澳大利亚	be	比利时
fl	芬兰(共和国)	de	德国
ie	爱尔兰	it	意大利
nl	荷兰(共和国)	ru	俄罗斯联邦
es	西班牙	ch	瑞士
uk	英国	mo	中国澳门
ca	加拿大	sg	新加坡
fr	法国	in	印度
il	以色列	jp	日本
hk	中国香港	tw	中国台湾
cn	中国	us	美国

2. 通用顶级域名

通用顶级域名(generic Top-Level Domain,gTLD)是供一些特定组织使用的顶级域名,通常以其代表组织英文名称的头几个英文字母来表示。到 2006 年为止,通用顶级域名的总数已经达到 20 个。最先确定的通用顶级域名有 7 个,具体如表 6-2 所示,以后又陆续增加了 13 个通用顶级域名,具体如表 6-3 所示。

表 6-2 通用顶级域名

域名	含 义	域名	含 义
com	商业机构	mil	军事机构(美国专用)
edu	教育机构(美国专用)	net	网络服务提供者
gov	政府机构(美国专用)	org	非营利组织
int	国际机构(主要指北约组织)		

表 6-3 新增的通用顶级域名

域名	含 义	域名	含 义
aero	航空运输企业	mobi	移动产品与服务的用户和提供者
asia	亚太地区	museum	博物馆
biz	公司和企业	name	个人
cat	使用加泰隆人的语言和文化团体	pro	有证书的专业人员
coop	合作团体	tel	Telnic 股份有限公司
info	各种情况	travel	旅游业
jobs	人力资源管理者		

3. 基础结构域名(infrastructure domain)

这种顶级域名只有一个,即 arpa,用于反向域名解析,因此又被称为反向域名。

在顶级域名下注册的二级域名均由该顶级域名自行确定。我国互联网络域名体系中各级域名可以由字母、数字、连字符(-)或汉字组成,各级域名之间用实点(.)连接,中文域名的各级域名之间用实点或者中文句号(。)连接。我国把二级域名划分为"类别域名"和"行政区域名"两大类。"类别域名"共 9 个,如表 6-4 所示,"行政区域名"共 34 个,适用于我国的各省、自治区、直辖市、特别行政区的组织,例如 BJ(北京市)、HE(河北省)、HB(湖北省)等。

表 6-4 中国的类别域名

域名	含 义	域名	含 义
ac	科研机构	net	互联网服务的机构
com	工、商、金融等企业	org	非营利性的组织
edu	中国的教育机构	政务	政务部门和其他承担政务智能的机构等
gov	中国的政府机构	公益	从事公益事业的非营利性单位
mil	中国的国防机构		

用域名树来表示因特网的域名系统是最清楚的。图 6-2 是因特网域名空间的结构,它实际上是一棵倒置的树。最高层是根,根下面一级的节点就是顶级域名,顶级域名下是二级域名,再往下是三级域名、四级域名等。

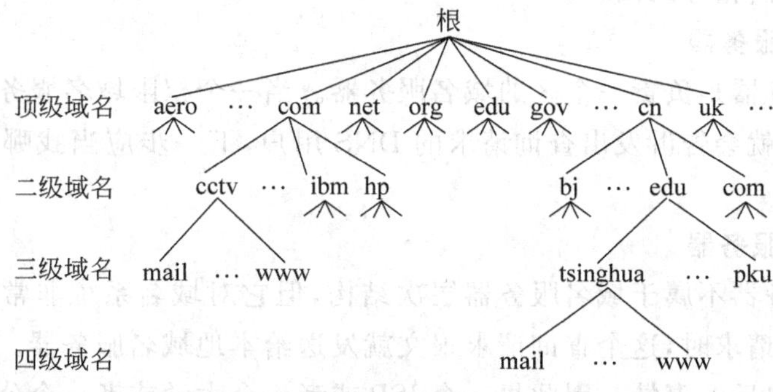

图 6-2 树状层次结构的域名空间

在图 6-2 中,虽然中央电视台和清华大学都各有一台计算机取名为 mail,但它们的域名并不一样,因为前者的域名是 mail. cctv. com,后者的域名是 mail. tsinghua. edu. cn。因此,即使在世界上有很多单位的计算机取名为 mail,但是它们在因特网上的域名却都是唯一的。

6.2.2 域名管理系统

在域名管理系统(DNS)中,采用层次式的管理机制。如 cn 域代表中国,它由中国互联网信息中心(CNNIC)管理,它的一个子域 edu. cn 由 CERNET 网络中心管理,edu. cn

的子域 tsinghua. edu. cn 由清华大学网络中心管理。域名系统采用层次结构的优点是:每个组织可以在它们的域内再划分域,只要保证组织内的域名唯一性,就不用担心与其他组织内的域名冲突。

对用户来说,有了域名地址就不必去记 IP 地址了。但对于计算机来说,数据分组中只能是 IP 地址而不是域名地址,这就需要把域名地址转化为 IP 地址。域名系统是由分布在各地的域名服务器来实现的。根据域名服务器所起的作用,可以把域名服务器划分为以下 4 种不同的类型。

1. 根域名服务器

根域名服务器(root name server)是最高层次的域名服务器,也是最重要的域名服务器。所有的根域名服务器都知道所有的顶级域名服务器的域名和 IP 地址。在因特网上,任何一个本地域名服务器若对因特网上任何一个域名无法解析,首先要求助于根域名服务器。因此若根域名服务器都瘫痪了,那么整个 DNS 系统就无法工作。

在因特网上共有 13 个不同 IP 地址的根域名服务器,它们的名字用一个英文字母命名,分别是 a 到 m。这些根域名服务器不是简单的 13 台机器,而是 13 套装置,而每一套装置使用一个域名。实际上,到 2012 年 5 月,全世界已经在 312 个地点安装了根域名服务器机器。为了提供更可靠的服务,在每一个地点的根域名服务器还可以由多台机器组成。在实际应用中,大部分的 DNS 域名服务器都能就近找到一个根域名服务器。

2. 顶级域名服务器

顶级域名服务器负责管理在该顶级域名服务器注册的所有二级域名。当收到 DNS 查询请求时,就给出相应的回答。

3. 权限域名服务器

权限域名服务器是负责一个区的域名服务器。当一个权限域名服务器还不能给出最后的查询回答时,就会告诉发出查询请求的 DNS 用户,下一步应当找哪一个权限域名服务器。

4. 本地域名服务器

本地域名服务器不属于域名服务器层次结构,但它对域名系统非常重要。当一个主机发出 DNS 查询请求时,这个查询请求报文就发送给本地域名服务器。然后由本地域名服务器负责处理以后的事情。因此每一个 ISP 或者一个大学或者一个公司等都可以拥有一个本地域名服务器。

这几种类型的域名服务器是按照层次来进行安排的,每一个域名服务器都只对域名体系中的一部分进行管辖,域名服务器的树状结构如图 6-3 所示。

用户的主机在需要把域名地址转换为 IP 地址时,向本地域名服务器提出查询请求,本地域名服务器根据用户主机提出的请求进行查询并把结果返回给用户主机。

为了提高域名服务器的可靠性,DNS 把数据复制到几个域名服务器来保存,其中的一个是主域名服务器,其他的是辅助域名服务器。当主域名服务器出故障时,辅助域名服务器可以保证 DNS 的查询工作不会中断。主域名服务器定期把数据复制到辅助域名服务器中,而更改数据只能在主域名服务器中进行,这样就保证了数据的一致性。

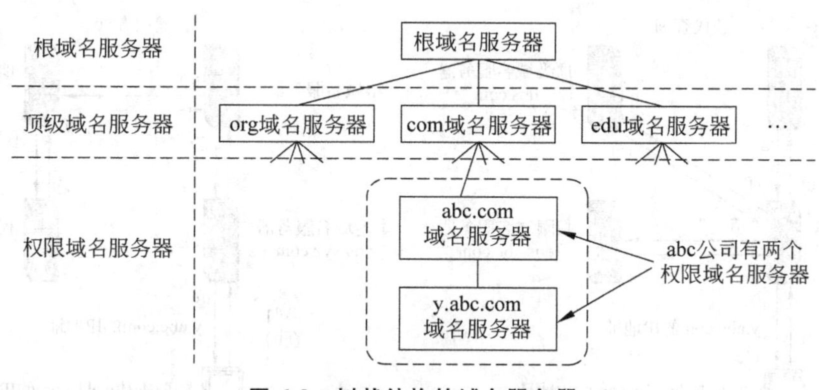

图 6-3　树状结构的域名服务器

6.2.3　IP 地址与域名之间的对应关系与查询方法

因特网上 IP 地址是唯一的，一个 IP 地址对应着唯一的一台主机。相应地，给定一个域名地址也能找到一个唯一对应的 IP 地址。这是域名地址与 IP 地址之间的一对一的关系。有些情况下，往往用一台计算机提供多个服务，比如某个服务器既做 www 服务器又做邮件服务器。这时计算机的 IP 地址当然还是唯一的，但可以根据计算机所提供的多个服务给予不同的多个域名，这是 IP 地址与域名间可能的一对多关系。

域名的解析过程主要包括递归查询和迭代查询两种，下面将这两种查询方法做简单介绍。

(1) 主机向本地域名服务器的查询一般都是采用递归查询，所谓递归查询就是：如果主机所询问的本地域名服务器不知道被查询域名的 IP 地址，那么本地域名服务器就以 DNS 客户的身份，向其他根域名服务器继续发出查询请求报文，而不是让该主机自己进行下一步的查询。因此递归查询的结果或者是所要查询的 IP 地址，或者是报错信息，表示无法查询到所需要的 IP 地址。

(2) 本地域名服务器向根域名服务器的查询通常是采用迭代查询，所谓迭代查询就是：当根域名服务器收到本地域名服务器的迭代查询请求报文时，要么给出所要查询的 IP 地址，要么告诉本地域名服务器："你下一步应当向哪一个域名服务器进行查询"。然后让本地域名服务器进行后续的查询，而不是代替本地域名服务器进行后续的查询。根域名服务器通常是把自己知道的顶级域名服务器的 IP 地址告诉本地域名服务器，让本地域名服务器再向顶级域名服务器查询，直到查到所要的 IP 地址或者报错信息为止。

递归查询和迭代查询对比如图 6-4 所示，图 6-4(a)中本地域名服务器采用迭代查询方式，而图 6-4(b)中本地域名服务器采用递归查询方式。

【例 6-1】　假定某个用户要浏览清华大学的主页，请分析用户主机 U 获得 www.tsinghua.edu.cn 主机 P 的 IP 地址的解析过程(提示，主机向本地域名服务器采用递归查询方式，本地域名服务器向根域名服务器采用迭代查询方式)。

解析过程如下：

- U 向本地域名服务器 DNS1 发送查询请求。

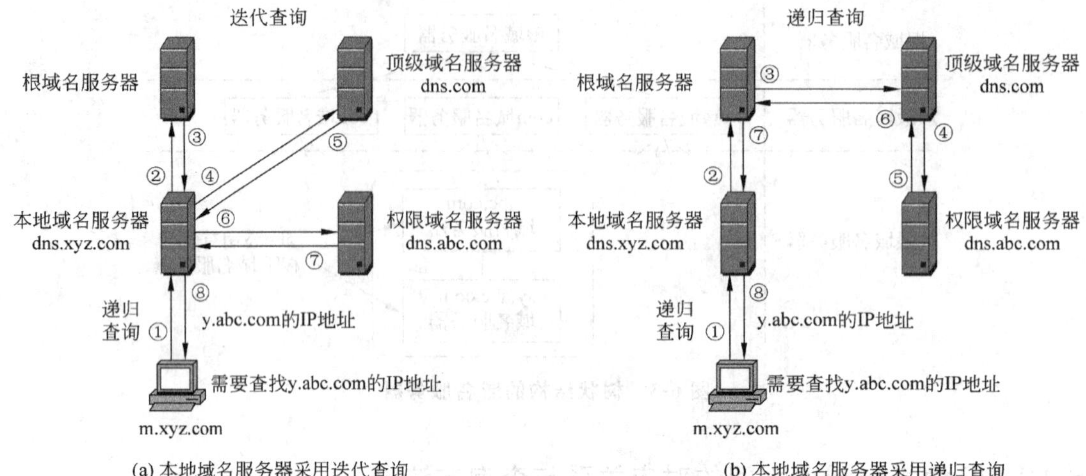

(a) 本地域名服务器采用迭代查询 (b) 本地域名服务器采用递归查询

图 6-4 DNS 查询举例

- 如果 DNS1 上有主机 P 的记录，就立即将主机 P 的 IP 地址返回给 U。
- 如果 DNS1 上没有主机 P 的记录，DNS1 就会向根域名服务器发出查询请求。
- 根域名服务器把负责 cn 域的域名服务器 B 的 IP 地址告诉 DNS1。
- DNS1 向 B 查询，获得负责 edu. cn 域的服务器 C 的地址。
- DNS1 向 C 查询，获得负责 tsinghua. edu. cn 域 DNS 服务器 D 的地址。
- DNS1 向 D 查询，即可获得 www. tsinghua. edu. cn 的 IP 地址。
- DNS1 把所查询的结果保存在本地，方便下次查询，并把结果告诉用户主机 U，完成该域名的解析过程。

6.3 万维网

6.3.1 万维网概述

万维网(World Wide Web，WWW)，简称 Web，并非某种特殊的计算机网络，而是目前应用最为广泛的因特网服务之一，是一个大规模的、联机式的信息储藏所，用户只要通过一个被称为“浏览器”的交互式应用程序就可以非常方便地访问因特网，获得所需的信息。

万维网是欧洲粒子物理实验室的 Tim Berners-Lee 最初于 1989 年 3 月提出的。从用户的观点看，Web 网是一个容纳各种类型文档的集合，这些文档分解为一系列的具有上下文关联的文本，并分布在世界各地的许许多多的 Web 服务器上。为了便于浏览和访问，文本进一步划分为一个个页面(通常被称为 Web 页面)，而描述一个组织或者个人的第一个页面称为主页(home page)。每个页面中可以包含许多“指针”，链接到因特网中任何一台主机上的另一个相关的页面。从而使得整个文本空间呈现一种网状的结构。使用这种链接，用户可以访问“无限的”信息空间，在不同的页面之间“跳跃”。

通过这种“活动的链接”而形成的文本称为超文本(hypertext)。Web 文本的另一个特点是文本中允许包含其他的媒体信息，如语音、视频和图像信息等，因此，有时也被称为超媒体(hypermedia)。浏览器和服务器之间的信息交换由特定的超文本传输协议(HTTP)控制。基于HTTP协议的万维网实际上是一个支持交互式访问的分布式超媒体系统，如图6-5所示。

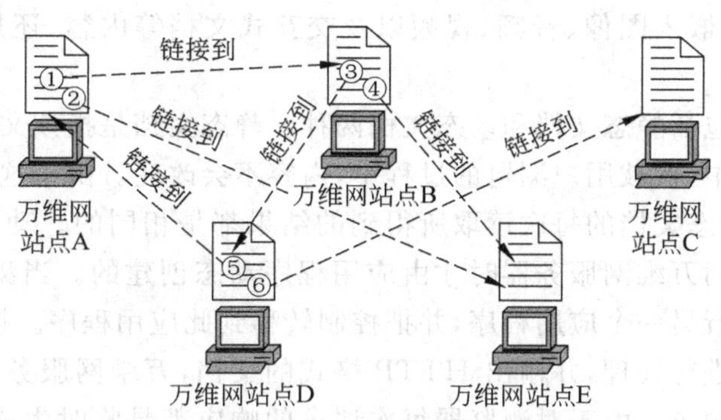

图6-5　万维网提供分布式服务

万维网以客户/服务器方式工作。浏览器就是在用户计算机上的万维网客户程序。万维网文档所驻留的计算机则运行服务器程序，因此这个计算机也称为万维网服务器。客户程序向服务器程序发出请求，服务器程序向客户程序送回客户所要的万维网文档。

6.3.2　统一资源定位符

万维网首先要解决的问题是如何标识分布在整个因特网上的万维网文档，万维网是使用统一资源定位符(Uniform Resource Locator，URL)来标识万维网上的各种文档，使每一个文档在整个因特网的范围内具有唯一的标识符URL。URL相当于一个文件名在网络范围的扩展。因此URL是与因特网相连的机器上的任何可访问对象的一个指针。URL的一般形式由以下4个部分组成：

<协议>://<主机>:<端口号>/<路径>

<协议>是指使用什么协议来获取该万维网文档，如HTTP协议、FTP协议、SMTP协议等。

在<协议>后面是规定必须写上的格式"://"，不能省略。

<主机>是指存放资源的主机在因特网中的域名地址。

<端口号>是指前面协议使用的端口号，如果使用默认端口号则可以省略，例如，在http://<主机>:<端口号>/<路径>中，如果端口号使用默认的80端口，则可以省略，否则不能省略。

<路径>是指该机器存放资源的路径，其中最后应该包含一个具体的文件名，如http:// www.ncist.edu.cn/default.htm，最后的default.htm就是一个具体的超文本文件。但实际上，只需用http://www.ncist.edu.cn就可以打开上述的超文本文件。这是因为该站点已经将该文档设为站点的默认文档，当Web用户向站点发出并未指定具体HTML文件的访问请求时，就可以自动打开默认文档来回应用户的请求，这个默认的文

档就是主页。

要使任何一台计算机都能显示出任何一个万维网服务器上的页面，就必须解决页面制作的标准化问题。HTML(HyperText Markup Language，超文本标记语言)就是一种制作万维网页面的标准化语言，它消除了不同计算机之间信息交流的障碍。在HTML语言中可以嵌入图像、音频、视频以及交互式文档等内容，还规定了链接的设置方法。

万维网的文档包括静态文档和动态文档两种。静态文档是指该文档创作完毕后就存放在万维网服务器中，在被用户浏览的过程中，内容不会改变。由于这种文档的内容不会改变，因此用户对静态文档的每次读取所得到的结果都是相同的。动态文档是指文档的内容是在浏览器访问万维网服务器时才由应用程序动态创建的。当浏览器请求到达时，万维网服务器要运行另一个应用程序，并把控制转移到此应用程序。接着，该应用程序对浏览器发来的数据进行处理，并输出HTTP格式的文档，万维网服务器把应用程序的输出作为对浏览器的响应。由于对浏览器每次请求的响应都是临时生成的，因此用户通过动态文档所看到的内容是不断变化的。

静态文档的最大优点是简单，但不够灵活；动态文档具有报告当前最新信息的能力，但动态文档的创建难度比静态文档高。动态文档和静态文档之间的主要差别体现在服务器一端。这主要是文档内容的生成方法不同。而从浏览器的角度看，这两种文档并没有区别。动态文档和静态文档的内容都遵循HTML所规定的格式，浏览器仅根据在屏幕上看到的内容并无法判定服务器发送来的是哪一种文档，只有文档的开发者才知道。

6.3.3 超文本传送协议

1. HTTP的操作过程

为了使超文本的链接能够高效率地完成，需要用HTTP协议来传送一切必需的信息。万维网的工作过程如图6-6所示。HTTP协议是面向对象的协议，为了保证WWW客户机和WWW服务器之间的通信不产生二义性，HTTP精确定义了请求报文和响应报文的格式。

HTTP会话过程包含以下3个步骤：

(1) 连接(Connection)。客户进程建立一条同服务器进程的TCP连接，默认端口是80。

(2) 请求(Request)与应答(Response)。浏览器和Web服务器交换HTTP消息，包括HTTP请求和响应消息。

(3) 关闭(Close)。服务器进程释放TCP连接表示本次响应结束。

【例6-2】 假定用户点击了图6-6“清华大学院系设置”的页面，其URL为http://www.tsinghua.edu.cn/chn/yxsz/index.htm，则下面是点击鼠标后的步骤。

(1) 浏览器分析超链接所指页面的URL。

(2) 浏览器向DNS请求解析www.tsinghua.edu.cn的IP地址。

(3) DNS解析出清华大学www服务器的IP地址。

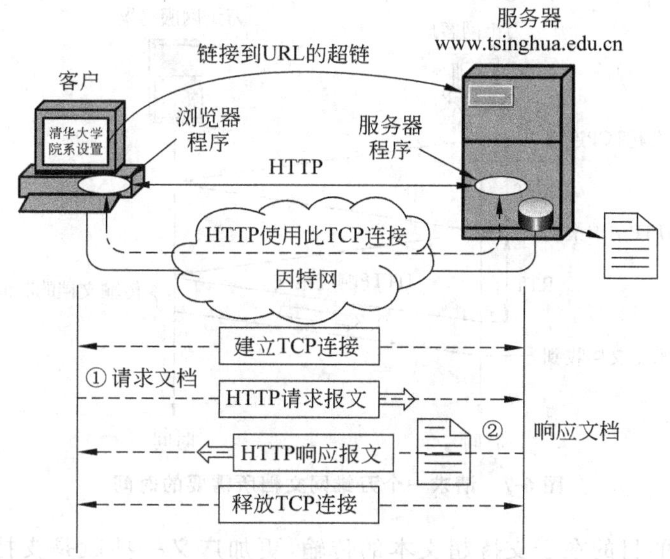

图6-6 万维网的工作过程

(4) 浏览器与服务器建立 TCP 连接。

(5) 浏览器发出取文件命令：GET/chn/yxsz/index.htm。

(6) 服务器给出响应，把文件 index.htm 发给浏览器。

(7) TCP 连接释放。

(8) 浏览器显示“清华大学院系设置”文件 index.htm 中的所有文本。

HTTP 协议最大的特点是无状态性，也就是说，同一个客户第二次访问同一个服务器上的页面时，服务器的响应与第一次被访问时相同(也就是说每一次请求和响应都是独立的)，因为服务器并不记得曾经访问过的这个客户，也不记得为该客户曾经服务过多少次。

从浏览器请求一个万维网文档到收到整个文档所需要的时间是多少呢？如图 6-6 所示，用户在点击鼠标链接某个万维网的文档时，HTTP 协议首先要和服务器建立 TCP 连接。这需要使用三次握手。当三次握手的前两次完成后，万维网客户就把 HTTP 请求报文作为第三次握手的第三个报文的数据发送给万维网服务器。服务器收到 HTTP 请求后，就把请求的文档作为响应报文返回给客户。从图 6-7 可知，请求一个万维网文档所需要的时间是该文档的传输时间加上两倍往返时间(RTT)。

HTTP 协议目前主要有两个版本，HTTP/1.0 和 HTTP/1.1。

HTTP/1.0 采用的是非持续连接的方法，其主要缺点就是每请求一个文档就要有两倍 RTT 的开销，若一个页面上有很多个链接对象需要依次进行链接，那么每一次链接下载都导致两倍 RTT 的开销。而 HTTP/1.1 采用的是持续连接的方法，即万维网服务器在发送响应后仍然在一段时间内保持这条连接，使同一个客户和该服务器可以继续在这条连接上传送后续的 HTTP 请求报文和响应报文，而不需要重新建立连接。这不局限于传送同一个页面上链接的文档，而是只要这些文档都在同一个服务器上就行。

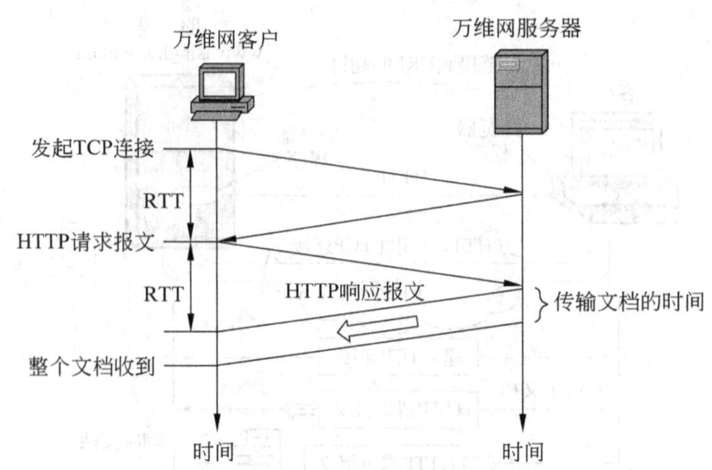

图 6-7　请求一个万维网文档所需要的时间

HTTP 协议的目的在于支持超文本的传输，更加广义一些就是支持资源的传输，那么在客户端浏览器向 HTTP 服务器发送请求，继而 HTTP 服务器将相应的资源发回给客户端这样一个过程中，无论对于客户端还是服务器，都没有必要记录这个过程，因为每一次请求和响应都是相对独立的，就好像在自动售货机前投下硬币购买商品一样，谁都不会也不需要记住这样一个交易过程。一般而言，一个 URL 对应着唯一的超文本。正是因为这样的唯一性，使得记录用户的行为状态变得毫无意义，所以，HTTP 协议被设计为无状态的连接协议符合它本身的需求。另外，HTTP 协议设计为无状态协议也是因为维护状态的协议非常复杂。一方面必须维护过去历史（状态信息），另一方面如果 Server/Client 崩溃，它们各自的状态可能不一致，因此必须保持协调一致。

2. HTTP 的报文结构

HTTP 报文有两种类型：请求和响应。

HTTP 请求报文的格式如下：

```
Request-line          //GET,POST 或者 HEAD
Headers               //0 个或多个
<blank line>          //指示结束
Body                  //只对 POST 请求有效
```

Request-line 的格式如下：

```
request request-URL HTTP 版本号
```

支持以下 3 种请求：

(1) GET 请求，返回 Request-URL 所指出的任意信息。

(2) HEAD 请求，类似于 GET 请求，但服务器程序只返回指定文档的首部信息，而不包含实际的文档内容。该请求通常被用来测试超文本链接的正确性、可访问性和最近的修改。

(3) POST 请求，用来发送电子邮件、新闻或发送能由交互用户填写的表格。这是唯一需要在请求中发送 Body 的请求。使用 POST 请求时需要在报文首部 Content-length 字段中指出 Body 的长度。

对一个繁忙的 Web 服务器进行采样,统计结果表明:500 000 个客户程序的请求中有 99.68%是 GET 请求,0.25%是 HEAD 请求,0.07%是 POST 请求。

HTTP 响应报文的格式如下:

```
Status-line          //版本、状态编码、原因叙述
Headers              //0个或多个
<blank line>
Body                 //数据,例如被请求的 HTML 文件
```

服务器程序响应的第一行叫状态行。状态行以 HTTP 版本号开始,后面跟着 3 位数字表示状态码,最后是易读的响应短语。几种常见的样本状态码如表 6-5 所示。

表 6-5 几种常见的样本状态码

响应	说明
200	请求成功,所请求信息在响应消息中返回
301	所请求的对象已永久迁移,新的 URL 在本响应消息的(location:)头部指出
400	该请求不能被服务器解读
404	服务器上不存在所请求的文档
505	HTTP 版本不支持

6.4 文件传输协议

6.4.1 FTP 概述

在网络环境中经常需要将一个文件从一台计算机中复制到另一台可能相距很远的计算机中,网络用户可能都有使用这种操作的经历,从网上下载文件、视频等操作时都是使用 FTP(File Transfer Protocol,文件传输协议)。FTP 是因特网文件传送的基础,它由一系列规格说明文档组成,目标是提高文件的共享性,提供了对远程计算机的非直接使用方式,使存储介质对用户透明和可靠高效地传送数据。简单地说,FTP 就是完成两台计算机之间的复制,从远程计算机复制文件至自己的计算机上,称之为下载(download)文件。若将文件从自己的计算机中复制至远程计算机上,则称之为上传(upload)文件。

由于各种计算机的异构性(操作系统、硬件环境和数据表示等),这种文件复制有时是困难的,主要的问题是:① 计算机存储的数据格式不同;②文件的命名规则不同;③相同功能在不同操作系统中使用的命令不同;④为防止非法读取文件而采取的措施不同等。FTP 是 TCP/IP 的一个重要的应用协议,它实现计算机之间的文件传输,使用 FTP 时,用户无须关心对应计算机的位置以及使用的文件系统。

使用 FTP 命令时，要求用户在两台计算机上都具有自己的(或者可用的)账号。为了支持文件的共享，有些主机还提供匿名 FTP 服务。这种 FTP 服务无须用户在对应的主机上具有用户账号，用户可以采用公共的账号 anonymous，原理上，可以接受任意的字符串作为口令字，但最好还是使用用户的电子邮件地址，以便匿名 FTP 服务器的管理人员知道谁在使用系统，并且可以方便地与用户取得联系。从这个意义上说，使用匿名 FTP 获取因特网上的文件或者软件时，软件的提供者可以知道谁收取了什么软件。

6.4.2 FTP 基本工作原理

文件传送协议(FTP)只提供文件传送的一些基本的服务，它使用 TCP 可靠的传输服务。FTP 的主要功能是减少或消除在不同操作系统下处理文件的不兼容性。

FTP 使用客户/服务器方式。一个 FTP 服务器进程可同时为多个客户进程提供服务，FTP 的服务器进程由两大部分组成：一个主进程，负责接受新的请求；另外有若干个从属进程，负责处理单个请求。主进程的工作步骤如下：

(1) 打开熟知端口(默认端口号为 21)，使客户进程能够连接上。

(2) 等待客户进程发出连接请求。

(3) 启动从属进程来处理客户进程发来的请求。从属进程对客户进程的请求处理完毕后即终止。

(4) 回到等待状态，继续接受其他客户进程发来的请求。主进程与从属进程的处理是并发进行的。

在客户和服务器的文件传送过程中有两个进程：控制进程和数据进程。控制进程负责建立传送 FTP 命令控制连接，这些命令使服务器知道要传送什么文件。客户端在向服务器发出连接请求时，还要告诉服务器自己的另一个端口号用于建立数据传送，数据进程用来建立数据连接，传送每个文件。服务器用自己的传送数据熟知端口(20)与客户端建立数据传送连接，如图 6-8 所示。

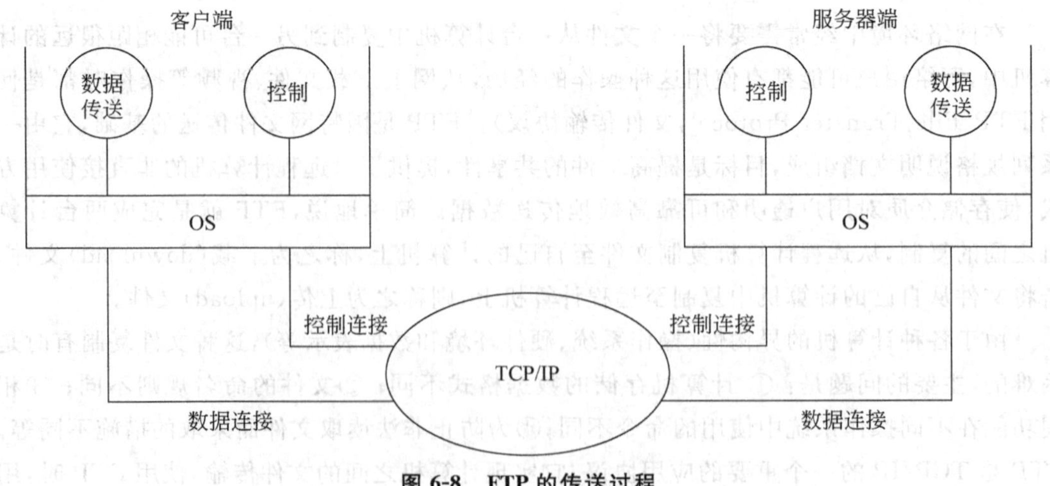

图 6-8 FTP 的传送过程

6.5 电子邮件

6.5.1 电子邮件概述

电子邮件是因特网中使用最为广泛的一项应用服务，具有比邮政快件更迅捷的特点。只要知道对方的电子邮件地址，就可以使用这项功能进行通信。电子邮件把邮件发送到收件人使用的邮件服务器，并放在其中的收件人邮箱中，收件人可随时上网到自己使用的邮件服务器进行读取。现在电子邮件不仅可传送文字信息，还可附上声音和图像。

电子邮件由信封和内容两部分组成。电子邮件的传输程序根据邮件信封上的信息来传送邮件，因此在邮件信封上的收件人的地址是比较重要的。TCP/IP 体系的电子邮件系统规定电子邮件的地址格式如下：

用户名@邮箱服务器的域名

符号@读作 at，表示“在”的意思。例如在电子邮件地址 jiqin@ncist. edu. cn 中，ncist. edu. cn 是邮件服务器的域名，而 jiqin 就是这个服务器中收件人的用户名，注意，这个用户名在邮件服务器中必须是唯一的，这样就保证了每一个电子邮件地址在世界范围内都是唯一的。

电子邮件信封中的主要字段的含义如下：

(1) From：邮件的发送者地址。

(2) To：邮件的接收者地址。当发给多个接收者时，接收者之间需要用分号“;”分隔，在电子邮件软件中，用户通常把通信对象的姓名和电子邮件地址写到地址簿中，当撰写邮件时，只需打开地址簿，点击收件人名字，收件人的电子邮件地址就会自动地填入到合适的位置上。

(3) Cc：邮件副本的接收者地址，同样可以具有多个接收者，此项表示给某某人发送一个邮件副本。

(4) Date：邮件的发送日期。

(5) Subject：邮件的主题。

这几个关键字中最重要的是 To 和 Subject 两个关键字。

6.5.2 电子邮件传送和读取的主要协议

电子邮件的一些标准包括使用 TCP 连接的端口号 25 的发送邮件协议 SMTP (Simple Mail Transfer Protocol)和读取邮件的协议 POP(Post Office Protocol)。SMTP 运行的前提是接收邮件的目的主机一直在运行，否则就不能建立 TCP 连接，而这又不现实，因为桌面计算机每天要关机，不可能建立 SMTP 会话，这样可以用一台 SMTP 服务器总是在线接收邮件，这个 SMTP 服务器提供邮件下载功能，收件人主机与 SMTP 服务器交互用 Client/Server 协议来检索邮件。这样的协议之一就是 POP 协议，现在用 POP3 (POP 版本 3)，尽管 POP3 用来从服务器上下载邮件，但在用户 PC 上仍然需要使用 SMTP 客户端向 SMTP 服务器发送邮件。

SMTP 协议主要对如何将电子邮件从发送方地址传送到接收方地址，即传输的规则做了规定。SMTP 协议的主要工作集中在发送 SMTP 和接收 SMTP 上：首先针对用户发出的邮件请求，由发送 SMTP 建立一条连接到接收 SMTP 的双工通信链路，这里的接收 SMTP 是相对于发送 SMTP 而言的。发送 SMTP 负责向接收 SMTP 发送 SMTP 命令，而接收 SMTP 则负责接收并反馈应答。SMTP 通信的 3 个阶段包括：

(1) 连接建立：连接是在发送方邮件服务器的 SMTP 客户和接收方邮件服务器的 SMTP 服务器之间建立的。如果在一定时间内(例如一天)发送不了邮件，邮件服务器会把这个情况通知发件人。SMTP 不使用中间的邮件服务器。

(2) 邮件传送：邮件由发送方邮件服务器发送到接收方邮件服务器，但这里注意一个问题，邮件"发送成功"不等于"收件人读取了这个邮件"，只表示邮件目前已经发送到接收方的服务器了。

(3) 连接释放：邮件发送完毕后，SMTP 应释放 TCP 连接。

邮局协议 POP 是一个非常简单、但功能有限的邮件读取协议，目前应用的版本为第三版，即 POP3。POP3 协议的一个特点是只要用户从 POP 服务器读取了邮件，POP 服务器就把该邮件删除。当用户在某台计算机查看了某个邮件后，再从其他的计算机就不能查看该邮件了，因此在某些情况下不是很方便。为了解决这一个问题，POP3 进行了一些扩充，其中包括让用户能够事先设置邮件读取后仍然在 POP 服务器中存放的时间。

另一个读取邮件的协议是网际报文存取协议(Internet Mail Access Protocol, IMAP)，IMAP 和 POP 一样，也是按客户服务器的方式工作。在使用 IMAP 时，用户在自己的计算机上就可以操纵邮件服务器的邮箱，就像在本地操纵一样，因此 IMAP 是一个联机协议。当用户计算机上的 IMAP 客户程序打开 IMAP 服务器的邮箱时，用户就可看到邮件的首部。当用户需要打开某个邮件，则该邮件才传到用户的计算机上。IMAP 的最大好处是用户可以在不同的地方使用不同的计算机随时上网阅读和处理自己的邮件，还允许收件人只读取邮件中的某一部分。例如，收到了一个带有很大附件的邮件，用户目前使用的信道传输速率低，因此可以先下载邮件的正文部分，以后再下载很大的附件。IMAP 的缺点是：如果用户没有将邮件复制到自己的计算机上，则邮件一直存放在 IMAP 服务器上。因此，用户需要经常与 IMAP 服务器建立连接，进而增加网络流量。

6.5.3 发送和接收电子邮件的重要步骤

一个电子邮件系统应具有图 6-9 所示的 3 个主要组成构件，即用户代理、邮件服务器以及邮件发送协议和邮件读取协议。发送和接收电子邮件包括下面 6 个重要步骤，如图 6-9 所示。

(1) 发件人调用计算机中的用户代理撰写和编辑要发送的邮件。

(2) 发件人的用户代理把邮件用 SMTP 协议发给发送方邮件服务器。

(3) SMTP 服务器把邮件临时存放在邮件缓存队列中，等待发送。

(4) 发送方邮件服务器的 SMTP 客户与接收方邮件服务器的 SMTP 服务器建立 TCP 连接，然后就把邮件缓存队列中的邮件依次发送出去。

(5) 运行在接收方邮件服务器中的 SMTP 服务器进程收到邮件后，把邮件放入收件

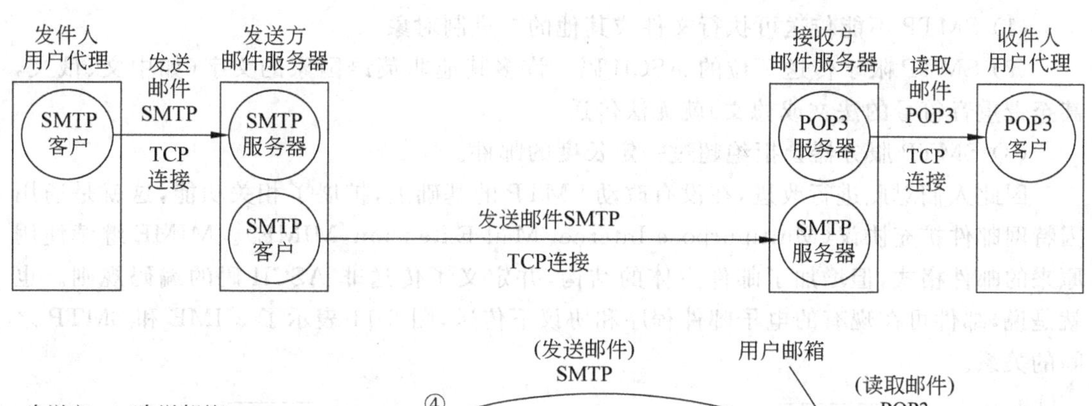

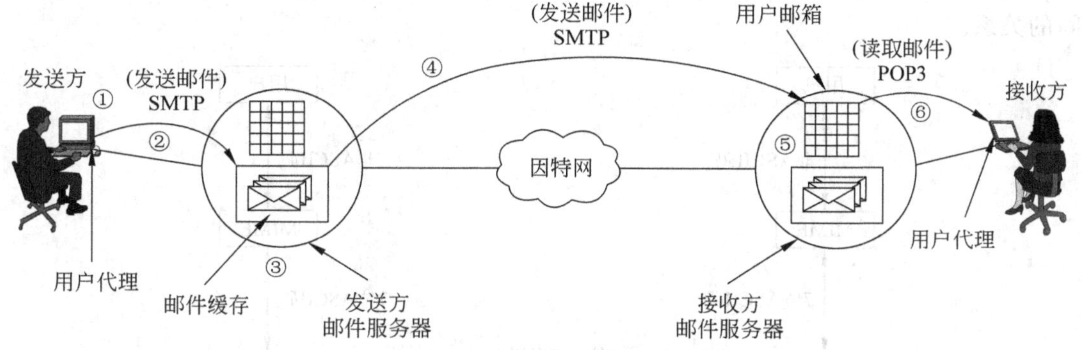

图 6-9 电子邮件的传输过程

人的用户邮箱中，等待收件人进行读取。

(6) 收件人在打算收信时，就运行计算机中的用户代理，使用 POP3（或 IMAP）协议读取发送给自己的邮件。

现在大部分的网络用户发送电子邮件时使用浏览器，这时，邮件系统中的用户代理就是普通的万维网浏览器，这些万维网邮件服务器都带有方便使用的用户代理，并且都是用 IMAP，用户可以在这种邮件服务器中存放很多的邮件。

注意：当用户使用浏览器来收发邮件时，发送邮件不是都使用 SMTP 协议，接收邮件也不是都采用 POP3 协议。电子邮件从 A 的浏览器发送到 A 邮箱的服务器时，使用的是 HTTP 协议；A 邮箱的服务器发送邮件到 B 邮箱的服务器，这部分仍然使用 SMTP 协议，但 B 用浏览器从 B 的邮箱服务器读取 A 发来的邮件时，使用的是 HTTP 协议，而不是 POP3 或 IMAP 协议，如图 6-10 所示。

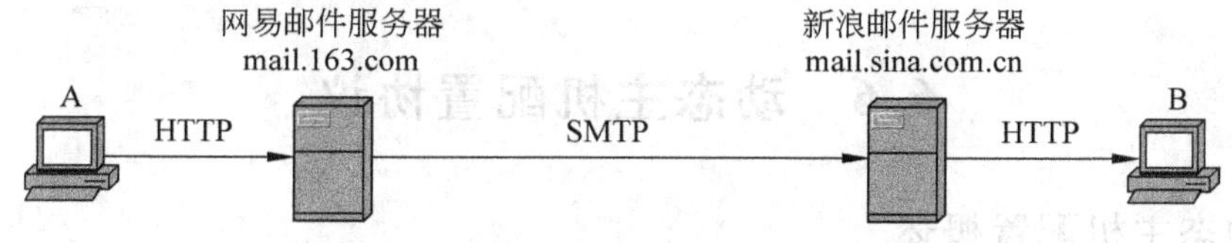

图 6-10 基于万维网的电子邮件的工作过程

6.5.4 通用因特网邮件扩充协议

虽然基于 SMTP 的电子邮件给人们的信息交流带来很大方便，但仍有以下缺点：

(1) SMTP 不能传送可执行文件或其他的二进制对象。

(2) SMTP 限于传送 7 位的 ASCII 码。许多其他非英语国家的文字(如中文、俄文,甚至带重音符号的法文或德文)就无法传送。

(3) SMTP 服务器会拒绝超过一定长度的邮件。

因此人们对此进行改进,在没有改动 SMTP 的基础上,扩展了相关功能,这就是通用因特网邮件扩充协议(Multipurpose Internet Mail Extension,MIME)。MIME 继续使用原来的邮件格式,但增加了邮件主体的结构,并定义了传送非 ASCII 码的编码规则。也就是说,邮件可在现有的电子邮件程序和协议下传送,图 6-11 表示了 MIME 和 SMTP 之间的关系。

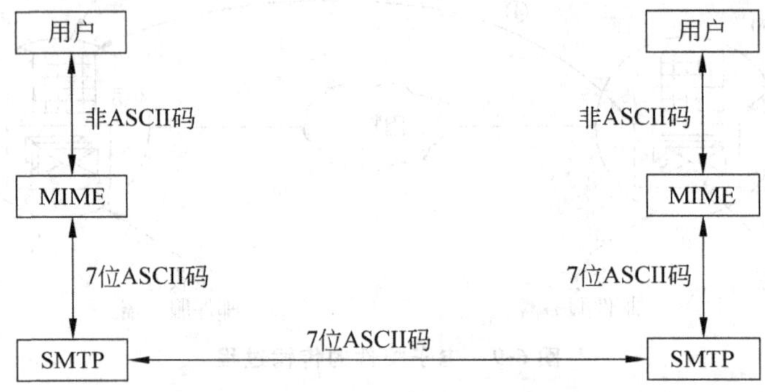

图 6-11 MIME 和 SMTP 的关系

MIME 主要包括以下 3 部分内容:

(1) 新增了 5 个邮件首部,用来协商 MIME 的一些参数。包括:

① MIME-Version:标识 MIME 的版本。

② Content-Description:此部分为内容描述,是可读字符串,说明此邮件是什么。

③ Content-Id:邮件的唯一标识符。

④ Content-Transfer-Encoding:在传送时邮件的主体是如何编码的。

⑤ Content-Type:说明邮件的性质。

(2) 定义了许多邮件内容的格式,对多媒体电子邮件的表示方法进行了标准化。

(3) 定义了传送编码,可对任何内容格式进行转换,而不会被邮件系统改变,从而可以传送任意二进制文件。

6.6 动态主机配置协议

6.6.1 动态主机配置概述

在 TCP/IP 网络应用中,网络用户计算机只有获取了一个网络地址,才可以和其他的网络用户进行通信。在实际应用中,经常会遇到一些问题:比如 IP 地址发生冲突,由于网关或 DNS 服务器地址的配置出现错误而无法访问网络中的其他主机,由于机器变动位置而不得不频繁地修改 IP 地址等。基于这些在网络管理中所存在的种种问题,提出了动

态主机配置协议(Dynamic Host Configuration Protocol,DHCP)服务,它是以动态的方式自动实现客户机器的信息配置。

对于用户来说,在诸如会议室、图书馆、报告厅、草坪等流动性比较大的场所上网之前,必须首先了解在该场所应该使用哪个子网地址,并通过某种规则确定自己应该使用哪个IP地址、子网掩码,然后用这些参数配置机器,重新启动机器后才能生效。而且,每到一个地方都要重复此过程。这不仅给用户带来很多不便,也很难保证不会发生IP地址的冲突问题。

对于网络管理来说,网络中心为某单位分配子网地址或有调整时要通知各个单位的网络管理员。作为单位的管理员要仔细设计各场所的IP地址段,并且在有改动后通知所有相关人员,这样大大增加了网络管理员的工作量。如果采用DHCP技术来分配IP地址,对于用户,只需简单地将其计算机指定为动态获得IP配置,就可以随意走动,不需要重复进行参数设置就可获得准确的IP配置。该服务对用户来说是透明的,用户无须关心计算机的网络配置,甚至无须知道服务器的存在,用户的计算机能不在人工介入的情况下自动寻找配置服务器,获得网络配置并完成初始化工作。这就免去了每次配置后都重启的麻烦。对于校园网管理员,在对IP地址进行调整时,只需修改DHCP服务器的配置。

另外,当网络规模很大时,存在很多信息点,如果采用静态IP地址分配的方法去分配IP,不仅分配工作量很大,而且会引起由于抄录和输入等导致的错误。采用DHCP技术自动分配IP,可以克服这些缺点。

动态IP地址分配是根据DHCP标准协议,动态地为网络中的主机分配IP地址。使用动态IP地址分配,每个节点实际联网时获得一个临时的IP地址,IP地址与实际用户之间无固定的映射关系。使用动态IP地址分配可以简化管理,提高网络管理的效率。DHCP规范是由因特网工程任务组(Internet Engineering Task Force,IETF)制定的,在RFC 2131和RFC 2132中有它的定义。DHCP被设计成开放的、行业标准的规范,目的是降低TCP/IP网络管理的复杂性。

6.6.2 DHCP的配置事项

1. DHCP服务器的配置

配置DHCP服务器主要包括以下几个方面:

(1) 安装DHCP服务器软件。

(2) 启动DHCP服务管理器。

(3) 把DHCP服务器添加到服务器列表中。

2. 作用域的配置

一个DHCP作用域必须至少配置下列信息:一些可租用的有效的IP地址范围、子网掩码和租用期。配置DHCP作用域需要进行下列设置:

(1) DHCP服务器能租给子网上的DHCP客户机的IP地址范围,也称地址池(address pool),如166.111.163.2到166.111.163.254。

(2) 子网掩码,用来确定地址池里的IP地址属于哪个子网。DHCP服务管理器检测它，确保正在为所选中的子网掩码输入有效的 IP 地址范围。

(3) 一个不被 DHCP 作用域使用的 IP 地址范围。可以选择一个 IP 地址范围，它排除在作用域之外。这些地址用于必须手工配置 TCP/IP 的计算机。

(4) IP 地址租用期，用来指明客户机能使用一个地址多长时间，默认时间为 72 小时。

(5) 配置策略：对租用期、默认网关、域名服务器等参数的设定。

3. 冗余 DHCP 服务器的配置

为了确保网络的持续运行，可以配置冗余的 DHCP 服务器。当主服务器出现故障，其他的服务器能够无缝地接替工作，而且允许客户机保持和更新它们已获得的租约。

配置冗余的 DHCP 服务器的步骤如下：

(1) 在各备份服务器中复制主服务器的作用域、策略、DHCP 任选项以及预留地址。

(2) 将主服务器与备份服务器指定互为备份。

6.6.3 DHCP 服务器的工作要点

关于 DHCP 服务器的工作过程，有如下一些结论：

(1) 租约更新：当租用期到了一半时，客户机以原有的 IP 地址向服务器发出 DHCP REQUEST 命令更新租约，以获得一个新的租约。在没有竞争的情况下，只要不关机，IP 租约将连续不中断。

(2) 竞争：当地址池中没有可用的 IP 地址时，客户机启动后，DHCP 服务器将报告没有可用的地址。只有当其他租约释放后，才能申请到 IP 地址。在租用期阶段，地址池中的 IP 地址状态为 leased。若将地址池中的某一 IP 地址在 leased 状态下强制为 available 状态，只要原租的机器处于关机状态，就可被重新租给别的机器，否则，即使服务器方给客户机方分配此 IP 地址，客户机方也得不到此 IP 地址。

当地址池中的 IP 地址的状态显示为 unavailable 时，说明该 IP 地址已被私自设置为固定 IP 地址。

(3) 可采用适当调整作用域参数方法来适应不同的子网的需要。比如，某一子网的 IP 地址有限，而客户机数量却相对较多时，可把租用期缩短，这样可充分利用 IP 地址。

6.6.4 DHCP 协议过程

DHCP 使用客户/服务器方式，其传输层使用的是基于无连接的 UDP 协议，具体协议过程如下，相应描述如图 6-12 所示。

(1) DHCP 服务器被动打开 UDP 熟知端口 67，等待客户端发来的报文。

(2) DHCP 客户从 UDP 熟知端口 68 发送 DHCP 发现报文 DHCPDISCOVER。

(3) 凡收到 DHCP 发现报文的 DHCP 服务器都发出 DHCP 提供报文 DHCPOFFER，因此 DHCP 客户可能收到多个 DHCP 提供报文。

(4) DHCP 客户从几个 DHCP 服务器中选择一个，并向所选择的 DHCP 服务器发送 DHCP 请求报文 DHCPREQUEST。

(5) 被选择的 DHCP 服务器发送确认报文 DHCPACK，进入已绑定状态，并可开始使用得到的临时 IP 地址了。DHCP 客户现在要根据服务器提供的租用期 T 设置两个计

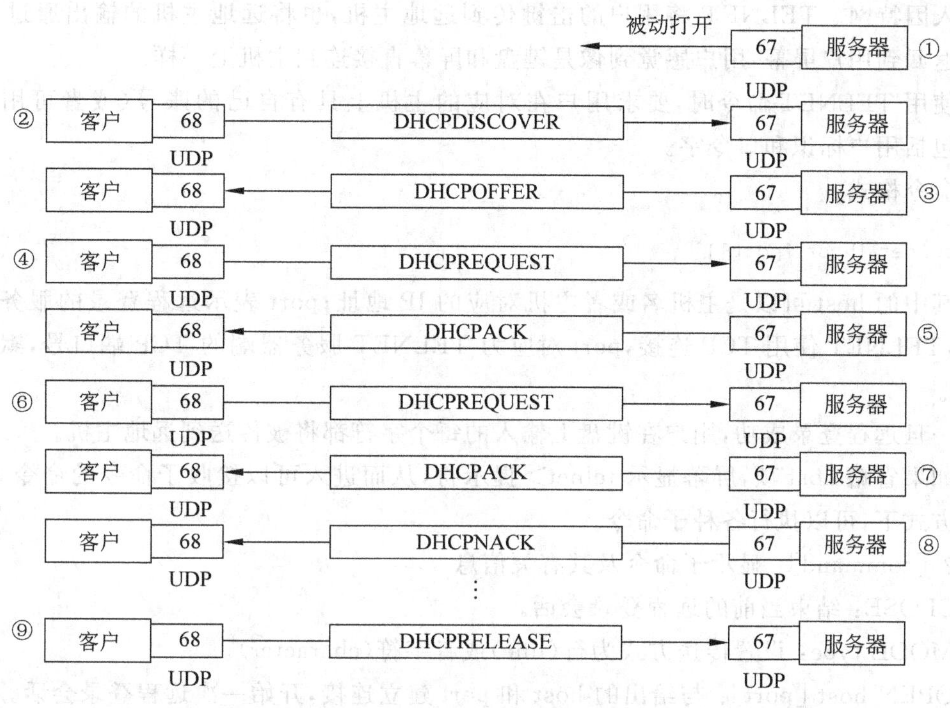

图 6-12 DHCP 协议的工作过程

时器 T_1 和 T_2，它们的超时时间分别是 $0.5T$ 和 $0.875T$。当超时时间到，就要请求更新租用期。

(6) 租用期过了一半(T_1 时间到)，DHCP 发送请求报文 DHCPREQUEST 要求更新租用期。

(7) DHCP 服务器若同意，则发回确认报文 DHCPACK。DHCP 客户得到了新的租用期，重新设置计时器。

(8) DHCP 服务器若不同意，则发回否认报文 DHCPNACK。这时 DHCP 客户必须立即停止使用原来的 IP 地址，而必须重新申请 IP 地址(回到步骤(2))。

若 DHCP 服务器不响应步骤(6)的请求报文 DHCPREQUEST，则在租用期过了 87.5%时(T_2 时间到)，DHCP 客户必须重新发送请求报文 DHCPREQUEST(重复步骤(6))，然后又继续后面的步骤。

(9) DHCP 客户可随时提前终止服务器所提供的租用期，这时只需向 DHCP 服务器发送释放报文 DHCPRELEASE 即可。

6.7 远程终端协议 TELNET

6.7.1 TELNET 概述

TELNET 提供类似仿真终端的功能，支持用户通过终端仿真共享其他主机的资源。被访问的主机可以在同一个房间、同一个校园网，也可以在世界上任何一个角落，只要它也接入因特网。TELNET 将用户的击键传到远地主机，也将远地主机的输出通过 TCP 连接返回到用户屏幕，用户感觉到像是键盘和屏幕直接连到主机上一样。

使用 TELNET 命令时，要求用户在对应的主机上具有自己的账号（或者可用的账号），包括用户标识和口令字。

命令格式：

```
telnet [host [port]]
```

其中的 host 可以是主机名或者主机对应的 IP 地址；port 表示远程登录的服务器端口号，TELNET 使用 TCP 连接，port 对应为 TELNET 服务器端的 TCP 端口号，默认值为 23。

一旦远程登录成功，用户在键盘上输入的每个字符都将被传送到远地主机。

如果省略 host 项，屏幕显示 telnet>提示符，从而进入可以接收子命令的命令方式。在此方式下，可以执行各种子命令。

? [command]：显示子命令及其有关信息。

CLOSE：结束当前的远程登录会话。

MODE type：设置传送方式为行(line)或者字符(character)。

OPEN host [port]：与给出的 host 和 port 建立连接，开始一次远程登录会话。

QUIT：退出 telnet 程序。

STATUS：显示 telnet 程序的当前状态。

6.7.2 TELNET 的工作原理

TELNET 使用 C/S 模式，使用 TCP 建立连接，本地系统运行客户进程，远地主机则运行服务器进程。和 FTP 一样，服务器中的主进程等待新的请求，并产生从属进程来处理每一个连接。

计算机之间的操作由于其异构性，命令之间存在差异，如文本中一行的结束，有的系统用 ASCII 码的回车(CR)，有的系统使用换行(LF)，还有的系统使用回车＋换行(CR＋LF)。再如，中断程序有的系统用 Ctrl＋C，有的用 Esc 键。因此，为在两个不同的系统间进行转换定义了一种中间格式，称为网络虚拟终端（Network Virtual Terminal，NVT），如图 6-13 所示。客户端把来自用户终端的按键和命令序列转换成 NVT 格式并发送到服务器，服务器端把收到的数据和命令从 NVT 格式转换为服务器端的格式，反之也一样。

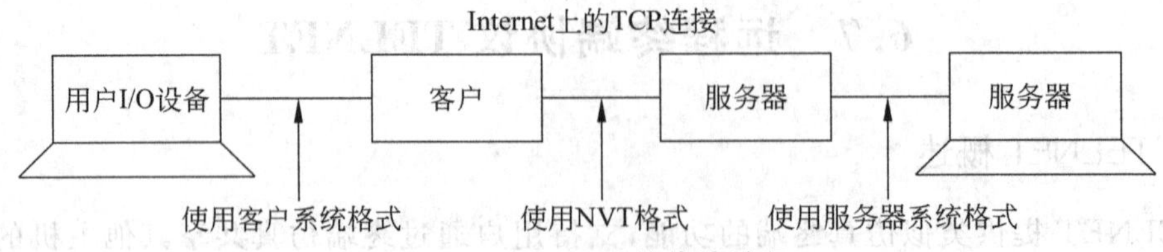

图 6-13 TELNET 的传输过程

习　题

1. 单项选择题

(1) Internet 的前身是(　　)。

A. ARPANET　　B. OCYOPUS　　C. DATAPAC　　D. Newhall

(2) 用户浏览器是通过(　　)协议浏览 Web 站点的。

A. FTP　　B. HTTP　　C. Gopher　　D. RSTP

(3) 应用层 DNS 协议主要用于实现(　　)网络服务功能。

A. 域名到 IP 地址的映射

B. 网络硬件地址到 IP 地址的映射

C. 进程地址到 IP 地址的映射

D. 用户名到进程地址的映射

(4) 在因特网电子邮件系统中,电子邮件应用程序(　　)。

A. 发送邮件和接收邮件通常都使用 SMTP 协议

B. 发送邮件通常使用 SMTP 协议,而接收邮件通常使用 POP3 协议

C. 发送邮件通常使用 POP3 协议,而接收邮件通常使用 SMTP 协议

D. 发送邮件和接收邮件通常都使用 POP3 协议

(5) 关于远程登录,以下(　　)说法是不正确的。

A. 远程登录定义的网络虚拟终端提供了一种标准的键盘定义,可以用来屏蔽不同计算机系统对键盘输入的差异性

B. 远程登录利用传输层的 TCP 协议进行数据传输

C. 利用远程登录提供的服务,用户可以使自己的计算机暂时成为远程计算机的一个仿真终端

D. 为了执行远程登录服务器上的应用程序,远程登录的客户端和服务器端要使用相同类型的操作系统

(6) 如果没有特殊声明,匿名 FTP 服务登录账号为(　　)。

A. user　　B. anonymous

C. guest　　D. 用户自己的电子邮件地址

(7) URL 是(　　)的意思。

A. 唯一相关链接　　B. 统一资源定位符

C. 文件传输协议　　D. 用户资源局域网

(8) 如果用户应用程序使用 UDP 协议进行数据传输,那么(　　)必须承担可靠性方面的全部。

A. 数据链路层程序　　B. 互联网层程序

C. 传输层程序　　D. 用户应用程序

(9) TCP/IP 把网络通信分为 5 层,属于应用层的是(　　)。

A. IP(Internet 协议)　　B. TCP(传输控制协议)

C. TELNET（远程终端协议） D. UDP（用户数据报协议）

(10) 以下使用熟知端口号 25 的应用层协议为（ ）。

A. FTP B. POP3 C. TELNET D. SMTP

(11) 下列（ ）不是基于 TCP 协议的应用程序。

A. PING B. HTTP C. TELNET D. FTP

(12) DNS 工作于（ ）。

A. 网络层 B. 传输层 C. 会话层 D. 应用层

(13) FTP 端口号是（ ）。

A. 53 B. 6/17 C. 20/21 D. 161

(14) 下列（ ）属于应用层协议。

A. IP、TCP 和 UDP B. ARP、TCP 和 UDP

C. FTP、SMTP 和 TELNET D. ICMP、RARP 和 ARP

(15) 下列协议中，读取邮件的协议是（ ）。

A. TELNET B. SMTP C. POP3 D. DHCP

(16) 在 www.tsinghua.edu.cn 域名中，（ ）是顶级域名，（ ）是组织机构名。

A. www B. tsinghua C. edu D. cn

(17) 通用顶级域名中的 edu 代表的是（ ）。

A. 教育机构 B. 美国教育机构

C. 公司企业 D. 非营利性组织

(18) 通用顶级域名中的 org 代表的是（ ）。

A. 教育机构 B. 美国教育机构

C. 公司企业 D. 非营利性组织

(19) 通用顶级域名中的 net 代表的是（ ）。

A. 国际机构 B. 网络服务提供者

C. 公司企业 D. 非营利性组织

(20) 通用顶级域名中的 int 代表的是（ ）。

A. 国际机构 B. 网络服务提供者

C. 公司企业 D. 非营利性组织

(21) 通用顶级域名中的 com 代表的是（ ）。

A. 国际机构 B. 网络服务提供者

C. 公司企业 D. 非营利性组织

(22) 域名中不能出现以下（ ）符号。

A. 汉字 B. 英文字母 C. 数字 D. 空格

(23) 在基于万维网的电子邮件中，从发送端 A 到 A 的邮件服务器使用的发送协议是（ ）。

A. HTTP B. SMTP C. MIME D. POP3

(24) （ ）是以动态的方式自动实现客户机的信息配置。

A. HTTP B. DHCP C. SNMP D. TELNET

(25) 因特网上共有(　　)个不同 IP 地址的根域名服务器。

A. 10　　B. 11　　C. 12　　D. 13

2. 填空题

(1) FTP 需要建立两个 TCP 连接,分别用于控制信息(如命令和响应,TCP 端口号默认值为________)和数据信息(端口号默认值为________)的传输。

(2) DNS 的主要功能有两个:一是定义了一组为网上主机定义域名的规则,二是将________转换成实际的________。

(3) 电子邮件的地址格式为________。

(4) 在 Web 服务器端后台运行一个服务进程(HTTPD),该进程始终侦听客户端的连接请求,其端口号是________。

(5) 常见的应用层协议主要包括________、________、________、________和________等。

(6) 电子邮件的一些标准包括使用 TCP 连接的端口号为 25 的发送邮件协议________和读取邮件协议________。

(7) 计算机之间的操作由于其异构性,命令之间存在差异,因此,为在两个不同的系统间进行转换就定义了一种中间格式,称为________。

(8) 制作万维网页面的标准语言是________。

(9) 域名解析包括________和________两种方法。

(10) 当一个主机发出 DNS 查询请求时,这个查询请求报文就发送给________域名服务器。

(11) URL 包括________、________、________、________4 个部分。

(12) HTTP/1.0 采用的是________的方法,其主要缺点就是每请求一个文档就要有两倍 RTT 的开销,而 HTTP/1.1 采用的是________的方法,使得同一个服务器上的文档都能在一个连接上发送到目的地。

(13) HTTP 报文支持的请求有________、________、________3 种。

3. 简答题

(1) 因特网有哪些基本服务?

(2) 简述域名的解析过程。

(3) DNS 在因特网中的作用是什么?

(4) 在因特网的应用中为什么要引用动态主机配置协议?

(5) 简述 FTP 的基本工作原理。

(6) 在 TELNET 应用中,为了解决计算机间的命令存在的差异,采取什么措施?

(7) 简述 URL 的作用和一般形式中各个字段的含义。

第7章 网络安全

随着计算机网络的发展和应用，网络安全在计算机网络应用中越来越重要，已经成为现代计算机网络中最重要的问题之一。网络安全是一门专业学科，本章只对计算机网络安全的基本内容进行初步的介绍。

7.1 网络安全概述

7.1.1 网络安全的含义

网络安全泛指网络系统的硬件、软件及其系统中的数据受到保护，不受偶然的或者恶意因素的破坏、更改以及泄露，系统连续可靠正常地运行，网络服务不被中断。网络安全的内容包括系统安全和信息安全两个部分。系统安全主要指网络设备的硬件、操作系统和应用软件的安全；信息安全主要指各种信息的存储、传输的安全，具体体现在保密性、完整性及不可抵赖性等方面。

从内容看，网络安全大致包括4个方面：

(1) 网络实体安全：如计算机机房的物理条件、物理环境及设施的安全标准；计算机硬件、附属设备及网络传输线路的安装及配置等。

(2) 软件安全：如保护网络系统不被非法侵入，系统软件与应用软件不被非法复制、篡改、不受病毒的侵害等。

(3) 数据安全：保护数据不被非法存取，确保其完整性、一致性、机密性等。

(4) 安全管理：指网络运行时突发事件的安全处理，包括采取计算机安全技术、建立安全管理制度、开展安全审计、进行风险分析等。

网络安全的基本特性主要包括以下几个方面：

(1) 网络的可靠性：指提供正确服务的连续性，它可以描述为系统在一个特定时间内能够持续执行特定任务的概率，侧重分析服务正常运行的连续性。

(2) 网络的可用性：指可以提供正确服务的能力，它是为可修复系统提出的，是对系统服务正常和异常状态交互变化过程的一种量化，指可靠性和可维护性的综合描述。系统可靠性越高，可维护性越好，则可用性越高。

(3) 网络的可维护性：指网络失效后在规定时间内可修复到规定功能的能力。

(4) 网络访问的可控性：指控制网络信息的流向以及用户的行为方式，是对所管辖的网络、主机和资源的访问行为进行有效的控制和管理。

(5) 数据的机密性：指系统信息不被未授权的用户获知。

(6) 数据的完整性：指阻止非法实体对交换数据的修改、插入和删除。

(7) 用户身份的可鉴别性(authentication)：指对用户身份的合法性与真实性进行确认，以防假冒。

(8) 用户的不可抵赖性(non-repudiation)：指防止发送方在发送数据后抵赖自己曾发送过此数据，或者接收方在收到数据后抵赖自己曾收到过此数据。

(9) 用户行为的可信性：用户身份的可鉴别性并不能保证行为本身就一定也是可信的，因此在用户访问资源的过程中需要对用户的行为进行监测，保证用户的行为是可信的。

网络出现安全问题的原因主要有内因和外因两个方面，内因是计算机系统和网络自身的脆弱性和网络的开放性，外因是威胁存在的普遍性和管理的困难性。

7.1.2 网络攻击类型

网络攻击可以分成主动攻击和被动攻击两类。

1. 被动攻击

被动攻击(passive attacks)的攻击者只是窃听或监视数据传输，即取得中途的信息。这里的被动指攻击者不对数据进行任何修改。事实上，这也使被动攻击很难被发现。因此，处理被动攻击的一般方法是防止而不是探测与纠正。被动攻击又分成两类，分别是消息内容泄露和通信量分析，如图7-1所示。

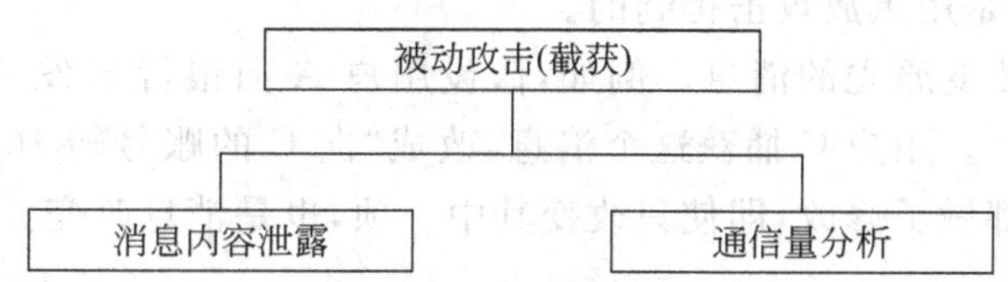

图7-1 被动攻击

消息内容泄露很容易理解。当发送保密电子邮件消息时，发送方希望只有对方才能访问，否则消息内容会被别人看到。利用某种安全机制，可以防止消息内容泄露。例如，可以用代码语言编码要发送的消息内容，使消息内容只有指定人员才能理解，别人没有这个代码语言。但是，如果传递许多这类消息，则攻击者可以猜出某种模式的相似性，从而猜出消息内容，这种对编码消息的分析就是通信量分析。

2. 主动攻击

与被动攻击不同的是，主动攻击(active attacks)以某种方式修改消息内容或生成假消息。这种攻击很难防止，但容易被发现和恢复。这些攻击包括中断、修改和伪造。在主动攻击中，会以某种方式修改消息内容。

图7-2是主动攻击的示例。图7-3显示了主动攻击的分类。中断是攻击者截断信息的传输，使得信息不能或不能按时到达接收方；篡改是指攻击者非法对信息的来源和信息的内容进行增删改；伪造就是将非法实体假装成另一个实体，用户C可能假冒用户A，向用户B发一个消息。用户B可能相信这个消息来自用户A。

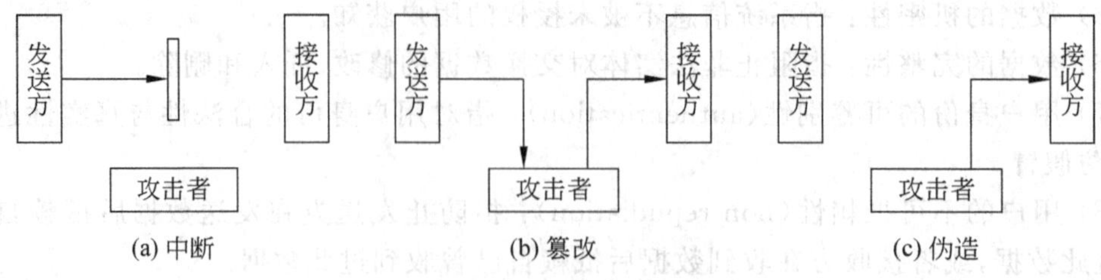

图 7-2 主动攻击的示例

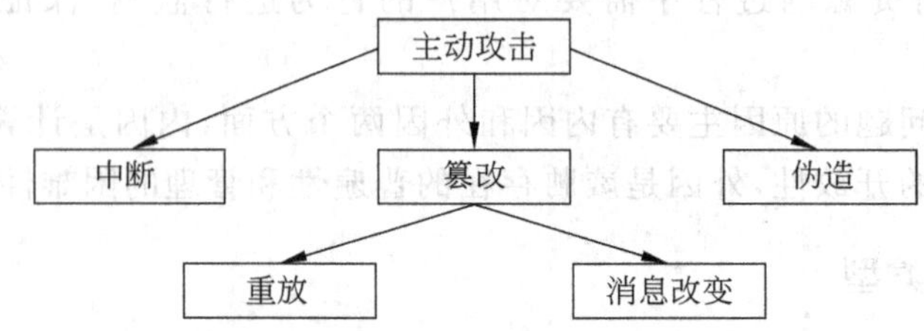

图 7-3 主动攻击的分类

在重放攻击中，用户捕获一系列事件(或一些数据单元)，然后重发。例如，假设用户A要向用户C的账号转一些钱。用户A与C都在银行B有账号。用户A向银行B发一个电子消息，请求转账。用户C捕获这个消息，然后向银行再发一次这个消息。银行B不知道这是一个非法消息，会再次从用户A的账号转钱。因此，用户C得到两笔钱：一笔是授权的，另一笔是用重放攻击得到的。

消息改变就是改变原先的消息。例如，假设用户A向银行B发一个电子消息“向D的账号转1000美元”。用户C捕获这个消息，改成“向C的账号转10 000美元”。注意，这里收款人和金额都做了修改，即使只改变其中一项，也是消息改变。

7.1.3 网络攻击的方法

网络攻击的方法有很多种，下面简单介绍几种常见的网络攻击方法。

1. 口令入侵

所谓口令入侵是指使用某些合法的用户账号和口令登录到目的主机，然后再实施攻击活动。这种方法的前提是必须先得到该主机上的合法用户账号，然后再进行合法用户口令的破译。

2. 特洛伊木马

特洛伊木马是指一类恶意妨害安全的计算机程序，这类程序表面上在执行一个任务，而实际上却在执行另外的任务。同一般应用程序一样，特洛伊木马能实现任何软件的功能，如复制和删除文件、格式化硬盘、发送电子邮件等，而实际上往往会导致意想不到的后果。更为恶性的特洛伊木马会对系统进行全面的破译。

3. 欺骗攻击

欺骗攻击实质上就是冒充身份通过认证骗取信息的攻击方式。攻击者针对认证机制的缺陷，将自己伪装成可信任方，从而与受害者进行交流，最终获取信息或展开进一步的

攻击。

目前比较流行的欺骗攻击主要有5种。

(1) IP欺骗：通过伪造某台主机的IP地址骗取特权从而进行攻击的技术。

(2) ARP欺骗：利用ARP协议的缺陷，通过伪造IP地址和MAC地址实现ARP欺骗的攻击技术。

(3) 电子邮件欺骗：利用发送电子邮件来进行欺骗。执行电子邮件欺骗有3种基本方法，每一种有不同的难度级别，执行不同层次的隐蔽，分别是：利用相似的电子邮件地址，直接使用伪造的E-mail地址，远程登录到SMTP端口发送邮件。

(4) DNS欺骗：在域名和IP地址转换过程中实现的欺骗。DNS欺骗会使那些易受攻击的DNS服务器产生很多安全问题。

(5) Web欺骗：是一种电子信息欺骗，攻击者创造了一个令人信服的Web世界，但实际上它却是一个虚假的复制。虚假的Web看起来十分逼真，它拥有相同的网页和链接。攻击者控制着这个虚假的Web站点，这样受害者的浏览器和Web之间的所有网络通信就完全被攻击者截获。

4. 服务拒绝攻击

服务拒绝攻击是指攻击者使网络系统的服务能力下降或者丧失。这可能是两方面原因造成的：一是受到攻击所致，攻击者通过对系统进行非法的、根本无法成功的持续访问尝试而产生过量的系统负载，从而导致系统资源对合法用户的服务能力下降或者丧失；二是由于系统或组件在物理上或者逻辑上遭到破坏而中断服务。

5. 监听

攻击者监听物理通道上传输的所有信息，不管这些信息的发送方和接收方是谁。通常若传输的信息没有加密，那么攻击者就可轻而易举地截获包括账号和口令在内的任何信息。虽然网络监听获得的用户账号和口令具有一定的局限性，但监听者往往能够获得其所在网段的所有用户账号及口令。

6. 黑客

黑客是指通过网络非法入侵他人的计算机系统，获取或者篡改各种数据从而危害信息安全的入侵者或入侵行为。黑客攻击的步骤包括收集信息、系统扫描、探测系统安全弱点和实施攻击。

7. 后门攻击

后门也称为陷门，一般是在程序或系统设计时插入的一小段程序。从操作系统到应用程序，任何一个环节都有可能被开发者留下"后门"，后门是一个模块的秘密入口，这个秘密入口并没有记入文档，因此，用户并不知道后门的存在。在程序开发期间，后门是为了测试这个模块或者为了更改和增强模块的功能而设定的。在软件交付使用时，有的程序员没有去掉它，这样居心不良的人就可以隐蔽地访问它了。后门一旦被人利用，将会带来严重的安全后果。利用后门可以在程序中建立隐蔽通道，植入一些隐蔽的病毒程序。利用后门还可以使原来相互隔离的网络信息形成某种隐蔽的关联，进而可以非法访问网络，达到窃取、更改、伪造和破坏信息资料的目的，甚至还可能造成系统大面积瘫痪。

8. 端口扫描

所谓端口扫描，就是利用Socket编程和目标主机的某些端口建立TCP连接、进行传输协议的验证等，从而探知目标主机的哪些端口处于激活状态，主机提供了哪些服务以及提供的服务中是否含有某些缺陷，等等。

其他网络攻击的方法可以查阅相关资料，这里不再一一介绍。

7.1.4 安全服务与安全机制

国际标准化组织(ISO)于1989年2月公布的ISO 7498-2“网络安全体系结构”文件，它给出了OSI参考模型的安全体系结构，简称OSI安全体系结构。这是一个普遍适用的安全体系结构，它对具体网络的安全体系结构具有指导意义，其核心内容是保证异构计算机系统之间远距离交换信息的安全。

OSI安全体系结构是在对开放系统面临的威胁和其脆弱性进行分析的基础上提出来的。OSI安全参考模型主要包括安全服务(security service)、安全机制(security mechanism)和安全管理(security management)，并给出了OSI网络层次、安全服务和安全机制之间的逻辑关系。它定义了5大类安全服务，并提供这些服务的8大类安全机制以及相应的开放系统互联的安全管理。

1. 网络安全服务

1) 鉴别服务

鉴别服务分为以下两种：

(1) 对等实体鉴别服务，用于两个开放系统同等层中的实体建立连接或数据传输阶段，对对方实体的合法性与真实性进行确认，以防假冒。这里的实体可以是用户或进程。

(2) 数据源认证服务，用于确保数据发自真正的源点，防止假冒。

2) 访问控制服务

访问控制服务用于防止未授权用户非法使用系统资源。它包括用户身份认证以及用户的权限确认。这种保护服务也可提供给用户组。

3) 数据完整性服务

数据完整性服务用以阻止非法实体对交换数据的修改、插入、删除以及在数据交换过程中的数据丢失。

4) 数据保密服务

数据保密服务包括多种保密服务。为了防止网络中各个系统之间交换的数据被截获或被非法存取而造成泄密，提供密码加密保护。

5) 抗抵赖性服务

抗抵赖性服务用以防止发送方在发送数据后否认自己发送过此数据，接收方在收到数据后否认自己收到过此数据或伪造接收数据。抗抵赖性服务由两种服务组成：一是不得否认发送；二是不得否认接收。实质上是一种数字签名服务。

2. 网络安全机制

安全服务依赖于安全机制的支持。ISO安全体系结构提出了8种基本的安全机制，通常可以将一个或多个安全机制配置在适当的层次上以实现这些安全服务。

1）加密机制

加密是提供数据保密的最常用方法，通过加密算法来实现。按密钥类型划分，加密算法可分为对称加密和非对称加密两种；按密码体制可分为序列密码（流密码）和分组密码算法两种。将加密的方法与其他技术相结合，还可以提供数据的完整性保护。

2）数字签名机制

数字签名是确保数据真实性的基本方法。利用数字签名技术还可进行报文认证和用户身份认证。数字签名具有解决收发双方纠纷的能力，特别是针对通信双方发生争执时可能产生的如下安全问题：

（1）否认：发送者事后不承认自己发送过某份文件。

（2）伪造：接收者伪造一份文件，声称它发自发送者。

（3）冒充：网上的某个用户冒充另一个用户接收或发送信息。

（4）篡改：接收者对收到的信息进行部分篡改。

3）访问控制机制

访问控制机制是实施对资源访问或操作加以限制的策略。这种策略把对资源的访问只限于那些被授权的用户。而授权就是指资源的所有者或控制者允许其他人访问这种资源。访问控制还可以直接支持数据机密性、完整性、可用性以及合法使用的安全目标。它对数据机密性、完整性和合法使用所起的作用是十分明显的。

4）数据完整性机制

数据完整性机制防止非法用户对正常数据的变更，如修改、插入、延时或删除，以及在数据交换过程中的数据丢失。

5）认证（鉴别）机制

认证是指通过交换信息的方式来确定实体身份的机制。在计算机网络中认证主要有站点认证、报文认证、用户和进程的认证等。用于认证的主要方法如下：

（1）口令：由发送方实体提供，接收方实体检测。

（2）密码技术：将交换的数据加密，只有合法用户才能解密，得出有意义的明文。在许多情况下，这种技术与时间标记和同步时钟技术、双方或三方“握手”技术、数字签名和公证机构技术一起使用。

（3）利用实体的特征或所拥有的事物，如指纹和身份卡等。

6）通信业务填充机制

通信业务填充机制是提供业务流机密性的一个基本机制。它包含生成伪造的通信实例或伪造的数据。伪造通信业务和将协议数据单元填充到一个固定长度，能够为防止通信业务分析提供有效的保护。协议数据单元的内容必须加密或隐藏起来，使得虚假业务不会被识别，从而与真实业务区分开来。

7）路由选择控制机制

路由选择控制机制使得路由能被动态地或预定地选取，以便使用物理上安全的网络、中继站或链路来进行通信，保证敏感数据只在具有适当保护级别的路由上传输。在检测到持续的攻击时，网络服务提供者可为端系统经不同的路由建立连接。带有某些安全标记的数据可以依据安全策略禁止通过某些子网、中继或链路。连接的发起者可以指定路由选择说明，由它请求回避某些特定的子网、链路或中继。

8）公证机制

公证机制是指有关在两个或多个实体之间通信的数据的性质，如完整性、数据源、时间和目的地等，能够借助公证机制而得到确保。这种保证是由第三方公证人提供的。公证人为通信实体所信任，并掌握必要信息以一种可证实方式提供所需保证。每个通信实例可使用数字签名、加密和完整性机制以适应公证人提供的服务。

7.2 密码技术基础

7.2.1 数据加密概述

在计算机网络中，数据报文的传输过程存在许多不安全因素，数据有可能被截取、篡改或伪造。对付这些攻击并保证数据的保密性和完整性的安全技术主要是对所传送的数据加密。在计算机网络安全中，数据加密是指为了防止网络中各个系统之间交换的数据被未授权的实体截获或被非法存取造成泄密而提供的保护。加密是把报文进行编码使其意义变得不明显的过程；而解密则是加密的逆过程，即把报文从加密形式变换成原始形式的过程。

数据加密与解密过程中常用的几个术语如下。

明文：发送方想要接收方获得的可读信息称为明文。明文既可以是文本和数字，也可以是语音、图像和视频等其他信息形式。

密文：通过加密的手段，将明文变换为杂乱无章的信息称为密文。

加密：将明文转变为密文的过程。

解密：将密文还原为明文的过程，解密是加密的逆过程。

密码体制：实现加密和解密的特定的算法。

密钥：由使用密码体制的用户随机选取的，唯一能控制明文与密文转换的关键信息称为密钥。密钥通常是随机字符串，在同一种加密算法下，密钥的位数越长，安全性越高。

目前常用的加密技术分为两类，即秘密密钥加密技术（对称加密）和公钥加密技术（非对称加密），其工作原理如图 7-4 所示。前者加密密钥与解密密钥是相同的，通信双方都必须具备这个密钥，并保证该密钥在通信中不被泄露；后者加密用的公钥和解密用的私钥是不同的，公钥可以公开，而私钥自己保管，必须严格保密。

密码学的发展分为两个阶段，第一个阶段是传统密码学阶段，第二个阶段是计算机密码学阶段。在传统的加密技术中常用的是对称加密技术主要有替换加密法和置换加密法两种。替换加密法是将明文消息的字符按照一定的规律换成另一个字符、数字或符号，在替换过程中不一定替换成原字符集中的字符，而且还可以一对多地替换。传统的替换加密法有凯撒加密法、Vigenere（唯吉耐尔）加密法和 Vernam（弗纳姆）加密法。置换加密技术与替换加密技术不同，不是简单地把一个字母换成另一个字母，而是对明文字母重新进行排列，字母本身不变，但字母的位置变了。常用的置换加密法有栅栏置换加密技术和多轮分栏式置换加密技术。

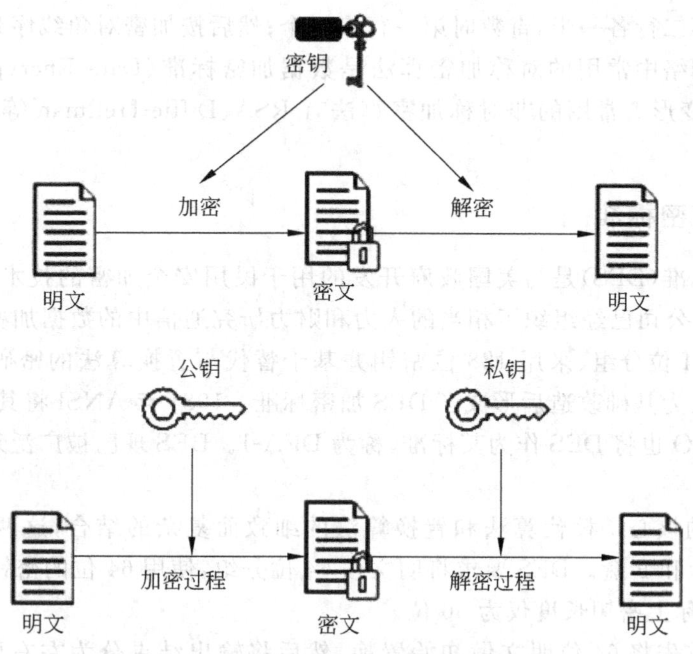

图 7-4 对称加密技术与非对称加密技术

【例 7-1】 将明文 ATTACKATFIVE 通过凯撒加密法进行加密。

凯撒加密法是将消息中的每个字母换成字母表中它后面的第 3 个字母,并进行循环替换,最后的 3 个字母反过来用字母表最前面的字母进行替换,基本替换对照表见表 7-1。

表 7-1 凯撒加密法对照表

A	B	C	D	E	F	G	H	I	J	K	L	M	N	O	P	Q	R	S	T	U	V	W	X	Y	Z
D	E	F	G	H	I	J	K	L	M	N	O	P	Q	R	S	T	U	V	W	X	Y	Z	A	B	C

很显然明文 ATTACKATFIVE 加密后的密文为 DWWDFNDWILYH。

【例 7-2】 将明文 ATTACKATFIVE 通过栅栏加密法进行加密。

栅栏(rail fence)置换加密技术的加密过程如图 7-5 所示。

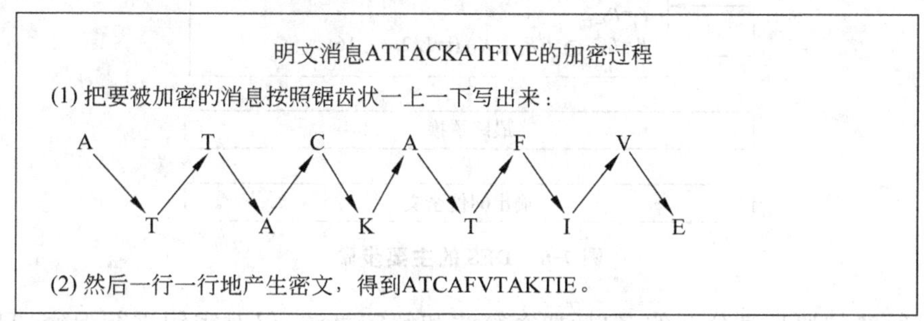

图 7-5 栅栏加密过程

解密过程如下:

先写第一行,再写第二行,每行字母的个数是按照下面的原则决定的:字母总数是偶数时第一行和第二行各一半，奇数时第一行多一个；然后按加密对角线序列读出即可。

在计算机网络中常用的对称加密算法是数据加密标准（Data Encryption Standard，DES）及其各种变形。常用的非对称加密算法有 RSA、Diffie-Hellman 等，比较有影响的是 RSA 算法。

7.2.2 数据加密标准

数据加密标准（DES）是为美国政府开发的用于民用安全加密的技术。早在 20 世纪 60 年代末，IBM 公司已经组织了相当的人力和财力研究通信中的数据加密，并在 1971 年完成了一种以 64 位分组、采用 128 位密钥并基于替代与置换算法的密码算法。IBM 公司以此密码算法为基础改造后形成了 DES 加密标准。1981 年 ANSI 将其作为标准，称为 DEA，两年后 ISO 也将 DES 作为其标准，称为 DEA-1。DES 现已被广泛地用于数据通信的加密。

DES 算法的核心是替代算法和置换算法的细致而复杂的结合，这两种算法在 DES 中分别称为 S 盒和 P 盒。DES 要求将明文按 64 位分组，使用 64 位的密钥，但由于其中 8 位用于校验，实际上密钥长度仅为 56 位。

DES 算法首先将 64 位明文做初始置换，然后将输出结果分为左右两部分，各为 32 位；接着进行 16 次在密钥控制下的替代和置换的迭代，这是算法的核心。在每轮迭代中，通过移位产生新的子密钥，利用 S 盒和 P 盒进行替代和置换，然后，每轮的输出又作为下一轮迭代的输入。最后，将第 16 轮迭代的输出进行置换，得到一个 64 位的密文，DES 的主要步骤如图 7-6 所示。

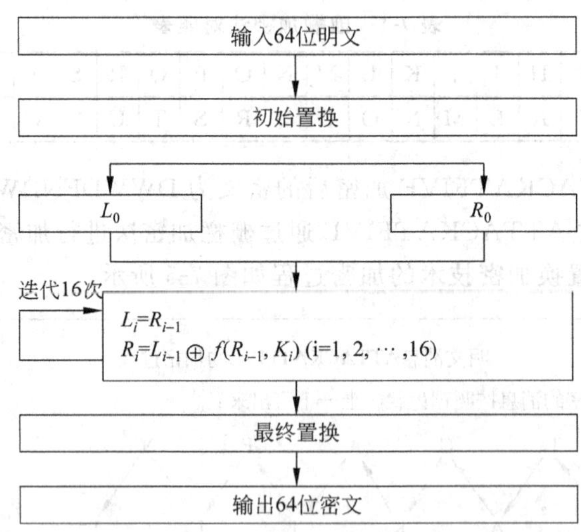

图 7-6 DES 的主要步骤

DES 算法的原理是公开的，包括加密算法和解密算法，仅对密钥进行保密，只有掌握了与发送方相同的密钥才能破译 DES 算法加密的数据。如果密钥长度为 56 位，用穷举法进行搜索，需要运算 2^{56} 次。如果每秒能检测一百万个密钥，需要 2000 年才能完成检测。但随着计算机硬件技术的发展，计算机的运行速度越来越快，破解 DES 密钥已经不

是难事。因此人们开始使用 DES 的变形——高级加密标准(Advanced Encryption Standard,AES)和国际数据加密算法(International Data Encryption Algorithm,IDEA)替换 DES 加密算法,DES 算法的变形主要有双重 DES、三重 DES 等。

7.2.3 公钥密码体制

公钥算法中,每个用户拥有两个密钥:公钥和私钥。公钥用于加密,可以公开发布;私钥用于解密,私钥必须保密,不能公开。在公钥算法中,加密算法和加密密钥都是公开的,任何人都可将明文转换成密文,但是对应的解密密钥是保密的,而且无法从加密密钥推导出,即使是加密者本人也无法进行解密。

公钥算法中最著名的是 RSA 算法,RSA 是在 1977 年由美国麻省理工学院(MIT)的 3 位年轻数学家 Ron Rivest、Adi Shamir、Len Adleman 发明的。该算法是基于数论中的大数不可分解原理的非对称密钥密码体制。即使在今天,RSA 算法也是最广泛接受的公钥方案。RSA 算法的 3 个字母分别取自 3 个人的姓氏首字母。

RSA 的理论基础是数论中的一个难题,即对于一个非常大的整数(如几百位长)是很难分解出其因子的。这个问题是否属于不可计算问题尚未得到证明。

RSA 的关键在于选取一对密钥,一个用于加密,另一个用于解密,二者是可互换的。生成加密与解密密钥的过程如下:首先选取一个整数 N,要求 N 的值很大,而且是一对大素数 P 和 Q 的乘积。P 和 Q 值一般要求在 100 位以上,这样得到的 N 值就有 200 位以上,如此大的数可以有效阻止对 N 的因子分解。接着选择一个较大的整数 E,使得 E 与整数 $(P-1)\times(Q-1)$ 互为素数,即满足二者不存在大于 1 的公因子。E 就是加密密钥。最后,选择一个整数 D,使得 E 与 D 之积 $E\times D$ 关于 $(P-1)\times(Q-1)$ 的余数为 1,即存在

$$E\times D \bmod (P-1)\times(Q-1)=1$$

这里的 D 就是解密密钥。RSA 的数据加密和解密算法是这样定义的:

加密算法:设明文为 P,密文为 C,则有 $C=P^E \bmod N$。

解密算法:设密文为 C,明文为 P,则有 $P=C^D \bmod N$。

由于选择 E 与 D 时的要求,可以证明 RSA 的解密和加密过程是互逆的,并且也是可交换的。整个加密过程总结如下:

(1) 选择两个大素数 P、Q。

(2) 计算 $N=P\times Q$。

(3) 选择一个公钥(即加密密钥)E,使其不是 $(P-1)\times(Q-1)$ 的因子。

(4) 选择私钥(即解密密钥)D,满足下列条件:

$$(D\times E) \bmod (P-1)\times(Q-1)=1$$

(5) 加密时,从明文 PT 计算密文 CT:

$$\mathrm{CT}=\mathrm{PT}^E \bmod N$$

(6) 将密文 CT 发送给接收方。

(7) 解密时,从密文 CT 计算明文 PT:

$$\mathrm{PT}=\mathrm{CT}^D \bmod N$$

RSA 密码体制是安全的，但是其最大的缺点是计算效率问题。与 DES 相比，同样的软件或硬件实现其计算，RSA 的速度仅仅是 DES 算法的 1/100 至 1/1000，运算速度非常慢。因此实际使用中，RSA 多数用于密钥交换和认证过程中。RSA 是纯粹的数字运算，实际加密的密文可能是非数字的，那么如何利用 RSA 呢？下面通过例子来说明。

【例 7-3】 设 A 是发送方，B 是接收方。假设发送方 A 要向接收方 B 发送一个字母 F。利用 RSA 算法进行加解密。

(1) 确定公钥和私钥

① 取 $P=7, Q=17$。

② 计算 $N=P\times Q=7\times 17=119$。

③ 选取公钥，因为 $(P-1)\times(Q-1)=6\times 16=96$，96 的因子为 2、2、2、2、2 和 3，因此公钥 E 不能有 2 和 3 的因子，这里选择公钥值 5。

④ 选择私钥，使 $(D\times E)\ \mathrm{mod}\ (P-1)\times(Q-1)=1$。本例选择 D 为 77，因为 $(5\times 77)\ \mathrm{mod}\ 96=385\ \mathrm{mod}\ 96=1$，能满足条件。

(2) 根据这些值，考虑加密与解密过程。

① 用字母编码机制(如 A=1，B=2，…，Z=26)，这里 F 为 6，因此首先将 F 编码为 6。

② 发送方用下列方法加密 6，得到 41：

(a) 求这个数与指数为 E 的幂，即 6^5。

(b) 计算 $6^5\ \mathrm{mod}\ 119$，得到 41，这是要在网络上发送的加密信息。

③ 接收方用下列方法解密 41，得到 F：

(a) 求这个数与指数为 D 的幂，即 41^{77}。

(b) 计算 $41^{77}\ \mathrm{mod}\ 119$，得到 6。

④ 按字母编号机制将 6 译码为 F，这就是原先的明文。

对称加密技术的特点是算法简单、速度快，被加密的数据块长度可以很大，但存在的缺点是要解决密钥的传递问题；而非对称加密技术解决了密钥传递的问题，但非对称加密算法的算法复杂、速度慢，被加密的数据块长度不宜太大。因此在实际的应用中，经常将二者结合在一起使用，形成混合加密系统，这样可以充分利用这两种加密算法的优点。通常用对称加密方法来加密文件的内容，用非对称加密方法来加密密钥，这样就可以解决运算速度和密钥分配管理的问题了。

7.3 身份认证

7.3.1 身份认证概述

在现实生活中，每个人的身份主要是通过各种证件来确认的，比如身份证、户口本、护照等。在计算机和互联网络世界里，用户的身份是一个最基本的安全特性，也是整个信息安全的基础。如何确认用户(访问者)的真实身份，以及如何解决访问者的物理身份和数字身份的一致性问题，是网络安全必须首先要解决的问题。因为只有知道对方是谁，数据的保密性、完整性和访问控制等才有意义。身份认证是对网络中的主体进行验证，用户必

须提供他是谁的证明，他可以是某个雇员、某个组织的代理或某个软件过程（如交易过程）。

在对用户的身份认证过程中，涉及的对象包括：①提供身份信息的被验证者，也称为用户（User），用户端通常需要有进行登录（login）的设备或系统；②检验身份信息正确性和合法性的认证服务器（authentication server），服务器上存放用户的鉴别方式及用户的鉴别信息；③提供仲裁和调解的可信第三方；④企图进行窃听和伪装身份的攻击者；⑤认证设备，它是用户用来产生或计算密码的软硬件设备。

身份认证的基本思路是：通过与用户的交互获得相关的身份信息，然后提交给认证服务器，后者将身份信息与存储在数据库里的身份信息进行核对处理，根据比较结果确认用户身份是否真实可信。

用户身份认证一般通过多个因素来共同鉴别用户身份的真伪，称为多因子鉴别（multi-factor authentication），最常见的3个因子是：

（1）用户所知道的东西，如知识、口令、密码等。

（2）用户所拥有的东西，如身份证、信用卡、钥匙、智能卡、令牌、私钥或U盾等。

（3）用户所具有的东西，如手型、脸型、声音、指纹、视网膜、虹膜、签字或笔迹等。

一般情况下，鉴别的因子越多，鉴别真伪的可靠性越大，当然也要考虑鉴别的方便性和性能等综合因素。

常用的身份认证方法很多，下面简要介绍几种。

1. 基于口令的身份认证

用户名/口令认证技术是最简单、最普遍的身份认证技术，如各类系统的登录。口令具有共享秘密的属性，是相互约定的代码，只有用户和系统知道。口令有时由用户选择，有时由系统分配。通常情况下，用户先输入某种标志信息，如用户名和ID号，然后系统询问用户口令，若口令与用户文件中的相匹配，用户即可进入访问。口令有多种，有一次性口令，还有基于时间的口令等。为了防止攻击，可将信息进行密文存储和传送。

2. 基于口令卡的身份认证

口令卡上以矩阵的形式印有若干字符串，不同账号的口令卡不同，用户在使用电子银行进行对外转账或缴费等支付交易时，电子银行系统会随机给出一组口令卡坐标，客户根据坐标从卡片中找到口令组合并输入电子银行系统，电子银行系统据此来对用户进行身份鉴别，图7-7显示了口令卡的内容。

序列号：1234567890254687231

	A	B	C	D	E	F	G	H	I	J
1	123	123	123	123	123	123	123	123	123	123
2	135	135	135	135	135	135	135	135	135	135
3	136	136	136	136	136	136	136	136	136	136
4	137	137	137	137	137	137	137	137	137	137
5	138	138	138	138	138	138	138	138	138	138
6	139	139	139	139	139	139	139	139	139	139
7	140	140	140	140	140	140	140	140	140	140
8	141	141	141	141	141	141	141	141	141	141

(a) 口令卡的正面　　(b) 口令卡的背面(覆膜刮开后的效果图)

图7-7　口令卡的正反面内容

该方法使用方便、灵活，对用户端要求较少，不要求用户端计算口令摘要和进行数据加密，不需要安装任何软件。每次用户输入不同的动态口令，防止了重放攻击。但一般口令卡对电子商务的交易有金额限制，口令卡的一次性成本低，累积成本较大，网银使用次数越多，口令卡更换就越频繁。

3. 基于智能卡的身份认证

网络通过用户所拥有的东西来认证用户，一般是用智能卡或其他形式的标志，这类标志可以从连接到计算机的读卡器读出来。访问系统时，不但需要口令，也需要使用物理智能卡。智能卡是一种将具有加密、存储和处理能力的集成电路芯片嵌装于塑料基片上而制成的卡片，它的外形与普通的信用卡十分相似。

智能卡存储用户个性化的秘密信息，同时在验证服务器中也存放该秘密信息。进行认证时，用户输入PIN码，智能卡认证PIN码，成功后，即可读出智能卡中的秘密信息，进而利用该秘密信息与主机之间进行认证。基于智能卡的认证是一种双因素(PIN+智能卡)的认证，即使其中一个被窃取，用户仍不会被冒充。

日常应用的智能卡有打IC电话的IC卡、手机里的SIM卡、银行里的IC银行卡等。由于智能卡具有安全存储和处理的能力，因此智能卡在个人身份认证方面有着得天独厚的优势。

4. 基于生物特征的身份认证

在用户的身份认证机制中，以“用户名+口令”方式过渡到目前网银广泛使用的U盾方式为例，首先需要随时携带U盾，其次它也容易丢失或失窃，补办手续烦琐，并且仍然需要出具能够证明身份的其他文件，使用很不方便。直到生物识别技术得到成功的应用才真正回归到了对人类最原始的特性上。

基于生物特征的鉴别技术具有传统的身份认证手段无法比拟的优点。采用生物鉴别技术，可不必再记忆和设置密码，使用更加方便。基于生物特征的身份认证是根据人体本身所固有的生理特征和行为特征的唯一性，利用图像处理技术和模式识别等方法来达到身份鉴别或验证目的的一门科学。生物特征是指唯一的可以测量或可自动识别和验证的生理特征或行为方式。生物特征分为生理特征和行为特征两类。

生理特征与生俱来，多为先天性的，如指纹、掌型、视网膜、虹膜、人体气味、脸型、静脉和DNA等；行为特征则是习惯使然，多为后天性的，如签名、行走步态等。

目前部分学者将生物特征鉴别技术分为3类，一类是高级生物识别技术，它包括视网膜识别、虹膜识别和指纹识别等；一类是次级生物识别技术，它包括掌型识别、脸型识别、语音识别和签名识别等；一类是“深奥的”生物识别技术，它包括血管纹理识别、人体气味识别和DNA识别等。

生物识别方法具有随身性、安全性、唯一性、广泛性、方便性以及可采集性等优点。因此，生物识别技术具有传统的身份认证手段无法比拟的优点。但基于生物特征的身份认证存在的缺点就是较昂贵，需要一定的硬件支持，另外就是不够稳定(辨识失败率高)，因此最好将基于生物特征的身份认证和其他身份认证方法结合起来，形成多因子认证的方法。

5. 零知识身份认证

通常的身份认证都要求传输口令或身份信息，如果不传输这些信息，身份也能得到证明，这就需要零知识证明技术。零知识证明的基本思想是：被认证方P掌握某些秘密信息(如自己的私钥)，P想设法让验证方V相信他确实掌握那些信息，但又不想让V知道那些信息(如果连V都不知道那些秘密信息，第三者想盗取那些信息就更难了)。

可以通过洞穴问题来解释零知识问题。有一个山洞，如图7-8所示，在C和D之间存在一个密门，并且只有知道咒语的人才能打开。P知道咒语并想对V证明，但证明过程中不想泄露咒语。证明步骤如下：

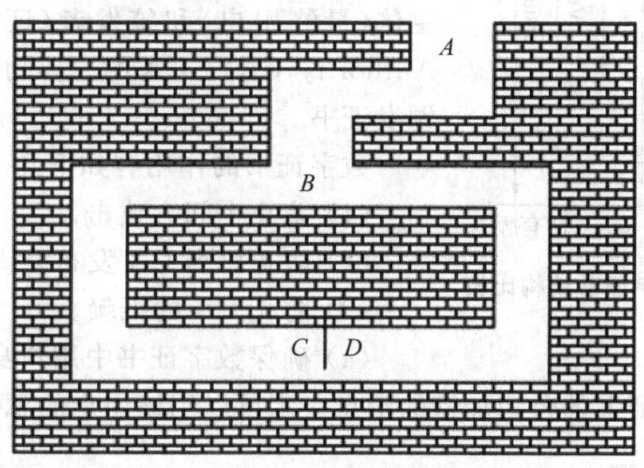

图7-8 洞穴问题图例

(1) V站在A点。

(2) P一直走进洞穴，到达C点或者D点。

(3) 在P消失在洞穴中之后，V走到B点。

(4) V随机选择左通道或者右通道，要求P从该通道出来。

(5) P从V要求的通道出来，如果有必要就用咒语打开密门。

(6) P和V重复步骤(1)～(5)n次。

如果P知道咒语，他一定可以按照V的要求正确的走出山洞n次，如果P不知道咒语并想使V相信他知道咒语，就必须每次都事先猜对V会要求他从哪一边出来，他就走进这一边，到达密门后返回出来。猜对一次的概率是0.5，猜对n次的概率就是0.5^n，当n足够大时，这个概率就接近于零。

基于零知识的身份认证技术可使信息的拥有者无须泄露任何信息就能向验证者或者任何第三方证明他拥有该信息。目前在网络的身份认证中，已经提出了零知识技术的一些变形，如FFS方案、FS方案、GQ方案等。但该技术需要传输的数据量较大，并且要求一个更复杂的协议，需要一些协议交换。

7.3.2 数字证书

为了进行有效的身份认证，类似现实生活中的身份证，在网络中每个用户也发一个网络身份证，即数字证书。数字证书是网络通信中标志各方身份信息的一系列数据，因此可以用来对用户身份进行鉴别，它是由一个可信的权威机构发行，人们可以在网络应用中用它来识别对方的身份。数字证书是一段包含用户身份信息、用户公钥信息以及身份验证机构数字签名的数据。身份验证机构的数字签名可以确保证书信息的真实性，证书的内容和格式遵循 X.509 国际标准，在 1993 年和 1995 年做了两次修改，这个标准的最新版本是 X.509 version 3。图 7-9 所示的是 3 种版本的数字证书结构的比较。

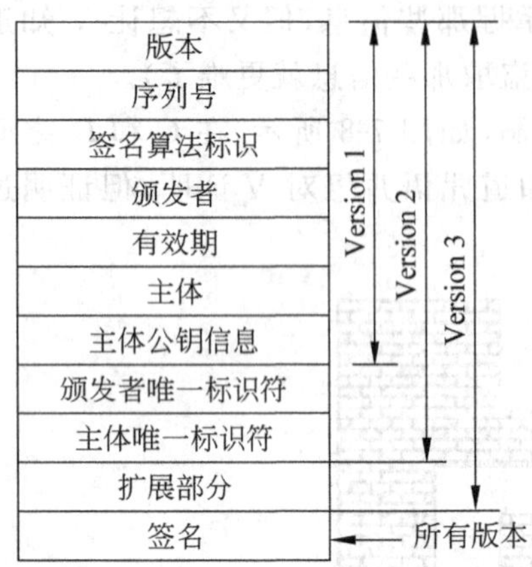

图 7-9　3 种版本的数字证书结构比较

生成数字证书的参与方至少需要两方参与，即主体（最终用户）和签发者（证书机构，Certification Authority，CA）。CA 的主要功能是受理注册请求并颁发证书。

数字证书的作用有如下几个方面。

（1）防止中间人攻击。

（2）防止冒名 CA 发布公钥。

（3）防止 CA 的抵赖。

（4）确保数字证书中用户身份的真实性。

（5）确保用数字证书的公钥加密的消息一定可以用该用户的私钥进行解密。

7.3.3　USB Key 认证

USB Key 认证是近几年发展起来的一种方便、安全、经济的身份认证技术。USB Key 认证采用了软硬件相结合的方法。USB Key 是一种 USB 接口的硬件设备，它内置单片机或智能卡芯片，可以存储用户的密钥或数字证书，利用 USB Key 内置的密码学算法实现对用户身份的认证。USB Key 认证在银行用得比较多，各个银行对 USB Key 有不同的名称，工行的 USB Key 叫 U 盾，农行的 USB Key 叫 K 宝，建行的 USB Key 叫网银盾，光大银行的 USB Key 叫阳光网盾，等等。

USB Key 内置智能卡芯片，可以进行签名和加解密操作。USB Key 又称作移动数字证书，它存放着用户个人的私钥以及数字证书。同样，银行服务器也记录着用户的数字证书。当用户尝试进行网上交易时，银行会向用户发送由时间字串、地址字串、交易信息字串和防重放攻击字串组合在一起进行加密后得到的随机数 A，USB Key 的身份鉴别可以与数字证书结合起来，用户的 USB Key 首先对随机数 A 使用消息摘要的计算方法计算消息摘要 MD0，然后用 USB Key 中的私钥签名 MD0，并发送给银行。银行用该用户的公钥验证用户的签名得到 MD0，并与银行计算随机数 A 的消息摘要 MD1 进行比较，如果这两个结果一致便认为用户合法，交易便可以完成。如果不一致便认为不合法，交易就会失败。

USB Key 具体安全措施包括以下几个方面。

1. 硬件 PIN 码保护

USB Key 采用了以物理介质为基础的个人客户证书，建立了基于公钥技术的个人证书认证体系（PIN 码）。黑客需要同时取得用户的 USB Key 硬件以及用户的 PIN 码，才

可以登录系统。即使用户的PIN码被泄露,只要用户持有的USB Key不被盗取,合法用户的身份就不会被仿冒;如果用户的USB Key遗失,拾到者由于不知道用户PIN码,也无法仿冒合法用户的身份。

2. 安全的密钥存放

USB Key的密钥存储于内部的智能芯片之中,用户无法从外部直接读取,对密钥文件的读写和修改必须由USB Key内部的CPU调用相应的程序文件执行,而从USB Key接口的外面,没有任何一条命令能够对密钥区的内容进行读出、修改、更新和删除。这样可以保证黑客无法利用非法程序修改密钥。

3. 双钥密码体制

为了提高交易的安全,USB Key采用了双钥密码体制。在USB Key初始化的时候,先将密码算法程序烧制在ROM中,然后通过产生公私密钥对的程序生成一对公私密钥,公私密钥产生后,公钥可以导出到USB Key外,而私钥则存储于密钥区,不允许外部访问。进行数字签名时以及非对称解密运算时,凡是有私钥参与的密码运算只在芯片内部即可完成,整个过程中私钥不出USB Key介质,以此来保证以USB Key为存储介质的数字证书认证在安全上无懈可击。

4. 硬件实现加密算法

USB Key内置CPU或智能卡芯片,可以实现数据摘要、数据加解密和签名的各种算法,加解密运算在USB Key内进行,保证了用户密钥不会出现在计算机内存中,从而杜绝了用户密钥被黑客截取的可能性。

7.4 数字签名

7.4.1 数字签名概述

为了鉴别文件或书信的真伪性,传统的做法是相关人员在文件或书信上亲笔签名或印章。在计算机网络中,为了验证信息的真伪性,采用的是数字签名。数字签名并不是使用手书写签名类型的图形标志,它是利用计算机技术实现在网络传送消息时附加个人标记,这种标记是利用各种加密算法完成的,以此来完成传统意义上手写签名或印章的作用,以标识确认、负责或经手等。数字签名用来保证信息传输过程中信息的完整性和提供信息发送者的身份。在电子商务中安全、方便地实现在线支付,而数据传输的安全性、完整性、身份验证机制以及交易的不可抵赖措施等大多通过安全性认证手段得以解决,电子签名可以进一步方便企业和消费者在网上做生意,使企业和消费者双方获利。例如,商业用户无须在纸上签字或为信函往来而等待,足不出户就能够通过网络获得抵押贷款、购买保险或者与房屋建筑商签订契约等;企业之间也能通过网上协商达成有法律效力的协议。

数字签名主要使用非对称密钥加密体制的私钥加密发送的消息,通常把用私钥加密消息的过程或者操作称为签名消息,加密后的信息直接称为签名,即签名等价于用私钥加密的信息,对签名后的消息解密称为解签名或者称为验证签名。

1. 数字签名的作用

发送方A的公钥是公开的,谁都可以访问,任何人都可以用其解密消息,了解消息内容,因而无法实现保密。那么发送方A加密消息的作用是什么?它的作用概括为以下几个方面。

1) 身份认证

如果接收方B收到用A的私钥加密的消息,则可以用A的公钥解密。如果解密成功,则B可以肯定这个消息是A发来的。这是因为,如果B能够用A的公钥解密消息,则表明最初消息是用A的私钥加密的(用一个公钥加密的消息只能用相应的私钥解密,反过来,用一个私钥加密的消息只能用相应的公钥解密),而且只有A知道该私钥。因此发送方A用私钥加密消息即是他自己的数字签名。

2) 防假冒

别人不可能假冒A,假设有攻击者C假冒A发送消息,由于C没有A的私钥,因此不能用A的私钥加密消息,接收方也就不能用A的公钥解密。因此,不能假冒A。

3) 防抵赖

如果今后发生争议,则双方找一个公证人,B可以拿出加密消息,用A的公钥解密从而证明这个消息是A发来的,即不可抵赖(即A无法否认自己发了消息,因为消息是用他的私钥加密的,只有他有这个私钥)。

4) 防信息篡改

即使C在中途截获了加密消息,能够用A的公钥解密消息,然后改变消息,也没法达到任何目的,因为C没有A的私钥,无法再次用A的私钥加密改变后的消息。因此,即使C把改变的消息转发给B。B也不会误以为来自A,因为它没有用A的私钥加密。

大多数国家已经把数字签名看成与手工签名具有相同法律效力的授权机制。数字签名已经具有法律效力。例如,假设通过因特网向银行发一个消息,要求把钱从某个账号转到其他的账号,并对消息进行数字签名,则这个事务与用户到银行亲手签名的效果是相同的。

2. 数字签名和认证的流程

1) 加密过程

(1) 发送方利用散列(hash)函数把要发送的信息散列成固定长度数字摘要。

(2) 发送方用自己的私钥对数字摘要进行加密,形成数字签名。

(3) 把数字签名和自己的数字证书附加在原信息上,利用对称密钥加密,形成加密后的信息。

(4) 发送方用接收方数字证书中给出的公开密钥再次加密,形成数字信封。

2) 解密过程

(1) 接收方用自己的私钥对接收到的数字信封解密,得到发送方用于加密的对称密钥。

(2) 用该密钥对接收的加密信息解密,得到信息、数字签名和发送方的数字证书。

(3) 接收方用发送方数字证书中的公开密钥对数字签名解密,得到数字摘要。

(4) 接收方用同样的散列函数,把解密得到的信息散列成固定长度的数字摘要。

(5) 比较两个数字摘要,一致说明传递过程中未被篡改。

3）验证过程

（1）接收方认为必要时，可以到证书发行者网站检索此证书，验证证书是否有效，并查询证书是否撤销、停用等。

（2）如怀疑发证者的身份，还可以根据证书发行者获得的认证证书，到为其认证的认证机构进行认证，直到找到接收方信任的认证机构为止。

数字签名和认证的流程如图7-10所示。

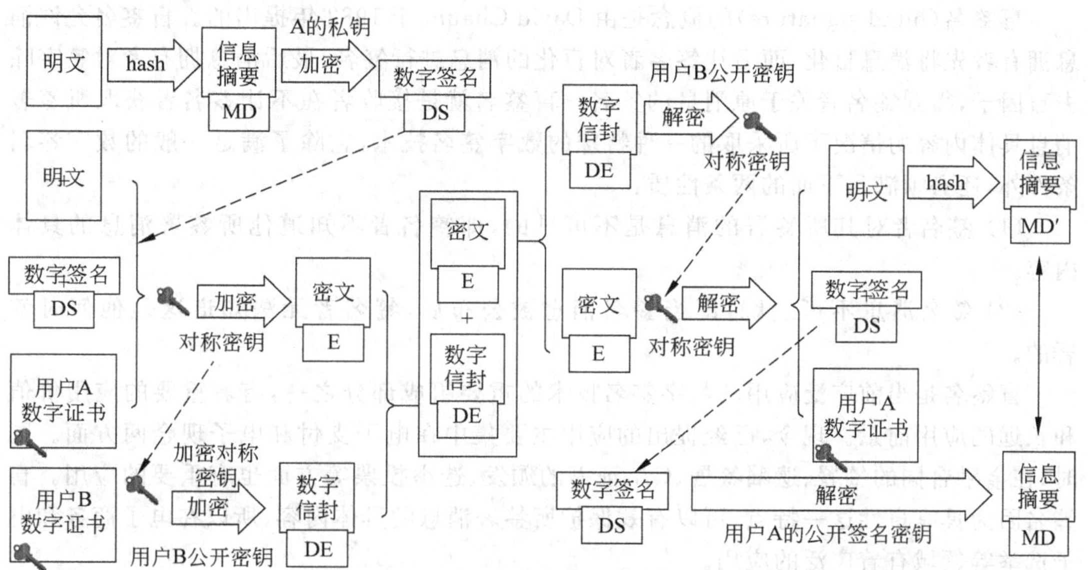

图7-10 数字签名和认证的流程

7.4.2 基于RSA的数字签名

基于RSA的签名的方法：假设A是发送方，B是接收方，A向B发送消息M，则基本的数字签名方法是：A用自己的私钥加密消息M，用$E_{A私}(M)$表示，然后把加密的消息发送给B，B接收到加密的消息后用A的公钥解密，用公式$D_{A公}(E_{A私}(M))$表示，如果解密成功，表示消息M一定是A发送的，起到了数字签名的作用。但这个方法的缺点是签名的速度慢，这是因为RSA加密速度慢所造成的，因此实用性较差。

现实中使用的数字签名方法是将完整性检测与数字签名结合使用，具体方法如下：

（1）发送方A用MD5或者SHA-1等消息摘要算法对消息M计算消息摘要MD1。

（2）发送方A用自己私钥加密这个消息摘要，这个过程的输出是A的数字签名。

（3）发送方A将消息M和数字签名一起发给接收方B。

（4）接收方B收到消息M和数字签名后，接收方B用发送方A的公钥解密数字签名。这个过程得到原先的消息摘要MD1。

（5）接收方B使用与A相同的消息摘要算法计算消息摘要MD2。

（6）接收方B比较两个消息摘要。如果MD1＝MD2，则可以表明：B接受原消息(M)是A发来的未经修改的消息（认证和数据完整性），B也保证消息来自A而不是别人伪装的。

7.4.3 特殊的数字签名

除了常规的数字签名之外，根据电子商务具体应用的需要，形成了许多特殊的数字签名应用，如盲签名、不可否认签名、代理签名、群签名(团体签名)等。

1. 盲签名

盲签名(blind signature)的概念是由 David Chaum 于 1982 年提出的。盲签名允许消息拥有者先将消息盲化，而后让签名者对盲化的消息进行签名，最后消息拥有者对签字除去盲因子，得到签名者关于原消息的签名。盲签名就是接收者在不让签名者获取所签署消息具体内容的情况下所采取的一种特殊的数字签名技术，它除了满足一般的数字签名条件外，还必须满足下面的两条性质：

(1) 签名者对其所签署的消息是不可见的，即签名者不知道他所签署消息的具体内容。

(2) 签名消息不可追踪，即当签名消息被公布后，签名者无法知道这是他何时签署的。

盲签名是当前广泛应用的数字签名技术的重要组成部分之一，有着重要的应用价值和长远的应用前景。现今，已经提出的应用主要集中在电子支付和电子现金两方面。同时，在金融合同的签署、遗嘱签署、CA 证书的颁发、选举投票等方面也有重要的应用。盲签名因为具有盲性这一特点，可以有效保护所签署消息的具体内容，所以在电子商务和电子选举等领域有着广泛的应用。

2. 不可否认签名

不可否认签名(undeniable signatures)的概念由 Chaum 和 Antwerpen 于 1989 年提出，并且给出了一个具体的实现。与普通的数字签名一样，不可否认的数字签名，除了具有两个交互的协议，即验证协议和否认协议外，还增加一个抵赖协议(disavowal protocol)，即只有在得到签名者的许可后才能进行验证，如果没有签名者的合作，请求签名方将无法验证签名的合法性。

不可否认的签名可以应用在许多方面，例如软件的防盗等。但是不可否认签名也有缺点：假若签名者不愿意合作或者签名者不能被利用时，签名就不能被验证。因为，不可否认数字签名只有在得到原始签名者的合作下才可进行验证，所以签名者可以拒绝合作或在某种情况(网络繁忙等)下不能参与合作。基于这种情况，Chaum 引进了证实数字签名的概念。证实签名中引入了半可信任的第三方，他完成签名的证实和否认。当然，半可信任的第三方不能参与签名的计算，他只给签名验证者提供该签名的证实。很明显，证实签名比不可否认签名有所进步，它克服了不可否认签名的缺点，为签名的验证提供了可靠的保障。可证实签名的方案也出现了不少，这方面的研究还在不断继续并提供更加安全保障的方案，以满足实际应用的要求。

3. 代理签名

代理签名(agent signature scheme)是指用户由于某种原因指定某个代理代替自己签名。该概念由 Mambo 等人于 1996 年提出。例如，A 需要出差，而这些地方不能很好地访问计算机网络。因此A希望接收一些重要的电子邮件，并指示其秘书B做相应的回信。A在不把其私钥给B的情况下，可以请B代理。

4. 群签名

群签名是群体密码学中的课题，1991由Chaum和van Heyst提出。团体中各个成员以团体的名义匿名地签发消息。它是研究面向社团或群体中所有成员需要的密码体制。在群体密码中，有一个公用的公钥，群体外面的人可以用它向群体发送加密消息，密文收到后要由群体内部成员的子集共同进行解密。

群签名给该群体中的成员提供了匿名性，即验证者只能信任或者不信任签名在该群中的合法性，而不知道该成员是谁，也不能从得到的签名中分析哪几个签名属于同一个人产生。所以，群签名对于隐藏组织中的组成结构和提供群组成员的匿名性提供了技术保障，它可以应用到电子货币的发行、政府组织结构的隐藏、匿名选举、竞标等方面。

7.5 网络安全防范技术

7.5.1 防火墙技术

防火墙(firewall)是在两个网络之间执行访问控制策略的一个或一组安全系统。它是一种计算机硬件和软件系统的集合，是实现网络安全策略的有效工具之一。

1. 设置防火墙的意义

传统的网络，往往把自己完全暴露在一些本身并不安全的环境下，这样，网络的安全就完全依赖于各个主机，而且要求各个主机有相同的安全度。网络越大，越难以保证各主机都有较高的安全度。况且，随着失误变得越来越普遍，很多"入侵"是由于配置或密码错误造成的，而不是故意的、复杂的攻击。防火墙能提高主机整体的安全性，从而给站点带来整体的安全保障。

使用防火墙的好处有以下5个方面：①防止外部攻击对内网的破坏；②防止不安全的服务；③控制站点访问；④统一安全保护；⑤网络连接的审计。

2. 防火墙技术

防火墙基本技术包括包过滤技术和代理服务技术。

1) 包过滤技术

普通路由器只简单地查看每一数据包的目的地址，并选择数据包发往目的地址的最佳路径。当路由器知道如何发送数据包到目的地址，则发送该包；如果不知道如何发送数据包到目的地址，则丢弃数据包，通知源地址"数据包不能到达目的地址"。过滤路由器将更严格地检查数据包，除了决定是否发送数据包到其目的外，还决定它是否应该发送。"应该"或"不应该"由站点的安全策略决定，并由过滤路由器强制执行。包过滤路由器以包的目的地址、包的源地址和包的传输协议等为依据，确定允许或不允许某些包在网上传输。

(1) 包过滤方式的优点。

包过滤方式有许多优点，主要优点之一就是用一个放置在重要位置上的包过滤路由器即可保护整个网络。这样,不管内部网的站点规模多大,只要在路由器上设置合适的包过滤规则,各站点均可获得良好的安全保护。

包过滤不需用户软件支持,也不需要对客户机做特殊设置。包过滤工作对用户来说是透明的。当包过滤路由器允许包通过时,其表现与普通路由器没什么区别,此时用户感觉不到包过滤功能的存在。只有在某些包被禁入或禁出时,用户才会意识到它的存在。

(2) 包过滤方式的缺点和局限性。

① 在机器中配置包过滤规则比较困难。

② 对包过滤规则的配置测试也比较麻烦。

③ 很难找到具有完整功能的包过滤产品。

静态包过滤防火墙是按照定义好的过滤规则审查每个数据包。它不能动态跟踪每一个连接,过滤规则是基于数据包的报头信息制定的。

动态包过滤防火墙是采用动态设置包过滤规则的方法构成的。它已发展成包状态监测技术。采用这种技术的防火墙对通过其建立的每一个连接都进行跟踪,并根据需要动态地在过滤规则中增加或更新条目。

2) 代理服务技术

代理服务也称为应用层网关(application level gateways),代理能够理解应用层上的协议,它在网络应用层上建立协议过滤和转发功能。它针对特别的网络应用服务协议对数据包分析并形成相关的报告,能够做更复杂的访问控制。

应用层网关一般的工作步骤如下:

(1) 内部用户用 HTTP 或 TELNET 之类的 TCP/IP 应用程序访问应用网关。

(2) 应用网关向用户查询要建立连接进行实际通信的远程主机的域名、IP 地址等,应用网关还询问访问应用网关所需要的用户名和口令。

(3) 用户向应用网关提供这些信息。

(4) 应用网关以用户的身份访问远程主机,将用户的分组传递到远程主机。

(5) 此后,应用网关成为用户的实际代理,在用户和远程主机之间传递分组。

应用网关也称堡垒主机(bastion host)。通常,堡垒主机是网络安全的关键点,应用层网关连接如图 7-11 所示。

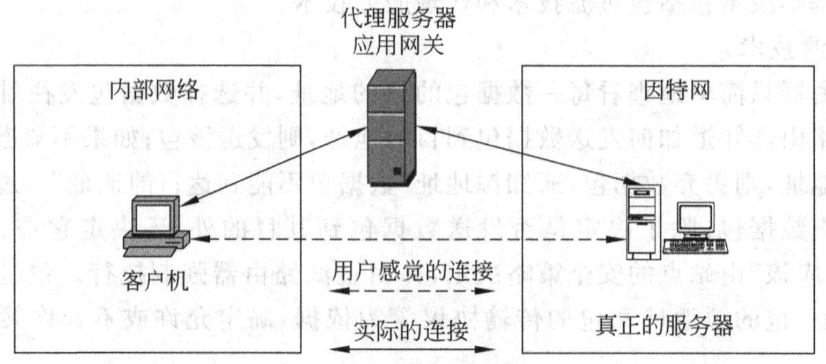

图 7-11 应用级网关连接图

3) NAT 技术

NAT(Network Address Translation,网络地址转换)技术是指通过有限的全球唯一的 IP 地址(公有 IP 地址,Public IP Address)作为中继,使计算机网内部使用非全球唯一的 IP 地址(私有 IP 地址,Private IP Address)可以对因特网进行透明的访问。具体就是通过检查每一条 TCP 的消息或 UDP 的报文中的地址信息,将每一访问因特网的 IP 报文中的私有地址替换成公有地址,并将从因特网返回的 IP 报文中的公有地址转换成私有地址然后转发,从而实现使用非全球唯一的 IP 地址对因特网的透明访问。这种 IP 地址分配的方法常用于 IP 地址非常有限的情况下。

3. 访问控制列表配置举例

访问控制列表(Access Control List,ACL)是用于防火墙设置的方法之一,下面以 H3C 路由器为例分析如何设置访问控制列表,注意,当路由器可以进行分组过滤时,路由器就具备了防火墙的功能。访问控制列表可以分为两种:基本访问控制列表(Basic ACL)和高级访问控制列表(Advanced ACL)。基本访问控制列表只使用源地址描述数据,说明是允许还是拒绝,如图 7-12 所示,表明 IP 源地址符合某些条件的分组可以通过或者不可以通过,它的编号范围为 2000~2999。

高级访问控制列表使用更多信息描述数据(例如传输层协议号、源地址、目的地址、源端口和目的端口等),说明是允许还是拒绝,如图 7-13 所示,表明符合多个条件的分组可以通过,它的编号范围为 3000~3999。

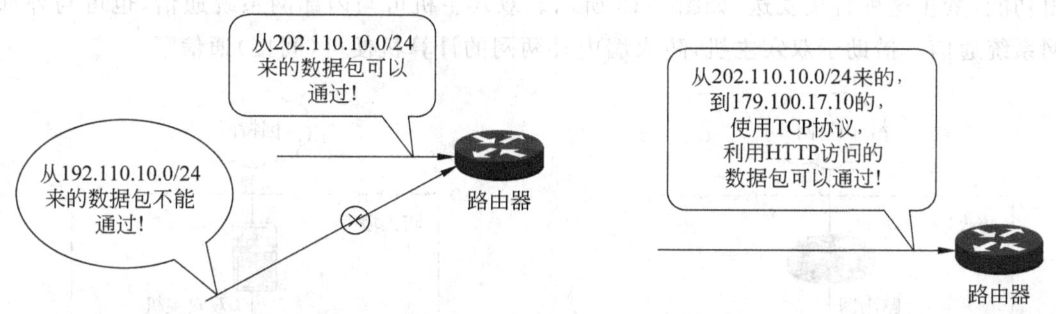

图 7-12 基本访问控制列表功能举例

图 7-13 高级访问控制列表功能举例

【例 7-4】 设置基本访问控制列表规则,禁止从 202.110.0.0/16 网段发出的所有访问。

分析:因为是基本访问控制列表,其编号是 2000~2999,根据题意,动作选择禁止(deny),而非容许(permit),从网段发出的访问,IP 地址选择源地址(ip source),而非 IP 目的地址(ip destination),注意后面跟的是反掩码,而非掩码,在反掩码中 0 表示需要比较,1 表示忽略比较。因此用下列访问控制列表规则进行定义:

```
acl number 2000
rule deny ip source 202.110.0.0 0.0.255.255
```

【例 7-5】 设置高级访问控制列表规则,允许 202.38.0.0/16 网段的主机使用 HTTP 访问 129.10.10.1。

分析：因为是高级访问控制列表，其编号可以是3000～3999，根据题意，动作选择容许(permit)，HTTP协议使用了面向连接的TCP协议，IP地址选择源地址(ip source)202.38.0.0/16，目的地址(ip destination)是129.10.10.1，端口号等于www端口号，因此用下列访问控制列表规则进行定义：

```
acl number 3000
rule permit tcp source 202.38.0.0 0.0.255.255 destination 129.10.10.1 0
destination-port eq www.
```

4. 防火墙体系结构

防火墙体系结构一般有4种：过滤路由器结构、双穴主机结构、主机过滤结构和子网过滤结构。

1) 过滤路由器结构

过滤路由器结构是最简单的防火墙结构，这种防火墙可以由厂家专门生产的过滤路由器来实现，也可以由安装了具有过滤功能软件的普通路由器实现，如图7-14所示。过滤路由器防火墙作为内外连接的唯一通道，要求所有的报文都必须在此通过检查。

2) 双穴主机结构

双穴主机有两个接口。这样的主机可担任与这些接口连接的网络路由器，并可从一个网络到另一个网络发送IP数据包，但双穴主机防火墙结构关闭了主机操作系统的路由功能，禁止这种直接发送，如图7-15所示。双穴主机可与内部网系统通信，也可与外部网系统通信。借助于双穴主机，防火墙内外两网的计算机便可(间接)通信了。

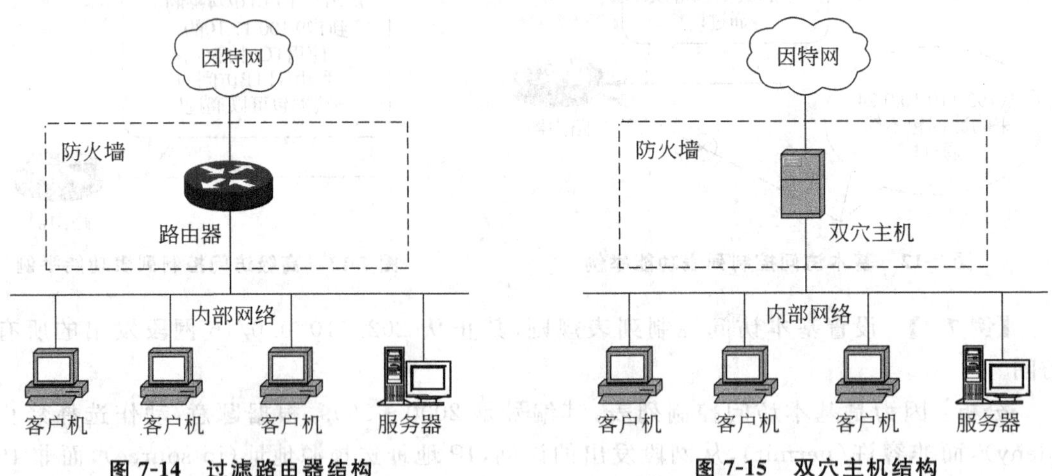

图7-14 过滤路由器结构 **图7-15 双穴主机结构**

3) 主机过滤结构

主机过滤结构在内部网提供安全保障的主机(堡垒主机)，加上一台单独的过滤路由器一起构成该结构的防火墙。主机过滤结构又分为单宿堡垒主机和双宿堡垒主机，如图7-16和图7-17所示。双宿堡垒主机有两个接口，一个连接内部网络，另一个连接包过滤路由器，比单宿堡垒主机更加安全。

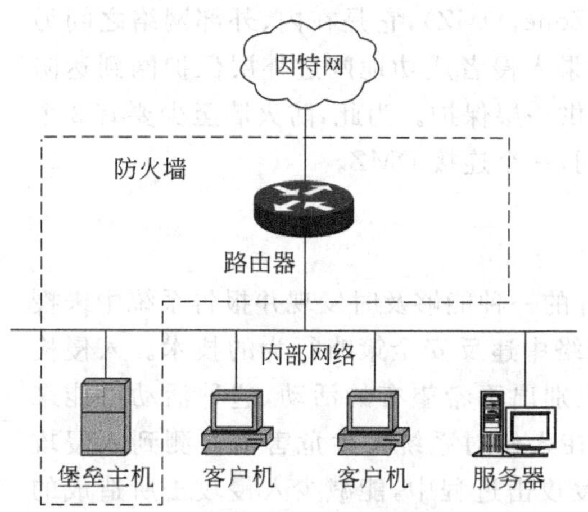

7-16 主机过滤结构(单宿堡垒主机)

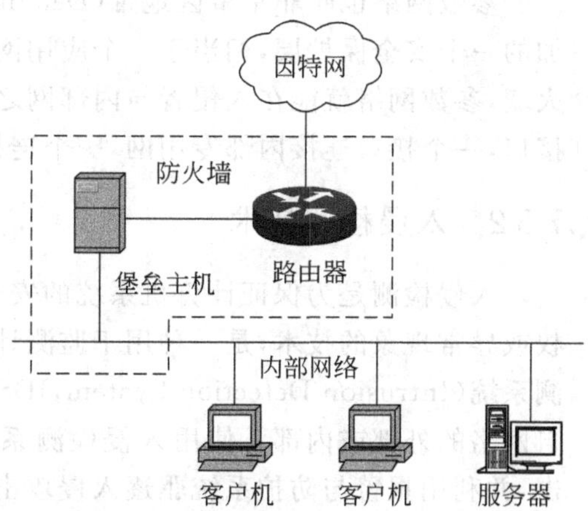

图 7-17 主机过滤结构(双宿堡垒主机)

堡垒主机是因特网主机连接内部网系统的桥梁。任何外部系统试图访问内部网系统或服务,都必须连接到该主机上。因此该主机需要高级别安全。这种结构中,屏蔽路由器与外部网相连,再通过堡垒主机与内部网连接。来自外部网络的数据包先经过屏蔽路由器过滤,不符合过滤规则的数据包被过滤掉,符合规则的包则被传送到堡垒主机上。其代理服务软件将允许通过的信息传输到受保护的内部网上。

4) 子网过滤结构

子网过滤结构添加了额外的安全层到主机过滤结构中,即通过添加一个称为参数网络的网络,更进一步地把内部网络与因特网隔离开。子网过滤结构的最简单的形式为两个过滤路由器,每一个都连接到参数网络上,一个位于参数网与内部网之间,另一个位于参数网与外部网之间,如图 7-18 所示。这是一种比较复杂的结构,它提供了比较完善的网络安全保障和较灵活的应用方式。

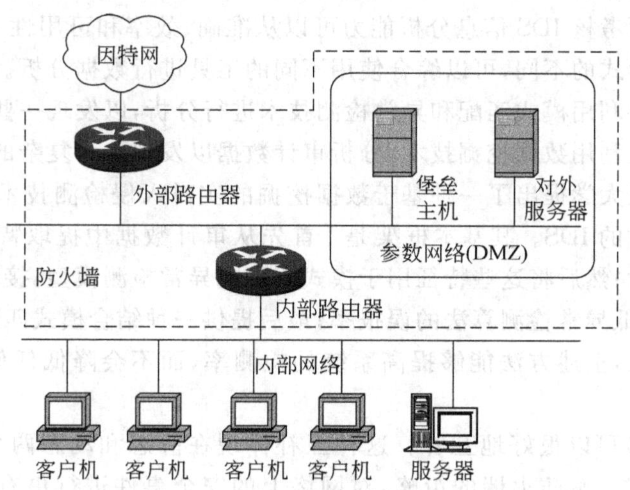

图 7-18 子网过滤结构

参数网络也叫非军事区地带(Demilitarized Zone,DMZ),它是在内、外部网络之间另加的一个安全保护层,相当于一个应用网关。如果入侵者成功地闯过外层保护网到达防火墙,参数网络就能在入侵者与内部网之间再提供一层保护。为此,防火墙至少要有3个接口,一个接口连接内部专用网,一个连接外部网,一个连接DMZ。

7.5.2 入侵检测技术

入侵检测是为保证计算机系统的安全而设计的一种能够及时发现并报告系统中未授权或异常现象的技术,是一种用于监测计算机网络中违反安全策略行为的技术。入侵检测系统(Intrusion Detection System,IDS)能够识别出不希望有的活动,这种活动可能来自网络的外部或内部。使用入侵检测系统可以在入侵对系统发生危害前监测到入侵攻击,并利用报警与防护系统驱逐入侵攻击;在入侵攻击过程中,能减少入侵攻击所造成的损失;在被入侵攻击后,能收集入侵攻击的相关信息,作为防范系统的知识添加到知识库内,以增强系统的防范能力。

对于入侵检测的研究,从早期的审计跟踪数据分析,到实时入侵检测系统,再到目前应用于大型网络和分布式系统,基本上已发展成具有一定规模和相应理论的技术。

1. 入侵检测的原理

典型的入侵检测系统具备3个主要的功能部件:提供事件数据和网络状态信息的采集装置、发现入侵迹象的分析引擎和根据分析结果产生反应的响应部件。

入侵检测需要采集动态数据(网络数据包)和静态数据(日志文件等),也要监测网络的运行状态(流量、流向等)。信息采集可以在网络层对原始的IP包进行监测,这种方法称为基于网络的IDS技术;也可以直接查看用户在主机上的行为和操作系统日志来获得数据,这种方法称为基于主机的IDS技术。目前有把这两种技术结合起来,在信息采集上进行协同,并充分利用各层次的数据提高入侵检测能力的趋势。

理论上讲,任何网络入侵行为都能够被发现,因为网络上流动的数据和主机日志记录了入侵的活动。而考核IDS信息分析能力可以从准确、效率和可用性3方面进行。由于信息来源和表现形式的不同,可以综合使用不同的工具进行数据分析。对采集到的信息,入侵检测技术需要利用模式匹配和异常检测技术进行分析,以发现一些简单的入侵行为,还需要在此基础上利用数据挖掘技术,分析审计数据以发现更为复杂的入侵行为。

美国哥伦比亚大学提出了一种基于数据挖掘的实时入侵检测技术,证明了数据挖掘技术能够用于实时的IDS。其基本框架是:首先从审计数据中提取特征,以帮助区分正常数据和攻击行为;然后将这些特征用于模式匹配或异常检测模型;接着描述一种人工异常产生方法,来降低异常检测算法的误报率;最后提供一种结合模式匹配和异常检测模型的方法。实验表明,上述方法能够提高系统的检测率,而不会降低任何一种检测模型的效能。

防火墙与IDS可以很好地互补。这种互补体现在静态和动态两个方面。静态的方面是IDS可以通过了解防火墙的策略,对网络上的安全事件进行更有效的分析,从而实现准确的报警,减少误报;动态的方面是当IDS发现攻击行为时,可以通知防火墙对已经建立的连接进行有效的阻断,同时通知防火墙修改策略,防止潜在的进一步攻击的可

能性。

2. IDS的构架

设置IDS时，有网络级的IDS和主机级的IDS两种构架可供选择，每种都有它的适用环境。可能主机级的IDS具有更强的功能，而且可以提供更详尽的信息，但它并不总是最佳选择。网络级IDS会扫描整个网段中所有传输的信息来确定网络中实时的活动。

网络级IDS程序同时充当管理者和代理的身份，安装IDS的主机完成所有的工作，网络只是接受被动的查询。这种入侵检测系统很容易安装和实施，通常只需要将程序在主机上安装一次。网络级的IDS尤其适合阻止扫描和拒绝服务攻击。但是，这种IDS架构在交换环境下工作得不好。而且，它对处理升级非法账号、破坏策略和篡改日志也并不特别有效。在扫描大型网络时会使主机的性能急剧下降。所以，对于大型、复杂的网络，需要主机级IDS。

主机级IDS结构使用一个管理者和数个代理。管理者向代理发送查询请求，代理向管理者汇报网络中主机传输信息的情况。代理和管理者之间直接通信，解决了复杂网络中的许多问题。在应用任何主机级IDS之前，用户需要在一个隔离的网段上进行测试。这种测试可以帮助用户确定这种从管理者到代理的通信是否安全，以及对网络带宽的影响。

3. 入侵检测技术

入侵检测从具体的方法上可以分为基于行为的检测和基于知识的检测两类。

基于行为的检测也称为异常检测(anomaly detection)，它根据使用者的行为或资源使用状况的正常程度来判断是否发生入侵，而不依赖于具体行为是否出现作为判断条件。

这种方法先建立被检测系统正常行为的参考库，并通过与当前行为进行比较来寻找偏离参考库的异常行为。例如，一般在白天使用计算机的用户，如果突然在午夜注册登录，则被认为是异常行为，这时有可能是某入侵者在使用。

基于知识的检测也称为误用检测(misuse detection)，它收集已知攻击方法，定义入侵模式，通过判断这些入侵模式是否出现来判断入侵是否发生。定义入侵模式是一项复杂的工作，需要了解系统的脆弱点，分析入侵过程的特征、条件、排列以及事件间的关系，然后具体描述入侵行为的迹象。这些迹象不仅对分析已经发生的入侵行为有帮助，而且对即将发生的入侵也有警戒作用，因为只要部分满足这些入侵迹象就意味着可能有入侵发生。

7.5.3 病毒防范技术

传统计算机病毒的传播途径只有磁介质，据统计，以前50%以上的病毒是通过软盘进入企业的计算机系统，它在不同计算机上的相互使用和移动，使得计算机病毒能够从一台计算机传染到另一台计算机。现在的U盘在病毒的传播中也同样具有软盘的作用。相同介质在不同计算机上的相互使用，实际上就是一种信息与资源共享的基本需求，也是实现这种需求的简单手段。然而，随着因特网开拓性的发展，信息与资源共享的手段进一步提高，也为计算机病毒的传播带来了新的途径。其使用上的简易性和开放性使得这种威胁越来越严重，病毒已经能够通过网络的新手段攻击以前无法接近的系统。

目前，由网络直接威胁计算机安全的渠道有两种：一种来自下载的网络文件。据统计，一般公司的计算机感染的病毒，超过 20%是通过下载网络文件感染的；另一种来自网络的电子邮件，有 26%的病毒是经电子邮件的附加文件进行传播的。

由于在网络环境下，计算机病毒具有不可估量的威胁性和破坏力，因此计算机病毒防范也是网络安全性建设中的重要环节，计算机病毒的控制和网络反病毒技术也得到了相应的发展。反病毒技术的实施对象包括文件型病毒、引导型病毒和网络病毒。反病毒技术的具体实现方法包括对网络服务器中的文件进行频繁地扫描和监测、在工作站上采用防病毒芯片和对网络目录及文件设置访问权限等。从功能上，反病毒技术主要包括病毒的预防、病毒的检测和病毒的清除 3 种技术。

习　　题

1. 选择题

(1) 数据保密性安全服务的基础是(　　)。

A. 数据完整性机制　　B. 数字签名机制
C. 访问控制机制　　D. 加密机制

(2) (　　)攻击不修改消息内容。

A. 被动　　B. 主动
C. A 和 B 都是　　D. A 和 B 都不是

(3) 将明文变成密文称为(　　)。

A. 加密　　B. 解密　　C. 密码学　　D. 密码分析员

(4) 一般认为，当密钥长度达到(　　)位时，密文才是真正安全的。

A. 40　　B. 56　　C. 64　　D. 128

(5) 替换加密法发生下列情形(　　)。

A. 字符替换成其他字符　　B. 行换成列
C. 列换成行　　D. 以上都不是

(6) 将文本写成对角并一行一行地读取称为(　　)。

A. 栅栏加密技术　　B. 凯撒加密法
C. 单码加密　　D. 同音替换加密

(7) DES 算法采用(　　)位密钥。

A. 40　　B. 56　　C. 64　　D. 128

(8) 对称密钥密码系统的特点是(　　)。

A. 加密和解密采用的是同一密钥，加解密速度快
B. 加密和解密采用的是不同密钥，加解密速度快
C. 加密和解密采用的是不同密钥，加解密速度慢
D. 加密和解密采用的是同一密钥，加解密速度慢

(9) 在公钥密码算法中，传输数据的加密用(　　)。

A. 发送者的私钥　　B. 发送者的公钥

C. 接收者的私钥　　　　　　D. 接收者的公钥

(10) RSA算法的安全性是建立在(　　)。

A. 两个大素数很容易相乘,而对得到的积求因子则很难

B. 自动机求逆的困难性上

C. 求离散对数的困难性上

D. 求解背包的困难性上

(11) 公钥密码算法的优点不包括(　　)。

A. 加密的速度较对称密码算法更快

B. 密钥发布的方式简单,有利于在互不相识的用户问题进行加密传输

C. 密钥的保存量少,每个用户只存放一个密钥

D. 可以用于鉴别用户的身份和数字签名中

(12) (　　)标准定义数字证书结构。

A. X.500　　B. TCP/IP　　C. ASN.1　　D. X.509

(13) 生物鉴别基于(　　)。

A. 人的特性　　B. 口令　　C. 智能卡　　D. PIN

(14) 不属于防火墙实现的基本技术有(　　)。

A. IP隐藏技术　　　　　　B. 分组过滤技术

C. 数字签名技术　　　　　D. 代理服务技术

(15) 下列叙述中错误的是(　　)。

A. 数字签名可以保证信息在传输过程中的完整性

B. 数字签名可以保证数据在传输过程中的安全性

C. 数字签名可以对发送者身份进行认证

D. 数字签名可以防止交易中的抵赖发生

(16) ISO 7498-2从体系结构的观点描述了5种可选的安全服务,以下不属于这5种安全服务的是(　　)。

A. 身份鉴别　　B. 数据报过滤　　C. 授权控制　　D. 数据完整性

(17) 在非对称密钥加密中,每个通信方需要(　　)个密钥。

A. 2　　B. 3　　C. 4　　D. 5

(18) 下面(　　)用于验证消息完整性。

A. 消息摘要　　B. 解密算法　　C. 数字信封　　D. 以上都不是

(19) 关于防火墙的功能,以下(　　)描述是错误的。

A. 防火墙可以检查进出内部网的通信量

B. 防火墙可以使用应用网关技术在应用层上建立协议过滤和转发功能

C. 防火墙可以使用过滤技术在网络层对数据包进行选择

D. 防火墙可以阻止来自内部的威胁和攻击

(20) 衡量网络安全的指标不包括(　　)。

A. 可用性　　B. 责任性　　C. 完整性　　D. 机密性

(21) 如果A和B要安全保密通信,则B不应知道(　　)。

A. A 的私钥　B. A 的公钥　C. B 的私钥　D. B 的公钥

(22) ISO 7498-2 描述了 8 种特定的安全机制,这 8 种特定的安全机制是为了 5 种特定的安全服务设置的,以下不属于这 8 种安全机制的是(　　)。

A. 安全标记机制　B. 加密机制

C. 数字签名机制　D. 访问控制机制

2. 填空题

(1) 网络安全大致包括 4 个方面:________、________、________和________。

(2) 网络攻击可以分成主动攻击和________两类,主动攻击又包括________、________和________3 种方式。

(3) DES 对称算法比 RSA 非对称算法速度________(选填"快"或者"慢")。

(4) RSA 加密算法的数学基础是________。

(5) 根据密钥类型不同,可将现代密码技术分为两类:一类是________,另一类是________。

(6) 多因子鉴别(multi-factor authentication)中最常见的是三因子鉴别,即________;________;________。

(7) 实现网络安全服务的基本机制有________种。

(8) 防火墙一般有过滤路由器结构、________、主机过滤结构和________。

(9) 防火墙基本技术包括________和代理服务技术。

(10) 典型的入侵检测系统具备 3 个主要的功能部件,即提供事件数据和网络状态的信息采集装置、________和根据分析结果产生反应的响应部件。

3. 简答题

(1) 什么是网络安全?

(2) 从内容看,网络安全包括哪 4 个方面?

(3) ISO 7498-2 从体系结构的观点描述了 8 种基本的安全机制,请叙述之。

(4) 简述 USB Key 的认证过程。

(5) 简述数字签名的作用。

(6) RSA 之所以安全的理论基础是什么?

(7) 简述基于 RSA 的数字签名基本思想。

(8) 简述防火墙的 4 种体系结构。

(9) 典型的入侵检测系统具备哪 3 个主要的功能部件?

第8章

实验指导

实验一　网线的制作

一、原理简介

1. 双绞线简介

目前局域网构建已经极为普遍，小型局域网无处不在，例如企业网、校园网、网吧局域网、家庭局域网等。在组网时，网线的制作是需要掌握的基本技能。网线制作的整个过程都要准确到位，排序的错误和压制的不到位都将直接影响网线的使用，导致网络不通或者网速缓慢。

超5类双绞线是网络布线最常用的网线，分为屏蔽双绞线和非屏蔽双绞线两种。如果是室外使用，屏蔽线效果好些；如果是室内使用，一般用非屏蔽线就能够满足要求了。由于非屏蔽线没有屏蔽层，因此线缆会相对柔软些，但是其连接方法与屏蔽线是相同的。

RJ-45连接器又叫RJ-45接头，俗称“水晶头”。双绞线的两端都需要按一定的线序压接RJ-45接头，以便插在网卡或交换机等网络设备的RJ-45接口上进行网络通信。

国际电气工业协会/电信工业协会(EIA/TIA)接线标准规定双绞线有两种标准：EIA/TIA 568A(T568A)标准和EIA/TIA 568B(T568B)标准。两种标准的线序如表8-1所示。

表8-1　T568A标准和T568B标准线序表

标准	1	2	3	4	5	6	7	8
T568A	绿白	绿	橙白	蓝	蓝白	橙	棕白	棕
T568B	橙白	橙	绿白	蓝	蓝白	绿	棕白	棕
绕对	同一绕对		与6同一绕对	同一绕对		与3同一绕对	同一绕对	

在100M网络中，双绞线与RJ-45接头连接时只用了4根导线来传输数据，其中两根用于发送数据，两根用于接收数据。RJ-45接头引脚顺序如图8-1所示(以T568B为例)。RJ-45接头引脚功能定义如表8-2所示。

2. 跳线规则

双绞线的跳线分为3种类型：直通线、交叉线和反转线。

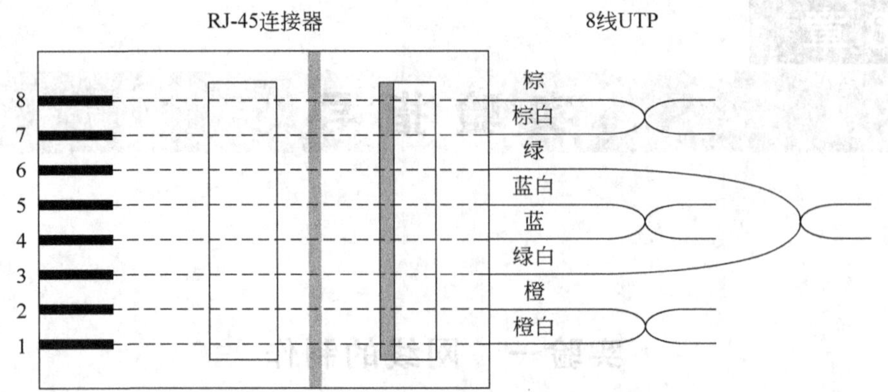

图 8-1 RJ-45 连接器的 EIA/TIA 568B 标准

表 8-2 RJ-45 接头引脚功能定义

引脚	信号定义	作　用	引脚	信号定义	作　用
1	Tx+	传送数据(+)	5	—	未使用
2	Tx−	传送数据(−)	6	Rx−	接收数据(−)
3	Rx+	接收数据(+)	7	—	未使用
4	—	未使用	8	—	未使用

1) 直通线

直通线(straight-through cable)又称为正线或标准线,即双绞线的两端使用同一种标准,即同时采用 EIA/TIA 568B 标准或同时采用 EIA/TIA 568A 标准。在 10M/100M 以太网中 8 芯只使用 4 芯,在 1000M 以太网中 8 芯全部使用。直通线主要用在不同类的设备(端口)之间的连接,如计算机—交换机(集线器)、交换机—路由器、交换机的 UPLINK 端口—交换机的普通口,通常采用 EIA/TIA 568B 标准。

2) 交叉线

交叉线(crossover cable)又称反线或级联线,制作时双绞线一端采用 EIA/TIA 568B 标准,另一端采用 EIA/TIA 568A 标准。主要用在相同的设备(端口)之间的连接,如 PC—PC、集线器—集线器、交换机的普通端口—交换机的普通端口、路由器—路由器、PC—路由器。

不严格地说,可以认为:同一层或跨层的设备相连用交叉线,相邻层的设备相连用直通线。严格地说,应该是:如果两个端口的类型相同,就使用交叉线;如果两个端口类型不同,则使用直通线。比如一台交换机用 UPLINK 端口和另一台交换机的普通端口相连时,虽然是同种设备,但是所用端口类型不同,要使用直通线。

但是,现在的交换机、路由器和网卡的接口已经智能化了,能够自动区分直通线和交叉线。

3) 反转线

反转线(rollover cable)一端采用 T568A 或 T568B 标准,另一端把 T568A 或 T568B 的顺序刚好从第一根到最后一根反过来。以标准 T568B 来说,具体的线序制作方法如表 8-3 所示。

表 8-3 反转线的线序表(以 T568B 为例)

端　头	1	2	3	4	5	6	7	8
一端	橙白	橙	绿白	蓝	蓝白	绿	棕白	棕
另一端	棕	棕白	绿	蓝白	蓝	绿白	橙	橙白

反转线是用来连接工作站和网络设备(如交换机、路由器)的 Console 口(控制口),以此对网络设备进行配置。反转线长度一般为 3～7.5m。反转线两端用 RJ-45 连接。使用时 RJ-45 连接器直接插入网络设备的 Console 口,另一端通过 RJ-45 到 DB9 的转接头接入工作站的 COM 口。

需要指出的是,双绞线的接线标准并非随意规定,而是为了尽量保持导线接头的布局对称,使内部导线之间的干扰相互抵消而降至最低,同时也尽量消除了来自外界的干扰信号。因此,平时制作网络双绞线时,如果不按照标准制作,虽然有时线路也能接通,但由于线路内部各导线对之间的干扰不能有效消除,从而导致信号传送误差率升高,最终影响网络整体性能。使用按标准规范制作的双绞线跳线,不仅能保证网络正常运行,也为后期的网络维护工作带来便利。

二、实验目的

(1) 了解双绞线的特性与应用场合,熟悉 EIA/TIA 568A 和 EIA/TIA 568B 两种接口标准。

(2) 掌握双绞线直通线、交叉线的制作方法,能够使用网线测试仪测试网线的连通性。

(3) 掌握计算机与计算机之间、计算机与交换机(集线器)之间、交换机(集线器)与交换机(集线器)之间等的双绞线跳线连接方法。

(4) 熟悉压线钳、剥线刀、网线测试仪等工具的使用。

三、实验设备

超 5 类或以上双绞线、RJ-45 水晶头、双绞线专用压线钳、剥线刀、网线测试仪等,如图 8-2 所示。

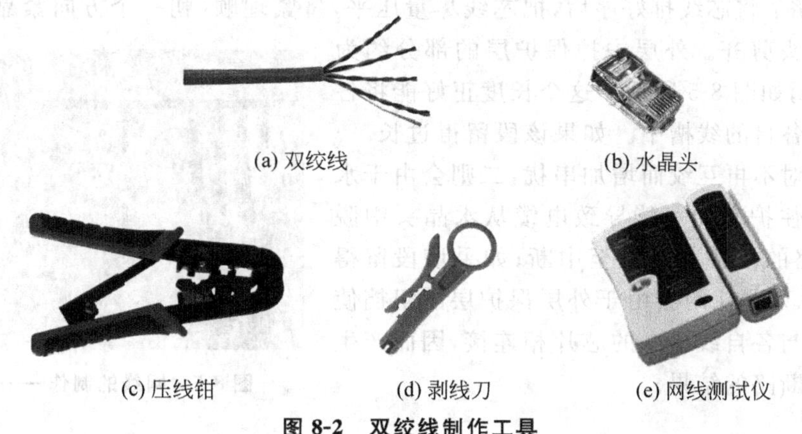

(a) 双绞线　(b) 水晶头　(c) 压线钳　(d) 剥线刀　(e) 网线测试仪

图 8-2 双绞线制作工具

四、实验内容

双绞线跳线制作。

五、实验步骤

双绞线跳线制作步骤如下：

(1) 剪断：利用压线钳的剪线刀口剪取适当长度的网线。截取双绞线长度至少为0.6m，最长不超过100m。

(2) 剥皮：将双绞线的线头放入剥线刀的刀口，刀口距双绞线的端头2cm左右(不能太长或太短，太长浪费，太短不容易操作)，以网线为中心将剥线刀旋转一周，如图8-3所示，让刀口划开双绞线的外层保护胶皮，然后将剥线刀松开，将网线外皮拔下。

(3) 理线：剥除外皮后会看到双绞线的4对芯线，用户可以看到每对芯线的颜色各不相同。将4对芯线向4个方向分离，然后将搅在一起的线对分开，并分别理直。

注意：每对芯线中有一根为白色，通常在白色的芯线上有不同的颜色标记，也有一些没有颜色标记，因此在分开时千万不能将白色芯线混淆，否则将很难辨认白色芯线为橙白、绿白、蓝白还是棕白，需要重新剥皮操作。

(4) 排序：将芯线整理成按TIA/EIA 568B标准进行平行排列，如图8-4所示。

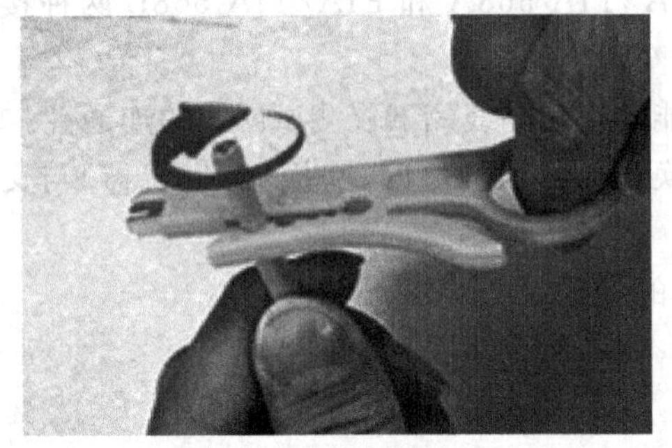

图8-3 网线的制作——剥皮

图8-4 网线的制作——排序

(5) 剪齐：将芯线排好序后，把芯线尽量压平，挤紧理顺(朝一个方向紧靠)，然后用压线钳把线头剪齐。外层去掉保护层的部分约为1.3～1.5cm，如图8-5所示。这个长度正好能将各芯线插入到各自的线槽中。如果该段留得过长，一则会由于线对不再互绞而增加串扰，二则会由于水晶头不能压住护套而可能导致电缆从水晶头中脱出，造成线路的接触不良甚至中断；如果该段留得过短，在插入水晶头时会由于外层保护层的阻挡使得芯线不能与各自线槽中的芯片相连接，因而产生接触不良或断路的结果。

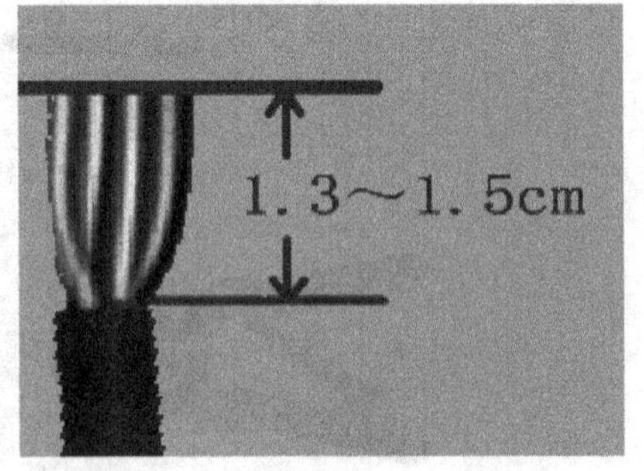

图8-5 网线的制作——剪齐

(6) 插入：一只手捏住水晶头，将水晶头有弹片一侧向下，针脚一方朝向远离自己的方向，并用食指抵住；另一只手捏平双绞线，稍稍用力将排好的线平行插入水晶头内的线槽中，八条导线顶端应插入线槽顶端，如图 8-6 所示。

(7) 压制：确认所有导线都到位，并透视水晶头检查一遍线序无误后，就可以压制水晶头了。将水晶头从无牙的一侧推入压线钳夹槽后，用力握紧压线钳(如果力气不够大，可以用双手一起压)，将突出在外面的针脚全部压入水晶头内，在压制的过程中会听到响声，则表示压制成功，如图 8-7 所示。

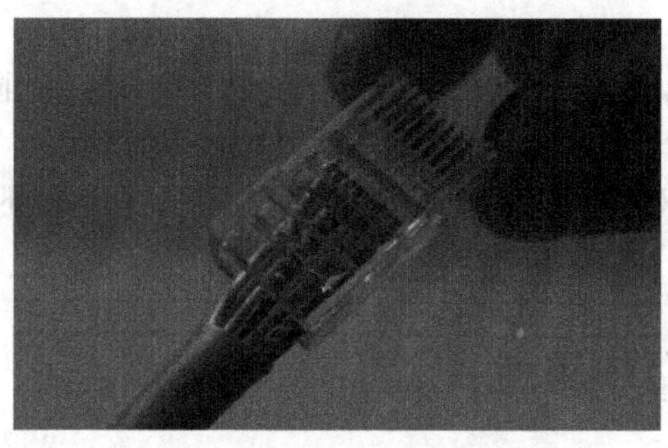
图 8-6 网线的制作——插入

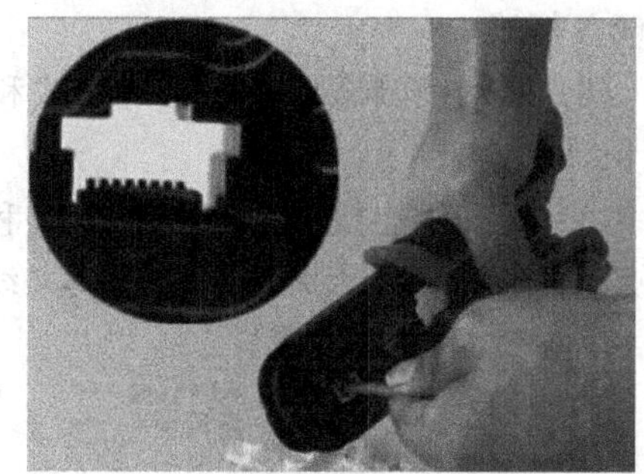
图 8-7 网线的制作——压制

(8) 测试：用同样的方法制作网线的另一端。如果制作直通线，则将芯线整理成按 TIA/EIA 568B 标准进行平行排列，如果要制作交叉线，则需要按照 TIA/EIA 568A 标准排列线序。当双绞线的两端都做好后即可用网线测试仪进行测试，看看连接是否正确。若制作的是直通线，如果测试仪上的 8 对绿色指示灯都顺利闪过，则制作成功，如果其中某个指示灯未闪烁，则表示有的导线没有连接好，或者线序不对，这就需要仔细检查，重新制作；若制作的是交叉线，若 8 对指示灯闪烁的顺序为 1—3、2—6、3—1、4—4、5—5、6—2、7—7、8—8 时，则表示制作成功，如果其中某个指示灯未闪烁或者闪烁的顺序与此不同，则表示导线没有连接好或者线序不对，需要重新制作。

若没有网线测试仪，则可以通过测试计算机的连通性来测试该网线是否制作成功。启动两台计算机，使用 ping 命令测试网络的连通性(参考实验二的 ping 命令)。

六、思考题

(1) 根据实际制作结果填写直通线两端的连线情况。连线是否正确？如不正确，为什么？

连接号	第 1 对	第 2 对	第 3 对	第 4 对	第 5 对	第 6 对	第 7 对	第 8 对
A 端 RJ-45								
B 端 RJ-45								

(2) 根据实际制作结果填写交叉线两端的连线情况。连线是否正确？如不正确，为什么？

连接号	第1对	第2对	第3对	第4对	第5对	第6对	第7对	第8对
A端RJ-45								
B端RJ-45								

(3) 双绞线中的一对线缆为何要绞在一起，其作用是什么？

(4) 制作双绞线跳线时，为什么一定要按照 EIA/TIA 568B 和 EIA/TIA 568A 接口标准压接 RJ-45 接头？在一个网络综合布线工程中是否既可使用 T568B 标准也可使用 T568A 标准？

(5) 用网线测试仪来测试直通线和交叉线时，测试仪指示灯的闪亮次序有什么不同？为什么？

(6) 双绞线连接分为直通双绞线和交叉双绞线的连接，简述它们的区别。什么环境下使用直通线？什么环境下使用交叉线？

实验二　TCP/IP 属性配置

一、实验目的

(1) 掌握 Windows 网络的基本配置。
(2) 掌握 TCP/IP 协议的配置。
(3) 掌握 TCP/IP 协议的故障检测和排除方法。
(4) 了解系统网络命令及其含义以及能对网络进行的操作。

二、实验设备

已安装了 Windows 2003 或 Windows XP 操作系统的计算机，且计算机已接入网络。

三、实验内容

(1) 安装 TCP/IP 协议。
(2) 配置 TCP/IP 协议。
(3) 验证 TCP/IP 协议是否正确配置。
(4) 诊断 TCP/IP 协议配置的连通性。
(5) 用相应的网络命令测试网络及查看网络状态。

四、实验步骤

1. 安装配置 TCP/IP 协议(以 Windows XP 为例)

(1) 右击“网上邻居”图标，从弹出菜单中选择“属性”选项，打开“网络连接”窗口。

(2) 右击“本地连接”图标，从弹出菜单中选择“属性”选项，打开“本地连接属性”对话框，打开“常规”选项卡。

(3) 如果在“此连接使用下列项目：”列表框中未出现“Internet 协议(TCP/IP)”，则依次单击“安装”→“协议”→“添加”→“Internet 协议(TCP/IP)”→“确定”，此时列表框中出现“Internet 协议(TCP/IP)”，表明 TCP/IP 协议已成功安装。

2. TCP/IP 手动配置

(1) 选择“Internet 协议(TCP/IP)”，单击“属性”按钮，打开“Internet 协议(TCP/IP)属性”对话框，根据计算机所在网络的具体情况，决定自动获得 IP 地址或指定 IP 地址。若选中“自动获得 IP 地址”，计算机将会从 DHCP 服务器自动获取 IP 地址、子网掩码等信息。若局域网中没有专用的服务器为计算机分配 IP 地址，或不想通过 DHCP 服务器分配 IP 地址，则需要手工输入 IP 地址。

(2) 本实验要求手工输入 IP 地址。IP 地址在同一个网络中必须是唯一的。

(3) 请选中“使用下面的 IP 地址”，分别进行如下配置：

IP 地址——118.230.132.××(注意，××取值范围为 30～125，请严格按照教师指定 IP 输入，以保证 IP 地址的唯一性)。

然后按照教师指定的内容，分别输入子网掩码、默认网关、首选 DNS 服务器和备用 DNS 服务器的值。

子网掩码——255.255.255.128
默认网关——118.230.132.126
首选 DNS 服务器——192.168.175.5
备用 DNS 服务器——211.81.157.5

(4) 输入完毕后，单击“确定”按钮以使所有设置生效。

3. 验证 TCP/IP 协议是否正确配置及其连通性

1) ping 命令

注意：此处所有命令都是在“命令提示符”状态下输入，打开“命令提示符”的方法是：单击“开始”菜单→“运行”，在弹出的对话框中输入 cmd 命令后单击“确定”按钮，即可进入命令提示符状态。

(1) 查看 ping 的所有参数：

ping/?

(2) 对上述配置的 TCP/IP 进行诊断：

- ping 环回地址：验证是否已安装 TCP/IP 协议及配置是否正确。

ping 127.0.0.1

若显示“Reply from 127.0.0.1：bytes＝32 time＜10ms TTL＝128”，则表明 TCP/IP 协议配置正确，否则表示 TCP/IP 协议配置不正确。

- ping 默认网关或一个本地其他计算机的 IP 地址：验证 TCP/IP 协议是否被正确绑定在网卡上，验证能否与本地网络上的其他计算机通信。

ping 118.230.132.××(视具体情况而定)

若显示“Reply from 118.230.132.××：bytes＝32 time＜10ms TTL＝128”，则表明协议、网卡均无问题，默认网关运行正常，网络连接正常，否则说明网络配置有问题。

- ping远程主机的IP地址(或域名):验证能否通过路由通信。具体的ping操作如图8-8所示,若操作结果与此相似,则表明远程连接正常,否则说明远程连接失败。

```
ping www.baidu.com
ping www.baidu.com [61.135.169.125] with 32 bytes of data:
Reply from 61.135.169.125: bytes=32 time=26ms TTL=52
Reply from 61.135.169.125: bytes=32 time=26ms TTL=52
Reply from 61.135.169.125: bytes=32 time=26ms TTL=52
Reply from 61.135.169.125: bytes=32 time=26ms TTL=52
Ping statistics for 61.135.169.125:
        Packets: Sent = 4, Received = 4, Lost = 0 (0% loss),
Approximate round trip times in milli-seconds:
        Minimum = 26ms, Maximum = 26ms, Average = 26ms
```

图8-8 ping远程主机的域名

2) ipconfig命令

ipconfig是内置于Windows的TCP/IP应用程序,用于显示本地计算机网络适配器的物理地址和IP地址等配置信息,这些信息一般用来检验手动配置的TCP/IP设置是否正确。当在网络中使用DHCP服务时,ipconfig可以检测到计算机中分配到了什么IP地址,是否配置正确,并且可以释放、重新获取IP地址。这些信息对于网络测试和故障排除都有重要的作用。

(1) 查看ipconfig所有参数:

```
ipconfig/?
```

查看参数的运行结果如图8-9所示。

(2) 查看网络适配器信息:

```
ipconfig
```

查看网络适配器信息的运行结果如图8-10所示。

(3) 查看所有适配器的完整TCP/IP配置信息:

```
ipconfig/all
```

在查看结果中,其中主要参数的说明如下:

Physical Address	物理地址
Dhcp Enabled	DHCP已启用
IP Address	IP地址
Subnet Mask	子网掩码
Default Gateway	网关
DNS Servers	主域名服务器的IP地址

注释:ipconfig命令是经常使用的命令,它可以查看网络连接的情况,比如本机的IP地址、子网掩码、DNS配置、DHCP配置等,/all参数就是显示所有配置的参数。

```
C:\WINDOWS\system32\cmd.exe
C:\Documents and Settings\wl>ipconfig /?

USAGE:
    ipconfig [/? | /all | /renew [adapter] | /release [adapter] |
              /flushdns | /displaydns | /registerdns |
              /showclassid adapter |
              /setclassid adapter [classid] ]

where
    adapter          Connection name
                    (wildcard characters * and ? allowed, see examples)

    Options:
       /?           Display this help message
       /all         Display full configuration information.
       /release     Release the IP address for the specified adapter.
       /renew       Renew the IP address for the specified adapter.
       /flushdns    Purges the DNS Resolver cache.
       /registerdns Refreshes all DHCP leases and re-registers DNS names
       /displaydns  Display the contents of the DNS Resolver Cache.
       /showclassid Displays all the dhcp class IDs allowed for adapter.
       /setclassid  Modifies the dhcp class id.

The default is to display only the IP address, subnet mask and
default gateway for each adapter bound to TCP/IP.

For Release and Renew, if no adapter name is specified, then the IP address
leases for all adapters bound to TCP/IP will be released or renewed.

For Setclassid, if no ClassId is specified, then the ClassId is removed.

Examples:
    > ipconfig                   ... Show information.
    > ipconfig /all              ... Show detailed information
    > ipconfig /renew            ... renew all adapters
    > ipconfig /renew EL*        ... renew any connection that has its
                                     name starting with EL
    > ipconfig /release *Con*    ... release all matching connections,
                                     eg. "Local Area Connection 1" or
                                         "Local Area Connection 2"

C:\Documents and Settings\wl>
```

图 8-9 查看 ipconfig 所有参数

```
C:\WINDOWS\system32\cmd.exe
C:\Documents and Settings\wl>ipconfig

Windows IP Configuration

Ethernet adapter 本地连接:

        Connection-specific DNS Suffix  . :
        IP Address. . . . . . . . . . . . : 118.230.132.36
        Subnet Mask . . . . . . . . . . . : 255.255.255.128
        Default Gateway . . . . . . . . . : 118.230.132.126

C:\Documents and Settings\wl>
```

图 8-10 查看网络适配器信息运行结果

3) arp 命令

ARP(Address Resolution Protocol,地址解析协议)是一个重要的 TCP/IP 协议,并且用于确定对应 IP 地址的网卡物理地址。使用 arp 命令,能够查看本地计算机或另一台计算机的 ARP 高速缓存中的当前内容。此外,使用 arp 命令,也可以用人工方式输入静态的网卡物理 IP 地址对,使用这种方式为默认网关和本地服务器等常用主机进行操作,有助于减少网络上的信息量。

(1) 清除 ARP 表:

```
arp -d
```

(2) 访问某网站，然后查看 ARP 缓存表中 IP 与 MAC 地址的对应状态：

```
ping www.baidu.com
arp -a
```

ARP 命令的相关参数分别解释如下：

-a：通过询问 TCP/IP 显示当前 ARP 项。如果指定了 inet_addr，则只显示指定计算机的 IP 和物理地址。

-g：与 -a 相同。

inet_addr：以加点的十进制标记指定 IP 地址。

-N：显示由 if_addr 指定的网络界面 ARP 项。

if_addr：指定需要修改其地址转换表接口的 IP 地址(如果有的话)。如果不存在，将使用第一个可用的接口。

-d：删除由 inet_addr 指定的项。

-s：在 ARP 缓存中添加静态项，将 IP 地址 inet_addr 和物理地址 ether_addr 关联。物理地址由以连字符分隔的 6 个十六进制字节给定。使用带点的十进制标记指定 IP 地址。

ether_addr：指定物理地址。

4) route 命令

具体功能：查看本地路由表、添加和删除路由表项。

(1) 显示 IP 路由表的完整内容：

```
route print
```

(2) 向路由表中添加一指定项。

【例 8-1】 添加目标为 192.168.0.0，子网掩码为 255.255.0.0，下一跳地址为网关 118.230.132.126 的路由，输入命令如下：

```
route add 192.168.0.0 mask 255.255.0.0 118.230.132.126
```

其中 118.230.132.126 是网关，要视具体情况而定。

(3) 删除路由表中指定项。

【例 8-2】 删除目标为 192.168.0.0 的路由，输入命令如下：

```
route delete 192.168.0.0
```

5) tracert 命令

如果有网络连通性问题，可以使用 tracert 命令来检查到达的目标 IP 地址的路径并记录结果。tracert 命令显示用于将数据包从计算机传递到目标位置的一组 IP 路由器，以及每个跃点所需的时间。如果数据包不能传递到目标，tracert 命令将显示成功转发数据包的最后一个路由器。当数据包从计算机经过多个网关传送到目的地时，tracert 命令可以用来跟踪数据包使用的路由(路径)。

观察从本地到某网站需要跨越的每个路由器或网关，以 www.baidu.com 为例：

```
tracert www.baidu.com
```

注释：tracert(跟踪路由)是路由跟踪实用程序，用于确定 IP 数据包访问目标的路径。tracert 命令用 IP 生存时间（TTL）字段和 ICMP 错误消息来确定从一个主机到网络上其他主机的路由。

tracert 命令的相关参数分别解释如下：

-d：指定不将 IP 地址解析到主机名称。

-hmaximum_hops：指定跃点数以跟踪到 target_name 的主机的路由。

-j host-list：指定 tracert 实用程序数据包所采用路径中的路由器接口列表。

-w timeout：为每次回复所指定的毫秒数。

6）nslookup 命令

nslookup 主要用来诊断域名系统(DNS)基础结构的信息，是一个用于查询因特网域名信息或诊断 DNS 服务器问题的工具。nslookup 可以指定查询的类型，可以查到 DNS 记录的生存时间，还可以指定使用哪个 DNS 服务器进行解释，在已安装 TCP/IP 协议的计算机上均可以使用这个命令。

(1) 查询 www. baidu. com 域名信息：

```
nslookup www.baidu.com
```

查询结果如图 8-11 所示。

```
C:\WINDOWS\system32\cmd.exe

C:\Documents and Settings\wl>nslookup www.baidu.com
*** Can't find server name for address 192.168.175.5: Non-existent domain
*** Default servers are not available
Server:  UnKnown
Address:  192.168.175.5

Non-authoritative answer:
Name:    www.a.shifen.com
Addresses:  220.181.112.244, 220.181.111.188
Aliases:  www.baidu.com


C:\Documents and Settings\wl>
```

图 8-11 nslookup 查询结果图

以上结果显示，正在工作的 DNS 服务器的主机名为 www. a. shifen. com，它的 IP 地址是 220.181.112.244。

(2) 如果出现下面这些，说明测试主机在目前的网络中根本没有找到可以使用的 DNS 服务器：

```
*** Can't find server name for domain: No response from server
*** Can't find repairpc.nease.net: Non-existent domain
```

(3) 如果出现下面情况，说明网络中 DNS 服务器 ns-px. online. sh. cn 在工作，却不能实现域名 www. baidu. com 的正确解析：

```
Server: ns-px.online.sh.cn
Address: 202.96.209.5
```

```
*** ns-px.online.sh.cn can't find www.baidu.com: Non-existent domain
```

7）netstat 命令

netstat 显示活动的 TCP 连接、计算机侦听的端口、以太网统计信息、IP 路由表、IPv4 统计信息(对于 IP、ICMP、TCP 和 UDP 协议)。使用时如果不带参数，netstat 显示活动的 TCP 连接。

(1) 显示系统当前活跃的 TCP 连接。

打开一个网页，然后运行以下命令：

```
netstat
```

通过该命令，可以显示本机活动的 TCP 连接，显示结果如图 8-12 所示。

```
管理员: C:\Windows\system32\cmd.exe - netstat

活动连接

  协议  本地地址              外部地址                状态
  TCP    127.0.0.1:49156       genuine:49157           ESTABLISHED
  TCP    127.0.0.1:49157       genuine:49156           ESTABLISHED
  TCP    192.168.1.103:49763   dns104:http             CLOSE_WAIT
  TCP    192.168.1.103:49785   dns104:http             CLOSE_WAIT
  TCP    192.168.1.103:49800   dns104:http             CLOSE_WAIT
  TCP    192.168.1.103:49804   dns104:http             CLOSE_WAIT
  TCP    192.168.1.103:49841   123.125.114.101:http    CLOSE_WAIT
  TCP    192.168.1.103:49842   123.125.114.101:http    CLOSE_WAIT
```

图 8-12　netstat 运行结果

(2) netstat 命令的相关参数介绍。

-a：显示所有活动的 TCP 连接以及计算机侦听的 TCP 和 UDP 端口。

-e：显示以太网统计信息，如发送和接收的字节数、数据包数。该参数可以与-s 结合使用。

-n：显示活动的 TCP 连接，不过，只以数字形式表现地址和端口号，却不尝试确定名称。

-o：显示活动的 TCP 连接并包括每个连接的进程 ID (PID)。可以在 Windows 任务管理器中的“进程”选项卡上找到基于 PID 的应用程序。该参数可以与 a、n 和 p 结合使用。

-p Protocol：显示 Protocol 所指定的协议的连接。在这种情况下，Protocol 可以是 TCP、UDP、TCPv6 或 UDPv6。如果该参数与 -s 一起使用(按协议显示统计信息)，则 Protocol 可以是 TCP、UDP、ICMP、IP、TCPv6、UDPv6、ICMPv6 或 IPv6。

-s：按协议显示统计信息。默认情况下，显示 TCP、UDP、ICMP 和 IP 协议的统计信息。如果安装了 Windows XP 的 IPv6 协议，就会显示有关 IPv6 上的 TCP、IPv6 上的 UDP、ICMPv6 和 IPv6 协议的统计信息。可以使用-p 参数指定协议集。

-r：显示 IP 路由表的内容。该参数与 route print 命令等价。

Interval：每隔 Interval 秒重新显示一次选定的信息。按 Ctrl+C 停止重新显示统计信息。如果省略该参数，netstat 将只打印一次选定的信息。

8）net 命令

net 命令是很多网络命令的集合，在 Windows 内，很多网络功能都是以 net 命令为开始的，通过 net help 可以看到这些命令的详细介绍，这些 net 命令有一些公用属性。

net/?：查看所有的 net 命令列表

net help command：在命令行获得 net 命令的语法帮助，例如，关于 net accounts 命令的帮助信息，请输入 net help accounts。

net send：将消息发送到网络上的其他用户、计算机或消息名，必须运行信使服务以接收邮件。

net stop：停止 Windows 2000 网络服务。

实验三 局域网组网与 VLAN 的划分

一、实验目的

（1）学习 VLAN 技术的基本原理、作用、类型、基本配置及 VLAN 的优点。

（2）掌握在交换机上基于端口进行 VLAN 划分的方法。

二、实验设备

（1）1 台 H3C 系列交换机。

（2）3 台计算机。

（3）4 根网线。

三、实验内容

（1）组网——将 3 台计算机通过交换机相连。

（2）在交换机上通过端口进行 VLAN 的划分。

（3）测试各 VLAN 的主机是否可以连通。

四、实验步骤

1. 组网

（1）建立如图 8-13 所示的实验环境。

具体连线如图 8-14 所示，其中 3 根平行线是将 3 台计算机通过一台交换机的 3 个端口相连，另外的一条连线是通过计算机的 COM 口与交换机的控制口(Console 端口)相连，通过控制口对交换机进行配置。

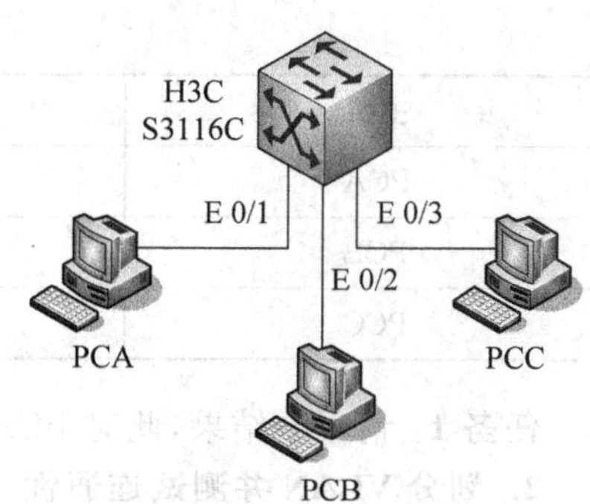

图 8-13 实验环境

注意：在实验前要先消除交换机或路由器的原来配置，具体方法如下：

① 进入“超级终端”。

选择“开始”菜单→“附件”→“通讯”→“超级终

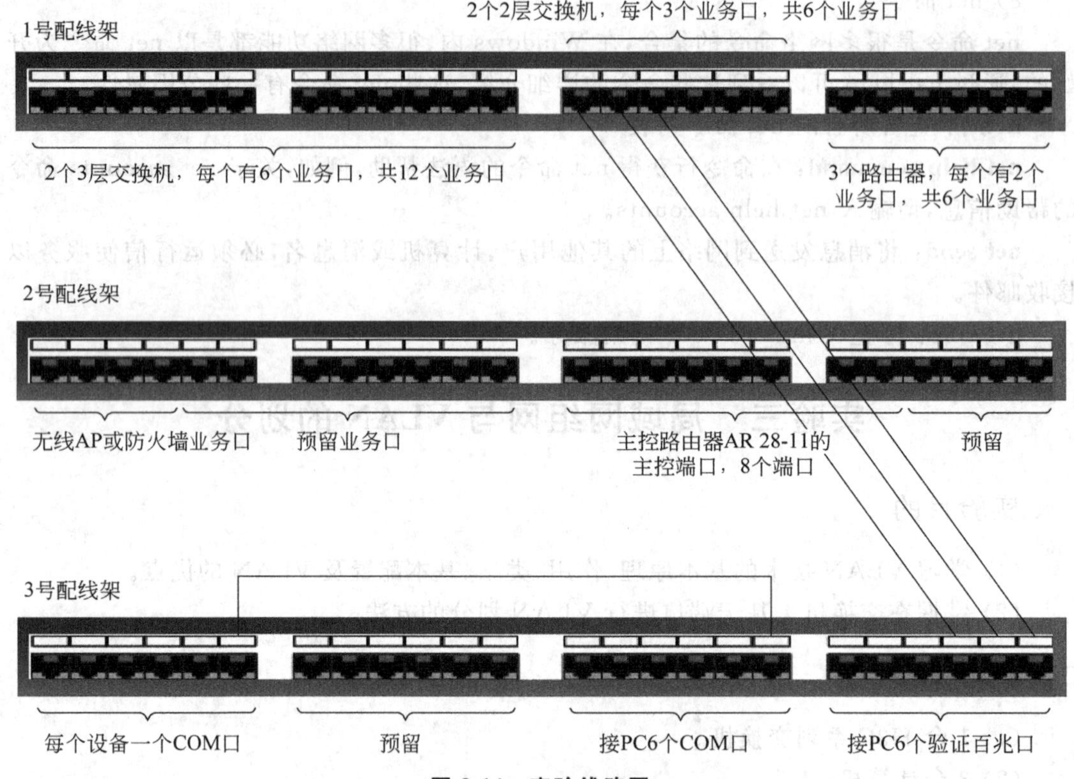

图 8-14 实验线路图

端”命令，在弹出的对话框中输入超级终端的名称，如 vlan，在“连接时使用”的下拉列表框中选择 COM1，在“端口设置”窗口中单击“还原为默认值”按钮，然后单击“确定”按钮。

② 在“超级终端”窗口中输入如下命令：

```
<H3C>reset saved-configuration
<H3C>reboot
```

(2) 禁用本地连接 1，启用本地连接 2，并保证将机器用网线正确连接到相应交换设备端口上。

(3) 设置各主机 IP 地址，配置情况如表 8-4 所示。

表 8-4 地址配置表

主机	连接端口	IP 地址
PCA	E1/0/1	192.168.1.*
PCB	E1/0/2	192.168.1.*
PCC	E1/0/12	192.168.1.*

任务 1：请查看结果，此时 PCA、PCB、PCC 间互相 ping，是否可以 ping 通？

2. 划分 VLAN 并测试连通性

(1) 设置交换机的提示符为 SW，可不设置。

```
<H3C>system-view       (进入系统模式)
[H3C]sysname SW        (重命名交换机名称)
[SW]
```

任务 2：在 SW 提示符后输入如下命令，显示当前所有虚拟网的情况，查看有几个 VLAN，未划分之前都默认为 VLAN 1，并以此分析任务 1 中能够连通的原因。

```
[SW]display vlan all
[SW]display vlan 1
```

(2) 创建 VLAN 2 和 VLAN 3，并把 E1/0/1 至 E1/0/2 加入到 VLAN 2，把 E1/0/3 加入到 VLAN 3。

```
[SW] vlan 2                          创建一个新的逻辑组 2,可随意命名
[SW-vlan 2]port E1/0/1 to E1/0/2     将交换机端口 1 到 2 连接的计算机划分给 VLAN 2
[SW-vlan 2]q                         退出到上一层
[SW]vlan 3                           创建 VLAN 3,可随意命名
[SW-vlan 3]port E1/0/3               将交换机端口 3 连接的计算机划分给 VLAN 3
[SW-vlan 3] q                        退出,SW 配置完成
```

任务 3：请查看结果，并分析同一个 VLAN 和不同 VLAN 间的机器是否能够 ping 通。

五、思考题

(1) 根据试验情况填写测试结果，并分析原因。

任务	连接	是否通		原　因
		是	否	
任务 1	PCA↔PCB			
	PCA↔PCC			
	PCB↔PCC			
任务 3	PCA↔PCB			
	PCA↔PCC			
	PCB↔PCC			

(2) 进行进一步端口划分，将 E/1/0/3 划分到 VLAN 4 中，查看 ping 的结果。

(3) 两个不同的 VLAN 中的计算机如何进行通信？

实验四　路由器的静态路由配置

一、实验目的

(1) 了解路由器的功能。

(2) 掌握路由器的基本配置方法。

(3) 掌握路由器的静态路由配置方法。

二、实验环境

(1) 两台 H3C MSR 20-40 路由器。

(2) 两台计算机。

三、实验内容

(1) 按照拓扑结构进行网络连接。

(2) 配置路由器的接口地址参数。

(3) 配置静态路由。

(4) 测试。

四、路由配置简介

路由器在没有配置路由时,只能实现与它的直连网络进行通信。为了实现更大范围的网络间通信,需要进行路由配置。

路由包括静态路由和动态路由两类。静态路由的路由表是预先配置的,而动态路由的路由表是动态生成的。

静态路由由管理员手工配置而成。管理员首先必须了解路由器的拓扑连接,然后通过手工方式指定路由。静态路由的缺点在于:当一个网络故障发生后,静态路由不会自动发生改变,必须由管理员手工修改路由。

五、实验步骤

1. 组网

按照图 8-15 的实验拓扑结构图来进行组网,其中路由器 R1 的广域网接口 S1/0 和路由器 R2 的广域网接口 S1/0 已事先连接好,图中的虚线框表示 IP 属于同一网段。具体

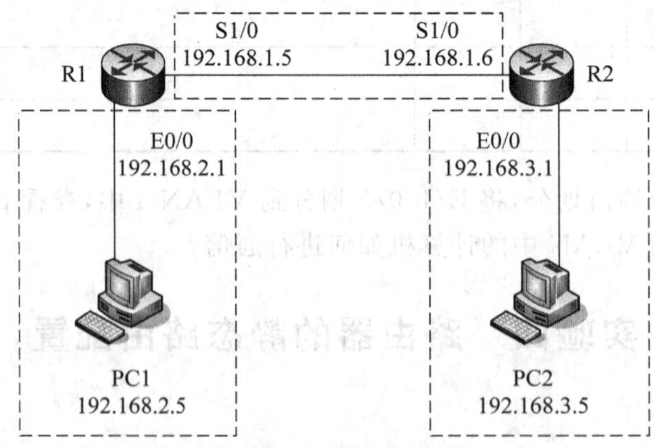

图 8-15 实验拓扑结构图

连线如图 8-16 所示，其中两根线分别是两台计算机通过两个路由器相连，另外一根线是通过计算机的 COM 口与路由器的控制口相连，通过控制口对路由器进行配置。

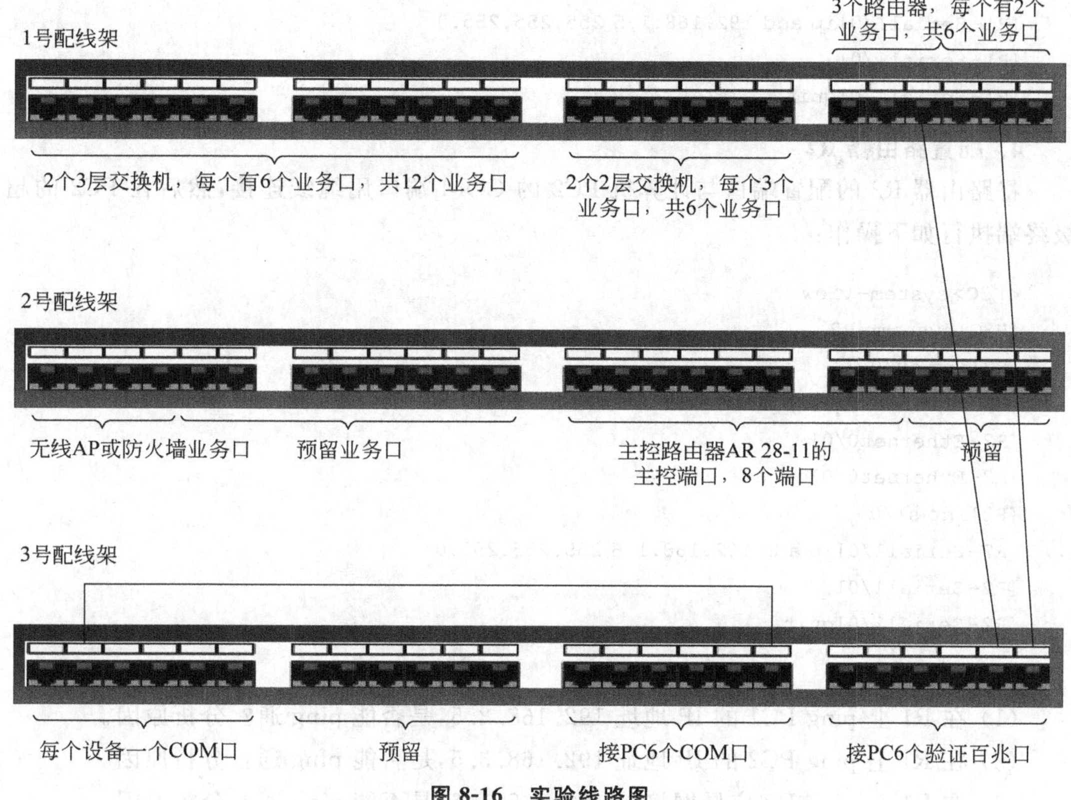

图 8-16 实验线路图

注意：禁用本地连接 1，启用本地连接 2，并保证将机器用网线正确连接到相应路由器的端口上。

2. 配置计算机

配置计算机 PC1 和 PC2，配置参数如表 8-5 所示。

表 8-5 地址配置表

主机	IP 地址	子网掩码	默认网关
PC1	192.168.2.5	255.255.255.0	192.168.2.1
PC2	192.168.3.5	255.255.255.0	192.168.3.1

3. 配置路由器 R1

在 PC1 的超级终端执行如下操作：

```
<H3C>system-view
[H3C]sysname R1
[R1]int e0/0
[R1-Ethernet0/0]ip add 192.168.2.1 255.255.255.0
```

```
[R1-Ethernet0/0]
[R1-Ethernet0/0]quit
[R1]int s1/0
[R1-Serial1/0]ip add 192.168.1.5 255.255.255.0
[R1-Serial1/0]
[R1-Serial1/0]quit
```

4. 配置路由器 R2

将路由器 R2 的配置端口与计算机 PC2 的 COM 端口用缆线连接，然后在 PC2 的超级终端执行如下操作：

```
<H3C>system-view
[H3C]sysname R2
[R2]int e0/0
[R2-Ethernet0/0]ip add 192.168.3.1 255.255.255.0
[R2-Ethernet0/0]
[R2-Ethernet0/0]quit
[R2]int s1/0
[R2-Serial1/0]ip add 192.168.1.6 255.255.255.0
[R2-Serial1/0]
[R2-Serial1/0]quit
```

5. 测试

(1) 在 R1 上 ping PC1 的 IP 地址 192.168.2.5，是否能 ping 通？分析原因。

(2) 在 R1 上 ping PC2 的 IP 地址 192.168.3.5，是否能 ping 通？分析原因。

(3) 在 R1 上 ping R2 广域网接口 192.168.1.6，是否能 ping 通？分析原因。

(4) 在 R2 上 ping PC2 的 IP 地址 192.168.3.5，是否能 ping 通？分析原因。

(5) 在 R2 上 ping PC1 的 IP 地址 192.168.2.5，是否能 ping 通？分析原因。

(6) 在 R2 上 ping R1 广域网接口 192.168.1.5，是否能 ping 通？分析原因。

6. 配置路由器 R1 的静态路由

将路由器 R1 的配置端口与计算机 PC1 的 COM 端口用缆线连接，然后在 PC1 的超级终端执行如下操作：

```
[R1]ip route-static 192.168.3.0  24  192.168.1.6
```

7. 配置路由器 R2 的静态路由

将路由器 R2 的配置端口与计算机 PC2 的 COM 端口用缆线连接，然后在 PC2 的超级终端执行如下操作：

```
[R2]ip route-static 192.168.2.0 255.255.255.0 192.168.1.5
```

8. 测试

测试网络连通性时可以采用分段测试法，这样方便查找问题所在。例如，在计算机 PC1 上 ping 计算机 PC2 时，可以通过以下步骤来测试：

(1) 在 PC1 上 ping 它自己(192.168.2.5),若 ping 通,继续。

(2) 在 PC1 上 ping R1 的局域网接口 192.168.2.1,若 ping 通,继续。

(3) 在 PC1 上 ping R1 的广域网接口 192.168.1.5,若 ping 通,继续。

(4) 在 PC1 上 ping R2 的广域网接口 192.168.1.6,若 ping 通,继续。

(5) 在 PC1 上 ping R2 的局域网接口 192.168.3.1,若 ping 通,继续。

(6) 在 PC1 上 ping PC2 的 IP 地址 192.168.3.5,若 ping 通,说明静态路由配置成功。

任务:在 PC1 和 PC2 之间采用分段测试法互相 ping,是否能 ping 通?分析原因。

六、思考题

(1) 根据试验情况填写测试结果,并分析原因。

第 5 步测试结果:

连　接	是否通		原　因
	是	否	
R1↔PC1			
R1↔PC2			
R1↔R2			
R2↔PC1			
R2↔PC2			
R2↔R1			

第 8 步测试结果:

连　接	是否通		原　因
	是	否	
PC1↔PC1			
PC1↔R1(局域网接口)			
PC1↔R1(广域网接口)			
PC1↔R2(广域网接口)			
PC1↔R2(局域网接口)			
PC1↔PC2			

(2) 如何配置路由器的主机名和口令?

(3) 什么情况下配置静态路由比较好?

实验五　路由器的动态路由配置

一、实验目的

(1) 理解动态路由和 RIP 协议的原理及其特点。
(2) 掌握使用 RIP 协议的动态路由配置方法。
(3) 理解当网络拓扑结构改变时 RIP 协议如何自动调整。

二、实验环境

(1) H3C20-40 路由器两台。
(2) PC 两台。
(3) 网线若干。

三、实验内容

(1) 按照拓扑结构进行网络连接。
(2) 配置路由器的接口地址参数。
(3) 配置动态路由。
(4) 测试。

四、实验步骤

1. 组网

按照图 8-17 的实验拓扑结构图进行组网，其中路由器 RA 通过 F0/0 接口连接 PCA，路由器 RB 通过 F0/0 接口连接 PCB，路由器 RA 和路由器 RB 通过各自的 F0/1 接口互连。

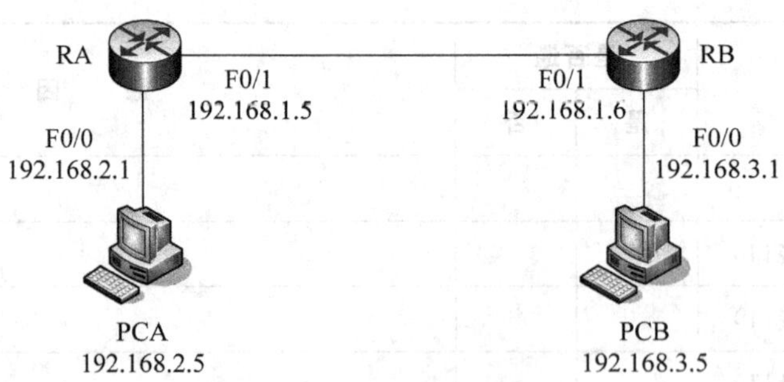

图 8-17　实验拓扑结构图

注意：本地连接 1 禁用，启用本地连接 2，并保证将机器用网线正确连接到相应路由器的端口上。

2. 配置计算机

配置计算机 PCA 和计算机 PCB，配置信息如表 8-6 所示。

表 8-6　地址配置表

主机	IP 地址	子网掩码	默认网关
PCA	192.168.2.5	255.255.255.0	192.168.2.1
PCB	192.168.3.5	255.255.255.0	192.168.3.1

3. 分别配置路由器 A 和路由器 B

1）配置路由器 RA

```
<H3C>system-view
[H3C]sysname RA
[RA]int e0/0
[RA-Ethernet0/0]ip add 192.168.2.1 255.255.255.0
[RA-Ethernet0/0]
[RA-Ethernet0/0]quit
[RA]int s1/0
[RA-Serial1/0]ip add 192.168.1.5 255.255.255.0
[RA-Serial1/0]
[RA-Serial1/0]quit

[RA]rip
[RA-rip-1]version 2
[RA-rip-1]network 192.168.2.0
[RA-rip-1]network 192.168.1.0
[RA-rip-1]quit
```

2）配置路由器 RB

配置方法与 RA 相似，配置过程如下：

```
<H3C>system-view
[H3C]sysname RB
[RB]int e0/0
[RB-Ethernet0/0]ip add 192.168.3.1 255.255.255.0
[RB-Ethernet0/0]
[RB-Ethernet0/0]quit
[RB]int s1/0
[RB-Serial1/0]ip add 192.168.1.6 255.255.255.0
[RB-Serial1/0]
[RB-Serial1/0]quit

[RB]rip
[RB-rip-1]version 2
[RB-rip-1]network 192.168.3.0
[RB-rip-1]network 192.168.1.0
[RB-rip-1]quit
```

4. 在计算机 PCA 和计算机 PCB 上分别测试网络的连通性

在计算机 PCA 上 ping 计算机 PCB，在计算机 PCB 上 ping 计算机 PCA，分析测试结果。

实验六　代理服务器的设置

一、实验目的

(1) 掌握 CCProxy 代理服务器的设置。

(2) 掌握利用 CCProxy 代理服务器共享上网时的客户端配置。

二、实验环境

(1) CCProxy 代理软件。

(2) 交换机一台。

(3) 计算机两台。

三、实验内容

在局域网中用代理服务器共享上网。

四、服务器及客户端配置介绍

1. CCPROXY 软件的安装

CCProxy 代理软件安装过程非常简单，全部单击 Next 按钮即可，安装完成后 CCProxy 自动运行。

注意：*在此软件安装完成后，出现这样的提示："邮件代理启动失败。"这一般是因为计算机中安装了防火墙之类的程序，因此造成端口冲突。此时需要开放 25、110、53、80、8011、5353 这几个端口，若没有冲突则不需要操作。*

用户安装成功后可自行选择所使用的语言，具体设置方法如下。

在 CCProxy 的主界面中选择 Options→Configuration 菜单命令，在 Configuration 对话框中单击 Advanced 按钮，在 Advanced 对话框中选择 Others 选项卡，选择 Language 右侧的语言下拉列表框中所需要的语言，如图 8-18 所示，选择 ChineseGB 选项即可进入中文界面，然后单击 OK 按钮即可。CCProxy 的中文主界面如图 8-19 所示。

2. 设置代理服务器

安装了 CCProxy 软件的计算机即为服务器，一般服务器端需要配置的就是设定一个固定 IP 地址；还有就是针对网络具体情况对 CCProxy 进行设置。

1) 选择所需要代理的服务

单击主界面的"设置"，进入如图 8-20 所示的"设置"窗口。根据需要代理的服务来选择相应的复选框，并单击"确定"按钮，各协议的说明如下。

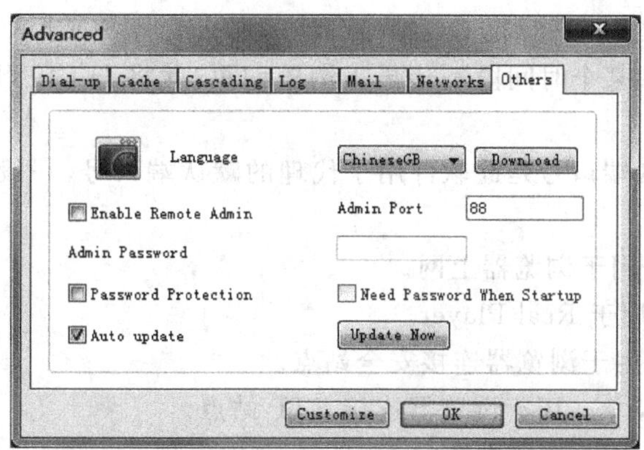

图 8-18 Advanced 对话框的 Others 选项卡

图 8-19 代理软件界面

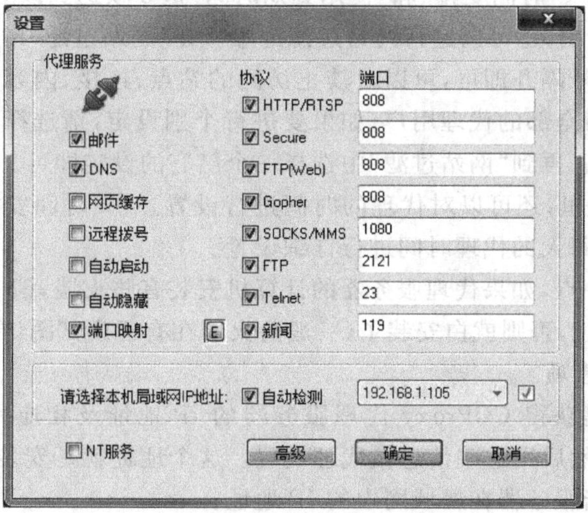

图 8-20 代理软件设置界面

若公司里不准员工上班时玩QQ、玩游戏等，那么就将SOCKS/MMS前的复选框置为未选中状态；再比如某个时间段不让员工浏览网页，就将HTTP/RTSP前面的复选框置为未选中状态。

另外，最右边一列端口号是此软件用于代理的默认端口号，一般不做改动，以下是对这些端口的说明。

HTTP：808——用于浏览器上网。

RTSP：808——用于Real Player。

Secure：808——用于浏览器连接安全站点。

FTP (Web)：808——用于浏览器连接FTP站点。

Gopher：808——用于浏览器连接Gopher站点。

SOCKS：1080——用于部分网络客户端软件(如QQ、联众)。

MMS：1080——用于Media Player。

FTP：2121——用于FTP客户端软件连接FTP站点(如CuteFTP)。

Telnet：23——用于某些Telnet客户端软件，如CTerm。

News：119——用于Outlook连接新闻服务器。

最下一排"NT服务"的意思是，如果用作代理的服务器安装的是Windows NT或Windows 2000 Server系统，那么当勾选了"NT服务"后即便开机不启动CCProxy，也同样可以代理。

2) 设置代理账号

如果要每天规定一个时间断开网络，但同时又要有部分计算机能上网，可以通过设置代理账号来进行设置，具体步骤如下。

(1) 单击主界面的"账号"，进入"账号管理"窗口，在"允许范围"里选择"允许部分"以设定在断网后还可继续使用的计算机。

(2) 单击"账号管理"窗口右侧的"新建"按钮，打开"账号"的窗口，如图8-21所示，可以通过指定"IP地址"、"时间安排"和"使用到期时间"这3项达到以上的目的。

(3) 在账号配置中，还可以进行网站过滤配置。在"网站过滤"中进行设置，并且支持多项输入，中间用分号隔开即可，可以对禁止访问的站点、连接、内容等做进一步的设定，只是这种设定只针对全部的代理用户；如果要进行个别设定，请选择用户名，再单击下拉框右侧的"编辑"按钮，再到"网站过滤"中选择一个已有的设定即可。

(4) 在账号配置里，还可以对代理的时间进行设置。在"时间安排"中进行代理时间的设置，其中可以对每天的代理时间进行详细设置。

最后还要提醒一点，如果代理服务器的计算机安装有防火墙，请一定在防火墙软件里设置让CCProxy通过，否则就白安装了(一般防火墙在有程序试图访问时都会有提示)。

3. 客户端配置事项

客户端主要就是获得CCProxy代理服务器的IP地址及相应代理服务的端口(即图8-20所示内容)，然后用这些信息做代理设置。这个地址就是安装CCProxy的机器的本地IP地址，也是指服务器在局域网中的IP地址。

浏览器设置代理的具体设置步骤如下：

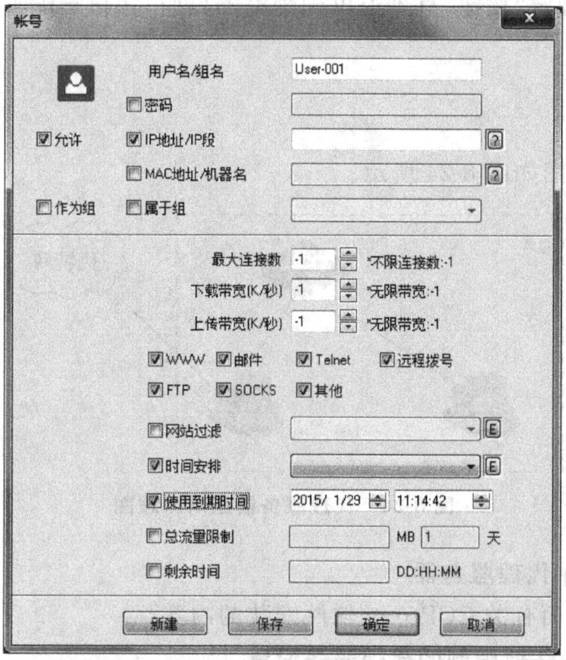

图 8-21 代理软件账号界面

打开浏览器，选择"工具"菜单中的"Internet 选项"命令，在打开的对话框中单击"连接"选项卡中的"局域网设置"按钮，显示"局域网(LAN)设置"对话框，如图 8-22 所示。

选中"为 LAN 使用代理服务器"前的复选框，在"地址"后的文本框中输入服务器的 IP 地址(此处假设服务器的 IP 地址为 192.168.0.2)。

然后单击"高级"按钮，弹出"代理服务器设置"窗口，如图 8-23 所示，根据服务器端的设置来设置本窗口中的端口。

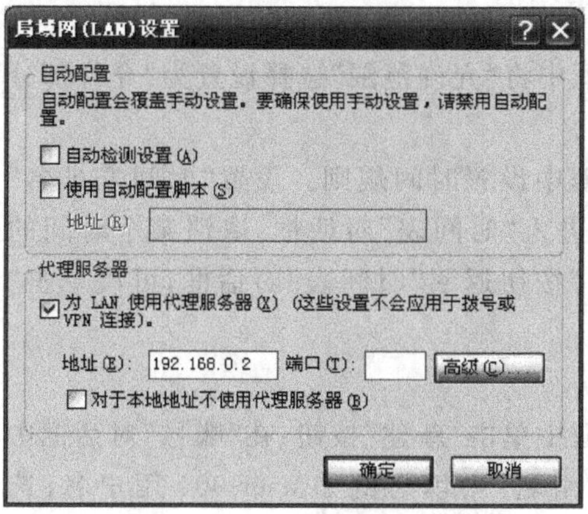

图 8-22 "局域网设置"对话框

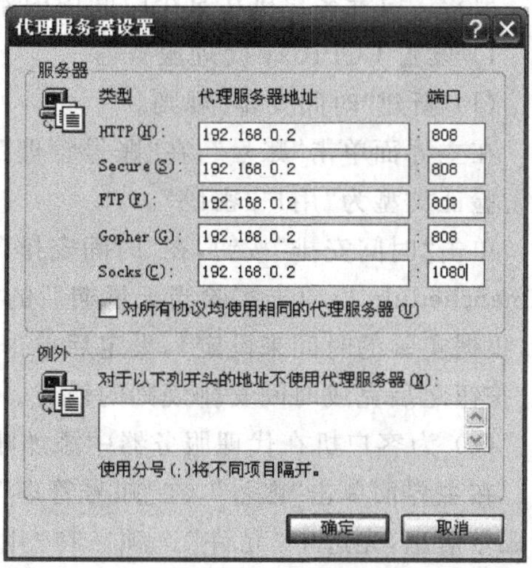

图 8-23 设置代理服务器的端口等内容

设置完毕单击“确定”按钮，直到退出到浏览器界面，客户端配置就完成了。

五、实验步骤

1. 实验组网

代理服务器组网图如图 8-24 所示。

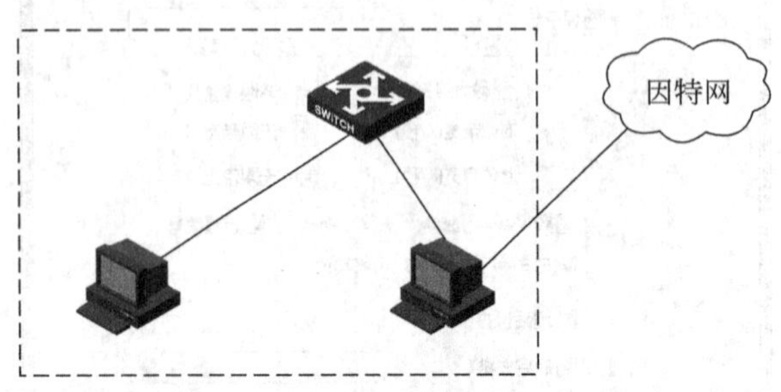

图 8-24 代理服务器组网原理图

2. 安装 CCProxy 代理服务器

具体步骤参照前面有关 CCProxy 软件安装的内容。

3. 对客户机不做任何限制的代理服务设置

1）设置 CCProxy 代理服务器

设置 CCProxy 代理服务器为“允许所有”状态。

说明：“允许所有”选项是默认状态，表示允许所有客户端上网，此方法适用于不需对客户端进行上网限制的情况。

2）设置客户端的浏览器通过代理服务器上网

具体步骤见前面有关客户端配置事项的内容。

4. 限制客户机在某个时间段内不能上网

要求：设置客户机在某个时间段内不能上网，可以根据实验的时间自行设定时间段。

1）设置 CCProxy 代理服务器

(1) 新建“时间安排”规则。

在主界面单击“账号”，在“账号管理”对话框中将“允许范围”选择设置为“允许部分”，设置验证类型为“用户/密码”。

单击“时间安排”按钮，在“时间安排”对话框中设置时间规则。设置“时间安排名”为 TimeSchedule-1；单击实验当天星期后的按钮，进入“时间表”对话框，取消某个时间的选择(根据实验的时间来设定)，设定后单击“确定”按钮返回“时间表”对话框，再次单击“确定”按钮之后完成时间安排规则的设置。

(2) 为客户机在代理服务器中添加账号。

在主界面单击“账号”，在“账号管理”对话框中单击“新建”按钮，在“账号”对话框中填写账号信息，先选中“允许”选项。在“用户名/组名”中填写例如 user-001 用户名；选中“密码”选项，填写密码，例如 111111；选中“时间安排”选项，并在后面的下拉框中选择前面步骤(1)中设置的时间安排 TimeSchedule-1，单击“确定”按钮之后完成设置。

2) 设置客户端的浏览器通过代理服务器上网

客户机的设置跟前面一样，但在使用浏览器上网时需要输入“用户名”和“密码”，例如user-001和111111（注意，此处使用的账号必须是设置了时间安排的用户，否则不能达到实验的目的）。

5. 限制客户机不能访问网站 www.baidu.com

1) 设置CCProxy代理服务器

(1) 新建“网站过滤”规则。

在主界面单击“账号”，在“账号管理”对话框中单击“网站过滤”按钮，在“网站过滤”对话框中设置网站过滤规则。设置“网站过滤名”为WebFilter-1；选中“站点过滤”选项，并选中“禁止站点”选项，在输入框中填写 www.baidu.com；单击“确定”按钮之后完成网站过滤规则的设置。

(2) 为客户机在代理服务器中添加账号。

设置方法同“4. 限制客户机在某个时间段内不能上网”中的“(2)为客户机在代理服务器中添加账号”部分的内容。设置好用户名密码后，选中“网站过滤”选项，并在后面的下拉框中选择步骤(1)设置的网站过滤WebFilter-1，单击“确定”按钮之后完成设置。

2) 设置客户端的浏览器通过代理服务器上网

客户机的设置跟前面一样，但在使用IE浏览器上网时需要输入“用户名”和“密码”，例如user-002和111111（注意，此处使用的账号必须是设置了网站过滤的用户，否则不能达到实验的目的）。

6. 用户自行设置其他代理

用户自行设置其他代理，如QQ代理等，查看代理结果。

实验七　DNS服务器的配置

一、实验目的

(1) 理解DNS域名系统的基本概念，域名解析的原理和模式。

(2) 学习并掌握DNS的安装、配置与管理。

(3) 掌握DNS服务器的组成。

(4) 掌握DNS服务的测试。

二、实验设备

(1) Windows Server 2003 的安装光盘。

(2) 计算机两台。

三、实验内容

(1) 域名服务器的安装。

(2) DNS服务器的配置与管理。

(3) 测试 DNS 服务功能。

四、实验步骤

1. 配置静态 IP 地址

安装 DNS 服务器的计算机一般应使用静态 IP 地址,因此需要给作为服务器的主机设置静态 IP 地址。

设置步骤为:右击桌面上的“网上邻居”,在快捷菜单中选择“属性”命令,打开“Internet 协议(TCP/IP)属性”对话框,然后根据需要设置服务器的 IP 地址。

2. 域名服务器的安装

(1) 运行“控制面板”中的“添加/删除程序”选项,选择“添加/删除 Windows 组件”。

(2) 选择“网络服务”复选框,并单击“详细信息”按钮,出现如图 8-25 所示的“网络服务”对话框。

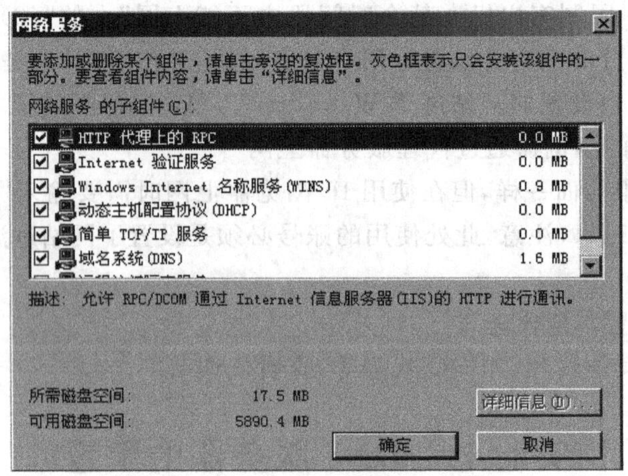

图 8-25 “网络服务”对话框

(3) 在“网络服务”对话框中,选择“域名系统(DNS)”,单击“确定”按钮,系统开始自动安装相应服务程序。

完成安装后,在“开始”→“程序”→“管理工具”应用程序组中会多一个 DNS 选项,使用它进行 DNS 服务器管理与设置。而且会创建一个%systemroot%\system32\dns 文件夹,用来存储与 DNS 运行有关的文件,例如缓存文件、区域文件、启动文件等。

3. DNS 服务器的配置与管理

1) 创建区域(正向查找区域)

在创建新的区域之前,首先检查一下 DNS 服务器的设置,确认已将“IP 地址”、“主机名”、“域”分配给了 DNS 服务器。检查完 DNS 的设置,按如下步骤创建新的区域。

(1) 选择“开始”→“程序”→“管理工具”→DNS,打开 dnsmgmt 控制台窗口,如图 8-26 所示。

(2) 选取要创建区域的 DNS 服务器,右击“正向查找区域”,在快捷菜单中选择“新建区域”命令,出现“欢迎使用新建区域向导”对话框,单击“下一步”按钮。

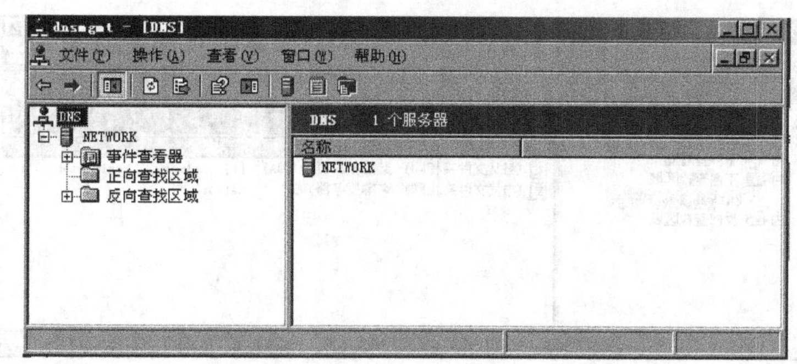

图 8-26 dnsmgmt 控制台窗口

(3) 在出现的对话框中选择要建立的区域类型，这里选择“主要区域”单选按钮，单击“下一步”按钮。

(4) 出现如图 8-27 所示的“区域名称”对话框时，输入一个能反映公司信息的区域名称(如 wangluo. edu. cn)，然后单击“下一步”按钮，文本框中会自动显示默认的区域文件名。如果不接受默认的名字，也可以输入不同的名称，然后单击“下一步”按钮。

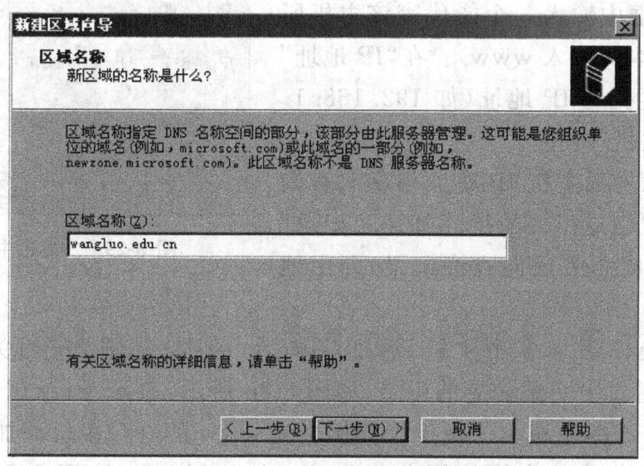

图 8-27 “区域名称”对话框

(5) 在打开的“动态更新”对话框中指定该 DNS 区域能够接受的注册信息更新类型。允许动态更新可以让系统自动地在 DNS 中注册有关信息，在实际应用中比较有用，因此选择“允许非安全和安全动态更新”单选按钮，单击“下一步”按钮。

(6) 在出现的对话框中单击“完成”按钮，结束区域添加。新创建的主区域显示在所属 DNS 服务器的列表中，如图 8-28 所示。在右窗格中可以看到，系统为该区域创建了一个 SOA 记录，同时也为所属的 DNS 服务器创建一个 NS 记录，并使用所创建的区域文件保存这些资源记录。

2) 创建域名

已经成功创建了 wangluo. edu. cn 区域，可是内部用户还不能使用这个名称来访问内部站点，因为它还不是一个合格的域名。接着还需要创建指向不同主机的域名才能提供

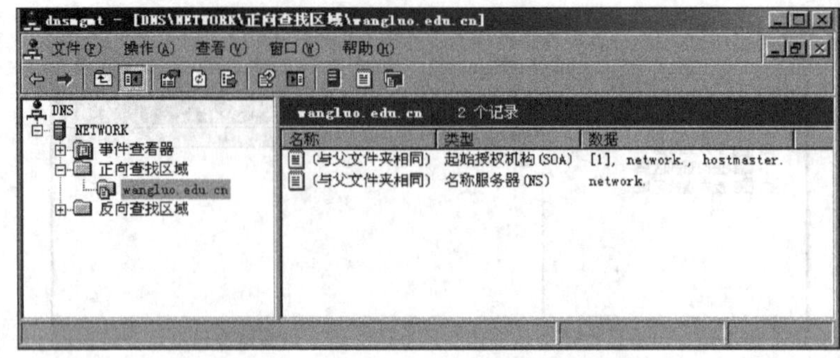

图 8-28 完成区域添加的 DNS 管理窗口

域名解析服务。创建一个用以访问 Web 站点的域名 www.wangluo.edu.cn，具体操作步骤如下。

(1) 右击图 8-28 中的 wangluo.edu.cn 区域，执行快捷菜单中的“新建主机”命令。

(2) 打开“新建主机”对话框，如图 8-29 所示，在“名称”编辑框中输入一个能代表该主机所提供服务的名称(本例输入 www)。在“IP 地址”编辑框中输入该主机的 IP 地址(如 192.168.1.115)，单击“添加主机”按钮。

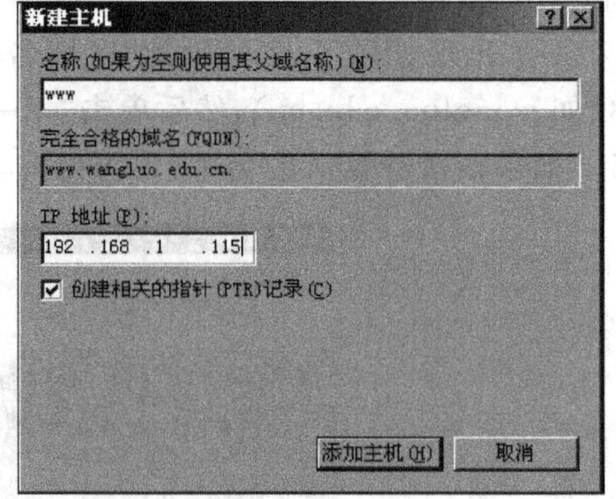

图 8-29 “新建主机”对话框

如果要将新添加的主机 IP 地址与反向查询区域相关联，选中“创建相关的指针(PRT)记录”复选框，将自动生成相关反向查询记录，即由地址解析名称。

可重复上述操作添加多个主机，添加完毕后，单击“完成”按钮关闭对话框，会在 dnsmgmt 控制台窗口中增添相应的记录，如图 8-30 所示，表示 www(计算机名)是 IP 地址为 192.168.1.115 的主机名。由于计算机名为 www 的这台主机添加在 wangluo.edu.cn 区域下，网络用户可以直接使用 www.wangluo.edu.cn 访问 192.168.1.115 这台主机。

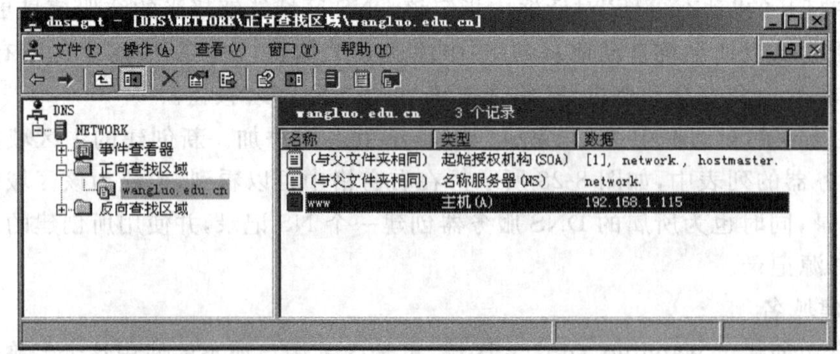

图 8-30 dnsmgmt 控制台窗口

3）添加反向查找区域

反向区域可以让 DNS 客户端利用 IP 地址反向查询其主机名称。例如，客户端可以查询 IP 地址为 192.168.1.115 的主机名称，系统会自动解析为 www.wangluo.edu.cn。添加反向区域的步骤如下。

（1）选择“开始”→“管理工具”→DNS 菜单命令，打开 dnsmgmt 控制台窗口。

（2）选取要创建区域的 DNS 服务器，右击“反向查找区域”，在快捷菜单中选择“新建区域”命令，出现“欢迎使用新建区域向导”对话框，单击“下一步”按钮。

（3）在出现的对话框中选择要建立的区域类型，这里选择“主要区域”，单击“下一步”按钮。

（4）出现“反向查找区域名称”对话框，如图 8-31 所示，直接在“网络 ID”处输入此区域支持的网络 ID，例如 192.168.1.，它会自动在“反向查找区域名称”处设置区域名 1.168.192.in-addr.arpa。

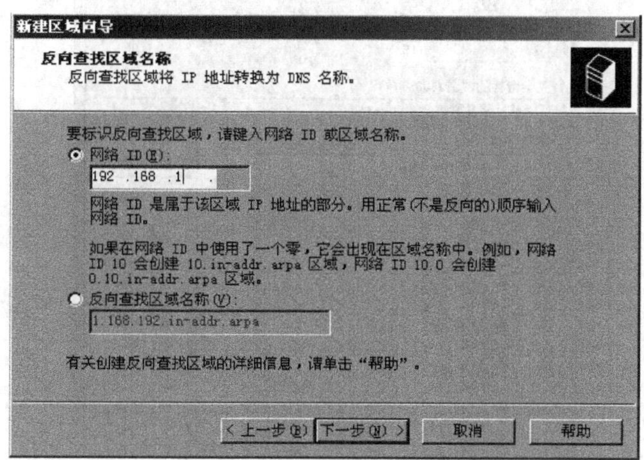

图 8-31 “新建区域向导-反向查找区域名称”对话框

（5）单击“下一步”按钮，文本框中会自动显示默认的区域文件名。如果不接受默认的名字，也可以输入不同的名称，单击“下一步”按钮。

（6）在“动态更新”对话框中选择“允许非安全和安全动态更新”单选按钮，然后单击“下一步”按钮。在最后的对话框中单击“完成”按钮。如图 8-32 所示，其中的 192.168.1.x Subnet 就是刚才所创建的反向查找区域。

反向查找区域必须有记录数据以便提供反向查找的服务，添加反向查找区域的记录的步骤如下。

（1）选中要添加主机记录的反向主区域 192.168.1.x Subnet，右击，在快捷菜单中选择“新建指针”命令。

（2）出现“新建资源记录”对话框，输入主机 IP 地址和主机名，例如，www 服务器的 IP 是 192.168.1.115，主机完整名称为 www.wangluo.edu.cn，如图 8-33 所示。

可重复以上步骤，添加多个指针记录。添加完毕后，在 dnsmgmt 控制窗口中会增添相应的记录。

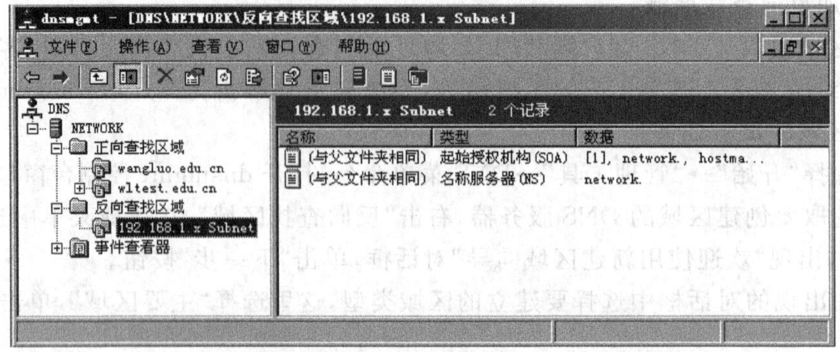

图 8-32 已创建的反向查找区域的 dnsmgmt 控制台

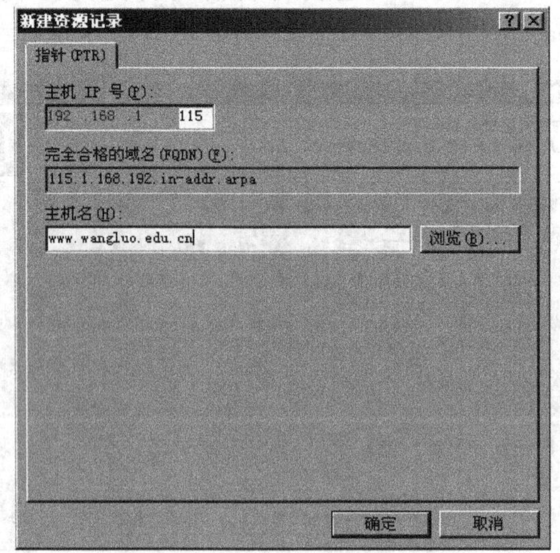

图 8-33 "新建资源记录"对话框

4) 设置 DNS 客户端

尽管 DNS 服务器已经创建成功，并且创建了合适的域名，可是在客户机的浏览器中却无法使用 www.wangluo.edu.cn 这样的域名访问网站。这是因为虽然已经有了 DNS 服务器，但客户机并不知道 DNS 服务器在哪里，因此不能识别用户输入的域名。用户必须手动设置 DNS 服务器的 IP 地址才行。在客户机"Internet 协议(TCP/IP)属性"对话框中的"首选 DNS 服务器"编辑框中设置刚刚部署的 DNS 服务器的 IP 地址，如图 8-34 所示。

注意：要想成功部署 DNS 服务，运行 Windows Server 2003 的计算机中必须拥有一个静态 IP 地址，只有这样才能让 DNS 客户端定位 DNS 服务器。另外，如果希望该 DNS 服务器能够解析因特网上的域名，还需保证该 DNS 服务器能正常连接至因特网。

4. DNS 服务器测试

1) DNS 正向解析测试

为了测试所进行的设置是否成功，在客户端计算机上运行 nslookup www.wangluo.

Internet 协议 (TCP/IP) 属性
常规
如果网络支持此功能，则可以获取自动指派的 IP 设置。否则，您需要从网络系统管理员处获得适当的 IP 设置。
自动获得 IP 地址(O)
使用下面的 IP 地址(S):
IP 地址(I): 192 .168 . 1 .115
子网掩码(U): 255 .255 .255 . 0
默认网关(D): 192 .168 . 1 .254
自动获得 DNS 服务器地址(B)
使用下面的 DNS 服务器地址(E):
首选 DNS 服务器(P): 192 .168 . 1 .115
备用 DNS 服务器(A):
高级(V)...
确定
取消

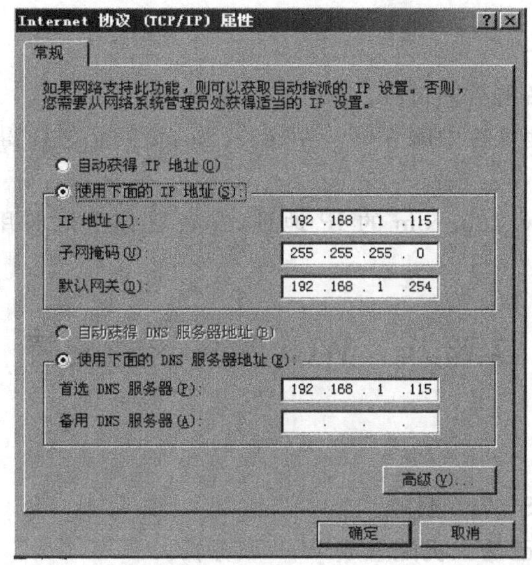

图 8-34 "Internet 协议(TCP/IP)属性"对话框

edu.cn 命令来进行解析。成功验证如图 8-35 所示，这表明当客户端把主机名的查询请求提交给 DNS 服务器后，DNS 服务器能够把主机解析为 IP 地址。

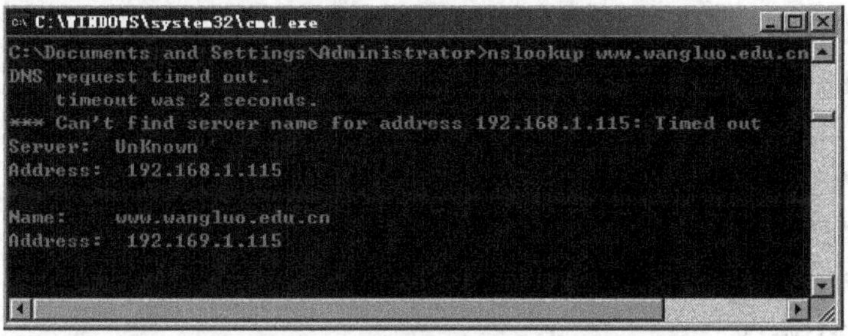

C:\WINDOWS\system32\cmd.exe
C:\Documents and Settings\Administrator>nslookup www.wangluo.edu.cn
DNS request timed out.
timeout was 2 seconds.
*** Can't find server name for address 192.168.1.115: Timed out
Server: UnKnown
Address: 192.168.1.115
Name: www.wangluo.edu.cn
Address: 192.169.1.115

图 8-35 主机名解析 IP 地址的验证

2）DNS 反向解析测试

反向解析测试主要是测试 DNS 服务器是否能够提供名称解析功能。在命令状态下输入 nslookup 192.168.1.115，以检测 DNS 服务器是否能够将 IP 地址解析成主机名，结果如图 8-36 所示。

C:\WINDOWS\system32\cmd.exe
C:\Documents and Settings\Administrator>nslookup 192.168.1.115
Server: www.wangluo.edu.cn
Address: 192.168.1.115
Name: www.wangluo.edu.cn
Address: 192.168.1.115

图 8-36 IP 地址反向解析成主机名的验证

五、思考题

(1) 简述DNS域名解析的过程。

(2) 如果在IE的地址栏中输入www.163.com,请问是怎样得到它的IP地址并最终与它建立连接的?

(3) 实际测试www.163.com的IP地址,并查看你上网时用的DNS服务器的IP地址。

实验八 Web服务器的配置

一、实验目的

(1) 了解和认识IIS、Web服务。

(2) 掌握如何将自己的主机配置成Web服务器。

(3) 掌握虚拟目录的设置方法。

(4) 学会在因特网上发布自己编制的网页。

二、实验环境

(1) 计算机两台。

(2) 交换机一台。

三、实验内容

(1) 安装、配置和管理Windows的Web服务器。

(2) 建立Web站点。

(3) 实现多个站点。

(4) 使用浏览器浏览Web站点。

四、实验步骤

1. IIS的安装

默认情况下,在Windows 2003 Server安装过程中会自动选择安装IIS,当然也可以选择不安装,以后单独安装IIS。

在"控制面板"中选择"添加/删除程序",单击"添加/删除Windows组件",再依次选择"应用程序服务器"→"Internet信息服务(IIS)"→"万维网服务",如图8-37所示,然后依次单击"确定"按钮即可。

2. WWW服务器的配置

1) 打开Internet信息服务窗口

依次单击"开始"→"程序"→"管理工具"→"Internet服务管理器",打开"Internet信息服务(IIS)管理器"窗口,如图8-38所示。

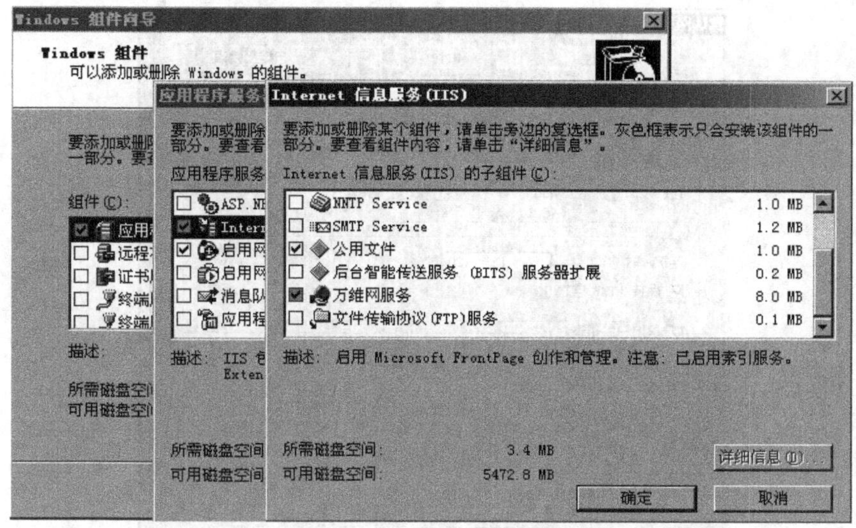

图 8-37 添加 Web 服务

图 8-38 Internet 信息服务(IIS)管理器

2) 修改 Web 站点端口

双击“本地计算机”展开可管理的服务，展开“网站”，右击“默认网站”，在快捷菜单中选择“属性”命令，打开“默认网站属性”窗口。默认情况下，默认 Web 站点 TCP 端口号为 80，可以修改其端口为其他值，如 8080，若修改了端口，则在访问该网站时需要指定访问的端口。保持其他项为默认项，如图 8-39 所示。

3) 主目录设置

单击“主目录”选项卡，Web 文档的主目录路径默认是 C:\inetpub\wwwroot，在“本地路径”一栏通过“浏览”按钮来选择网页文件所在的实际路径作为主目录，也可修改其默认路径，比如 C:\music，则将 Web 页所有内容放在 C:\music 下，如图 8-40 所示。

如果选择 WWW 内容来自其他计算机上的共享目录，则要求输入相应的网络目录的 UNC 路径\\servername\sharename。

4) 默认文档设置

当在客户端输入 http://服务器的 IP 地址，没有指定要获取的文档时，IIS 查找默认文档，并将其返回给客户端。IIS 默认文档是在“文档”选项卡中进行设置的，如图 8-41 所示。添加默认文档，例如 index. htm，单击“添加”按钮将该名字添加到默认文档列表中。

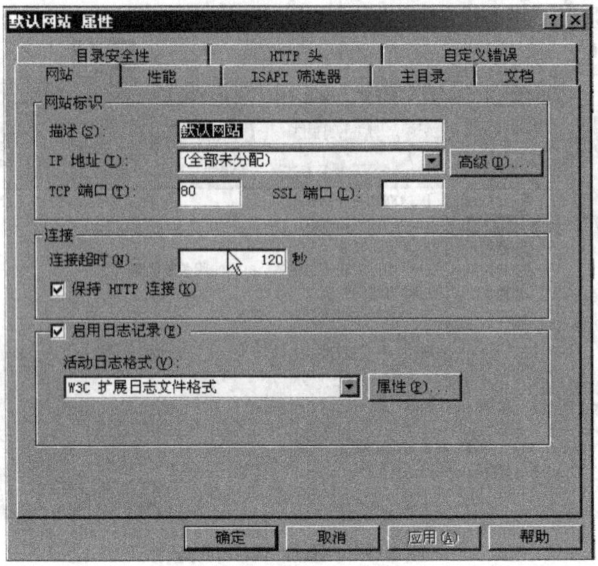

图 8-39 "网站"选项卡

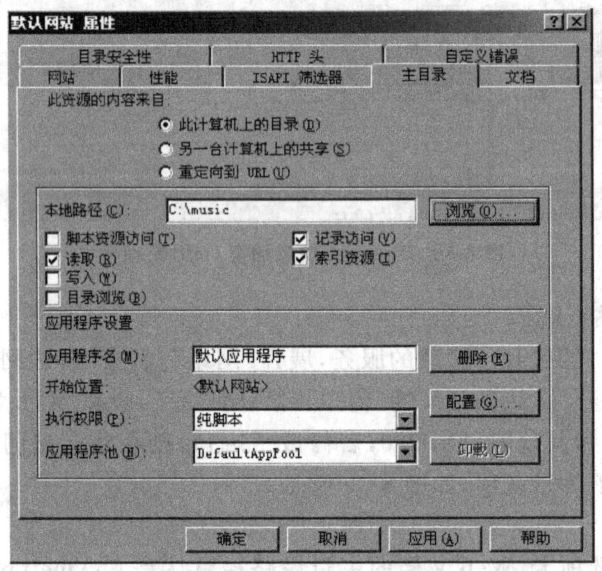

图 8-40 "主目录"选项卡

选中某个文档，单击"上移"或"下移"按钮可以修改其搜索顺序。

5）目录安全性

在"目录安全性"选项卡中可设置是否允许匿名访问站点，可限制访问站点的用户的IP 地址或域名，如图 8-42 所示。默认情况下，允许匿名访问，不限制用户 IP 地址。试着限制邻近机器的 IP 地址，看是否有效。单击"IP 地址和域名限制"中的"编辑"按钮，在打开的"IP 地址及域名限制"对话框中进行设置，如图 8-43 所示。

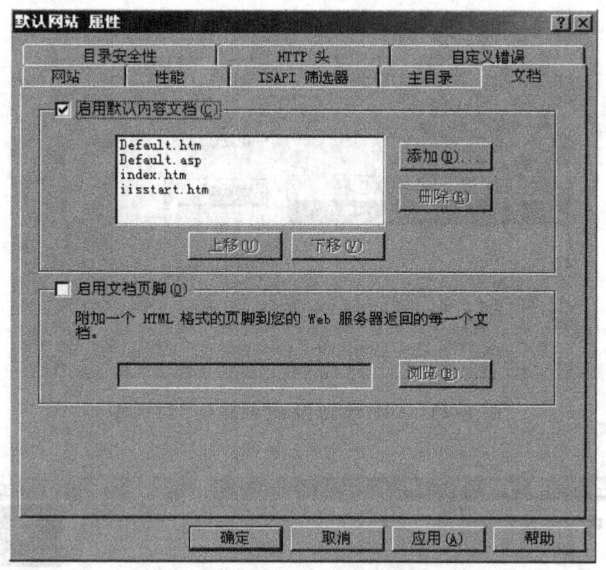

图 8-41 “文档”选项卡

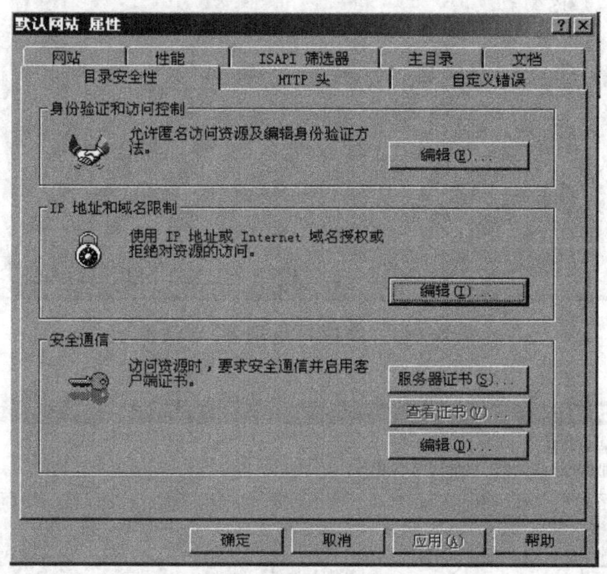

图 8-42 “目录安全性”选项卡

3. 创建虚拟目录

(1) 右击“默认网站”，在快捷菜单中选择“新建”→“虚拟目录”命令，出现“虚拟目录创建向导”对话框。单击“下一步”按钮，设置该站点的别名，如 myweb，如图 8-44 所示。

(2) 单击“下一步”按钮，打开“Web 站点内容目录”对话框，在“目录”文本框中可以输入本地目录，也可以输入网络目录的 UNC 路径\\servername\sharename，但必须具有访问权限。还可以通过单击“浏览”按钮来选择网页文件所在的实际路径作为目录(如 c:\myweb)，如图 8-45 所示。

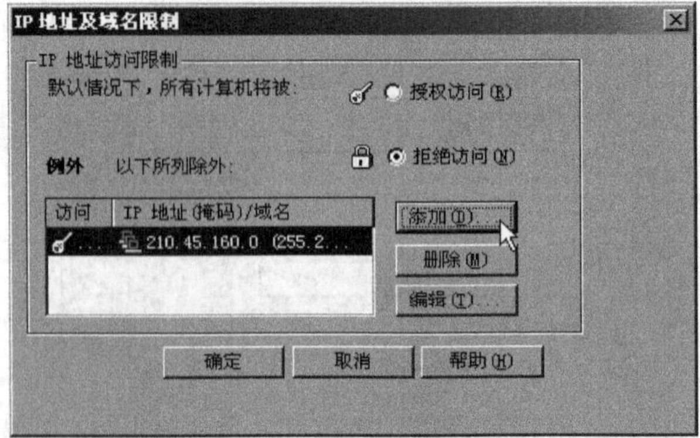

图 8-43 “IP 地址及域名限制”对话框

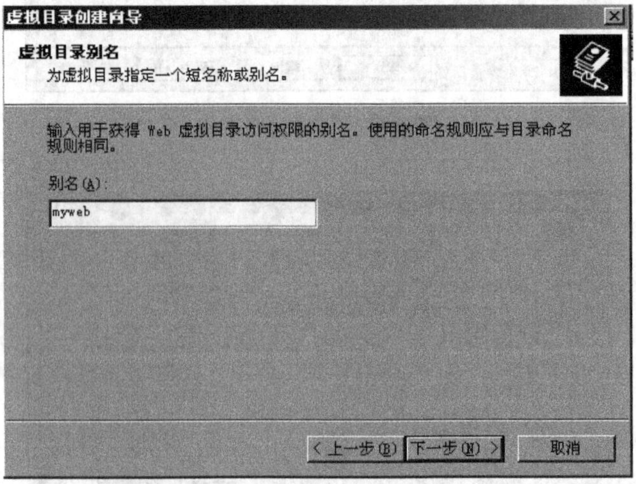

虚拟目录创建向导
虚拟目录别名
为虚拟目录指定一个短名称或别名。
输入用于获得 Web 虚拟目录访问权限的别名。使用的命名规则应与目录命名规则相同。
别名(A)：
myweb
< 上一步(B) 下一步(N) > 取消

图 8-44 “虚拟目录别名”对话框

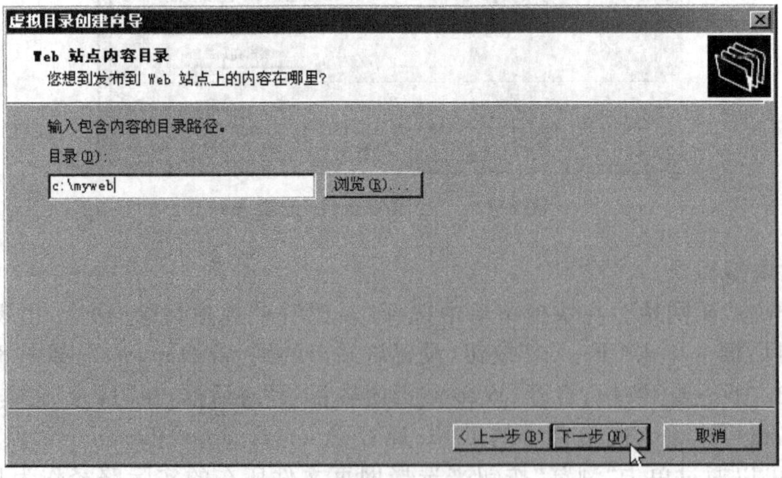

虚拟目录创建向导
Web 站点内容目录
您想到发布到 Web 站点上的内容在哪里?
输入包含内容的目录路径。
目录(D)：
c:\myweb
浏览(R)...
< 上一步(B) 下一步(N) > 取消

图 8-45 “Web 站点内容目录”对话框

(3) 单击“下一步”按钮，打开“访问权限”对话框，设置对虚拟目录的访问权限。通常选择“读取”与“运行脚本”选项，出于安全考虑，最好不要选中其他 3 项，如图 8-46 所示。

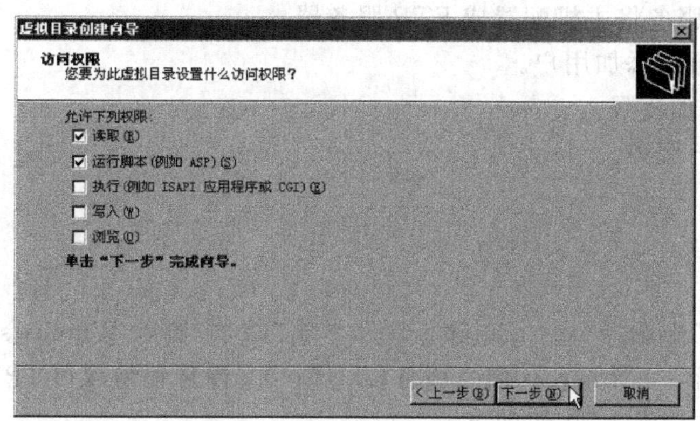

图 8-46　虚拟目录访问权限

(4) 单击“下一步”按钮，单击“完成”按钮完成虚拟目录的创建。一个网站可以设置多个虚拟目录。

4. 测试

(1) 在 C:\music 下放入一个 index. htm 文件，在 IE 的地址栏中输入 http://服务器 IP 地址或者 http://localhost 查看结果。

(2) 将自己编制的网页保存在虚拟目录所对应的实际路径下，注意，主页文件名必须是默认文档名之一，例如，在 C:\myweb 下放入一个 default. htm 文件。

(3) 打开 IE，在地址栏中输入“http://localhost/虚拟目录别名/主页文件名”(例如 http://localhost/myweb/default. asp)再回车，如果 Web 服务器及虚拟目录设置正确，所编制的网页就会正确发布，即 IE 显示自己编制的网页。

(4) 通过另一台计算机访问设置的 Web 服务器，查看设置是否正确。

实验九　FTP 服务器的配置

一、实验目的

(1) 了解和认识 IIS、FTP 服务。

(2) 掌握如何利用 IIS 将自己的主机配置成 FTP 服务器。

(3) 掌握添加新用户的方法。

(4) 掌握用户权限的设置。

二、实验环境

(1) PC 两台。

(2) 交换机一台。

三、实验内容

(1) 利用 IIS 服务将主机配置成 FTP 服务器。

(2) 给 FTP 服务添加用户。

(3) 给用户添加权限。

(4) 测试 FTP 服务。

四、实验步骤

1. IIS 的安装

在“控制面板”中选择“添加/删除程序”,单击“添加/删除 Windows 组件”,再依次选择“应用程序服务器”→“Internet 信息服务(IIS)”→“文件传输协议(FTP)服务”,如图 8-47 所示,然后依次单击“确定”按钮即可。

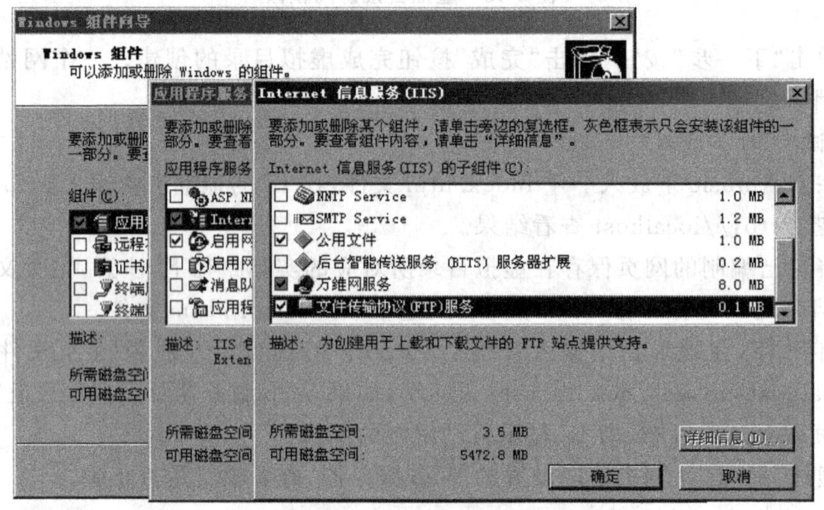

图 8-47 添加 FTP 服务

2. FTP 服务器的配置

打开“Internet 信息服务”窗口,右击“默认 FTP 站点”,在快捷菜单中选择“属性”命令,出现“默认 FTP 站点属性”对话框,有 5 个选项卡,如图 8-48 所示。

1) “FTP 站点”选项卡

TCP 端口号默认是 21,也可设置为其他端口号,如 2121。在“FTP 站点连接”栏,根据系统的容量和带宽设置连接限制。一个下载窗口就是一个连接。

单击“当前会话”按钮,这里列出了连接到 FTP 服务器的所有用户、它们的 IP 地址和已经连接的次数。

2) “安全帐户”选项卡

在 FTP 服务器上,通常有两种用户连接:匿名登录和用户登录。匿名登录在因特网中非常普遍,使用的用户名是 anonymous。若不允许匿名登录,需要用合法的用户名和密码才能登录进去。此处可以根据系统需要来选择是否允许匿名登录,如图 8-49 所示。

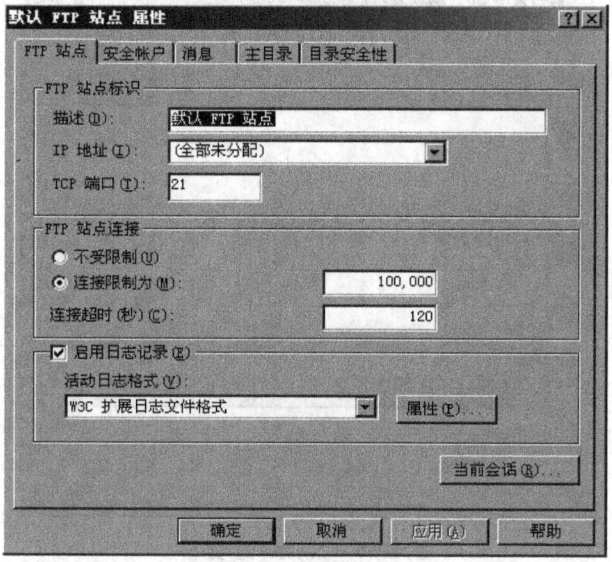

图 8-48　FTP 站点属性

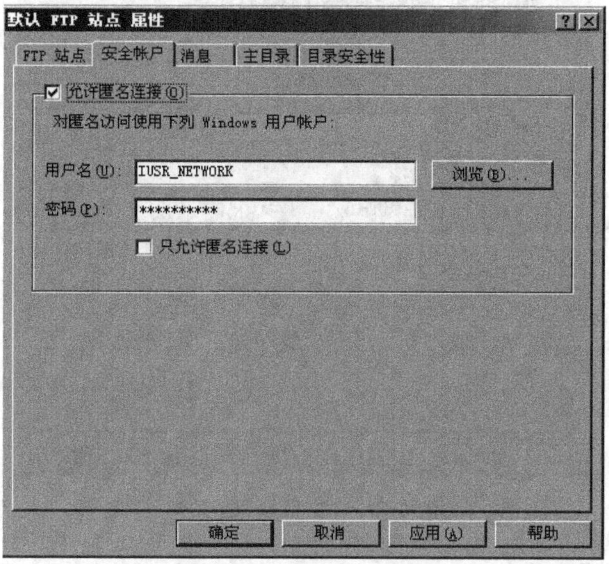

图 8-49　“安全帐户”选项卡

3）“消息”选项卡

FTP 的客户界面比较单一，但是可以设置个性化的界面。当用户登录进来后，发送欢迎消息，当用户退出后，给出退出信息。如果服务器已达到限制的最大连接数目，就会发送一条最大连接数的消息给用户，并立刻断开连接，如图 8-50 所示。

4）“主目录”选项卡

FTP 站点的内容位置可以来自本机或共享目录。此处与 WWW 属性页中的设置类似。但权限只有 3 项：读取、写入和记录访问，如图 8-51 所示。

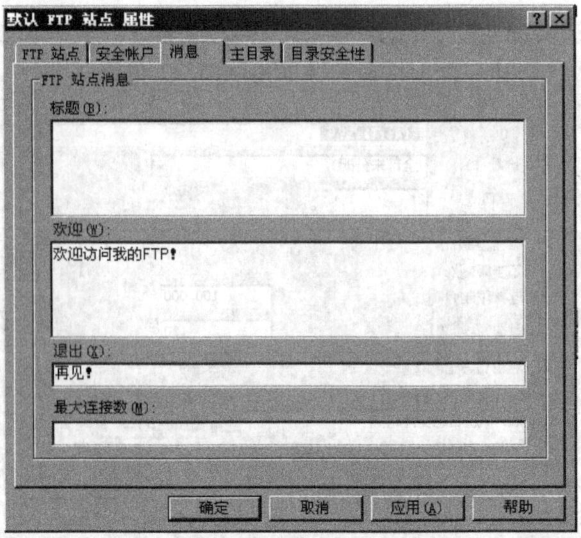

图 8-50 “消息”选项卡

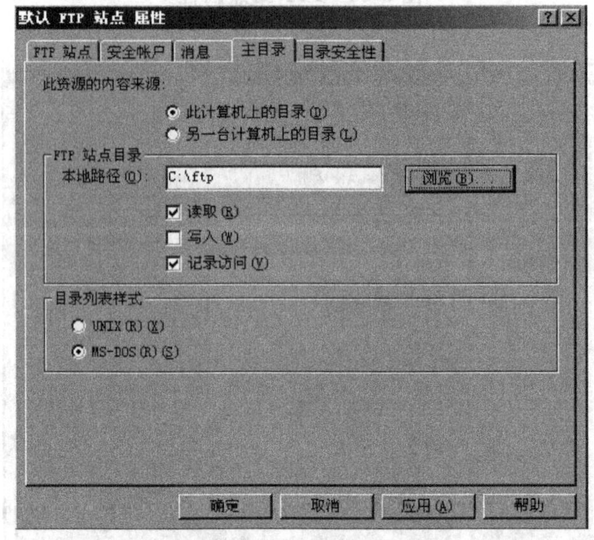

图 8-51 “主目录”选项卡

5)“目录安全性”选项卡

在这个页面中,可以限制访问站点的 IP 地址。比如,拒绝访问的 IP 地址是一个 C 类地址 211.81.132.0,则选择添加“一组计算机”,如图 8-52 和图 8-53 所示。

6)虚拟目录

建立 FTP 虚拟目录,与 WWW 虚拟目录创建的方法相同。

3. 添加用户

(1)依次单击“开始”→“管理工具”→“Active Directory 用户和计算机”,打开“Active Directory 用户和计算机”窗口,在窗口左侧单击 Users 文件夹,然后在右侧窗口右击,在快捷菜单中选择“新建”→“用户”命令,如图 8-54 所示。

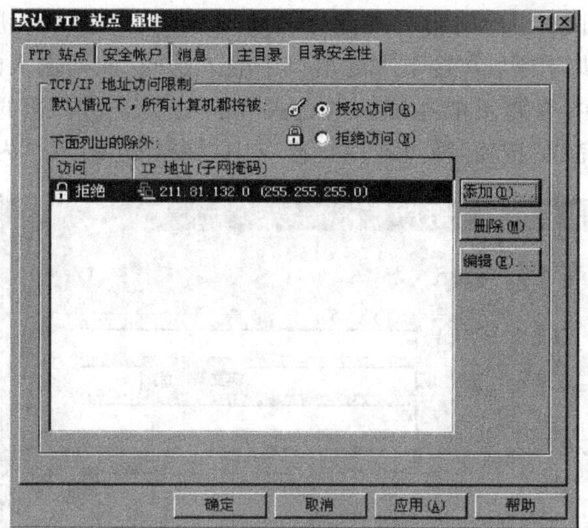

图 8-52 “目录安全性”选项卡

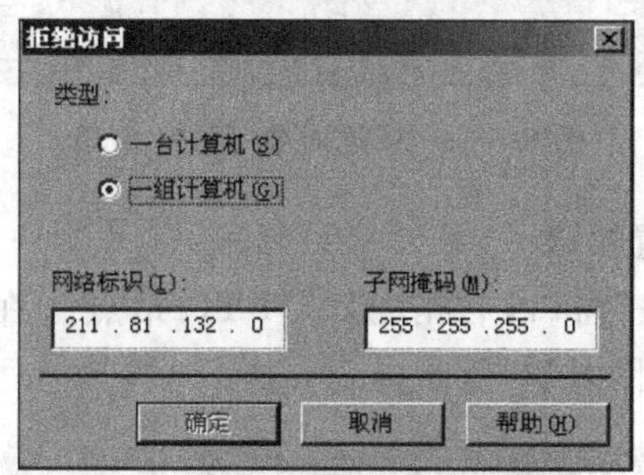

图 8-53 “拒绝访问”对话框

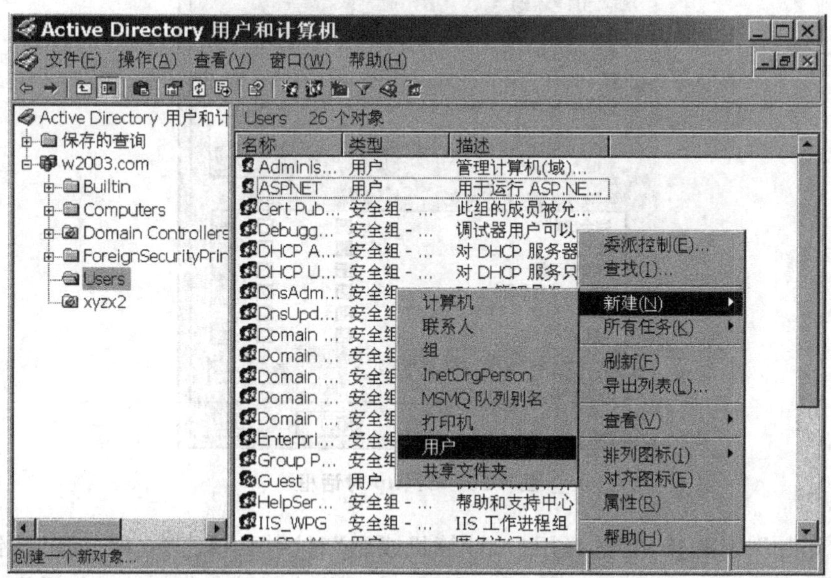

图 8-54 “Active Directory 用户和计算机”窗口

(2) 打开“新建对象-用户”窗口，在此处创建新用户，如图 8-55 所示(此处创建了 wl 新用户)，单击“下一步”按钮，在接下来的窗口中输入密码(此处输入的密码要求至少 3 种字符，例如 111111q@，否则不能通过)，并选择“密码永不过期”复选框，然后单击“下一步”按钮，最后单击“完成”按钮，即可在用户窗口中看到创建的用户内容。

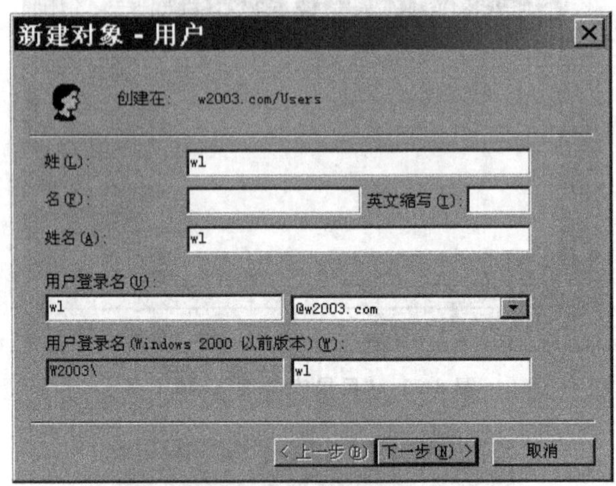

图 8-55 “新建对象-用户”窗口

4. 给新添加的用户设置权限

打开“Internet 信息服务”窗口，右击“默认 FTP 站点”，在快捷菜单中选择“权限”命令。出现 C:\ftp 对话框，如图 8-56 所示。

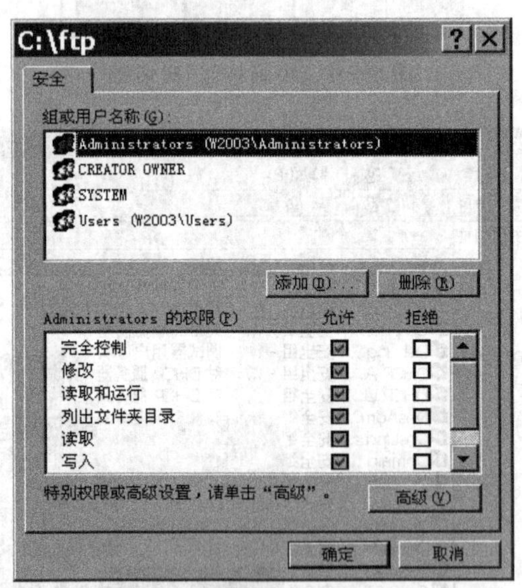

图 8-56 C:\ftp 对话框

单击“添加”按钮，弹出“选择用户、计算机或组”对话框，单击“立即查找”按钮，从搜索结果中选择刚创建的用户 wl，如图 8-57 所示，然后依次单击“确定”按钮，返回 C:\ftp 对

话框，给刚添加的用户选择用户的权限，默认的权限是“读取和运行”、“列出文件夹目录”、“读取”3 项，根据需要选择其他权限，然后单击“确定”按钮即可。

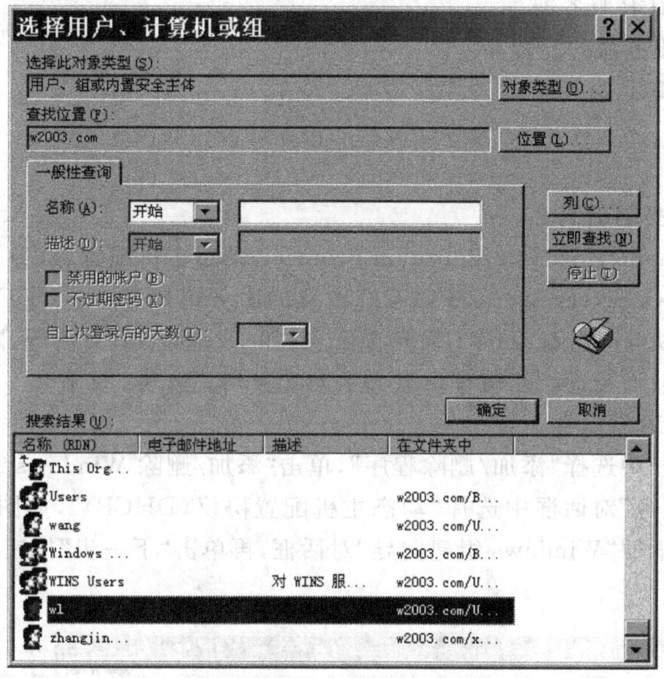

图 8-57 “选择用户、计算机或组”对话框

5. 测试

(1) 在 C:\ftp 下放入相应的文件。

(2) 通过另一台计算机访问 FTP 服务器，在 IE 的地址栏中输入 FTP://服务器 IP 地址。

(3) 测试用户权限的操作及用户权限之外的操作，并查看结果。

实验十 DHCP 服务器的配置

一、实验目的

(1) 掌握 DHCP 服务器软件的安装。

(2) 掌握 DHCP 服务器的设置。

(3) 掌握 DHCP 服务器的管理。

二、实验环境

(1) Windows 2003 操作系统。

(2) 计算机两台。

(3) 局域网环境。

三、实验内容

(1) 安装 DHCP 服务器。

(2) DHCP 服务器的配置。

(3) 测试 DHCP 服务器。

四、实验步骤

1. DHCP 服务器的简介

DHCP(Dynamic Host Configuration Protocol,动态主机配置协议)是 Windows 2000 Server 和 Windows Server 2003(SP1)系统内置的服务组件之一。DHCP 服务能为网络内的客户端计算机自动分配 TCP/IP 配置信息(如 IP 地址、子网掩码、默认网关和 DNS 服务器地址等),从而帮助网络管理员省去手动配置相关选项的工作。

2. 安装 DHCP 服务器

在"控制面板"中选择"添加/删除程序",单击"添加/删除 Windows 组件",双击"网络服务",在"网络服务"对话框中选择"动态主机配置协议(DHCP)",如图 8-58 所示,然后单击"确定"按钮返回"Windows 组建向导"对话框,再单击"下一步"按钮完成 DHCP 服务的安装。

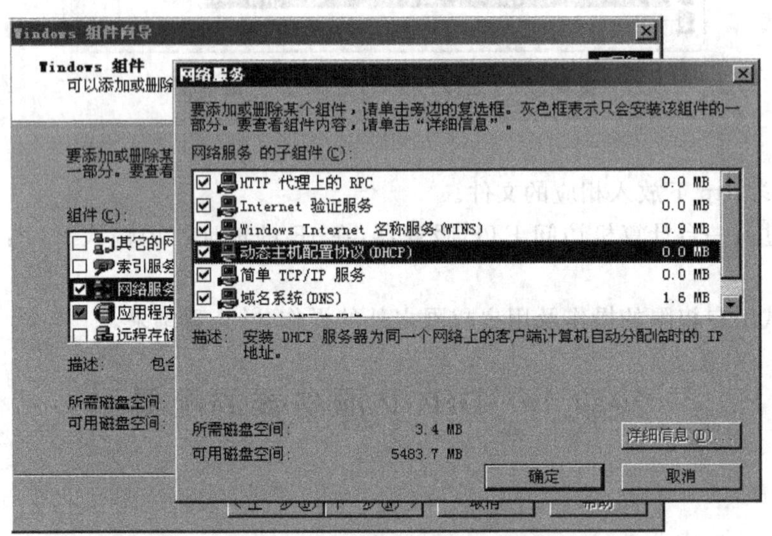

图 8-58 添加 DHCP 服务

3. DHCP 服务器的授权

在安装 DHCP 服务后,用户必须首先添加一个授权的 DHCP 服务器。

(1) 以 Administrator 身份登录。

(2) 选择"开始"→"管理工具"→DHCP 命令,进入 DHCP 控制台窗口,如图 8-59 所示。

(3) 右击 DHCP 控制台窗口左边窗格中要授权的 DHCP 服务器,本例中为 network

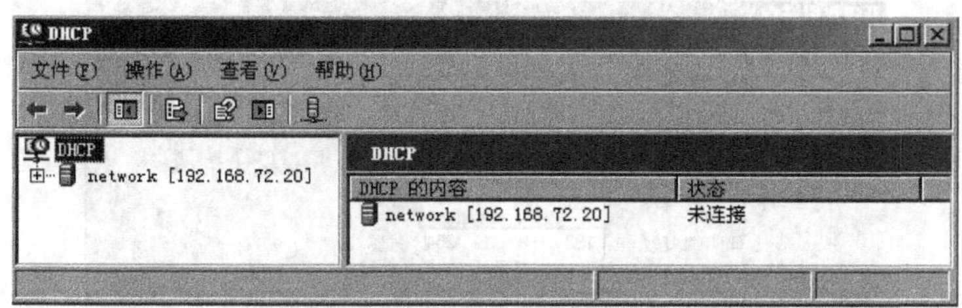

图 8-59 DHCP 控制台窗口

[192.168.72.20],在快捷菜单中选择“授权”命令,完成授权。再右击要授权的 DHCP 服务器 network[192.168.72.20],在快捷菜单中“授权”命令已经变为“撤销授权”命令。

在 Windows 2003 Server 的网络中,如果 DHCP 服务器没有“授权”,是不能为网络中的客户端分配 IP 地址的。

(4) 若要解除授权,只要右击该服务器,在快捷菜单中选择“撤销授权”命令即可。

4. DHCP 服务器的配置

(1) 选择“开始”→“管理工具”→DHCP 命令,进入 DHCP 控制台窗口。

(2) 右击服务器的名称,在快捷菜单中选择“新建作用域”命令,弹出“欢迎使用新建作用域向导”对话框。

(3) 单击“下一步”按钮,弹出“作用域名”对话框,在“名称”和“描述”文本框中输入相应的信息,如图 8-60 所示。

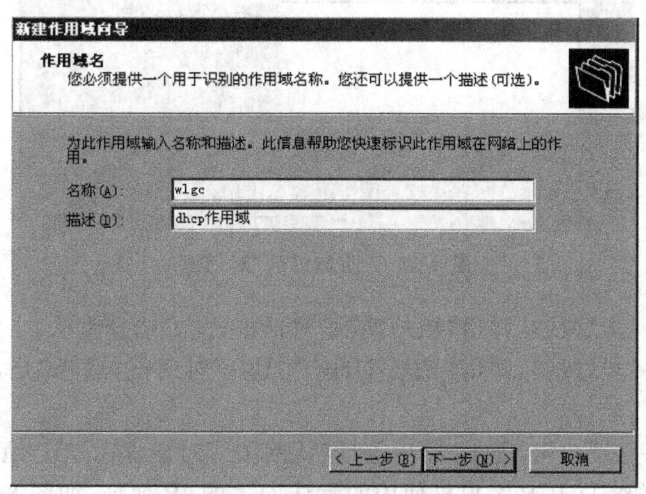

图 8-60 “作用域名”对话框

(4) 单击“下一步”按钮,弹出“IP 地址范围”对话框,在“起始 IP 地址”文本框中输入作用域的起始 IP 地址,在“结束 IP 地址”文本框中输入作用域的结束 IP 地址,如图 8-61 所示。

(5) 单击“下一步”按钮,弹出“添加排除”对话框,在“起始 IP 地址”和“结束 IP 地址”文本框中输入要排除的 IP 地址或范围,如图 8-62 所示,单击“添加”按钮完成添加操作。排除的 IP 地址不会被动态分配给客户机。

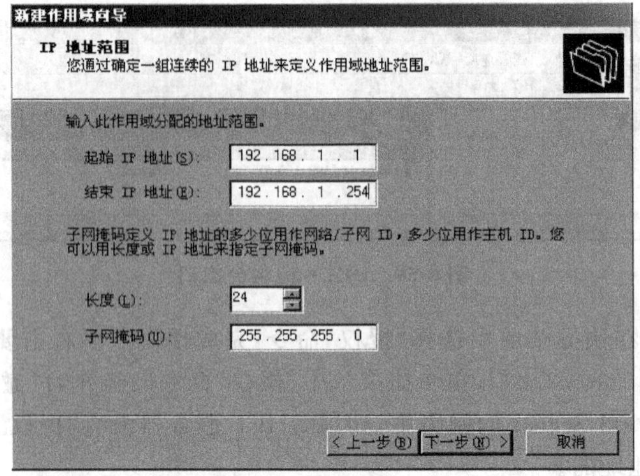

图 8-61 “IP 地址范围”对话框

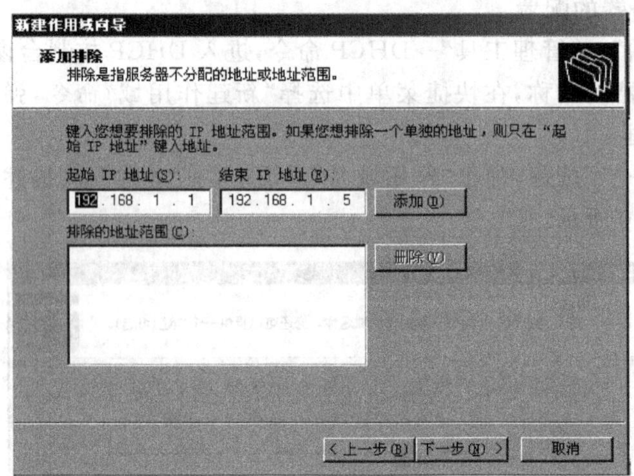

图 8-62 “添加排除”对话框

(6) 单击“下一步”按钮，弹出“租约期限”对话框，此处选择默认。

(7) 单击“下一步”按钮，弹出“配置 DHCP 选项”对话框，选择“是，我想现在配置这些选项”。

(8) 单击“下一步”按钮，弹出“路由器(默认网关)”对话框，在“IP 地址”文本框中设置 DHCP 服务器发送给 DHCP 客户机使用的默认网关的 IP 地址，如图 8-63 所示，单击“添加”按钮。

(9) 单击“下一步”按钮，弹出“域名称和 DNS 服务器”对话框，如果要为 DHCP 客户机设置 DNS 服务器，可在“父域”文本框中设置 DNS 解析的域名，在“IP 地址”文本框中添加 DNS 服务器的 IP 地址，如图 8-64 所示；也可以在“服务器名”文本框中输入服务器的名称后单击“解析”按钮自动查询 IP 地址，如果不需要设置，则不填写此项内容。

(10) 单击“下一步”按钮，弹出“WINS 服务器”对话框。在“IP 地址”文本框中添加 WINS 服务器的 IP 地址，如图 8-65 所示。

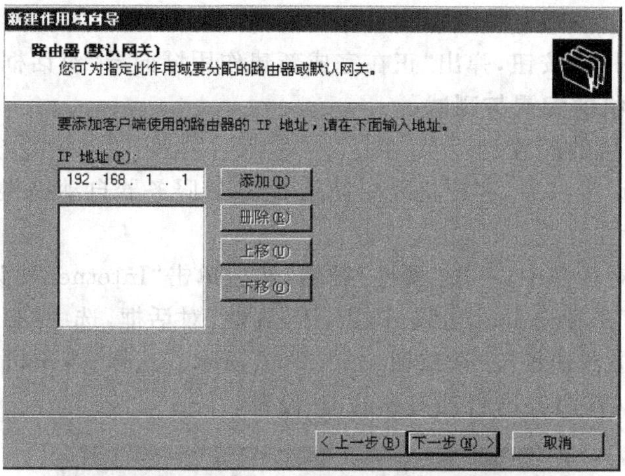

新建作用域向导

路由器(默认网关)

您可为指定此作用域要分配的路由器或默认网关。

要添加客户端使用的路由器的 IP 地址，请在下面输入地址。

IP 地址(P)：

192.168. 1 . 1

添加(D) 删除(R) 上移(U) 下移(O)

<上一步(B) 下一步(N)> 取消

图 8-63 “路由器(默认网关)”对话框

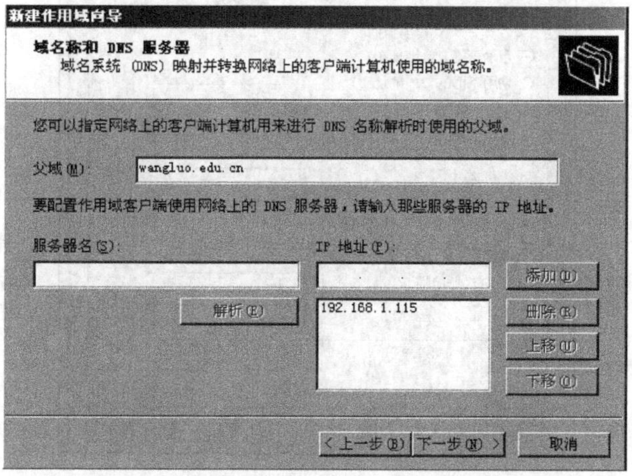

新建作用域向导

域名称和 DNS 服务器

域名系统 (DNS) 映射并转换网络上的客户端计算机使用的域名称。

您可以指定网络上的客户端计算机用来进行 DNS 名称解析时使用的父域。

父域(M)： wangluo.edu.cn

要配置作用域客户端使用网络上的 DNS 服务器，请输入那些服务器的 IP 地址。

服务器名(S)： IP 地址(P)：

解析(E) 192.168.1.115

添加(D) 删除(R) 上移(U) 下移(O)

<上一步(B) 下一步(N)> 取消

图 8-64 “域名称和 DNS 服务器”对话框

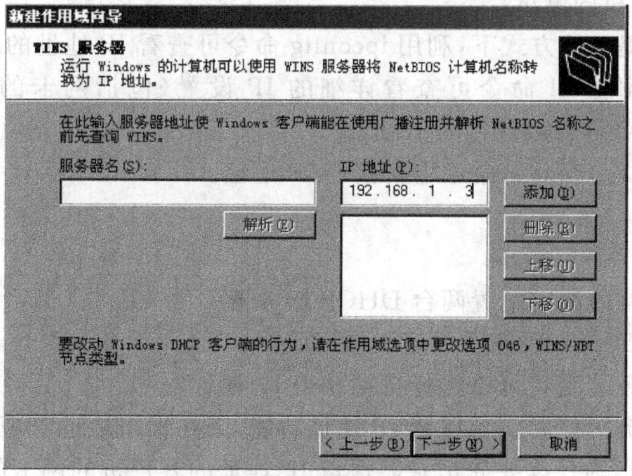

新建作用域向导

WINS 服务器

运行 Windows 的计算机可以使用 WINS 服务器将 NetBIOS 计算机名称转换为 IP 地址。

在此输入服务器地址使 Windows 客户端能在使用广播注册并解析 NetBIOS 名称之前先查询 WINS。

服务器名(S)： IP 地址(P)：

192.168. 1 . 3

解析(E)

添加(D) 删除(R) 上移(U) 下移(O)

要改动 Windows DHCP 客户端的行为，请在作用域选项中更改选项 046，WINS/NBT 节点类型。

<上一步(B) 下一步(N)> 取消

图 8-65 “WINS 服务器”对话框

(11) 单击“下一步”按钮，弹出“激活作用域”对话框，选择“是，我想现在激活此作用域”。

(12) 单击“下一步”按钮，弹出“正在完成新建作用域向导”对话框，单击“完成”按钮。

5. DHCP 客户机的配置与测试

1) DHCP 客户机的配置

DHCP 服务器设置好后，客户机要想使用 DHCP 服务器自动提供的 IP 设置，需要进行如下设置。

在“本地连接”对话框中，单击“属性”按钮，然后单击“Internet 协议(TCP/IP)”选项，单击“属性”按钮，打开“Internet 协议(TCP/IP)属性”对话框，选中“自动获得 IP 地址”和“自动获得 DNS 服务器地址”单选按钮，如图 8-66 所示。这样，客户机便成为 DHCP 的客户机，可以使用 DHCP 服务器自动提供的 IP 设置。

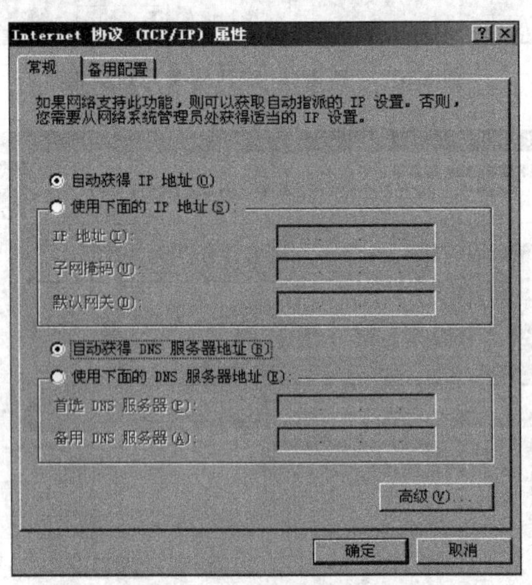

图 8-66 “Internet 协议(TCP/IP)属性”对话框

2) DHCP 客户机的测试

(1) 在命令行提示符方式下，利用 ipconfig 命令可查看 IP 地址的获得。

(2) 利用 ipconfig/all 命令可查看详细的 IP 设置(包括网卡的物理地址)。利用 ipconfig/release 命令可释放获得的 IP 地址。

(3) 利用 ipconfig/renew 命令重新获得 IP 地址。

五、思考题

(1) 在一个子网内如何配置两台 DHCP 服务器?

(2) 如何配置 DHCP 服务器的超级作用域?

(3) DHCP 服务器是否可以选择自动获得 IP 地址?

(4) DHCP 服务为何要实现保留 IP 地址功能，其在网络地址管理中有什么好处? 在设置保留 IP 地址时，为什么要先记录需保留 IP 地址的客户机的网卡的物理地址?

(5) 当指定了动态 IP 地址分配的客户机，由于某种原因无法与 DHCP 服务器连接时，此时用 winipconfig 或 ipconfig 命令显示其 IP 配置时，会出现一个特定的 IP 地址值，你知道该值是什么吗？

实验十一　网络协议 TCP/IP 分析

一、实验目的

(1) 学习和掌握 TCP/IP 协议分析的方法。

(2) 熟练掌握 TCP/IP 体系结构。

(3) 学会使用网络协议分析工具。

(4) 掌握数据链路层、网络层和传输层有关协议分析的方法。

二、实验环境

(1) Windows XP/Windows 2003 Server 操作系统，且计算机需要联网。

(2) TCP/IP 协议。

(3) Wireshark/Sniffer 任一款网络分析工具软件。这两款软件又称为局域网抓包软件，是一种利用以太网的特性，把网络适配卡置为杂乱模式状态的工具，一旦网卡设置为这种模式，它就能接收传输在网络上的每一个数据包。换句话说，抓包软件可以接收任何一个在同一网段上传输的数据包，并可以分析各种数据包。

三、实验内容

1. 数据帧首部结构分析

按照以太网 MAC 帧的格式逐个分析 MAC 帧首部各字段的值，以太网 MAC 帧格式如图 8-67 所示。

图 8-67　以太网 MAC 帧格式

2. IP 协议分析

按照 IP 数据报格式逐个分析 IP 首部各字段的值，IP 数据报格式如图 8-68 所示。

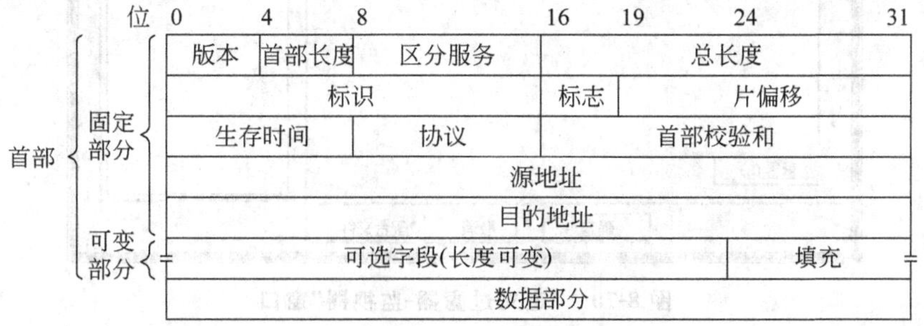

图 8-68　IP 数据报格式

3. TCP 协议分析

(1) TCP 连接分析：分析三次握手的过程。

(2) TCP 释放分析：分析四次握手的过程。

(3) TCP 数据结构分析。

按照 TCP 报文段格式逐个分析 TCP 首部各字段的值，TCP 报文段格式如图 8-69 所示。

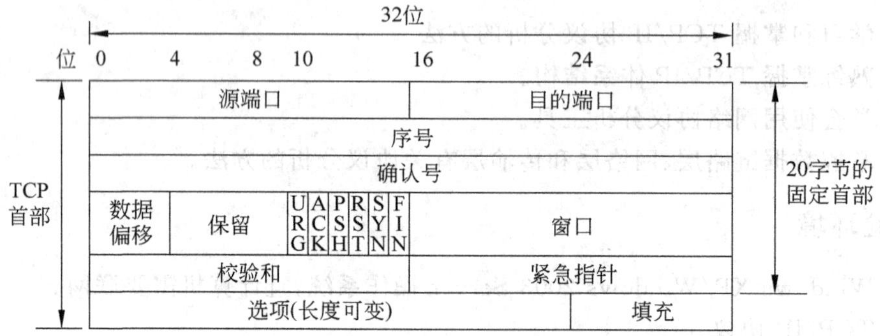

图 8-69 TCP 报文段格式

四、实验步骤

1. 安装网络分析工具软件

本实验以 Sniffer 网络分析工具软件为例，介绍网络数据包的抓取及分析。Sniffer 网络分析工具软件的安装按照默认选项进行即可。

2. 捕获数据包前的准备工作——定义过滤规则

(1) 打开 Sniffer 的主界面，选择“监视器”→“定义过滤器”命令，打开“定义过滤器-监视器”窗口，如图 8-70 所示。

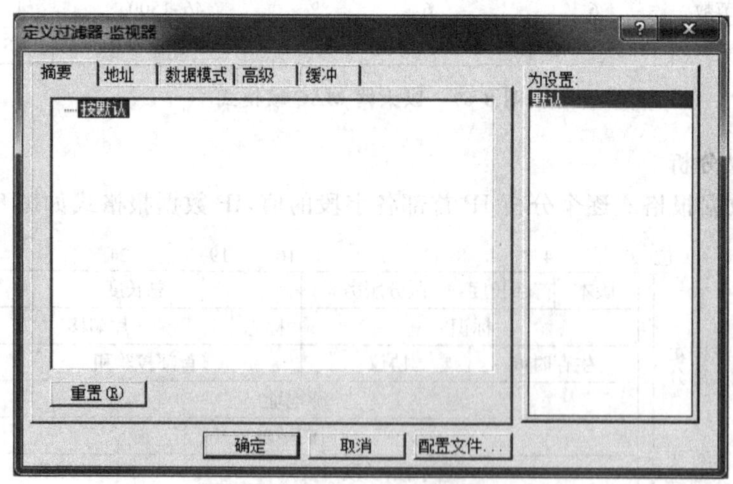

图 8-70 “定义过滤器-监视器”窗口

(2) 选择“地址”选项卡。在“地址类型”下拉列表中选择地址的类型为 IP、IPX 或 Hardware，本次实验选择 IP，然后抓取“位置 1”和“位置 2”之间的数据包，模式选择“包含”模式，如图 8-71 所示，抓取的是 192.168.1.100 到“任意的”IP 地址间的数据包。

注意：设置的 IP 地址为本局域网中的 IP 地址。

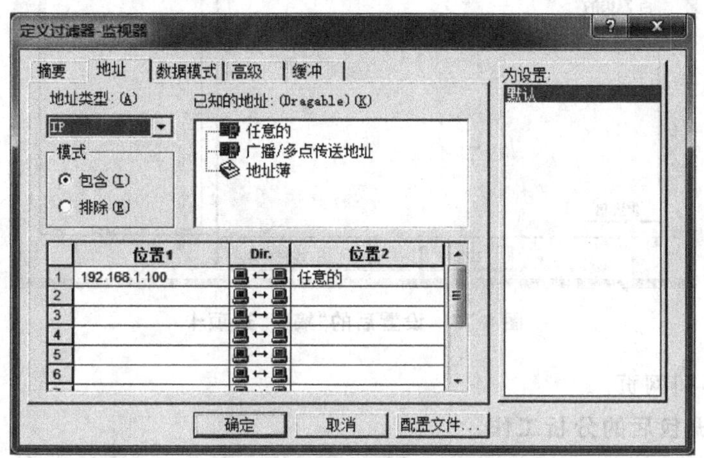

图 8-71 “地址”选项卡

(3) 选择“高级”选项卡。定义希望捕获的相关协议的数据包，选取 IP→TCP→HTTP，在“数据包大小”下拉列表中选择 All，表示要过滤所有尺寸的数据包，如图 8-72 所示。

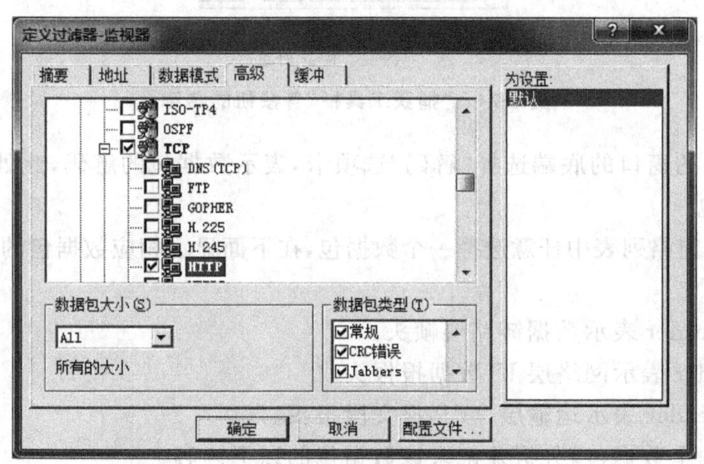

图 8-72 “高级”选项卡

(4) 设置好后，再次选择“摘要”选项卡，则会显示刚才的设置内容，查看内容设置是否正确，若正确单击“确定”按钮，否则进行修改或者单击“重置”按钮后重新进行设置，如图 8-73 所示。

3. 观察捕获信息

(1) 在 Sniffer 主界面选择“捕获”→“开始”命令启动捕获引擎。

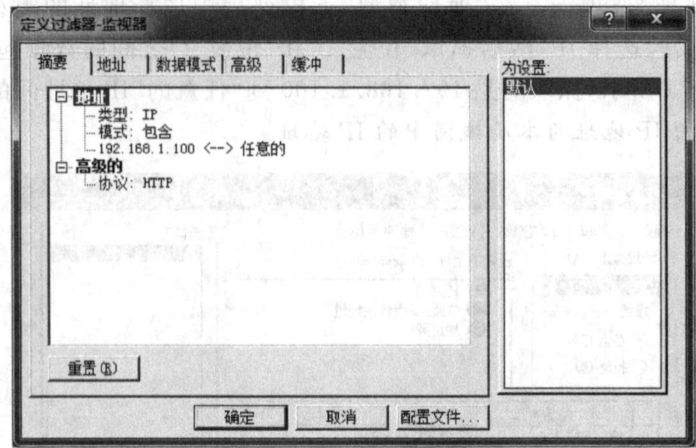

图 8-73 设置后的“摘要”选项卡

(2) 浏览不同网页。

4. 捕获数据包后的分析工作

(1) 当 Sniffer 主界面的“捕获工具栏”中的“停止并显示”按钮变亮时，如图 8-74 所示，表示已经抓取到符合条件的数据包，单击“停止并显示”按钮，停止捕获数据包并显示。

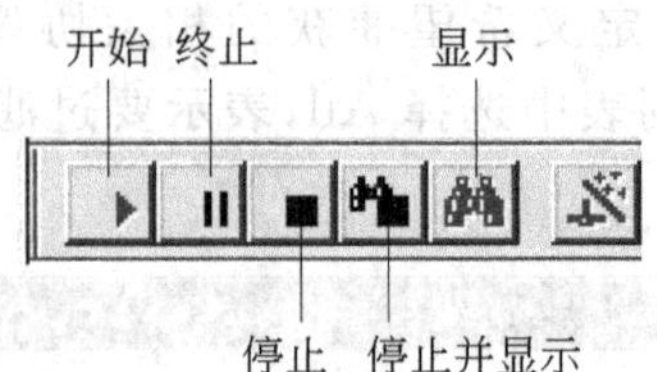

图 8-74 “捕获工具栏”各按钮的名称

(2) 在弹出的窗口的底端选择“解码”选项卡，表示数据包的解码，此处显示的是所抓取的所有数据包。

(3) 在上边窗格列表中任意选择一个数据包，在下面显示相应数据包的内容，如图 8-75 所示，其中：

① DLC Header 表示数据链路层帧头。

② IP Header 表示网络层 IP 数据报报头。

③ TCP Header 表示运输层 TCP 报文段报头。

选取任意一个数据包，分析并记录该数据包的以下内容：

① IP 数据报的格式及其内容。

② TCP 报文段的格式及其内容。

③ 分析帧、IP 数据报、TCP 报文段是由哪些字段连接起来的。

(4) 从列表中找出 TCP 建立连接的过程，并简要分析。

主要是查找 SYN 字段为 1 的数据报，并根据“序号”和“确认号”来分析三次握手的过程。

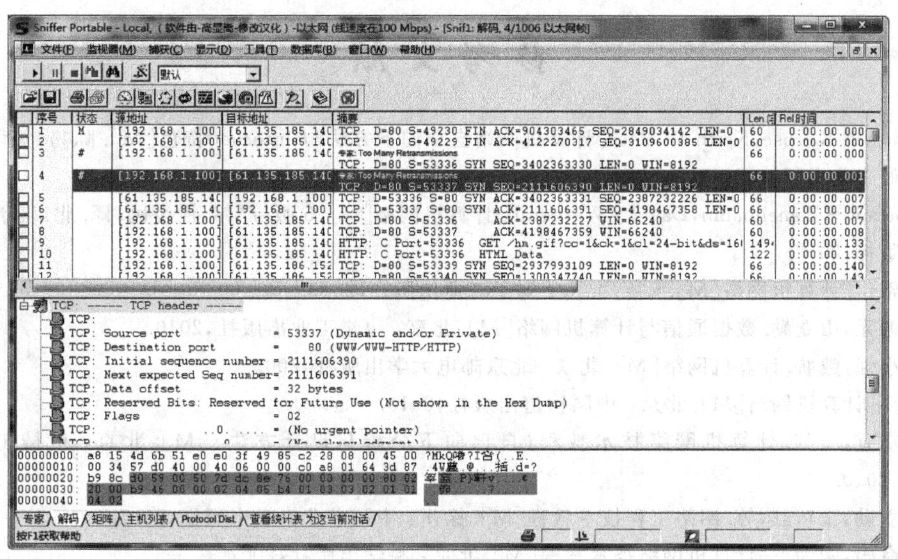

图 8-75 Sniffer 的“解码”选项卡

(5) 从上边窗格列表中找出 TCP 释放连接的过程，并简要分析。

主要是查找 FIN 字段为 1 的数据包，并根据“序号”和“确认号”来分析四次握手的过程。

五、思考题

(1) 如何抓取本机到任意主机的 ICMP 数据包？实际抓取几个 ICMP 数据包，并分析之。

(2) 通过抓取 FTP 数据包分析 TCP 建立连接和释放连接的过程。

参考文献

[1] James E Kurose，Keith W Ross. 计算机网络自顶向下方法与 Internet 特色[M]. 陈鸣，等译. 北京：机械工业出版社，2007.

[2] Andrew S Tanenbaum，David J Wetherall. 计算机网络[M]. 5 版. 严伟，潘爱民，译. 北京：清华大学出版社，2012.

[3] 谢希仁. 计算机网络[M]. 6 版. 北京：电子工业出版社，2013.

[4] 席振元，田立勤. 数据通信与计算机网络[M]. 北京：煤炭工业出版社，2010.

[5] 胡小强，戴航. 计算机网络[M]. 北京：北京邮电大学出版社，2005.

[6] 李环. 计算机网络[M]. 北京：中国铁道出版社，2010.

[7] 吴功宜，吴英. 计算机网络技术教程(自顶向下分析与设计方法)[M]. 北京：机械工业出版社，2010.

[8] 田立勤，张巧红，等. 网络工程技术教程[M]. 徐州：中国矿业大学出版社，2007.

[9] 臧海娟，陶为戈. 计算机网络技术教程[M]. 北京：科学出版社，2007.

[10] 蔡开裕，朱培栋. 计算机网络[M]. 北京：机械工业出版社，2008.

[11] 李太君，林元乖，张晋. 计算机网络[M]. 北京：清华大学出版社，2009.

[12] 龚海刚. 计算机网络技术[M]. 北京：电子工业出版社，2009.

[13] 黄传河. 计算机网络考研指导[M]. 北京：机械工业出版社，2009.

[14] 高阳. 计算机网络与实用技术[M]. 北京：清华大学出版社，2009.

[15] http://media. open. com. cn/.